貿易打造的世界

社會、文化、世界經濟，從1400年到現在

THE WORLD
THAT TRADE CREATED

Society, Culture, and the World Economy, 1400 to the Present, Fourth Edition

美 國 歷 史 協 會 費 正 清 獎
世 界 歷 史 協 會 最 佳 著 作 獎 得 主

Kenneth Pomeranz　　Steven Topik

彭慕蘭、史蒂夫・托皮克———著

黃中憲———譯

致謝

對於母親 Lottie Pomeranz Spaeth（1924-2015），我要再度表達感謝；對於 Maureen，我的感激與日俱增。

——彭慕蘭

以滿心的愛將此書獻給 Martha，因妳高明的洞見、永遠不減的耐心和無懈可擊的文法。

——史蒂夫·托皮克

Contents

第 5 章　暴力經濟學

第 6 章　打造現代市場

第 7 章　世界貿易、工業化、去工業化

作者序

很高興能為最新增修版《貿易打造的世界》的中文版寫序。史蒂芬・托皮克和我開始在雜誌上撰寫日後會成為此書核心內容的文章時，並沒有想到在超過二十五年後，還會有人讀其中的任何一篇；此外，其中許多篇文章，最初是為一家幾乎只有美籍讀者的雜誌而寫。除了多年來常參與學術辯論，過去我們兩人的確常在自己的其他工作上為美國境外的讀者撰文；隨著我們的文章集結成書，隨著此書受到好評並被我們不時修訂，我們開始更有系統性地思考如何向跨國的讀者介紹此書。但在那些原始文章裡，想必有一些東西不只打動了對跨國經濟活動感興趣的美國人，也打動了其他地方的人。

當然，本書能得到讀者青睞，初版問世以來二十年的世局演變，幫了大忙。這段期間的演變讓人比以往任何時候更清楚看出，金錢、人員、貨物、觀念大於以往的跨國界流動，乃是當世最顯著的特色之一——對那些流動的反映（和往往反對）亦然（如果說有什麼主題比這些流動更值得大書特書，大概就是我們的經濟活動對環境的影響——也是貫穿本書的主題之一）。這段期間的演變也一再表明，成長始終是個複雜過程，從中既產生贏家，也產生輸家，表明一新產品、科技或市場關係所帶來的結果，可能隔了五年、十年、二十五年，或五十年就大為改觀。

與此同時，我猜本書的吸引力，有一部分來自史蒂芬和我都非以「世界」歷史學家身分起家，更別提以「全球化」歷史學家身分起家一事。我們兩人最初都專攻特定地區——他專攻拉丁美洲，我專攻東亞。這使我們更加相信地區的特殊性很重要，即使在地區外的連結愈來愈多之際亦然。從某些方面來說，自成一體的地區，其重要性或許甚於數十年前。

拿大家稱之為東亞的這個地區來說。一九八〇年代初期我開始讀研究所時，理所當然地認為這類地區是重要單元；從日常角度來看，它們

似乎在某些方面比「世界」還要真實——儘管或許不如國家單元那麼真實。但那時，中國大陸與日本或韓國，或者中國大陸與台灣，接觸甚少。台灣與韓國在幾個方面與日本拴在一塊，儘管就這三個社會來說，它們與美國這個地區外國家的連結，比它們彼此間的連結重要得多；不管從政治、經濟連結的角度來看，還是從學生移動等之類「較柔性」流動的角度來看皆然。簡而言之，那時的東亞地區以知性建構物的身分存在，以地緣政治對立的場域的身分存在，以我們能指出過去影響力之重要流動的地方的身分存在；但如果一「地區」是靠內部連結與相互影響結合在一塊的空間，那麼今日東亞就比那時遠更稱得上一個地區。如今東亞的內部連結比以往任何時期稠密，但那些連結朝四面八方流動——不只是從北京、東京這兩大中心往外流動。如今約有一百萬的台灣人住在中國大陸；大陸境內的外國留學生以韓國人為最大宗，韓國境內的外國留學生則以中國學生為最大宗。二〇一七年，香港是中國最大的境外直接投資來源（但老實說其中許多投資來自數個地方，包括從中國大陸本身經香港流入者）；新加坡、南韓、日本在這方面都超越美國，而台灣（當然比美國小了許多）也只稍遜於此。音樂、電影等大眾文化朝四面八方流動，包括二三十年前即使沒有政治壁壘，也會是不可思議的流動（例如從韓國向日本的流動）。不管中國的一帶一路倡議最終結果為何——如今預料其結果還為時太早——此倡議肯定會創造出更多地區性連結，同時不會創造出真正全球性的基礎架構。

　　因此，不管日增的網絡規模和密度有多重要，若認為這些網絡都指向一個無縫連結的未來，那將是大錯特錯。非洲史學者佛雷德里克・庫珀（Frederick Cooper）說得好：「全球化」這個概念有兩個問題，「全球」和「化」。就我的理解，他的觀點是：如果我們把全球化當成指導概念死抓著不放，我們就是在認定照當前趨勢走下去，不管人是否想要一個世上每個地方都彼此相連的世界，最終必然出現那樣的世界。其實我們必須切記，凡是網絡都包含某些地方，而將其他地方拒於門外；網絡的結

構由人的自主選擇，而非由不可抗拒的過程決定。

此外，即使某些網絡的確幾乎涵蓋整個世界，若以為這使其他規模的網絡或身分認同變得無關緊要，那就大錯特錯。許多美國人誤以為美國或由美國主導的「西方」是世界的中心，誤以為全球化就意味著其他每個人都日益接近（且愈來愈近似）那個中心，因而有時似乎未能理解這個道理。但這是個重要的道理，而且是從頭至尾貫穿此書的道理。

此外，放眼歷史，凡是適用於地區與世界的道理，也適用於國家與世界。全球經濟與民族國家在數百年間同時出現。它們往往彼此衝突，但也往往互相強化，一如兩者往往是在與多民族帝國、民族離散網絡和其他社會單元、空間單元的有益性緊張關係中建立起來。事實上，本書闡明，典型的民族國家建構故事，描述一個從自己國民取得稅收、軍人等打造有成效之國家所需之資源的政府，但新興的國家政府倚賴其他人的肯定和協助也是司空見慣（尤以二十世紀為然）的：外國放款機構、付出的礦物開採權使用費可能（如在某些波斯灣國家所見）比國內稅收高出甚多的外國公司、外籍勞工、提供安全保障的大國等。透過外部連結取得重要資源的政府往往能在不需自己人民同意下倖存，乃至壯大，因此這樣的過程會產生令人不樂見的結果；但即使如此，它們作為歷史現象，其真實程度未因此稍低（當然，由國內力量推動的國家建造，往往也有其醜陋的一面）。

對身為觀察者的我們來說，這表明全球層級的分析雖不可或缺，但光是這樣的分析並不夠；藉由肯定國家、地區和其他層級之歷史的重要，我們也肯定了特定文化傳統賡續不絕的重要性。事實上，我們一再強調，從特定時間、地點的視角，出於客觀效用的考量，而似乎能直接以可測量的物理特性為基礎的東西，大多更複雜許多：使白米比糙米更受青睞者，使寶貝貝殼成為恢復財富的有效工具者，或者（舉個極端例子），使馬鈴薯成為某些人即使在飢荒時都拒食的「奴隸食物」者（一七七〇在那不勒斯就出現此情況），乃是社會、文化過程。因此，把拇指般大小的

蠶繭抽成約五百公尺長絲線的女人乃是「非專門技術」工人一說，也絕非客觀說法，儘管晚近幾百年她們一般來說被歸類為這樣的工人。價格反映了社會等級和文化價值觀，因此，有些歷史，必須予以理解，而非只是視為理所當然。

當各有自己之等級體系、價值觀體系的不同社會以新方式相接觸時，那些歷史有時會變得特別複雜且有趣；有些社會，其成員除了透過某些物品，與別的社會之成員少有接觸，從而大體上不清楚左右另一端之供給和／或需求的因素，而當物品在這些社會之間移動時，也會發生上述變複雜且有趣的情況。不管是在上述哪種歷史情況裡，價格和市場都會變動，資源會被重新分配，而做某些事所能得到的回報或許會徹底改變，從而使人的生活改頭換面。簡而言之，貿易不斷改造世界，往往透過彌合較地方性價值觀體系間的歧異來改造；但同樣真實不假的，多元且先前就存在的世界，提供了某些信號，讓人得以知道什麼是值得拿來交易的東西。撰寫此書時，我認定分析形形色色的例子──有些例子為任何讀者所熟悉，有些則是讀者所不熟悉──或許有助於人們思考這兩個道理，把這兩個道理用在他們自己會經歷的事情上。如果其中某些故事能讓你會心一笑，那就再好不過了。

彭慕蘭

芝加哥，伊利諾州
二〇一九年三月一日

前言

　　十五世紀，中國開始用白銀取代貶值的紙鈔和銅錢，隨之引發深遠效應，影響遠及五大洲上窮鄉僻壤的居民。中國人將絲賣給英國人、荷蘭人，而他們以西班牙披索支付。這些西班牙披索乃是黑人奴隸在今日墨西哥、玻利維亞境內所鑄造，鑄幣原料則是西班牙殖民當局，透過修正過後的印加、阿茲特克帝國徭役制度，召募印第安原住民開採出來。有些白銀則是透過西班牙人馬尼拉大帆船（Manila Galleon）上的菲律賓人，從墨西哥橫越太平洋，以更直接的方式輸入中國。歐洲海盜出沒於美洲的加勒比海地區和太平洋岸、地中海地區、東非近海，而在東非近海，他們要奮力保護掠得的銀貨、絲、香料，以免遭阿拉伯、印度海盜搶走。

　　穆斯林、基督徒先後到葉門的紅海港口摩卡（Mocha）購買咖啡，也促成白銀流入東方。當時摩卡是全球惟一的咖啡生產中心，獨占咖啡出口生意百餘年。赴麥加朝聖的信徒，將喝咖啡的嗜好從摩洛哥、埃及，傳播到波斯、印度、爪哇、鄂圖曼帝國。最後，法國國王路易十四在其所舉辦的社交聚會上，將這一穆斯林飲料介紹給他的天主教貴族，他們以中國瓷器啜飲加了糖的咖啡，然後來根維吉尼亞香菸，享受吞雲吐霧之趣，而加在咖啡裡的糖，產自非洲大西洋島嶼聖多美島上的奴隸種植園（後來用巴西奴隸種植園的糖）。有些貴族更愛喝巧克力，英格蘭人則愛上中國茶。巧克力是阿茲特克貴族的飲料，非常值錢，因而可可豆曾充當貨幣；而在西伯利亞等亞洲數個地方，茶葉也曾充當貨幣。最後，英國人把茶葉種植引入印度、錫蘭（斯里蘭卡）和肯亞之類的非洲殖民地。

　　許多地方、許多文化都捲入這一世界經濟漩渦，但那不表示他們乖乖接受該經濟的運作規則。一七七〇年，有個在塞內加爾做生意的法國

人，就受挫於當地的非洲貿易商。這些本地貿易商一點也不喜歡花俏的小飾物和有孔小珠，即使對方拿法國家具來交換奴隸，他們也不願意。非洲當地領導人要荷蘭或英國的椅子、書桌，認為這些東西較時髦。約略在同時，在加拿大做大宗買賣的英國人，無法將維吉尼亞菸草賣給易洛魁族印第安人（Iroquois），因為易洛魁人已對非洲奴隸所種的巴西菸草情有獨鍾。他們只接受英國人拿高雅的北歐衣物，換取海狸毛皮。其他北美洲毛皮輸往中國，也有愈來愈多來自北太平洋的海豹毛皮和其他類毛皮輸往中國；而在中國，它們與從俄羅斯遠東走陸路運來的毛皮搶市場。

在這期間，在那不勒斯某次飢荒期間，怒不可遏的消費者將一船馬鈴薯丟到海裡，深信這些來自秘魯的塊莖有毒。與此同時，倫敦的時髦男女則小心翼翼地將磨碎的馬鈴薯撒進食物裡，深信這種塊莖食物有催情效果。

顯然的，世界經濟將天涯海角的不同民族連結起來已有很長的時間。全球化在今日達到前所未有的程度，但就日益全球化的「世界新秩序」來說，其中基本上算得上新的部分其實並不多，多元化也不是晚近的新發現。本書的宗旨就在透過一連串故事，描述全球彼此相連這早已存在的關係。我們打算將從世界體系分析所得到的深刻見解（認為地方必須放在全球背景裡去了解），與地方研究觀點（認為差異和地方體制形塑了全球環境），融於一爐。

本書所講述的故事，最初是以專欄文章的形式刊登在商業雜誌《世界貿易》（World Trade）的〈回顧〉（Looking Back）專欄裡。我們為該專欄撰文前後達十餘年。該專欄以世界經濟的歷史和創造為主題，先後由史蒂芬‧托皮克、彭慕蘭擔任主筆，茱莉亞‧托皮克（Julia Topik）則受邀撰寫了一篇特稿。但本書並不只是這些文章單純湊合而成，毋寧是以幾個中心論點為綱，有系統地編纂而成，而這些論點全圍繞著世界經濟本質和形塑世界經濟的因素而發。我們揚棄以歐洲為中心的目的論（歐

洲人是首要推動者，其他人只能被動回應），主張世界經濟存在已久，歐洲以外的人在世界經濟的發展過程中扮演了關鍵角色。就歐洲人所擁有的優勢來說，這些優勢往往既來自經濟的早一步發展，也來自運用暴力或運氣（例如歐洲人所帶來的疾病摧毀了美洲大陸的社會，使歐洲人有大片現成土地可供征服）。歐洲直到其歷史的後期才明顯享有生產技術上的優勢，因而歐洲是否曾擁有獨一無二的高創新精神或高社會適應能力，仍有待商榷。

　　因此，政治，一如經濟，一直是左右國際貿易的主要力量。構成今日世界基礎的市場結構，並非自然形成或勢所必然的結果，並非自始就隱藏於某處而等著人們去「打開」；相反的，市場，不管結果是好是壞，都是社會力量所建構的，為社會力量所牢牢植入。市場要能運作，就得在度量衡、價值、支付方法、合約這些從來就不是普世通用、不是亘古不變的東西上，有一致的意見，且要在該賣什麼東西、誰有資格賣那些東西、什麼人可以在不致讓鄰人瞧不起的情況下討價還價（並在不必拔劍相向下解決紛爭）上，獲致更不可或缺的意見一致。協商這些新行為準則的過程中，買賣的商品有時成為新的身分地位指標，承載了特定意義。於是，「本有的」用途、長處和人造意義相抵觸（如過去數百萬人不接受外來的馬鈴薯時），原本根深蒂固於人心而讓人覺得大概理所當然的關聯意義，漸漸逆轉，例如過了一段時間後，世人一想起巧克力，聯想到的是小孩、甜美滋味、闔家天倫之樂，而非戰士、準備上戰場、宗教狂喜。換句話說，商品本身有其「社會生命」，在這「社會生命」裡，商品的意義、用處、價值不斷在改變；「供應」與「需求」，由具有愛、恨、癮性的人，透過文化力量來決定，而非由具體化的「市場力量」決定。

　　此外，我們不該認為浮華行徑和角色扮演可以和據稱更為根本層次的功利行為截然分割。因此，中國的朝貢制度協助界定了藩屬上層階級的品味，確立多種貿易的規則，賦予崇高價值給藩屬統治者在這些交換活動中所得到的某些商品，進而讓身為國內其他貴族之重要主子的藩屬

統治者，得到可賞賜給下屬而有助於鞏固他們統治地位的商品。朝貢制度所發揮的作用，和今日世界貿易組織乃至聯合國所發揮的眾多作用（聯合國的作用之一，在於藉由承認各統治者的身分，協助穩固他們的統治地位），有一部分相同，而朝貢制度能發揮這些作用，原因在於它也發揮了今日分別由時尚設計師、一流學府、國際媒體公司所發揮的其中某些作用。在這複雜的社會、政治、經濟舞台裡，成功落在努力有成者身上，但不必然落在最有才華、最苦幹實幹或最聰明的人身上。也就是說，世界經濟向來不是特別講究道德的領域。奴隸買賣、海上劫掠、販售毒品，往往比生產糧食或其他基本食物，利潤更豐厚得多。最後，我們若欲評價某交易或某事件的重要性，不只應了解該交易或事件的國際背景，還應了解其發生所在地的特殊之處。

我們既摒棄歐洲中心觀，同時也拒斥無知的反帝國主義觀。也就是說，歐洲人和北美人既非特別天賦異稟，也非特別邪惡。我們不單單鎖定在歐洲人與其他地方的貿易或鎖定某一地區，而是檢視多個地區和這些地區間的互動。我們所要講述的是世界經濟創造過程中的盛衰消長，而且這世界經濟的創造有不同文化的民族參與，而非從頭至尾出於同一個經濟體或出於首都之手。貿易準則的締造、知識與目標上的差異、政治與經濟的相連關係、社會組織、文化，我們全納入關照。

彼此相關的事物愈多，就愈不可能通盤描述它們。欲全面描述過去六百年整個世界經濟的發展，根本不可能，因此，我們不這麼做，而是選定七個中心主題，以它們為核心，編排全書章節；凡是我們所認為與該主題有關的重大問題和爭議，均鋪陳於每一章最前面的導論裡。然後，每一章裡都有一組簡短的個案研究，其用意在舉例說明，而不在針對個案本身鉅細靡遺的描述。這些個案研究往往立基於其他學者的深刻見解，但也有相當多源自我們自己的新研究或我們激烈辯論的「心得」（我們在書末列了簡短的參考書目）。我們沒有針對任何主題提出「定論」，反倒希望打開討論之門，鼓勵大家從不同觀點去思考，我們所往往視為理所

當然或所認為始終存在而只需予以「發現」的世界不同地區，並鼓勵大家去質疑我們所普遍抱持（而往往未言明）的看法，亦即針對誕生於近代歐洲初期的新製造方式、新貿易方式，如何將原本各自獨立且往往被認為互不往來的數個社會，整合成一個世界（不管這結果是好是壞）。相反的，我們強調，過去就已存在多中心的複雜跨文化網絡，而這些文化網絡受使用、受重組、有時遭摧毀的方式，乃是理解日後以阿姆斯特丹、倫敦、紐約或東京為中心的新網絡，不可或缺的一環。

　　本書各章按主題和事件發生的先後順序編排。各章所述內容在時間上有部分重疊，但愈後面的章，在時間上愈晚近。因此，書中首先探討現代初期的市場，以及那些市場運作時所不可或缺的體制和準則。第二章探討運輸工具改良對連結遙遠市場、促進貿易的貢獻。第三章聚焦於咖啡、菸草、鴉片之類致癮性商品，它們如何促進長距離貿易、它們對它們的生產者、消費者的影響。接著，檢視後來成為商品並在這過程中跨越廣大地理空間和不同心理認知的多種物品，從尋常可見的馬鈴薯、玉米到眾所希望擁有的黃金、白銀、絲織品，從平凡但有用的工業原料（如橡膠）到稀奇古怪的東西（如胭脂蟲），都在此列。第五章探討暴力在資本積累、市場形成上扮演的角色，這包括國家主導的壓制行為、民間主動作為、海盜之類的「不法之徒」。第六章思考現代世界經濟的特色，例如金錢、度量衡、時間的標準化；貿易準則的誕生；法人團體。最後一章探討一些工業化和去工業化的事件（但重點擺在工業化部分）。

　　彭慕蘭學的是中國史，托皮克學的是拉丁美洲史；兩人在更晚近時都已將事業擴及寫作（學術與通俗兼具的著作），並將所教授的主題擴及中國、拉丁美洲之外。撰寫此書時，我們讓每位作者各自提出最了解的主題，自行決定在自己所寫的個案研究裡要強調的重點。我們發現各章本身有整體一致的觀點（在聯合撰寫的各章導論裡，我們就努力想統合出這種整體的一致），但我們未堅持各篇文章裡的每個觀點都百分之百一致，未堅持列出事例，要作者「一定要」納入。藉此，我們希望能孕育

出一組生動簡潔而可以個別閱讀的短文，在這同時，篇幅較長、更富綜合性的文章，又能表現出不只是本書幾個局部加總的更深層觀照，一如世界經濟無疑由本身就值得個別探討的各局部構成，但世界經濟卻不只是這些局部的加總。在地方與全球之間來回遊走的過程中，每個局部的意義也得到了充實。

我們撰寫《貿易打造的世界》最新增修版，以擴大本書的地理廣度和歷史縱深。此版添加了十篇新文章和一篇涵蓋全球且經大幅修訂的文章，並且較小幅度地修訂了其他文章，也更新了結語。新文章談把地中海世界與更廣大世界連接起來的現代初期兩位歐洲冒險家：安東尼‧雪利（Anthony Shirley）和佩德羅‧特謝拉（Pedro Teixeira）（見第五章第四篇）；談沃爾特‧羅利爵士（Sir Walter Raleigh）所想像的富裕之地圭亞那，和他筆下傳頌一時但純屬虛構的黃金城所具有的多文化面貌（見第四章第五篇）；探討菸草從美洲迅速傳到歐洲，傳到中國，再傳到非洲一事（包括羅利的作為），以及此傳播對菸草的多種用途的影響（見第三章第九篇）。還有一篇文章描述了某個菸草供應者（鄂圖曼捲菸業和後來埃及的捲菸業），如何在與英美菸草公司——在大部分講述捲菸興起歷史的記述裡扮演最重要角色者——競爭的情況下，反映且形塑了一個變動中的消費文化（見第三章第十篇）。我們也透過一分布甚廣的僑商族群走訪印度洋，這些僑商是信奉印度教的商人，來自產紡織品的印度古賈拉特邦，他們所建構的網絡把棉花化為象牙，同時把莫三比克人納為奴隸，要他們在馬斯克林群島和南美洲的甘蔗園、咖啡園工作（見第一章第十三篇）。

菸草等日常奢侈品（其中許多奢侈品是能改變精神狀態、讓人上癮的東西），驅動了十六至十九世紀的許多貿易活動；事實上，它們所驅動的遠不只是貿易。對菸草——和烈酒、鴉片之類常被視為壞東西的其他物品——課徵的「罪惡稅」，曾是世界各地諸多擴張國力的國家不可或缺的歲入來源（見第三章第七篇）；在某些地方，它們至今仍是。但弔詭的

是，這些害人的產品似乎也在某些學者所謂的「勤勞革命」裡扮演了重要角色（見第七章第二篇）。從十六世紀起，也或許從十七世紀起，世上數個地區的人開始更賣力、更長時間工作，並且把更多工作時間用於為市場生產物品（而非為自家消費生產物品）。這一轉變的原因錯綜複雜，但對糖、菸草之類來自異國的非民生必需品的需求日增，連相當窮的人對此的需求都日增，可見似乎發揮了很大的作用。

但靠致癮性食物無法活命；從某個角度來說，小麥、稻米之類的基本澱粉性食物，仍是世上最重要的商品，因為它們提供了大部分人所攝取之營養的大部分，占去他們預算裡的大部分（儘管占比慢慢減少）。但在十九世紀之前，它們的銷路一般來講侷限在產地、在一地區或頂多在一國之內。第六章第四篇探討了當此情況改變時所發生的事：十九世紀中葉後，穀物市場走上全球化，對農民、消費者和穀物本身都產生深遠影響。

自十九世紀末迄今，現代資本主義的擴散已催生出多種新商品。其中之一的口香糖（見第六章第十二篇）成為勞動階級男子的小奢侈品——甚至有許多人寄望它取代另一項廣被使用的這類奢侈品——口嚼的菸草。不久，口香糖成為有品牌的國際性產品，許多人一想到它，就想到美國。在這同時，這項帶有摩登意味的產品，得靠墨西哥猶加敦半島上負責採樹膠的本土馬雅人和其他墨西哥勞動者先後付出的血汗，才有可能大為流行。

另一項新商品，對當今世界的重要性大上許多，那就是石油（見第七章第十二篇）。人類於十九世紀中期首度開採石油，後來石油成為二十世紀最重要的新能源、二十世紀許多新問世東西（包括塑膠在內的石化產品）的原料、工業世界非常重要的戰略原料。它甚至使一個偏遠的沙漠搖身一變成為世上最富裕的地區之一。最後，本書談到較晚近時我們所極想入手的戰略物資——所謂的稀土金屬。稀土於十九世紀晚期就開始被人用於某些用途，但在二十世紀它們才變得較重要；二十世紀晚期，

又變得更重要，因為它們的某些特性使它們極適合用於電腦和其他精密複雜的電子設備。第七章第十三篇說明了稀土是什麼樣的東西，說明中國為何支配著稀土市場，說明為何對此現象的短暫憂心未在其他地方催生出大型且持久的競爭者。

誠如這些故事所表明的，更大範圍的貿易故事和全球變遷繼續在上演。於是，我們也增補了書末結語的內容——儘管我們並未發現它有需要大幅修訂之處。二〇一二年以來發生了許多出人意表的大事，但某些歷史模式卻一如以往地切合我們的需要。

第 1 章

市場準則的形成

0 ｜導論

　　人或許是聰明的動物，但幾無證據顯示人是天生「經濟理性」的動物，換句話說，人性是否真驅使人竭盡所能積累物質以追求個人最大的福祉，幾無證據可資證明。許多人都記得亞當‧斯密的名言：「以物易物和實物交易」乃是極根本的人性之一。據他的說法，此一本性非常強烈，強烈到這傾向很可能是和說話能力一起發展出來的。事實上，現代經濟學已將這觀點視為分析人類行為的基本法則。但在亞當‧斯密將買賣與語言相提並論的同時，隱隱表明奉他為宗師的現代人卻往往忽略了一點，即買賣就和說話一樣，有時能用來表達人的內心情感或想法。不管是過去，還是現在，人類買入某物或將該物送人，除了為了極盡可能滿足自己的物質享受，有時還在藉以表明某人或某群體既有的身分或希望取得的身分，表明自己與他人間既有或希望擁有的社交關係。經濟活動是社會行為，因此這類活動能聚攏不同群體的人，而且這些群體往往因文化背景上的差異，對生產、消費、買賣的理解大相逕庭。

　　沒錯，人類交換物品已有數千年歷史，證據顯示，在有史記載的更久之前，人類就跋涉到遙遠異地交換貝殼、箭頭、其他物品（因此已有特定地區專門生產特定產品的現象）。但大部分情形下，我們只能猜測做買賣的動機和方法，以及如何決定不同商品間的交換比例。已有證據顯示，遙遠古代就已經有一些市場，且有許多買家和賣家在這些市場上討價還價，物價由供需來決定；但也有許多事例顯示，交易雖已達到相當

大的規模，但交易也受到大相逕庭的法則規範。凡是物價由供需決定的地方（例如在古希臘和約略同時的中國，許多商品似乎就一直由供需決定價格），商品的交換價值（能用來換取其他商品的價值）都變得比它們本有的實用價值或地位更為重要。（但即使是具有決定價格作用的競爭性市場，仍不免受到人們認為這些市場只是幾種交換方式之一的影響）。西元前二世紀時，漢朝皇帝針對鹽、鐵之類重要物資如何販賣對國家（還有人民，但他比較不關心人民）最為有利，在朝中召開辯論，辯論一方主張應收歸國家專賣，另一方主張開放由商人自由販賣。最後皇帝雖採行專賣，但這一政策，即使用在這些商品上，也從未能徹底落實。儘管如此，這一辯論在後來幾世紀仍餘波蕩漾，左右了未受管制的貿易商和有意管制貿易商的官員，各自對何種行為可以接受、何種行為不可接受的看法。

不管在哪個地方，都花了很長時間才揚棄較傳統的互惠觀（得到多少商品和恩惠就回以等值的商品、恩惠）、地位交易（status bargaining，在眾所認知彼此地位不平等的人士之間，這是較行禮如儀的交易），或亞里斯多德的公正價格觀（價格不由市場裡的實物交易決定，而由道德經濟的倫理貿易觀決定），轉而接受供需決定價格的觀念。

有些人的觀念類似行動疾迅如風的巴西魁塔卡族（Quetaca）。誠如在第一章第八篇裡所看到的，他們是今日我們所蔑稱的那種送禮後又希望索回的那種人。追逐交易與交易本身一樣重要。雙方互不信任，財產有價的觀念非常淡薄。

其他人則類似巴西的圖皮南巴族（Tupinamba）。圖皮南巴人認為法國人遠渡大洋，賣力工作，只為了替後代子孫積聚財富，實在是「一等一的大瘋子」。根據某耶穌會神父的記述，圖皮南巴人一有夠用的物資，就轉而將時間投注在「村子裡喝酒、發動戰爭、大肆惡作劇」之上。北美西北太平洋岸的克瓦基烏特人（Kwakiutl）則認為，藉由大量分送個人財物，可以找到人親眼見證自己升上更高地位（並把無力積聚夠多財物

而無法將財物夠快分送出去的他人比下去），或者藉此讓對手難堪；但不管目的是為了表明彼此同一陣營或相互敵對，贈予者都是贏家，累積財物是為了在適當場合時，將財物當儀式用禮物或聖誕禮物送掉。

即使是高度發展的大型文明，也往往不是建立在市場法則上。史上有名的秘魯印加帝國，國家富強，擁有廣土（數千平方英哩）眾民（數百萬人），卻似乎沒有市場、沒有貨幣、沒有首都。相反的，買賣是以人稱艾尤（ayllu）的家庭單位為基礎，且受國家監管。他們看重互惠、重新分配更甚於獲利與積累財物。墨西哥的阿茲特克人、馬雅人也建立了從事長程貿易的大帝國。阿茲特克人（見第一章第七篇）在首都特諾奇蒂特蘭（Tenochititlan，今墨西哥市）有一處大市集，市集裡的販子和顧客多達萬人。另一方面，馬雅人的大城裡似乎沒有市集。兩帝國在從今日美國墨西哥州到尼加拉瓜的廣大地域內交換貨物，距離相當於從歐洲的最北端到最南端。但長程貿易與阿茲特克城市的本地市集完全不相干。從事長程貿易者，以帝國貴族的特使身分，交易奢侈品。他們基本上是公務員。一旦帝國瓦解，歐洲貿易商到來，這些老練的長程貿易商隨之完全消失。

亞洲的長程貿易是透過縱橫交錯且繁忙的海路，而非秘魯、墨西哥那種路長且阻的陸路，因而民間貿易更為活絡得多。如第一章第四篇所描述的，遠赴異鄉從事貿易的中國人、穆斯林、印度人之類離散族群，合力打造出一個巨大而複雜的商業網（譯按：根據人類學家亞伯納・柯恩〔Abner Cohen〕的定義，離散族群〔diaspora〕意指「由散居各地但在社會性上相互依賴的社群所構成的一個民族〔nation〕」。離散族群，有的是因受壓迫而離鄉背井，流落各地，如猶太人、黑奴、亞美尼亞人，有的是因受召募到海外出賣勞力，如印度工、華工，有的是為了出外討生活做買賣，如東南亞華僑，有的是帝國主動促成，如英國的東印度公司）。關於這些僑商，我們不久後就會再次談到。此外，中國的「朝貢制度」（見第一章第二篇），為遍及東亞、東南亞的長程貿易，協助提供了

一套可資依循的準則。朝貢制度的主要目的在政治、文化而非經濟，但它協助提供了一個「國際」貨幣制度，使大片地區的人有共同的奢侈品品味，為許多商品立下品質標準，對何謂得體行為至少促成了某些共同認知。僑商族群的領袖（見第一章第一篇），為共通的貿易準則提供了其他元素；某些歷史悠久的貿易中心，其長久積累下來的習慣也發揮了同樣作用（這些貿易中心通常是城邦，且因為有固定的季節風而成為東亞、東南亞便利的交流處，見第二章第一篇）。這些貿易網與國家密切相關，但它們也有自己的獨立生命，因此，十六世紀歐洲人進入印度洋水域，試圖奪占該區貿易時，碰到亞洲競爭者的頑強抵抗。在第一章第四篇和第一章第十三篇中，我們看到曾有很長時間，亞洲人只把歐洲人視為是必須予以容忍而非臣服的另一個競爭者。亞洲貿易商較不倚賴所屬國家，面對歐洲人的強大火砲，依然能挺得住，甚至依舊生意興隆，這點與美洲大陸的原住民貿易商有所不同。

　　亞洲貿易比印加或阿茲特克帝國的貿易更不受制於國家，但不表示亞洲貿易是在百分之百的經濟領域裡運作，不受政治、文化約束。相反的，就連「貿易商」，其從國家特許權、國家專賣事業所到的獲利，也往往大於靠高明的企業經營。阿德斯塔尼（Muhammed Sayyid Ardestani，見第一章第十二篇）靠著包收稅款和承包政府採購業務，積聚龐大財富。與政府官員建立良好關係，顯然非常重要，即使是英國東印度公司的代表（見第一章第十四篇）亦然。為了讓他們所打交道的印度土邦主不敢小看他們，該公司的代表不惜花費，時時過著和當地土邦主一樣的生活，且頻頻展示武力。經商要成功，不只要懂得聚財，同時要不吝於花費，竭盡所能節省開銷並非永遠是最上策。

　　許多歐洲人在亞洲事業有成，還拜與當地人通婚之賜。荷屬東印度公司代表娶馬來人、爪哇人、菲律賓人，尤其是峇里島人為妻（見第一章第十篇），以融入當地市場和社會。英國、荷蘭的東印度公司是最早以股份有限公司形式組成的現代企業之一，但兩公司的代表仍倚賴聯姻這

個傳統的商業聯盟辦法拓展生意。歐洲的上流婚姻，通常是兩「家族」的聯姻，兩家族都由男人掌控資本，且都藉由交換女人（女人本身簡直如同商品）經營生意，但在東南亞，擁有流動資金和經商頭腦者往往是新娘本人（她的男性貴族親人不屑從事這種討價還價的事）。有些歐洲男人很高興既得到家務的賢內助，又得到一起打拼生意的夥伴；但更多歐洲男人似乎惱火於這些女人的獨立自主個性。但最終，若想發達致富，他們幾乎別無選擇，只能適應。事實上，這些歐洲僑民（和隨他們而來的傳教士），在抱怨這事的同時，往往間接突顯了這些女人的重要。這些男人不習慣於叢林生活，往往比「本地」妻子早死許多年；失去丈夫的這些女人，繼承了土地，隨之擁有更多可用於下一場冒險或下一樁婚姻的談判籌碼。

因為本身的體弱，以及規範商業行為的當地法律、傳統習俗林林總總，歐洲人不得不在初接觸的幾世紀裡「本土化」。國家、宗教、僑商族群三者的分殊多樣，一致同意的商業法付諸闕如，成為滋生激烈爭執的溫床。誠如在第一章第十一篇裡所看到的，十六、十七世紀貿易的更趨蓬勃，促成更多接觸，使不同地方的人有更多彼此認同的貿易法則。伊斯蘭教的傳播也為衝突的解決提供了道德性的基礎。但不同習俗的匯於一爐，並非勢所必然。事實上，十七世紀末期、十八世紀初期的經濟蕭條，扭轉了這一趨勢，至少在現今構成印尼的那一大片地區是如此；商業習俗再度變得更地方性，差異更大。

此外，「本土」是相對性字眼。典型的亞洲港口，住著古賈拉特人（Gujarati，譯按：印度西北海岸古賈拉特邦的商民）、福建人、波斯人、亞美尼亞人、猶太人、阿拉伯人，一如歐洲貿易大城裡住著各自成群的熱那亞人、佛羅倫斯人、荷蘭人、英格蘭人、漢撒同盟貿易商。只有最短視的歐洲人才看不出這些族群各不相同（十九世紀歐洲人的勢力大增，催生出這種短淺目光，且使更多歐洲人形成這種心態；但更早的歐洲貿易商，沒有殖民母國的協助，若如此愚昧，就無法生存下來）。這些僑商

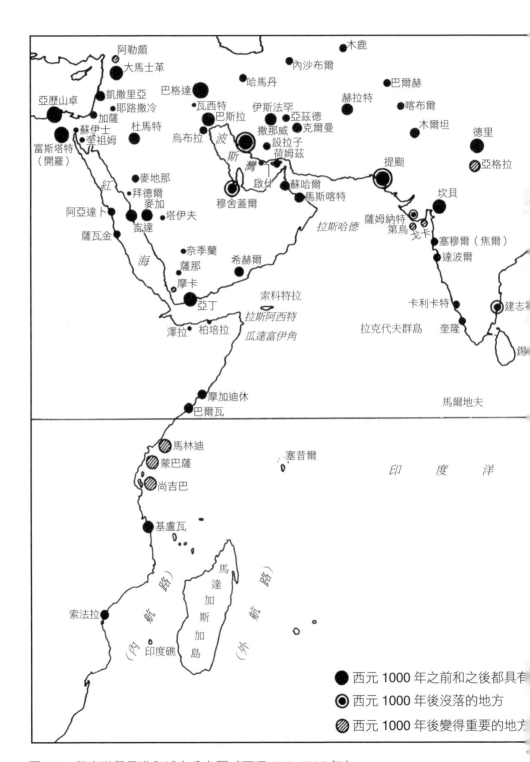

圖 1.1 印度洋貿易港和城市分布圖（西元 618-1500 年）

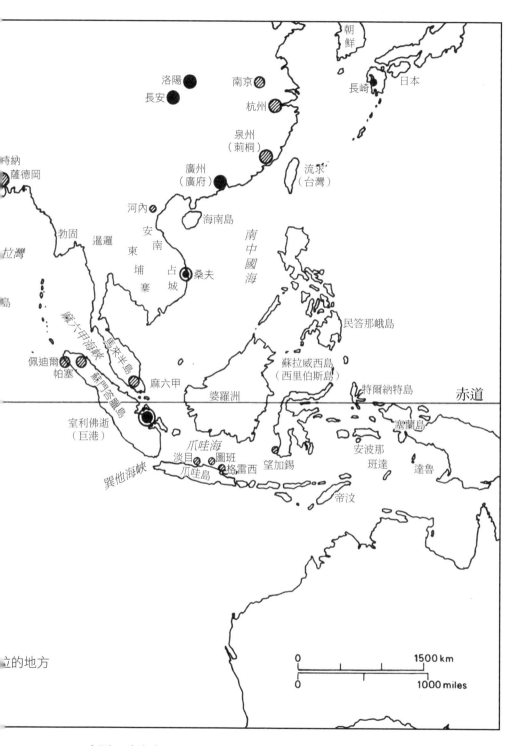

來源：改寫自 K. N. Chaudhuri, *Trade and Civilisation in the Indian Ocean: An Economic History*, Cambridge University Press, 1985.

族群的個別成員，可能沒有就此定居的打算，但每個族群在僑居期間所累積的知識、接觸，以及所創造的經營方式，卻會在僑居地流傳得更久遠得多，有時還比據稱土生土長的「本土」當局所施行的法律更為重要，傳世更久遠。

因此，在十九世紀之前，僑居海外經商一直是組織歐亞非許多地區和美洲全境商業活動最有效率的方法，也就不足為奇了。僑商的存在，從許多觀點來看，都有其道理。在合同（特別是跨國合同）有時形同具文的時代，這讓從事遠地貿易的貿易商能在異地找到同鄉僑民，從而有利於遠地貿易的進行。你對同鄉僑民的了解，很可能高過對當地人的了解，你和同鄉僑民不只語言相通，還對何謂好商品、交易何時可取消（和何時不可取消）、碰到破產或意外之類難堪而不可避免的情形該怎麼處置，有共通的認知。跟沒有這些共通認知的人做買賣，碰上麻煩的機率就比較大，比如得應付當地王廷所訂定格格不入且有時還流於專斷的規定。萬一買賣夥伴想騙你，這時如果他們的親人和你的親人在故鄉住得很近，就對你有幫助。碰上最糟的狀況，有人可以讓你發洩怒氣，但更常見的情況是，基於同鄉之誼，彼此較不需有形的承諾，就能真誠相待。僑居海外的人，如果最終還是希望回鄉，希望繼承家業，或希望讓小孩和家鄉裡其他有頭有臉的人家聯姻，做壞事前就會考慮再三，再決定是否要幹出這種會損及老家在故鄉名聲的事。在某些例子裡，這使位在家鄉由商人組織起來的法庭得以發出他們的海外同鄉會遵守的判決；例如，對來自新焦勒法（New Julfa）的亞美尼亞裔商人來說就是如此，而且不管他們住在哪裡皆然。在其他例子裡，雖未有正式機構創立，但人們知道如果讓老家的親人顏面無光，自己得付出代價。

這些原則不只讓赴海外做買賣的人（比如在麻六甲或莫三比克做生意的兩個古賈拉特人）真誠相待，甚至還有更好的功用，即讓其中任何一人都不致為了圖利自己而危害夥伴或家鄉雇主的利益。現代初期福建人有一習慣作法，特別倚賴家鄉的社會地位為誘餌，來確保海外事業不

致遭人搞鬼汙掉。大戶商賈人家往往派契約僕役（譯按：訂約充當僕役若干年以償付旅費、維持生活的異鄉客）出國，替他們管理位處最遙遠地方的家族生意，特別是位於東南亞的生意（這麼做的理由之一，很可能是他們希望把親生兒子留在家鄉，而把兒子留在身邊，可能是為了有人可以管理家業，可能是因為擔心兒子在海外發生不測，可能是為了更早抱到孫子，也可能是為了讓兒子管理家族土地或培養兒子當官以便保護家族其他利益）。契約僕役知道如果（且只有）自己在海外幹得好，光榮返鄉，主人（才）會還他自由之身，收養他為義子，然後義父義母會替他找個上等人家的千金，完成他的終身大事。若事業無成，返鄉沒什麼好處。

港埠的統治者還發現，以這方式處理貿易，也頗有用。比起讓財富集中在可能有王室血統和正確人脈而有資格爭奪大位的本地貴族之類的人手裡，讓財富集中在外族手裡，威脅還比較小；如果許多外族人來自同一個地方，可以指派他們職務，以讓彼此相安無事。就連以英格蘭啟蒙運動之子自居，宣稱信奉法治而非人治的萊佛士（Stamford Raffles，見第二章第六篇）都發現，將他於一八一九年所創立的新加坡，組織為一連串不同民族的聚居區，每個區裡由一些商場老大按他們所習慣的方式各別治理，統治起來事半功倍。在那二十五年後，在上海創辦國際租界的洋人，最初希望創立的是一個由他們完全自治的純白人聚居區；後來中國爆發內戰，有錢的中國難民逃入租界，使租界內房租水漲船高，租界當局才打消種族隔離念頭，從而創造出一個由西方人治理而華人住民居多的聚居區。

在最理想的狀況下，統治者甚至可能說服某個重要僑商支付一大筆錢，以換取「甲必丹」（capitan），即僑民首領之位。統治者選對了人，能有金錢收入，有一名心存感激（且有錢）的追隨者，且貿易商聚居區裡有個完全不必他操心就管理良好的政府。僑商有這麼多優點，因而，在十九世紀成熟的殖民統治（和西方商業法）於全球許多地區確立之前，

它們一直是組織貿易活動所不可或缺的憑藉。而即使在那之後，乃至今日，僑商仍是全球貿易裡重要的一環。許多西方社會理論指斥福建人、黎巴嫩人、猶太人、亞美尼亞人族群任人惟親、不理性、「傳統」（因而敵視創新），但這些族群仍繼續透過族緣關係組織貿易，且仍繼續與那些據稱較理性的做生意方式在競爭，成就斐然。「昔日舊作風」在今日依舊興盛不墜，清楚表示實際面絕非經濟學家、社會學家在課堂上所畫的圖表那麼簡單。

即使在歐洲的法律標準和價值觀已征服偏遠地區之際，仍有許多障礙擋在歐洲人面前。第一章第九篇揭露了一名英格蘭商人，在一八二二年巴西獨立後的頭幾年裡，在該地面臨了何等困難重重的經商環境。那時候，歐洲的軍力遠比現今強大得多，使歐洲人得以強行將某些民族（和那些民族的土地、商品）納入他們所希望的市場形式。此外，歐洲在某些商品（如布料）的生產方法上取得長足進展，生產成本低，因而得以用非常優惠的價格將它們賣給任何想要那些商品的人。在這同時，與我們追求最大獲利的觀念相符合的貿易準則（和貿易觀），已在歐洲蔚為主流，因而歐洲人更清楚理解自己想要巴西和其他地方接受什麼樣的市場準則。儘管如此，世界經濟的創造離「完成」還很遠。至於還有多遠，在本書討論現代世界貿易之建制的第六章裡，你將會得到解答。

1 ｜福建僑商

　　貿易商都知道人際往來至關重要。在沒有電信、沒有可強制施行的商業法則、沒有統一度量衡的年代，與你的夥伴、代理商、其他港口裡的同行建立無關生意往來的關係，更為重要。因此，過去，在世界各地，貿易都是透過同一故鄉出身的人所建構的人際網絡來進行。同一地方出身，意味彼此間有一些能令彼此信賴的相關之處，包括講同樣的方言、罵同樣的髒話。過去，熱那亞人、古賈拉特人、亞美尼亞人、猶太人（但這時猶太人失去其共同「原鄉」已久）和其他族群，散居世界各地，並將自己族裔所居的諸城市串連在一塊。

　　以中國東南沿海省分福建為原鄉的僑民，是人數最多、最經久不衰的離散族群之一（一九八四年福建晉江縣居民才一百萬多一點，海外已知的僑民卻超過一百一十萬）。福建僑民還有一非常特別的特色。其他僑商大部分住在城市，但福建人還送出數百萬子弟去別的地方從事開墾耕種，這些地方包括從中國內地到東南亞、加勒比海地區、加州的多處。但奇怪的是，這兩類僑民在十九世紀末之前幾乎彼此沒有關連，然後在那之後，兩者大部分受到西方殖民者的保護。

　　福建長久以來多岩崎嶇而人口稠密，因而，就如某中國官員所說，「人以海為田」。福建作為造船、漁業、貿易中心已有千餘年。即使森林遭砍伐而使造船業轉移到泰國之類的地方，福建人仍是東南亞主要的船運業者和貿易商。許多福建人還在東南亞諸王國和後來歐洲人在該地區的殖民

地裡，擔任收稅員、港務長、金融顧問。隨著運輸工具於十九世紀變得更為便捷，這些網絡更形擴大，例如前往加州淘金的華人，大部分不是來自貧窮、暴力最嚴重的縣分，而是來自福建、廣東省裡有人民僑居海外的縣分，這些縣的年輕人因僑民所建構的商業網絡之便，得以了解海外的最新動態，並取得赴海外創業所需的資本。經營這些海外活動的商號，通常是家族性商號，他們很能善用那些人脈。為了鼓勵僑居海外的家庭成員努力賺錢，將一部分錢匯回故鄉，他們常以返鄉可娶個萬中選一的美嬌娘為誘因；有些孤苦伶仃的年輕男子則獲俔以艱鉅的創業任務，並告知只要事業有成返鄉，就會正式成為養子。個別氏族往往專門從事特定種類的買賣，且將寶貴的經商技巧傳授給氏族成員；個人資產、商號資產有時分際不明確，原本可能引發磨擦，但親情和忠心大大降低了引發磨擦的可能。

在這同時，福建人還出現農業性移民，散居於中國、東南亞各地。在這點上，老家同樣扮演了挹注資源、協助創業的角色，重要的技能也可以轉移到移居地。福建種甘蔗已有數百年，福建人將這作物（或種這作物的新方法）帶到許多新地方，包括內地的江西、四川、海外的菲律賓部分地方、台灣、爪哇。事實上，福建人種甘蔗的本事名聞海內外，因而歐洲人還想方設法找他們到斯里蘭卡、古巴、夏威夷等多個地方，替歐洲人所經營的蔗園效力。

只要有福建農工前往的地方，通常會有一些福建貿易商跟進前往，以提供同鄉農工零售商品（包括合他們口味的米、辛辣調味品，乃至鴉片）、信貸，協助他們匯款回家。但儘管華商團體在東南亞勢力龐大，儘管當地有大片未開發的可耕地，儘管家鄉地狹人稠，叫人驚訝的是，這兩種離散族群並沒有更緊密的結合，特別值得注意的，華商幾乎未曾想過利用國內的勞力開發海外農地（但台灣的華商除外）。早在一六○○年時，馬尼拉的中國城，規模就和日後一七七○年代時紐約或費城的中國城一樣大，且附近有許多未開墾的農地，但鄉間卻未形成大型的華人聚

落，原因何在？

有個簡單但重要的因素，那就是中國政府不支持這類冒險事業。中國政府知道商業有助於維持華南的繁榮，但不信任那些離開中國這上國之邦而久久不歸的人民。而折衷之道就是禁止人民待在海外超過一年，對貿易商而言，這只是些許的不便（貿易商有時在待了兩個貿易季後得動用賄賂才能返鄉），但對農民則是很有力的嚇阻，因為農民得在國外待上更久的時間，才能賺回遠道而來所花的旅費，抱著大把錢衣錦還鄉（離鄉背井討生活者大多希望如此）。

還有一個同樣重要的因素，那就是中國政府無意對外殖民，致使海外僑民幾乎得不到祖國的安全保障。暴力排華活動頻頻發生，清朝政府雖偶爾表態支持暫時居留海外的「好」子民，對於離開祖國更久的「壞」子民，卻連表態支持都不願。華僑最佳的自保之道就是逃掉或賄賂，或兩種辦法雙管齊下，對原本就比較居無定所的貿易商而言，這並非難事，但對於農民，即使是事業非常成功的農民，也困難得多。

中國政府不只不願展示武力以施壓僑民居住國保護其僑民，還不願幫華商這麼做。誠如大家都知道的，歐洲國家准許民營公司（例如東印度公司、西印度公司）可以自行動用武力，奪占海外地區，設立政府，移民墾殖；至於華商，誠如明末鄭家所表現的，他們也有這樣的本事。華商所欠缺的是鼓勵他們這麼做的誘因。歐洲公司開闢殖民地所費不貲，但它們有辦法彌補這成本，因為只要是它們所生產出口的商品（菸草、糖之類），都絕對有國內市場可供消化。即使課徵重稅，利潤率低，這些商品在歐洲幾無對手與之搶食市場，因為需錢孔急的政府樂於阻擋其他國家殖民地的產品輸入，且歐洲的氣候、地理環境無法自行生產茶或糖。但中國政府增加歲收的需求較不迫切，因為鄰國國力都不如中國，而且一七七〇年代的大部分年分，中國有龐大的預算結餘。即使中國有意和海外華商合力，源源不絕輸入課以重稅的殖民地產品，也會發現窒礙難行，因為中國境內就有熱帶地區，生產許多糖和其他海外商品。面對國

內競爭，將商品回銷中國的華商不可能以高價銷售，因此就沒有理由冒著會賠大錢的風險，在海外從事最終會增加這些商品供應量的殖民開墾。

　　一八五〇年後，歐洲殖民統治更為穩固，日益工業化的歐洲母國，其內部需求遽增，情勢隨之改觀。清一色白人的新一代投資人，開始從中國（和印度）召募許多精於農耕的人，引進到人口稀疏的熱帶地區（從甫排水抽乾的湄公河三角洲到夏威夷等多個地方）。這些農人技術好，且低工資就可募得，因為他們在國內幾無地可耕。福建貿易商再度參與其中，或擔任勞力召募員，或開食品雜貨店，或開當鋪，或替出國工作的同胞撰寫家書，但他們不是首要推動者，也不是從同胞血汗獲利最多的人。這兩種華裔離散族群失去了替自己創立新「家園」的機會，在下一個世紀裡，將只能替那些夠積極進取於創立「新家園」者，擔任不可或缺但工資過低的助手（但非永遠）。

2 ｜中國朝貢制度

　　十九世紀歐洲人前來敲中國大門時，他們最大聲疾呼的要求之一，就是廢除「朝貢制度」。在這種制度下，外國人必須以貢使姿態到北京朝覲，通過繁瑣的覲見禮儀，才能獲准和中國通商貿易。歐洲人敵視這種制度，有部分源於朝貢外交象徵著他們與中國不是平起平坐的關係（當過美國國務卿、總統的亞當斯〔John Qunicy Adams〕甚至表示，要求外國使節跪拜才是鴉片戰爭的「真正起因」），他們也認為朝貢制度替講究實際的貿易事務強行套上禮儀的束縛，殊為可笑。十九世紀的西歐人，深信人天生就把追求經濟收益視為第一要務，他們認為，中國壓抑人的正常欲求乃是毋庸置疑的事實，若能「打開」中國眼界，使其接受自由放任（laissez faire）的觀念，必能造福中國，甚至為此動用武力亦未嘗不可。

　　但在朝貢制度下，浮誇虛華和務實精神果真扞格不入？更仔細檢視可知，兩者其實相輔相成，但前提是要承認，經濟活動始終是文化、社會實踐裡牢不可分的一環。

　　在清廷眼中，「對外」貿易與「國內」貿易並不如今人所認知的那麼涇渭分明。清廷眼中的世界，不是由主權各自獨立、各有自己法律、習俗、相對較穩固疆界的國家所組成的世界。相反的，他們認為普天之下只有一個真正文明開化的國家，即中國這個天朝上國，中國屹立於世，倚賴的是適用於普天之下所有人的法則和代表天庭統治全人類的一個統

治者（中國皇帝，即「天子」）。由皇帝本人和他所任免的文武百官直接治理的子民，構成人類世界的最內圈，他們按義務繳稅，但也可能自願（理論上這麼說）「上貢」。在局部同化的土酋長或國王治下的人，則構成第二圈（即使他們住在中國本土境內的丘陵地裡，周遭山谷裡有中國人聚落和軍營，亦然），這些人至少保有一部分自己習俗、法律。他們常常派貢使進京上貢，中國政府也鼓勵他們與中國進行民間貿易，且貿易品幾乎涵括所有商品。更外面又有一圈，由同化程度更低的統治者統治，他們進貢的頻率較低，收到中國所賞賜的回禮較少，民間貿易所受的限制較多。最外一圈是「夷人」，他們對於中國中心觀連口頭上的支持都不表示，遭完全排除於朝貢禮儀之外，若不是獲准在一兩處邊關從事非常有限的貿易（十八世紀的英國是廣東，俄國是恰克圖），就是透過讓自己商品混入別人貢品中，從事間接貿易（例如葡萄牙商品可能由暹邏國王買去，納入獻給中國皇帝的貢品中）。

藉由與貢使互換禮物，中國皇帝正式確認他們的統治者身分，但也清楚表明彼此的尊卑主從關係。來朝貢使一律得向他行跪禮，即使貢使由國王本人擔任亦然，但中國皇帝不必向貢使行此禮。此外，雙方交換的物品本身，帶有濃濃象徵意味。外國所進獻的物品，應當是中國所沒有的珍奇物品，且其價值來自擁有它們彰顯了皇帝的身分，而不在於其本身有何實用價值，例如明朝皇帝將珍禽異獸納進御獸園，藉此強化他們天下主宰的身分。皇帝所回賜的物品往往帶有高雅、文明的象徵意味，例如書籍（特別是儒家典籍）、樂器、絲織品、瓷器、紙鈔（中國獨一無二的發明，自十二世紀問世以來已通行數百年）之類。許多賞賜對進貢國的統治者非常有用，可供他們再賞賜給自己臣民，厚植政治勢力，且藉由提醒國內其他貴族，他們有特殊管道可直達天朝（世上許多地方所盛行之高雅品味的界定者），更形鞏固自己的統治地位。

因此，朝貢制度的設計和基本運作力量，源自對文化、政治、身分地位的關注，而非源自對追求最大獲利的關注。但在這同時，這制度也

為蓬勃的貿易立下基本準則。清朝認為暹邏國將稻米運到廣東（而非運來糖，乃至鴉片之類無用、奢侈的商品），乃是「很文明的行為」，為示嘉許，清朝更形擴大貢品貿易（暹邏人為此受益更甚於稻米運輸業者）。清朝藉此獎勵暹邏的忠心，而此舉也促使華南糧價被壓低了。

　　仔細檢視進貢使節團本身，我們發現道德秩序和經濟利潤在許多方面密切相關。不只隨進貢團進京的貿易商，帶來可在北京期間私下銷售的商品，就連皇帝賞賜的禮品也往往被迅速變賣出去（事實上，中國貿易商和某些外國人一樣，抱怨朝廷賜給外國人的東西不夠多，他們深知外國人就藉著將部分賞賜迅速變賣求現，以取得購買其他中國商品的資金）。藉由以貢品交換賞賜，許多中國商品的價值得到確立，使它們成為在國外奇貨可居的奢侈品，因為它們是皇帝所御賜的東西。

　　這現象不只適用於象牙筷子之類的物品（即使在用手吃飯的國家裡亦然），也適用於貨幣本身。中國政府印製過量紙鈔時（常有的事），受賜紙鈔的貢使，若拿紙鈔換取中國境內的商品，獲利甚微，但拿回國內，紙鈔仍可以引來欣羨，因而備受重視（但其價值與其上所印的面額無關）。因此，將中國紙鈔帶回國的人，是在追求無實用價值的身分象徵，又或者如任何精明的貿易商一樣，只是不想在紙鈔已過剩的地方用掉紙鈔？那這與帶回絲織品的人有何不同？沒錯，中國的印花絲織品可以穿戴在身上，紙鈔不行，但它們也和紙鈔一樣，具有眾所公認的高價值，且是幾乎和今日美鈔一樣難以偽造的價值；它們還是身分地位象徵，即使從來不穿在身上亦然。因此，絲織品既是上層人士的織物，也是貨幣的一種；在許多地方，可以拿絲織品來抵繳部分稅，甚至規定必須如此（約略一六〇〇年前，在中國本土確是如此，明朝皇帝常以大量的絲織品贈予蒙古人、其他潛在侵略者，換取彼此的和平相處）。因此，朝貢制度雖然明顯未將經濟利益放在首要考量，卻同時協助確立了一個廣大的共同市場，賦予該市場共通貨幣，界定了主流品味（此品味有助於打造出值得為其生產供應商品的市場），創造了時尚、行為兩者的標準（該市場裡的上

層階級，藉這些標準確認對方是可以交易的對象，而不致有損身分地位或冒太大的違約風險）。如今，這些功用或許分由許多看似不相關的市場參與者（從國際貨幣基金到聖羅蘭公司）來行使，但我們並未摒棄其中任何一項功用。在貢品貿易集中於北京的時代，這種貿易不因儀式化而失卻商業意涵，也不因具有通商貿易的實質而失卻儀式意涵。

3 ｜濫發通貨、實質成長

　　政府浮濫印製紙鈔有何危險，歷來探討的書籍汗牛充棟。但千百年來，相反情況所導致的問題，一樣處處可見：政府鑄造的錢幣（或合法錢幣）往往不足，無法滿足人民的需求。唐朝（六四五～九〇七）、宋朝（九六〇～一一二七）都是近代以前最興旺的經濟體之一，兩朝在遭遇貨幣不足的問題時，頻頻發揮巧思以為因應，其中就包括了以鉛、陶片為材質鑄造硬幣，更且首開先河，推出世上最早的紙鈔。令人驚訝的，笨重的硬幣反倒比看似先進的紙鈔存世更久，這其中就隱藏了一個令人吃驚的歷史教訓：便於使用的貨幣並不必然是複雜經濟所需要的貨幣。

　　基本癥結不難理解。「中世紀」中國的經濟成長太快，商業化太快，超乎政治體制和金屬供應所能應付。到當時為止，中國人使用紫銅、青銅、（更稀有金屬）黃金當錢幣已有千百年歷史，但經濟改變的速度太快，意味著有太多匯兌是為了供應硬幣而發生。光是十一世紀，官方每年鑄造的錢幣，就成長了十一倍，另外還有為數不少的私鑄錢幣，但仍然不夠用。鉛幣、鐵幣雖然使用不便，但鉛、鐵產量豐富的地方，仍使用這兩種錢幣；絲、茶等大宗奢侈商品則常充當「貨幣」用於大型交易。然後，充當「貨幣」的大宗商品，運送起來耗成本又有風險，為避開這些不利之處，收稅員和長程貿易商開始印製以大宗商品為本的紙鈔，於是運鹽到杭州的人，領到的貨款不是絲或銅，而是一張可在回家後據以換取絲或銅的紙（按：即「鹽引」）。然後，鑑於多種貨幣並行所引發的混亂、

詐欺、高交易成本，政府開始發行更多官方紙幣，規定它們可用以換取任何大宗商品，但貿易商只能使用這些紙鈔，不得另行印製。一○二四年，中國政府已開始印製通行的紙鈔（西方要再數百年才有同樣東西）。

只要再往前一步，即發行小額紙鈔以取代大部分量大而樣多的硬幣，就可以創造出我們今日所習見的那種貨幣體制，但中國未再走向這一步，為什麼？問題在於那時期的「貨幣」至少有三種功用，而這些功用往往彼此相衝突。「貨幣」是長距離大型交易的結帳工具，即用紙鈔來將稅款從省轉送到京城、為軍隊供應軍需、購買稀有奢侈品。在遠比當時歐洲更為受市場驅動的社會裡，「貨幣」又是每日數百萬筆小額交易順利進行所不可或缺的潤滑劑。然後，因為中國印製紙鈔的技術更優於東南亞和東亞其他國家（在印鈔、鑄幣技術上它們都不如中國），中國紙鈔又成為需求甚大的外銷品。

▲圖 1.2　唐朝、北宋紙鈔

紙鈔是大規模國內交易的理想工具，有各種錢幣所遠不能及的優點。高品質銅幣（和某些金幣）很適合出口，因為比起紙鈔，外國人檢測其真偽純雜更為容易，且可隨己意熔掉重鑄。因此，紙鈔、金幣、銅幣都有從本地流通市場流失的趨勢，特別是在從中國本土其他地方輸入必需品（如鹽）的地區，或無力上繳應繳稅款的地區。這些地區頻頻面臨現金不足的危機，於是眼前有需要就鑄幣，以茲因應。事實上，對這類地區而言，非常笨重的貨幣（鉛、鐵、陶），反倒是最理想的貨幣；因為將這類笨重貨幣帶走不大合乎效益，對在這些市場販賣商品的貿易商而言，還不如帶大宗商品回家划算。因此「舊錢」（junk money）不只確保貧窮地區能留下一些錢，以利當地的兌換線路（circuits of exchange）能持續運行不輟，還為這些地區欲平衡「進口」所需要的「出口」提供見不到的補助（在外銷「鹽」之類民生必需品的地區，「壞」錢不需要，且似乎較不普及得多）。因此前仆後繼的改革者欲抑制這些地方貨幣，卻總以失敗收場，也就勢所必然，如果真讓他們如願，反倒會是場大災難。事實上，在地方貨幣可用以兌換較正規貨幣（但兌換量有限制）的地區，的確發展出高度發展的市場，從而解決了大型互賴經濟體的需要與較貧窮地區「保護本地利益」需要兩者間平衡的問題。

長遠來看，紙鈔比笨重的錢幣更為脆弱。紙鈔要得到使用者足夠的信賴，才能流通於廣大地區，因此，加印紙鈔所引起的定期性通膨，對紙鈔實用性的傷害，遠大於過量鑄造受損的當地貨幣所帶來的傷害。紙鈔設計來供長距離大型交易使用，因此，一旦政局動盪（特別是十四世紀中期伴隨元朝瓦解發生的戰爭），阻礙了長程貿易，紙鈔的實用性就大大降低。長程貿易後來復甦，並於十六世紀達到前所未有的蓬勃，但就在這時，新的交易媒介白銀問世了。輸入中國的白銀，最初來自日本、越南、緬甸，然後來自美洲，且從美洲輸入的白銀，數量之多，前所未有。接下來的三百年，全球生產的白銀，有將近一半流入中國，供應鑄幣所需，這些白銀與原有的地方貨幣一起流通於市面，並未取代後者，

同時成為長程貿易的正規貨幣。在這期間，世界其他地方享用絲織品、瓷器和其他中國精品，若非中國的紙鈔實驗以失敗收場，他們是不可能買到這些東西。

直到十九世紀鴉片貿易逆轉了白銀流向，中國政府才又開始印製紙鈔。隨著較貧窮地區再度陷入白銀、紫銅短缺困境，青銅幣、鐵幣、其他地方貨幣再度暴增，令外國人大為驚愕。西方人認為中國政府對貿易從來不夠用心，無力創造出可靠貨幣，因此造成這場貨幣混亂。然而事實並不盡然，中國是個由多級經濟構成的複雜經濟體，這所謂的亂象，其實只是在重拾過去就有的機制，即能以任何單一貨幣都無力辦到的方式，促成各級經濟平順運作的機制。

4 │ 當亞洲就是世界經濟時

　　每個小學生都知道，哥倫布無意中踏上美洲時，其實是在尋找印度。但葡萄牙人在一四九〇年代時真的抵達印度。他們不像西班牙人在美洲那樣，一一征服所遭遇的當地社會，但他們的確促成以印度洋為中心的龐大商業制度逐漸動搖。

　　以亞洲為中心的這一世界經濟，自七世紀伊斯蘭教興起就已開始成形。第一代改信伊斯蘭的阿拉伯人，征服他們西方拜占廷世界的許多地方（特別是埃及、敘利亞）和東邊薩珊王朝（Sassanid）土地（今伊朗、伊拉克）時，只為經濟活動定下少許規則；開羅、大馬士革、巴格達、塔什干的穆斯林貿易商和非穆斯林貿易商（以猶太人或基督徒居多），經商方式一如以往。羅馬衰落後，溝通地中海、印度洋兩世界的通道為之中斷，但穆斯林的上述征服行動，使兩世界的中間地帶一統於哈里發治下，從而使兩世界再度能安全無阻的往來。

　　隨後幾代穆斯林透過武力將從西班牙到索馬利亞、西非、爪哇的廣大地區納入伊斯蘭版圖，印度人和其他民族的貿易網和西方、近東的貿易網連成一氣。在這帝國的邊陲，貿易商與更廣闊的世界貿易。貿易商在廣東、馬來西亞購買中國瓷器和絲織品。歐洲人將印尼的香料經紅海、地中海運回國。從東歐、土耳其、撒哈拉以南的非洲地區，則輸入其他重要商品，包括黃金（主要供鑄幣之用）、鐵、木材、黑人與白人奴隸。

　　沒有哈里發所打造的有限一統局面（特別是在貨幣上），就不可能有

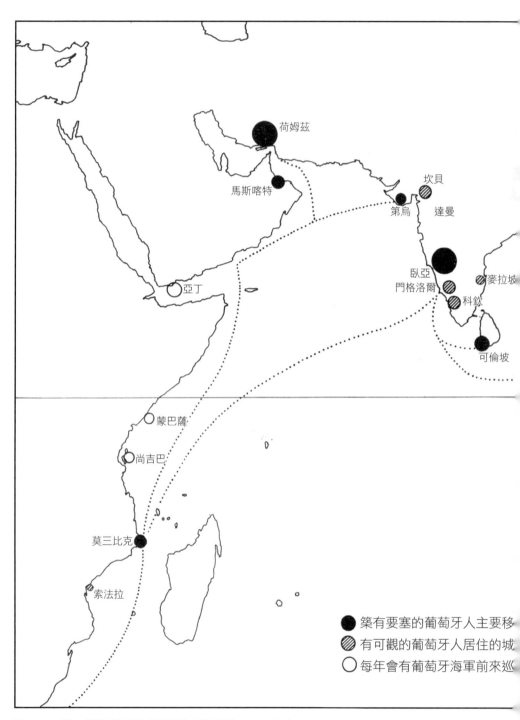

荷姆茲

馬斯喀特

坎貝

第烏　　達曼

亞丁

臥亞
門格洛爾　　麥拉坡

科欽

可倫坡

蒙巴薩

尚吉巴

莫三比克

索法拉

● 築有要塞的葡萄牙人主要移

◉ 有可觀的葡萄牙人居住的城

○ 每年會有葡萄牙海軍前來巡

圖 1.3　印度洋葡萄牙帝國地圖（西元約 1580 年）

長崎

胡格利

澳門

亞齊

麻六甲

香料群島

赤道

0　　　　　　　1500 km

0　　　　　　　1000 miles

的城鎮

來源：改寫自 K. N. Chaudhuri, *Trade and Civilisation in the Indian Ocean: An Economic History*, Cambridge University Press, 1985.

這快速蓬勃的貿易，也不會有城市上層階級對珍奇事物永無饜足的需求。但更重要的是伊斯蘭寬鬆的統治方式：只要乖乖上貢，地方統治者可以愛怎麼樣就怎麼樣。大部分統治者允許各種信仰的貿易商自由來往各港間。戰爭頻仍，但通常侷限於陸地，海上仍暢通無阻。在某港經商不順的貿易商，可以到別的港口另尋商機。海盜劫掠頗為常見，但還應付得來。往往按同民族或同信仰之關係組成的貿易商團體，設有保險基金，用以在人員落入海盜手中時支付贖金。綁架成為非常普遍的行業，以致十三世紀時，整個地中海地區，還有公定的贖金數目。

在這一由多民族、多文化、多信仰構成的世界裡，經商觸角遍及廣大地區。數百年後在開羅某猶太會所發現的猶太商會信件顯示，有個家族商號在印度、伊朗、突尼西亞、埃及都設有分支機構。此外，複雜的國際勞力分工也發展出來，抵抗十字軍的伊斯蘭戰士，身穿來自高加索地區的鎖子甲、佩戴以今日坦尚尼亞所開採的鐵、在印度熔煉的鋼劍，就是明證。長距離交易的商品，不只奢侈品，還包括麵粉、柴枝之類又大又笨重的民生必需品。密集的交易活動也促成知識、產品擴散到全球各地。原從東亞緩緩傳播到印度、部分美索不達米亞的種稻技術，這時引進了埃及、摩洛哥、南西班牙；高粱從非洲傳到地中海地區。棉花早在七世紀時就已從印度引進伊拉克，然後沿著貿易路線，從伊拉克傳到敘利亞、賽浦路斯、西西里、突尼西亞、摩洛哥、西班牙，最終抵達尼羅河谷。伊斯蘭貿易路線將造紙術從中國引進歐洲，將古希臘醫學傳回已失傳該醫學的歐洲。

葡萄牙人抵達時，這一體制已陷入困境。奴隸、不堪橫徵暴斂的小農、城市裡的窮人造反；外敵入侵；還有生態問題導致經濟萎縮、四分五裂。但貿易量仍然龐大，該體制所賴以運行的基本規則仍未動搖。這地區普遍認為海洋不屬於任何人，而葡萄牙政府是第一個攻擊這基本理念的政府，且是第一個運用武力改變貿易路線的政府。有三個戰略要地可以扼控當時主要的西向貿易路線，分別是麻六甲（位於連接印度洋、太

平洋的海峽中）、荷姆茲（位於波斯灣口）、亞丁（位於紅海口）。葡萄牙人航入亞洲水域不到二十年，就在其中的麻六甲、荷姆茲建立要塞（未能拿下亞丁，但在每年的航行季節期間成功封鎖該地）。他們還建造了許多沿海要塞，大部分位在印度。他們宣稱胡椒貿易為他們的專利，不容他人染指，凡是在這廣大海域航行的船隻都得有他們發的通行證，否則他們一律有權登船或予以擊沉。通行證要價低廉，但購買者得同意不買賣某些商品，同意抵制某些港口。

葡萄牙人口氣很大，但根本沒那實力。他們的殖民地始終很脆弱，因為它們都無法自給自足。事實上，大部分殖民地得以倖存，完全是因為它們太弱，對陸上主要強權不構成威脅；因此附近的王國樂於提供葡萄牙人飲食所需，以換取海上通行證和航海安全。對於膽敢侵犯他們專賣利益者，葡萄牙人的確予以嚴懲（擊沉船隻、炮轟港口、燒毀作物），但他們未能真正主宰印度洋。

十六世紀中葉，葡萄牙人遭到反撲。亞齊（Acheh）蘇丹率兵進攻陸、海，在印度貿易商協助下，一五四○年代重啟紅海貿易路線，十六世紀末期（在土耳其人協助下）一再圍攻麻六甲。不久，更強大的歐洲人出現：荷蘭人、英格蘭人。到了十七世紀初期，亞洲的葡萄牙帝國已日薄西山，無可挽回。但由重商主義、貿易戰爭、以歐洲為中心的世界經濟構成的時代，才剛開始。

5 ｜ 不識好消息

　　亞洲產品輸入歐洲，早在古希臘時代，甚至更早，即有。古羅馬道德家的著作，抨擊貴族「浪費」珍貴金、銀購買中國絲織衣物。今日大部分人提起一五〇〇年前的東西方貿易，腦海裡最常浮現的名字非馬可波羅（一二五四～一三二四）莫屬。這位威尼斯貿易商在中國和亞洲其他地方度過二十五年歲月。但在當時人眼中，馬可波羅更像是個異類而非開路先鋒。馬可波羅和他父親、叔叔待在亞洲期間，無疑頗有成就，否則不會帶著大批財物衣錦還鄉，但馬可波羅的事蹟，有太多地方與歐洲人的成見相抵觸，因而不受採信。

　　歷來描寫國際貿易的著作中，就屬馬可波羅的《遊紀》最有名於今日。這本著作已重印過數百次，且改編為數部電影；最近一份有關其學術研究的清單，厚達三百五十四頁。他在書中對中國、波斯、蘇門答臘、其他地方的介紹，大部分已證實為真（他對日本、爪哇等地的描述則較不可靠，因為引自道聽塗說）。但有很長一段時間，他的遊紀主要被視作虛妄的幻想，而非有憑有據的中世紀旅遊指南。

　　馬可波羅遭熱那亞人俘擄後，將遊歷東方的所見所聞告訴獄友，然後，其中一名獄友是傳奇故事的職業作家，由他將所聽到的形諸文字，以《遊紀》之名出版（馬可波羅遭俘時正值熱那亞與威尼斯戰爭時期，兩城為爭奪商業、海上霸權已打了數百年戰爭）。此後長達兩百年，馬可波羅的《遊紀》通常也被歸類為傳奇文學。馬可波羅死後不久，威尼斯

▲圖 1.4　馬可波羅畫像

的嘉年華會出現一位取名「吹牛皮大王馬可」（Marco of the Millions，別人為馬可波羅取的綽號）的小丑，講述愈來愈荒誕離奇的故事娛樂大眾；「馬可波羅」成為英語諺語，用以指稱謊言。在這期間，曼德維爾（John Mandeville，從未離開歐洲的十四世紀學者）的「旅遊日記」，一再再版，再版次數遠超過馬可波羅的《遊紀》，且內容遠更普遍受人相信，甚至在哥倫布、麥哲倫時代已過去許久，仍不乏相信之人。曼德維爾小心抄襲了其他許多旅行家（包括馬可波羅）的正確記述，但也抄襲了非常老掉牙的無稽之談，比如二十四公尺高的食人族、為人類主子開採金礦的巨蟻之類的。

　　為何馬可波羅的記述不受歐洲人採信？更令人不解的是，馬可波羅時代人們所不相信的東西，有許多在更早之前就已為歐洲人所知道。到當時為止，歐洲與東亞貿易已有千百年，但一直是透過中間人；此外，政治情勢的改變，已使當時的歐洲在國際舞台上日益邊緣化。東羅馬帝國覆滅，阿拉伯人、波斯人勢力崛起，走陸路經中亞輸入歐洲的絲、香料隨之銳減；這些商品轉而走海、陸路運到亞歷山卓。十世紀起，威尼斯已幾乎壟斷香料從亞歷山卓轉運到歐洲的生意，因而不想見到其他歐洲人另闢貿易路線取代亞歷山卓（威尼斯人與阿拉伯貿易商的密切關係，使他們在十字軍東征時代顯得相當異類，最後更變本加厲，開始「以上帝和穆罕默德之名」跟埃及人簽合同，而遭到教皇反對。只有少數威尼斯人乖乖聽話，不簽這類合同，但許多威尼斯人在臨終時立囑表示願將

個人獲利捐給教會，藉此「彌補罪過」）。直到蒙古人一統中亞，北方貿易路線才重啟，進而讓馬可波羅和其他歐洲人得以再進入中亞，進而首度直接接觸中國。

因此，馬可波羅所述及的自然奇觀裡，有許多（例如位於今亞美尼亞境內的巴庫油田）早已為古羅馬人所利用；但隨著羅馬帝國瓦解，歐洲人不再利用石油取暖，要到十八世紀，這一作為才重現於地中海地區（在馬可波羅之前，歐洲人已用石油製造炸彈，用於戰場，但一一三九年因不人道而遭禁絕；在凝固汽油彈於二十世紀問世之前，歐洲人大抵遵守這禁令）。但在馬可波羅時代，只有少數歐洲人知道這點，他所記述的事物，例如可燒來取暖的黑石頭（煤），被許多人斥為天方夜譚。但最讓當時歐洲人不可置信的，在於他留居中國的生活見聞部分，當時中國已成蒙古帝國的核心。

歐洲人當然知道蒙古人的驍勇善戰，因為成吉思汗的兵威遠及波蘭、匈牙利，若非汗位繼承問題迫使西征軍於一二二二年東返，蒙古軍說不定還會更往西挺進（譯按：此年分有誤，應為一二四一年底。一二二二年東返那次西征，兵威只到南俄羅斯。這兩次西征均非成吉思汗率兵親征）。成吉思汗的部屬統治印度、波斯、中亞許多地區，在馬可波羅之前，已有歐洲貿易商和傳教士和他們打過交道；經過蒙古人初期西征的屠殺，亞洲大部分地區在蒙古人統治下，局勢相對較安定，使馬可波羅一家三人和其他人得以重啟陸路貿易。但在大部分歐洲人眼中，傳說中富裕、不可思議的東方國度是印度；馬可波羅所描述中國的富裕、先進，他們猝然聽到，根本無法相信。對馬可波羅的威尼斯同胞而言，人口可能達兩百萬的城市（例如行在，即今杭州）、長逾一千六百公里的運河、靠紙鈔交易的經濟，根本是天方夜譚（威尼斯人才剛在馬可波羅出國期間建成他們第一個鑄幣廠）。

但馬可波羅所述及的種種新鮮事裡，最叫歐洲人困惑的，大概就是中國在沒有基督教作為道德基礎上，其公共安全和誠實交易竟比歐洲要

好上許多。歐洲人長久深信遠東有個傳說中非常富裕而類似烏托邦的國度，創建者是四處雲遊的基督徒「祭司王約翰」（Prester John）；但像馬可波羅口中的中國那麼不凡的非基督教王國，又和這傳說中的國度不合（即使馬可波羅和其他歐洲旅人已戳破祭司王約翰的傳說，仍有人深信不移；不久，一般人乾脆把這深信不移的烏托邦搬到非洲境內尚未探勘的地區）。

的確有一些貿易商和傳教士，繼馬可波羅之後來到中國，來到一個幾無穆斯林與他們競爭（而與印度不同）的國度。但馬可波羅口中的美好機會存世不久。他死後不到三十年，蒙古帝國就開始分崩離析，漸漸化為彼此互相征戰的幾個獨立王國，橫越中亞的貿易路線再度變得危險重重，馬可波羅橫跨歐亞大陸途中所見到的諸多大城，有幾個幾乎消失不見。在中國本身，明朝收拾亂局，恢復安定，但這個王朝對待外族、異文化的心態遠不如前朝開放。蒙古人身為中國世界觀裡的外圍分子，很樂於和中國人以外的民族交往；馬可波羅居留亞洲期間就曾在忽必烈汗朝廷裡任職。但明朝認為不需要外國官員，不久就採取措施限制各種對外接觸。

在歐洲人盲目無知而亞洲動盪不安之際，馬可波羅的《遊紀》似乎注定只能成為奇聞軼事，而無法成為商務指南。他在返鄉途中曾短暫停留蘇門答臘，並記下在當地的見聞。根據他的筆記，歐洲人所渴求的香料，其實就來自這裡，在這裡，歐洲人可以便宜買到香料，比威尼斯人在亞歷山卓所付的價錢還要便宜好幾倍。但他的威尼斯同胞不識這天大的好消息。

懂得把握這寶貴資訊的，反倒是威尼斯的諸位對手。史上第一個利用馬可波羅資料繪製的地圖，出自西班牙的加泰隆尼亞；外號「航海家」的葡萄牙亨利王子（Prince of Henry），他讀馬可波羅《遊紀》，愛不釋手；今日西班牙的塞維爾市（Seville），保存有此書一部，書中頁緣有熱那亞人哥倫布所寫的批注。

6│瓦礫堆裡的珍珠：重新發現泉州的黃金時代，約一〇〇〇～一四〇〇年

　　中國悠久的歷史裡，首都大部分的時間設在華北；首都吸引商人前來做買賣，它既是來自異地之某些奢侈品的龐大市場，亦是獲取在中國境外有銷路之其他貨物的地方。但華北境內像樣的天然港口極少，就連位在該地區的天然港口，都有廣袤且常變得幾乎無法通行之泥地的平原，綿亙在其與首都之間。因此，中國的遠洋大港出現在更南邊且較享有地利之便的海岸上，從位於上海附近的長江入海處，到廣州附近的珠江入海處皆是（內陸大港則出現在長江重要支流與主流交會處，和在約西元六〇〇年後連接長江流域與京畿的大運河沿線）。這兩個三角洲具有持久不墜的優勢，因此自古以來幾乎任何時候都擁有大港市：過去一千三百年的大部分時候，廣州一直是主要的國際港之一。

　　但在這兩個三角洲之間的數百哩長的海岸線上，沒有哪個地方具有絕非他地所能及的決定性天然優勢；因此有一連串港口出於政治、社會、文化因素而興起、衰落。而其中擁有比泉州還精彩之歷史者並不多。這個福建海港如今是中國的二線或三線城市，但從約一〇〇〇到一四〇〇年間是世界上最大港之一。一三四五年，抵達此地的阿拉伯旅行家伊本・白圖泰（Ibn Battuta）說，這座當時也稱作刺桐的城市是「世上最大港」。一二九二年，從泉州出發的馬可波羅（見第一章第五篇），說它是世上最大的兩個港之一（另一個是亞歷山卓），說那裡「商人雲集，貨物堆積如山的程度，非言語所能形容。」但這兩位著名旅行家到訪時，該港的黃

金時代——大概在十二世紀——已逝去多時。在鼎盛時期，此港的外國商人，包括穆斯林、印度教徒、大小乘佛教教徒、天主教徒和景教徒、猶太人、帕西人（Parsees）；如今仍可在泉州市找到濕婆和毗濕奴的像、來自波斯灣的某商人所捐贈的十二世紀穆斯林墓地的廢墟、一根十或十一世紀印度教的石陰莖（在中國文獻裡雅稱「石筍」）、一個泰米爾語、漢語雙語碑文。這個碑文頗值得注意，因為此碑宣揚印度教教義，但（從這兩種語文相對的書寫品質來看）雕製者幾可肯定是中國本地人（印度教在中國流行的程度遠不如從印度輸入的另一個宗教佛教，但還是在中國文化身上留下了印記）。

唐朝時（六四五～九〇八），大港是廣州，福建沿海大部分地區仍未開發：詩人韓愈於八世紀通過該地時，說那裡是大霧籠罩、有瘧疾與鱷魚的荒涼地方。但中國大部分人口仍位在北部，因此在比廣州更北的地方讓貨物登岸卸下，還是有其優點，尤以晚唐政局動蕩期間為然；在唐宋更迭之際的那段動蕩歲月（五代十國期間），泉州的確很繁榮，得到一相對較穩定的地區性王國（閩）的保護。宋朝（北宋九六〇～一一二七，南宋一一二七～一二七九）接管泉州時，忘了設官署管理泉州貿易，從而使泉州貿易嚴格來講變成非法。那也意味著朝廷忘了課徵視外貿為合法活動的地方所課徵的十五％的稅。一〇八七年，宋朝正式認可此港的存在時，它是帝國內最繁忙的港口，說不定還是世上最繁忙的港口。珍珠、香、棉布、胡椒、稀有木頭、松脂製品、異國食物和藥材（例如海參和燕窩），從阿拉伯半島到婆羅洲等多個地方運抵；瓷器、絲織品、錢幣和其他金屬製品則從此港流出。印度洋與南海之間的雙向貿易額極大，從而使開鑿多條運河橫越馬來半島以縮短貿易時程（並把貿易引向特定港口）一事變得有其必要，並為諸王國提供了財政基礎，使許多海盜巢穴得以生存下來。從泉州出發，足跡遠至斯里蘭卡、印度、東非的中國旅行家汪大淵，約一三三〇年時走訪了這麼一個由馬來人和華人共同掌有的海盜巢穴，並將所見所聞寫下——那是已知對今日新加

坡一地最古老的敘述。

這類大規模貿易讓許多人致富。其中不少人是外國人，但外國身分既未妨礙致富，也未妨礙取得權力。不管是哪個族裔的富商，往往都讓家中部分兒子學習中國古籍，以讓他們參與科舉考試入朝為官；最後，泉州所產的進士之多，在全國約三百個府裡排名第六。理論上，在宋朝社會裡，士的社會地位最高，商人最低，但實際上，最富有的商人與官宦人家自由混合、通婚；最成功的家族通常既有人作官，也有人經商（但未必在同一個世代同時從事這兩種行業）。宋朝朝廷也開始贊助通商訪問團出國，支持經過挑選的民間商人。許多官員出身泉州且有許多官員與商人有親緣關係一事，既有助於商人家庭拓展事業，也有助於這整個城市的發展。在這期間，泉州商人協助建造了一道新城牆；許多寺廟、清真寺、教堂；以及其他市政工程。他們也出資闢建了一部分的鄉村梯田，從而協助閩南發揮其有限的農業潛力。

不過，政治和安全方面的隱患揮之不去。泉州的衰落，似乎始於皇族的一個支系受迫於女真人入侵而從華北遷居來泉州，並開始要求該城不惜成本供養他們之時。但這方面的困擾終究不長久，更長久的威脅來自海盜。密布的珊瑚礁和島嶼迫使前往泉州的船隻一路上很多時候得貼著海岸航行，而多岩的海岸線密布著可供劫掠者輕易藏身的小海灣。航行於遠洋的商用「中式帆船」設計極為精巧，把成本和碰到意外受損的程度都降到最低，但航速慢，操縱不甚靈活，碰上海盜難以逃脫。宋朝朝廷忙於擊退一連串入侵的遊牧民族（包括最後入侵的蒙古人），在這方面沒幫上什麼忙；朝廷把超過八成的歲入花在軍事上，但那些錢絕大部分用來供養部署在北方陸界沿線的百餘萬兵力，以打擊陸上入侵者，而非打擊海盜。有些商人走自衛之路；有些則與海盜達成協議，如此一來至少能控制住損失程度；但無人能完全解決這麻煩。

商人面臨的陸上安全問題也日益加劇，於是他們招兵買馬，出錢建構龐大武裝。波斯商人似乎特別積極。最大一支傭兵隊被稱作「亦思巴

奚（yisipa）」。此詞似乎源於中國人對波斯語「sepah」的音譯，許久以後，在印度的英國人也根據這個波斯語創造出「sepoy（印度兵）」一詞。傭兵和雇用他們的主子往往都是外國人，但只要他們善盡職責，泉州居民，乃至有時恐外的宋朝朝廷，似乎都不以為意——暫時不以為意。

事實上，一二七六年南宋都城臨安（今杭州）落入蒙古人之手，南宋皇族逃往泉州之時，正是蒲壽庚這位阿拉伯裔中國穆斯林商人的私人水師拯救了南宋朝廷。他的家族從占城（今越南南部）來到泉州，他本人則因剿滅海盜有功而（一如他的某些祖先）獲朝廷授勛表揚。但蒲壽庚是個務實人，而走投無路的宋朝殘餘勢力行事太離譜，連他們的盟友都對他們離心離德。幾個月後，蒲壽庚就與他們反目，屠殺了約三千名南宋宗室，並受元朝招安，將泉州獻給蒙古人。

蒲壽庚受新王朝獎賞，任福建行省省政高職，直至一二九六年去世；他的兒子、孫子亦然。他有個女兒嫁給巴林人，而八十艘商船船隊將中東香（後來莎士比亞所謂的「阿拉伯半島的香水」）運到中國的業務，此巴林人也涉入甚深（蒲壽庚本人可能擁有超過四百艘船）。對中國境內外國人肯定不懷惡感的蒙古人，鼓勵泉州的貿易。在蒙古人統治下，泉州迎來第二個商業榮景（儘管繁榮程度不如第一次）——也就是這一期間的泉州，讓馬可波羅和伊本・白圖泰讚譽有加。那些通往印度洋和更遠處而且最有賺頭的長距離海路，有一些被受到蒙古王公恩庇且大大偏袒漢人以外族群的商會把持；但中國商人似乎繼續掌控較不引人注意但仍極有利可圖的對東南亞貿易。

對歐亞大陸許多地方來說，十四世紀是多事之秋（原因之一似乎是氣候變得較冷，季風減弱）；泉州也未能倖免。蒙古人的統治大位愈來愈不安穩，鄉村因叛亂而少有寧日，財務吃緊的朝廷濫發紙鈔，引發惡性通貨膨脹；貿易很可能緊縮；堤堰失修而潰決，造成水災；一三四五年瘟疫（可能是鼠疫）襲擊泉州，不久後肆虐歐洲和中東（歐洲的黑死病是否源於中國，學界仍未有定論，但可以確定的是致命流行病先襲擊了中

國數個地方，不久後瘟疫經由在克里米亞半島搭載了已被跳蚤上身之老鼠的商船進入歐洲）。到了一三五四年，元朝（一二七三～一三六八）已呈崩解之勢，地方軍閥日益坐大；有些軍閥仍宣稱效忠蒙古人，但有些軍閥支持叛亂勢力或本身就聲稱自己有權登上九五之尊。

一三五七年，泉州傭兵也造反；四年後，該城基本上脫離蒙古帝國自立，直到一三六六年為止。外國商人，至少包括蒲家一名成員，在其中扮演要角。或許有人會認為，與蒙古人決裂之舉，會使泉州的菁英得以和以鄉村為根據地、最後會和創立明朝（一三六八～一六四四）的叛軍取得和解，從而捱過另一次的改朝換代，但這一次，結局大不相同。

一三六六年，仍效忠元朝的地區軍閥陳友定攻占泉州；此後三天，他的士兵屠殺穆斯林和其他「西域人」（包括一些一輩子都住在中國的西域人和一些完全沒有外國淵源但倒楣有著「胡髮高鼻」者）。兩年後，陳友定的武力被新興的明朝趕走，這期間泉州迎來又一場殺戮和劫掠。叫人意想不到的，陳友定似乎既極為仇外，又耿耿效忠他的蒙古人上司；兵敗之後，明朝皇帝表示願授以高位，但他說寧要一死。

泉州的動亂未隨著陳友定的離去而結束。接下來四十年裡，儘管官府明令寬容以對，仍一再有仇殺外國人的情事零星發生。由於手上的史料有限，當地人對穆斯林或所有非我族類者的敵意，究竟在此類仇殺中產生了多大的推動作用，仍然不明——當地人對曾為蒙古人效命者的憤慨或當地其他民怨，其所發揮的作用則較為明確。此後，那些外族出身者，為求保住身家，選擇在泉州低調度日（如今有些人已開始重新申明他們的外族出身）。

從許多方面來看，在明朝這個新王朝統治下，這種處世心態是正道。畢竟，明朝統治者想要打造一個盡可能標準化、同質性、新儒家的國度。許多商業活動遭打壓，曾有一段時間，海外通商遭禁（儘管從未被完全阻絕）。泉州的民族、宗教多元表徵，有許多遭到抹除：例如數百尊石造印度教神像被挪去充當建材，直到二十世紀展開都市更新工程時將它

們挖出，才得以重見天日。對外貿易在十六世紀時再度興盛，但已由其他港口拔得頭籌。泉州透過貿易和向海外移民維持其與外界的深厚關係——如今該地區有些縣，作為僑鄉，其境內居民數，還不如在海外的在世後裔多——但過去作為外來多元移民的目的地，那種名氣或顯赫已一去不復返。

現代考古挖掘和學術研究為泉州早早就是多元國際城市一事提供了鐵證，但事實上，許多人難以相信泉州曾有這樣的過往。儘管許多清楚表明該城過去國際氣息的表徵已遭抹除，泉州的輝煌過往還是在中國留下雖然有時非具體可見但非常重要的影響，而且是及於此城之外甚遠的影響。

占城米，比中國本土米種更快成熟、更抗旱的東南亞米種，大概是經由泉州進入中國，並產生極大影響。這種米不只使許多原本不產米的地方得以產米，還因為這種米較快成熟，使農民得以在同一塊田地上一年有兩次收成（在某些地方甚至有三次收成）。在此後幾百年裡，隨著人口成長，每戶持有的農地平均面積變小，這一作為所具有的效益更顯重大。另一個促成重大改變的作物——棉花——也可能是（從印度）經泉州首次進入中國，儘管證據很含糊。早在西元五〇〇年，印度棉製品就被視為眾所艷羨的奢侈品出現在中國史料裡；晚至十四世紀中葉，上等棉製品在中國的價格仍是絲織品的數倍（中國絲織品在印度要價甚高，自然而然引來套利性買賣；此現象也提醒我們，絲織品並非「理所當然」比棉製品值錢）。但到了十四世紀，棉樹已在沿海多個地方變成本土作物，紡紗和織造技術都在不久前有了突破性進展，在帝國各地，棉布已漸漸成為尋常百姓的布料——和一年兩熟的稻田一樣在中國司空見慣。

與外界的龐大貿易額也已促使商人早在十世紀時就用紙鈔交易；這一點，加上金屬的出口，促使朝廷跟進，創造了世上最早的紙幣（見第一章第三篇）。中國人在約一〇〇年時發明的紙，在一〇〇〇年時才剛傳到南歐，要再過三百多年才會傳到阿爾卑斯山以北。福建商人和勞工赴海外

闖天下，以及這些「華僑」返鄉投資之事，當然也未就此成為絕響（見第一章第一篇）。

即使在明朝所特別著力去除海外「不淨」痕跡的文化和宗教領域，影響仍久久未消。開元寺（泉州最著名的佛教勝地），如今仍有一尊印度教猴神「哈奴曼」的石雕——中國家喻戶曉的小說人物「美猴王」孫悟空的塑造來源之一。明朝著名小說《西遊記》以赴印度取經為題（並大略以一名真的走陸路往西但走海路返鄉的法師的經歷為本），捧紅孫悟空，使他成為無數戲劇、民間故事、漫畫書和電視節目的主角——中國文化裡最易認出的主角之一。由於他會讓人聯想到出國遊歷，而且一副視權威如無物的脾氣，因而他的印度祖先藏身在常靠商人捐獻整修的泉州古蹟裡，尋常人不易見到，倒也頗有其道理。泉州最後被中國其他許多港口甩在身後，尤其在現代工程技術使沿海地理環境變得容易駕馭之後，但即使今日，國際性和將近一千年前的泉州一樣濃厚的城市，仍然不多。

7 | 阿茲特克貿易商

　　歐洲人終於抵達印度洋和南中國海時，發現了非常活絡的阿拉伯人、印度人、中國人貿易網絡。歐洲人要花上幾百年，才能打敗這些貿易商，取而代之稱霸亞洲、中東、非洲。但在美洲，西班牙人、葡萄牙人立即掌控了當地的長程貿易。美洲的原住民為何如此快、如此輕易交出貿易支配權？

　　過去，歐洲人有一些理論，用以解釋印第安人為何無能於貿易。比如認為印第安人天生較劣等、懶惰，尤其是不感興趣於獲利。又如印第安人共有財產的觀念強烈，喜歡自給自足，因而對歐洲商品和外面世界不感興趣。這些說法可以撫慰歐洲人的良心不安，卻少有符合史實之處。

　　事實上，哥倫布到來前，印第安人的貿易範圍極廣。哥倫布第一次航行初期，發現一艘來自他剛走訪過之內陸地區的獨木舟，正載著他們所剛取得要拿去銷售的西班牙貨物，划往鄰近部族。這絕非偶然，加勒比海地區島民商業往來頻繁。

　　但相較於中美洲的貿易，那還是小兒科。在中美洲，位於今新墨西哥州的原住民，帶著綠松石、銀到南方的特諾奇蒂特蘭（今墨西哥市），換取當地所製造的碗、小刀、梳子、毯子、羽毛製品，或換取阿茲特克人與鄰近部族所積聚的形形色色商品，包括來自韋拉克魯斯（Veracruz）的橡膠、來自恰帕斯（Chiapas）的巧克力，來自猶加敦半島（Yucatán）的豹皮、蜂蜜，來自尼加拉瓜的黃金，來自宏都拉斯或薩爾瓦多的可可亞、

黑曜岩，來自哥斯大黎加的黃金。中美洲貿易商隔著遼闊大海貿易，海上距離相當於從南西班牙到芬蘭。

以物易物、實物交易的需要非常強烈，促成橫越達三千多公里之遙的貨物交易。這是世上少有能及的成就，因為中美洲少有河川可將相隔遙遠的各族群串連起來。大部分人住在遠離海岸的大陸中央的高海拔山谷裡。科蘇梅爾（Cozumel）島似乎是猶加敦半島主要的貿易中心之一，但目前為止尚未在沿海地區發現其他的貨物集散中心。貿易中心位處內陸，彼此隔著崎嶇陡峭的山谷和三千至三千六百公尺高的大山。更不利於遠距離移動的是，中美洲沒有大型駄獸可幫忙運送綠松石、棉毯、可可豆（這點和人口稠密的世上其他任何地方都不相同），也沒有帶輪的運輸工具可用。數千人揹著貨物，走在危險重重的羊腸小徑上，一路翻山越嶺（見第二章第十篇）。

但貿易仍相當發達，專門從事貿易的社會階級波克泰卡（pochteca），因而得以在阿茲特克社會，乃至馬雅社會裡形成。波克泰卡住在特拉特洛科（Tlateloco）島，與貴族居住所在的特諾奇蒂特蘭相鄰。他們享有特殊免稅待遇，社會地位崇高，生活優渥。他們供貨給特諾奇蒂特蘭的市場，而其中有個市場曾讓西班牙征服者初見到時大吃一驚。征服墨西哥的科特斯（Hernán Cortés）報告道：

「此城有許多廣場，廣場上設市場，供從事買賣。其中有座廣場比沙拉曼卡（Salamanca，西班牙西部的城市）的廣場還大一倍，廣場周邊環繞拱廊，每日有六萬多人在拱廊裡做買賣，這些國家所製造的各種商品，這裡應有盡有。」

他的同袍狄亞斯（Barnal Diáz）則雀躍說道：「這裡的人潮之大，商品之多，處處井然有序，排列整齊，叫我們瞠目結舌，因為從未見過這樣的景象。」

既有如此琳瑯滿目的珍貴商品和人工製造品，如此複雜而密集的貿易路線，阿茲特克這個特殊的貿易商階級，這個嫻熟於貿易、能跨越多重語言障礙與人交談的特殊群體，為何在西班牙人抵達後猝然消失？為何未像亞洲、中東、非洲的貿易商那樣繼續活躍於市場？

　　原因有二。首先，阿茲特克、馬雅的商業雖然涵蓋遼闊地域且發展良好，卻不是真正的商品貿易。貨幣、私有財產的使用，仍在初始階段。商業是治國才能的進一步應用，貿易商基本上是政府官員。貿易商品大體上是透過武力或武力威脅強取來的貢品，而非追求獲利所產生的私人財產。因此，這個商業體制為政治性帝國效力，且大大倚賴帝國。阿茲特克或馬雅若沒有武力，就沒有貢品，沒有貢品，就沒有貿易。

　　西班牙人征服阿茲特克、馬雅，帶來驚人破壞，不只終結了兩帝國的政權，還摧毀了數座大城（特諾奇蒂特蘭的居民可能多達五十萬，十倍於西班牙最大城市），乃至鄉間原住民人口的大半。剩下的原住民不是遭西班牙人拉去做工，就是試圖躲進防衛嚴密的地方經濟體，遠離西班牙人主宰的世界。他們的奢侈品（如羽毛製品、獸皮），大部分引不起西班牙人興趣。西班牙人感興趣的當地商品，例如可可豆、黃金，其生產、貿易不久即落入西班牙人掌控。

　　短短數年，一個活絡興旺的大市場就消失不見了。印第安人遭斥為沒有事業心，遭排斥於經濟活動之外。全球貿易不只創造商業網絡，也摧毀商業網絡。

8 │ 原始積累：巴西紅木

　　放眼全球，少有國家的締造像巴西那麼倚賴世界經濟，更少有國家像巴西那樣因某種商品而得國名。例如希臘（原文 Greece，意似 grease〔油脂〕）和土耳其（原文 Turkey，另有火雞之意），從不輸出豬油或禽鳥。沒錯，有些產品的名稱得自產國、產地的名字，瓷器（china）就是大家耳熟能詳的一例。但巴西一名得自某種商品，即用來製作染料的巴西紅木（brazilwood，葡萄牙文 pau Brasil）。在這個遙遠的次大陸上，巴西紅木首先吸引到歐洲人的注意，但它的貿易榮景短暫，且開採不易。

　　不易的原因在於這種高大的染料木生長在濕熱的熱帶叢林裡，欲開採出來得將它砍掉，運到沿海地區。這當然需要工人。歐洲人未曾到熱帶地區做過這種苦活，自然想到召募當地人代勞。但他們發現難以說動當地人替他們工作。一五〇〇年時，巴西可能有多達六百萬的人口，且集中居住在沿海和河川附近，但當地男人沒有辛勤工作的傳統，女人又做不來砍樹、拖運原木的工作。

　　葡萄牙人所遇見的半游牧民族圖皮人（Tupi），生存憑藉大部分來自狩獵、捕魚、採集。農業活動原始，農活靠女人。勞力幾無分化，資本也沒有累積。圖皮人非常「落後」，沒有繳稅或替他人工作這回事。沒有階級劃分而營自給經濟的圖皮社會，也少有貿易活動，只製造簡單工藝品自用。

　　在部分印第安人眼中，貿易更像是競技而非專門行業。一五五〇年

代走訪巴西的法國胡格諾派教徒勒希（Jean Lery），記載了凶猛的魁塔卡人詭異至極的交易活動。別的部族，例如圖皮南巴人，想和魁塔卡人做買賣時，會將商品展示在遠處，魁塔卡人亦是。雙方如果同意交易，圖皮南巴人就將自家貨物（例如軟玉）擺在兩百步外的石頭上，然後走回原處。接著魁塔卡人走到石頭邊，取下軟玉，改放上自家製作的羽毛製品，退回原處。然後，圖皮南巴人再走到石頭邊，取下羽毛製品。接下來，交易變得有趣：

> 「每個人都取回交換的物品，走過他所最初出現處的界限，停戰協議立即破裂，接下來就看誰能抓住對方，取回對方所要帶走的東西。」

魁塔卡人跑起來快如獵犬，因而這場競賽通常由他們獲勝。勒希建議他的歐洲讀者：「因此，除非本地跛腳或患痛風或因其他原因而行走緩慢的人願意失去自己產品，否則我不建議他們和魁塔卡人談判或實物交易。」

當然，魁塔卡人是特例。大部分圖皮人願意交換某些商品，且不會在給東西後又希望索回。但他們的需要有限，他們沒有私人財產、商品或渴望擁有新物品的觀念。勒希與一名年紀較大的土著聊過之後得悉這點，土著很納悶葡萄牙人為何千里迢迢來尋找巴西紅木：「你們國內沒有木頭？」他不解地問道。勒希解釋這木頭是拿來製作染料，而非當柴燒，這時那土著問他們為什麼需要這麼多那個東西。勒希答道，「（在他的國家）貿易商所擁有的布、小刀、剪刀、鏡、其他物品，數量之多，超乎你能想像。」這個圖皮人思索了一會兒，然後若有所思說道：「你跟我講的那個有錢人，他不會死？」得悉法國人也會死後，這個老人家不解貿易商死後，留下的財物怎麼處置。勒希很有耐心地解釋道，財物遺贈給繼承人。這時這個圖皮人不想再聽下去：

> 「這下我知道了，你們法國人是一等一的大瘋子。你們遠渡大海，

忍受極大不便……這麼辛勤工作，就為了替孩子或比你們晚死的人積聚財物。養活你們的土地，難道不夠用來也養活他們？我們有摯愛的父親、母親、小孩，但我們深信我們死後，養活我們的土地也會養活他們。因此我們安心離去，不為未來多操心。」

開始展露經商長才的葡萄牙資本家，碰上他們所視之為落後的這種文化。他們不了解巴西原住民社會，不懂他們已有休閒導向、注重生態的先進價值觀。

對於歐洲人所要砍伐的樹木，圖皮人無疑認為讓其好端端立於林中較好。為了說服他們出賣勞力、搬運粗重原木，葡萄牙人、法國人利用當地傳統價值觀，試圖創造需求。首先，有些歐洲人本土化。有些葡萄牙人、法國人換成當地打扮（或者說像當地人一樣赤身露體），學當地語言，娶當地女人，以融入原住民社會，其作法和因船隻失事而流落荒島，並試圖按歐洲模樣改造荒島的小說人物魯賓遜大不相同（見第五章第五篇）。然後，他們利用當地人勞力互惠的傳統，開始將林木運到歐洲。這些歐洲貿易商還主動提供劍、斧。對好戰的圖皮人而言，這是很好用的兵器。葡萄牙人與特別挑選的村落結盟，提供他們武器，試圖藉由提高殺傷力創造武器需求。得到葡萄牙人武裝的村落，讓敵對村落感到威脅，法國人接著即利用這威脅，說服敵對村落與之結盟。於是，因為追求染料木，歐洲的戰爭重現於南半球這偏遠的熱帶叢林裡。

但歐洲人無法讓巴西人理解積聚財物和私有財產的觀念。韓敏（John Hemming）就記述了某耶穌會教士（推動資本主義文化的前鋒之一）的抱怨。這位教士不以為然地說道，圖皮人

「有滿屋子的金屬工具……原來不值一顧、因沒有斧頭開闢田地而總是在餓死邊緣的印第安人，如今想要多少工具、田地就有多少，吃喝不停。他們動不動就在村子裡喝酒、發動戰爭、大肆惡作劇。」

鋼斧的引進已讓所有巴西村民過起猶如歐洲貴族的生活。圖皮人的需求得到滿足，很難再利用他們來圖利。

葡萄牙人了解，如果不想只求足敷所需，不想只求溫飽，生活穩當，換句話說，如果想得到資金，他們就得另闢勞力來源。圖皮人勞力市場的規則，對原住民太有利。葡萄牙本土為數不多的人口，對遠渡大西洋到熱帶地區辛苦開墾興趣不大，在巴西的葡萄牙人轉而開始奴役巴西原住民。但同樣成效不大。許多圖皮男人厭惡農作，認為那是女人的工作，寧死也不願下田幹活。其他圖皮男人則靠著熟悉地形逃掉。於是，葡萄牙貿易商轉而將奴役目標指向習於在熱帶生活且習於農事的民族，即非洲黑奴。但購買黑奴的錢，超乎染料木貿易的利潤所能支應。於是，葡萄牙人改而開闢甘蔗園。巴西的「黃金時代」，就在染料木時代結束之際展開。染料木成為無足輕重的商品，原住民遭驅趕到更偏遠的內陸。如今，染料木時代的遺緒，就只能在巴西的國名裡尋得。

9 | 熱帶地區的一名英國貿易商

　　如果你是個年輕的利物浦貿易商，手頭有些資金，想出去闖闖，創一番事業，這時是一八二四年，你要協助率領英國貿易商，在南美洲攻城掠地。你知道巴西，知道這個富藏甘蔗與黃金的著名寶庫剛剛對外開埠通商，獨立才三年。你已聽到有貿易商提及要前去巴西，善加利用這新商機。而且跟巴西人貿易，再不必透過葡萄牙中間人。

　　事實上，身為英格蘭人，你將享有葡萄牙人沒有的特權。一八一〇年，葡萄牙國王與英格蘭簽署條約，以感謝英格蘭人在拿破崙軍隊入侵葡萄牙時，協助他和文武百官逃到大西洋彼岸的巴西避難。因此，身為英格蘭人，你將可以進入英格蘭人經營的特殊法庭，將享有特別低的關稅優惠。只要不要太招搖自己的信仰，你到了巴西仍可以信你的基督新教。在利物浦土生土長，你認識許多商人和英國製造商代理人。你跟他們有共通語言、習俗，受他們信任。你將可以擔任寄售代理人、裝運代理人，並將有特許管道取得英國的出口貸款。

　　這一新商機看來大有可為，但你知道風險不少。這個新獨立的國家紛擾不安，而且因為國際糖價暴跌，米納斯吉拉斯州（Minas Gerais）著名的金礦枯竭，該國經濟已蕭條將近十年了。

　　眼前有個前景看好的新產品，或許可解救巴西和你。歐洲人喝咖啡到現在已超過百年，而且消耗量愈來愈大。在十八世紀的大半時間裡，海地是全球最大的咖啡產地，但一場血腥的社會革命（譯按：

一七九五～一八〇五），葬送了海地咖啡生產的龍頭地位。古巴、牙買加繼之而起以取代海地，已頗有進展，但兩地都沒有巴西所擁有的廣大肥沃森林和為數眾多的奴隸。咖啡在將近一百年前引進巴西，這時里約熱內盧的丘陵上已是滿山遍野的咖啡園。

巴西的確是追名逐利的英格蘭人施展抱負的絕佳國度。巴西在許多面已經歐洲化。受葡萄牙人殖民統治超過三百年，巴西採行葡萄牙法律和習俗。作為外銷導向的殖民地，巴西經濟長久以來鎖定外國市場。但巴西也是全球最大的奴隸社會，擁有奴隸超過百萬。儘管你的祖國英國已明令禁止大西洋奴隸買賣而且你許多同胞反對這項買賣，你或許不用擔心在奴隸國家做買賣是否有失道德，但在這個異國的奴隸文化裡做生意，你會碰上什麼困擾？

巴西沒有銀行。除了以政府為主要放款對象的國營巴西銀行，貸款都是看個人交情。貸款通常利息高，期間短，且要以奴隸為擔保品或靠種植園主的個人信譽才能借到錢。咖啡園主雖有大片土地，但鄉間不動產不能充當擔保品，因為土地劃界不明確，契據有瑕疵，而且法律體系是種植園主所精心擬定，要取消抵押品的回贖權利，幾乎不可能。在這種種因素下，除非與園主個人有交情，否則不可能借錢給園主。內陸運輸條件非常糟糕，可能花費好幾個星期走了數百上千公里路，還很難見到種植園主。

一群中間人應運而生，負責移轉信用，將咖啡運到港口，代收帳款，從中抽取佣金。巴西人稱這類代理商為「comissário」。這些人大部分是葡萄牙人，從你和其他出口商那裡借錢，轉而替他們的咖啡園主客戶開立帳戶。他們把運抵里約的咖啡賣給裝袋工，裝袋工將咖啡混合、裝袋後賣給你。但你得仔細檢查這些袋裝咖啡，因為這裡沒有政府或咖啡交易所檢查品質。事實上，採摘者和種植園主將枯枝、石頭塞進裝運的咖啡裡，早是眾所周知的惡行。此外，這裡沒有品質標準、沒有一致的土地丈量標準，且資訊短缺。政府鮮少涉入內陸，種植園主記帳很少確實，

因而咖啡產量的數據極不可靠。還有一非常嚴重的缺點，即咖啡產量因年而異，前後年相差有時超過百分之五十。由於沒有倉庫（不管是哪種大小的倉庫），產量過剩可能導致價格暴跌，欠收則可能使價格暴漲。

在英格蘭，有些客戶發給你九十天期的票據，供你用來支付帳款，借錢給抽佣代理商。巴西長久以來作為殖民地，且為了輸入約三百萬黑奴付出龐大開銷，因而當地幾無資金可借，你得向國外借款。

當然，這對你有利，因為你的優勢就在國外關係。但要把咖啡賣到國外，會面臨一些嚴重問題。里約當地的供應與價格變化莫測，國際價格也是。歐洲或美國都還沒有咖啡交易所。價格是在街上當場敲定。最新價格的消息，可能要等幾個月，由快速帆船送抵里約。而且船何時會進港運走你的出口咖啡，不是你能確定的，因為沒有定期停靠里約的航線。所幸工業革命正替咖啡開闢廣大市場，那市場之大，足供你和古巴、牙買加、爪哇的競爭同業分食而綽綽有餘。

較不確定的是進口貿易，而你也玩票性質地在做些進口貿易。該國人口絕大部分住在鄉村，奴隸可能占了人口三分之一，且大部分人不用貨幣交易，因而國內市場很小。供貨無法確定，不只是因為船期不穩定，還因為碼頭、燈塔破舊，致使貨物常在運送途中毀壞。海關則是糟得讓人搖頭！即使識時務用錢打點過，貨物仍可能留上幾星期才放行。此外，由於運送緩慢，貨幣不多，巴西、葡萄牙的零售商要求取貨後六個月才付貨款。在這個新市場，如果對某些產品的需求估計錯誤，你可能血本無歸。當地法律制度讓人很難撤銷贖回抵押品的權利。

在這樣的客觀環境下，你和你的英格蘭同業將能掌控整個十九世紀的貿易，也就不足為奇；叫人驚奇的是，你冒別人所不敢冒的種種風險，頭一個去開創咖啡市場。

10 ｜女人如何做買賣

　　說到如何讓派赴國外的員工長保工作幹勁，即使在今日，仍常讓企業覺得棘手。但眼下，我們要探討一個更早的跨國企業，十七、十八世紀的荷屬東印度公司。該公司設在印度、東南亞、日本、台灣的分部，地處偏遠，荷蘭女人不願居留；為該公司效力的男性職員，大部分很願意娶當地女人為妻，但這麼做也產生了特殊問題。這種異國婚姻帶有文化隔閡，因此，看到男方寫出的私人信件裡，滿是在抱怨要將這些女人「馴服」成符合荷蘭標準的賢妻有多難，大概不會太讓人驚訝。反倒是這些女人擁有經商大權，讓東南亞的荷屬東印度公司、荷蘭歸正宗教會、其他歐洲人難以撼動一事，可能還更讓人驚訝。這其中許多女人，是靠著自身本事發達致富的貿易商。

　　早在歐洲人來到的許久以前，四面環海的東南亞地區（包括現今馬來西亞、印尼、菲律賓）就已有蓬勃的長距離貿易。其中許多貿易商是女性。在有些情況下，因為經商被認為是太卑賤的職業，不是上流階級男人所應為，但經商利潤又太誘人，叫上流人家無法完全割捨，因而給了女人經商的機會（有些上層人士鄙視經商更為強烈，認為貴族女人也是地位崇高，不應自貶身分到市場跟人實物交易或到華人聚居區，即許多長距離貿易的交易處做買賣；但他們並未不屑於督導奴僕代她們執行買賣事宜）。十六世紀的馬來諺語，說明了她們極看重教導女兒如何計算、賺錢。

更普遍可見的是，這些社會通常允許女人掌控自己財產，讓她們在擇偶上有相當大的發言權，且常相當程度地容忍她們與別的男人私通。甚至，有些女人因為要離家遠行，不得不允許她們自主決定要不要生下小孩（當時能用的墮胎方法原始，包括服草藥、從岩石上跳下以導致流產，乃至偶爾殺嬰等）。十五世紀遍及這地區的伊斯蘭傳教士，以及一百年後跟進到來的基督徒，都震驚於這樣的現象，而且都希望管束這種女人。

但儘管有這些種種令人疑懼的事，葡萄牙人（最先在此立足的歐洲人）發覺，若要建立有利可圖且可長可久的殖民地，和這類女人通婚乃是不得不採取的手段之一。荷屬東印度公司有時找到願意前來東方的女人，但全來自荷蘭孤兒院，乃至妓女戶，而且撮合這些女人嫁給派駐亞洲的男人，男人也不滿意，最後東印度公司不得不打消引進荷蘭女人的念頭，轉而將目標鎖定更早先葡萄牙人、亞洲人所生的混血女兒。她們至少會一種西方語言，且至少名義上是基督徒。許多這種混血女人也已從母親那兒知道，在這個日益跨國化且常訴諸暴力的貿易世界裡，嫁個歐洲人丈夫，大有助於保護她們的商業利益。巴達維亞（今雅加達）荷屬東印度公司評議會的評議員，就往往是這些女人裡最有錢者特別中意的婚配對象，因為他們雖然絕大部分不是有錢人，但嫁給他們後，靠著丈夫的職位，極有利於防止荷屬東印度公司的法規和壟斷權干擾她們的生意。因此，撮合有權有錢者跨族通婚，相對來講較容易；但要讓如此造就出來的家庭聽阿姆斯特丹當局的話，也變得更難。

荷屬東印度公司的主要目標當然是獲利，而確保獲利的最佳辦法莫過於壟斷各種亞洲貨物（從胡椒到瓷器）輸回歐洲的貿易。理論上，這公司還主張（至少斷斷續續主張），有權對參與更大範圍亞洲內部貿易的所有船隻，包括東南亞女貿易商的船隻，發予航海執照、課稅（或擊沉）。但海洋的遼闊，加上有不少競爭對手，這一制度根本無法落實，而且荷屬東印度公司還得應付神通廣大的內賊。該公司大部分職員不久就發現，把貨物走私回荷蘭風險大且不易，但在亞洲內部從事非法（或半非法）

貿易，卻可賺得比死薪水高上好多倍的錢。這時，他們的妻子就成了如此發財致富的絕佳憑藉：她們熟悉當地市場，與當地貿易商有良好關係，又往往擁有可觀資本，能將家族生意時時緊握在手中，不致遭該公司突然轉移到別人手中。

對一些居心特別不良的荷蘭男人而言，這就給了他們利用文化差異從中套利的機會，也就是說，利用東南亞女人相對較高的地位大賺其錢，然後可以利用她們在荷蘭法律底下較低的地位，將家產全掌握在自己一人手中，然後甚至可以回荷蘭，娶個「體面」的老婆，安定下來（荷蘭法律雖對男方有利，但如果女方高明運用她檯面下的影響力，藏好她的資產，男方未必能順利得手。就有這麼一個例子，男方最終掌握了妻子大部分獲利，卻是走了十九年的法律訴訟才如願）。

但男人有荷蘭法律、教會當強有力的靠山，女人則有地利之便。在印度、東南亞的外國人常壯年早逝，留下有錢的遺孀。這類女人常成為下一批前來的歐洲冒險家熱切追求的對象，使她們得以在再婚協議時占上風，保住婚後至少部分的自主權；許多女人因丈夫早死，一輩子嫁了三四個男人。在巴達維亞，有幸活得久的荷蘭男人非常少，這類男人很有機會在荷屬東印度公司裡爬升到高位，變得非常有錢，離婚再娶。他們所娶的最後一任妻子往往比他們年輕許多（一旦爬升到高位，就不需要再娶個地方關係特別好或特別有錢的女人），因此，他們死後，往往留下一小群非常有錢的寡婦。而這些寡婦的放蕩，常叫那些恪守喀爾文教義的荷蘭男人驚駭反感。

從一六一九年創立巴達維亞直到十九世紀末期，荷蘭衛道人士和壟斷資本家不斷在努力「馴服」這些女人，而最終至少有所成；例如，較後幾代女人似乎比前幾代女人更遵守歐洲的兩性道德觀。隨著長距離貿易欲成功需要更大的資本規模，更大範圍的國際往來，歐洲公司和它們的華人、印度人經商夥伴（全是男性），也愈來愈壓縮這些女人做生意的空間。

最後，隨著十九世紀末期的諸多新發明問世（包括蘇伊士運河、電話、冷凍運送、預防注射等），歐洲人愈來愈能在東南亞過起道地的歐式生活，於是，新一代荷蘭官員上任時選擇帶妻子同行，或打定主意不久就能返國，到時再娶個本國女人。儘管如此，歐亞混血女人所經營的貿易，在地方與地區經濟裡仍舉足輕重，例如許多這類女人從事房地產買賣和放款業務，藉此將丈夫的經商利潤投注於東南亞貿易城市周邊地區的地方發展（叫人意想不到的是，她們之所以一直保有這利基，有部分是因為許多這類女人的丈夫抱有種族歧視觀念，盡可能不想和當地人打交道）。

直到十九、二十世紀之交，這一領域仍未消失，經營該領域的人仍不肯交出大權。印尼小說家普拉姆達亞・杜爾（Pramoedaya Toer），就以深刻有力的筆法刻畫了一個這樣的女人。小說中，女主人公為了保住她所經營多年的生意（和小孩），和半發狂的荷蘭丈夫、丈夫在荷蘭家鄉的「合法」家庭，持續抗爭了許久。這個虛構的女人，最後就和現實生活中許多和她一樣處境的人，以失敗收場；但三百年來，就是像她這樣的女人，建造並維繫了她們丈夫所聲稱歸他們所有的那個世界的一大部分。

11 | 交易與折磨：世界貿易與現代初期法律文化

　　人與人要能貿易，彼此就得有一些共通的遊戲規則。但碰上商品受損、價格突變，或其他意外，誰該付錢？該付多少錢？不同社會就有不同看法。如今，詳盡周全的合約、商業條約、國際法，涵蓋了大部分可能情形的處理原則，但在十六世紀的東南亞港口，幾無這類東西。由於印度、歐洲，特別是中國，對東南亞香料的需求暴增，可用來購買香料的白銀（大多來自日本、秘魯）增加，東南亞全境的貿易大為蓬勃，商業法迅即應運而生，但如此的商業法，卻未必合乎你的期望。

　　在東南亞大部分港口，貿易商按民族出身編入不同商會，每個商會有個會長，會長負有排難解紛、維持秩序之責。因此，假如古賈拉特貿易商和荷蘭貿易商起爭執，各自商會的會長會先碰頭解決紛爭。這對貿易商有其不利之處，因為他們往往失去為自己發言的機會，可能落得犧牲自己利益以成全商會更大利益的下場，或者淪為會長滿足政治野心的犧牲品。但若不如此，改上國王的法庭打官司，傷害可能更大得多。雙方的證人可能遭拷打，互執一詞的糾紛常以折磨解決，因為當地司法觀念認為，上天的力量會讓誠實的一方更能忍受折磨。例如，在亞齊，有一解決紛爭的常用辦法，要訴訟雙方各伸出一隻手放進熔融的鉛液裡，找出表面寫有神聖經文的一塊陶片。

　　這類方法不必然就比歐洲所用的方法更為「落後」，畢竟當時的歐洲正是以火刑伺候女巫的時代，嚴刑拷打逼供，在歐洲許多地方司空見慣。

例如，有個因走私在中國被捕而最後上訴獲釋的葡萄牙水手，就對中國司法制度比他祖國要更公平得多，大呼不可思議。叫他特別印象深刻的是中國法庭讓訴訟一方反詰問已為對方提供證詞的證人（他認為這可防範賄賂），以及每個人可以把手放在自己信仰的聖書上發誓（這作法在其他國家根本是天方夜譚）。

但是，流通多種語言而不得不包容宗教差異的貿易中心，更特別突顯了倚賴發誓、折磨、超自然力查明真相這些作法的不合時宜。由於東南亞有許多各自為政、相互競爭的港口，且每個港口渴望吸引貿易商以它們為貨物集散地，藉以獲取收入，十六、十七世紀的貿易繁榮因而大大鼓勵了它們採取新的司法制度。

這一蓬勃發展的貿易也促成東南亞地區許多人改信伊斯蘭教，因而採用新法典時往往以可蘭經為本。這一作法或許令華商，特別是歐洲貿易商不悅，但他們也不得不承認如此一來，紛爭的解決有了更好的一套辦法。判決時愈來愈常參考成文法或先前的判例；公開詰問證人的情形變多，還有，在各大港口，拷問逼供的情形變少（這大概是最令外商寬心的變革）。這種新司法還開始適用於與外國人無關的案子，甚至有跡象顯示已擴大適用於鄉村地區。

但到十八世紀時，走在進步之路的司法突然調頭，嚴刑拷打再度愈來愈普見於許多城市，愈來愈常聽到有人抱怨法紀蕩然和種族間暴力相向。何以致之？

貿易模式依舊是這一改變的中心因素。十七世紀中葉，中國、歐洲都出現經濟大蕭條，對東南亞產品的需求暴跌，關稅收入驟減，許多王國變得愈來愈鄉村化，愈來愈不能包容異族和異族文化。更糟糕的是，一心欲壟斷貿易且有槍炮為武器的歐洲貿易商（特別是荷屬東印度公司），勢力變強，迫使愈來愈多剩下的貿易活動，由他們的船隻攬下，在他們築有防禦工事的城裡進行。東南亞其他港口，或因為遭歐洲槍炮的直接摧毀，或因為沒有營收，而隨之衰落；這些城市變得較不受統治者

看重，這些城市所曾具體實踐的那種較世俗化、較包容的生活方式，也遭到同樣命運。諷刺的是，在當地國王成為傀儡，歐洲貿易公司才是幕後真正掌權者的地方，這情形往往最為糟糕。在這種地方，歐洲貿易公司為了盡可能壓低行政管理成本，往往試圖根據「當地習俗」來統治，因為他們認為那是最易施行的法律。對當地習俗的情有獨鍾，往往促成他們把看來最「古老」的習俗一律重新啟用，且竭力貶低他們所稱之為「外來東西」而較晚近、較先進、較城市作風的習慣作法（這些歐洲統治者還太一廂情願地認為，最「野蠻」的習俗就是最「正統」的習俗；如果讓習俗在某些地方成為統治準則，因而把愈來愈多生意趕入為數不多的歐洲據點，那對他們歐洲人也是好事一椿）。隨著殖民行徑的盛行，對外貿易不再成為這整個地區開啟司法改革的助力，反倒擴大了「先進」、「落後」兩種司法制度的鴻溝。

12 │ 遊走各地的業務員和收稅員

　　今人常認為自己所處的時代是特別四海一家的時代，尤其在經濟方面；金融、生產、消費品味的全球化，國與國之間的疆界愈來愈不重要，成了今人的老生常談。但對某些企業家而言，先前的某個時期、某個地區（從約一五〇〇年到一七五〇年的中東、南亞、東南亞），還比今人所思考的世界，更大大近似於無疆界世界。而對那時期遊走各地的許多貿易商而言，這無與倫比的收穫，乃是他們密集涉入僑居國的政治所致，而非市場（具有無視民族藩籬的特性）形成所造成。

　　這些企業家（大部分是波斯人、華人）散居於印度洋世界的各地，在今日莫三比克、印尼和兩地之間的許多地方建立據點。他們經手的貨物，從紡織品、穀物到黃金、鑽石，幾乎涵蓋了當時所流通的各種商品。但他們之所以能打入一個又一個王國的政治圈，靠的是他們能提供另一種服務的本事，而這種服務，在今日，通常只由本國人擔任，那就是替國家收稅。他們擔任稅款包收人，為了回報統治者賜予他們和他們員工自由經商的權利，他們與統治者簽定合約，同意在特定期間內對議定的一定數量貨物課稅，以上繳規定的稅額。

　　從一五〇〇年起，幾乎每個濱印度洋的國家，都將至少某些稅的收集權拍賣出去；東南亞地區的收稅權拍賣，華人企業家拿下許多，波斯人只拿到一些，但在其他地區，收稅權拍賣大部分由波斯人拿下。一旦獲委任為稅款包收員，獲賜予伴隨這職務而來的重要權利（例如在負責

收繳關稅的港口檢查每樣進出口貨物的權利），他們在經商上，就比行事較傳統的貨運業者、大貿易商、金融家、套利貿易商，更占了令人艷羨的優勢。一旦獲得以上繳大量稅收的責任，或已上繳資金給需錢孔急的統治者，他們往往還在不期然間當上了現代國家所鮮少授予外國人的其他職務，例如當上陸軍、海軍將領，負責募集軍隊保護「他們」國家所聲稱不容他人侵犯的領土或貿易。歐洲人抵達印度洋地區時，也常發現這些政治貿易商是他們所不可或缺的中間人和貿易夥伴。

　　就拿阿德斯塔尼來說，他於一五九一年生於波斯，一六二〇年代出現在印度蘇丹國戈爾孔達（Golconda），靠販馬致富。在現代人眼中，「販馬」或許表示在露天大市集裡叫賣的小生意，但在十七世紀的南亞，遠非如此。隨著發祥自波斯的蒙兀兒帝國（譯按：蒙兀兒帝國與波斯文化淵源深厚，宮廷用語是波斯語，蒙兀兒一詞也是波斯人對蒙古人的稱呼，但該帝國是蒙古裔所創建），致力於在今印度、巴基斯坦、孟加拉、阿富汗境內極力擴張領土，其他國家（和國家聯盟）也致力擴張版圖，以積累足以抵抗蒙兀兒人入侵的根基，印度次大陸上的戰爭規模從十五世紀起（譯按：應是十六世紀起，因為蒙兀兒帝國創建者巴布爾於一五二五年入侵印度）急遽升高。當時有兩種攸關作戰成敗的東西，但印度次大陸上沒有一個國家能自行生產，馬就是其中之一。他們必須從阿拉伯半島、波斯或中亞進口，才能取得足夠的戰馬，開銷非常大（另一項主要的軍事輸入品是新式火炮，一五〇〇年後可以從歐洲貿易商處購得）。事實上，馬大概是白銀以外，當時印度最大的進口品（但為了購進更多馬，許多白銀又外流出去），且因為印度大概是一五〇〇至一七〇〇年間全球最大的出口國，馬成為世界貿易網裡牽一髮動全身的重要商品。馬攸關國家安全，因而次大陸上幾乎每個國家都極力干預馬匹買賣，往往將其納入國家專賣事業。因此，有意成為販馬大貿易商者，大概有兩個選擇，即想辦法在馬匹進口國謀個一官半職，在朝廷裡玩權術耍手段以包攬販馬生意，不然就是改行做別種生意。

阿德斯塔尼在朝廷任職後（戈爾孔達的穆斯林統治者偏愛用波斯穆斯林，而較不喜印度本土貿易商），很快就靠著耍手段覓得另一個大有賺頭的特許權，即經營戈爾孔達數座著名鑽石礦場裡的其中一座。藉此發達致富後，他決意幫蘇丹主子取得作戰最不可或缺的東西：錢。

隨著兵員變多，裝備更新穎，戰爭開銷也升高。因此，統治者需要從商業、農業榨取更多稅收。有些國王嘗試自行下海做貿易，但大部分國王發覺發執照給現有貿易商，把執照申請規費和關稅的收集職責賣給其中一名貿易商，更為划算。這個人因職務之便，最清楚業界虛實。一旦獲任命，他就可以輕易圖利自己，例如壟斷資訊，扣押對手的貨物，同時繼續賣自己的貨，乃至指控對手「走私」。

一六三〇年代時，阿德斯塔尼出任某省省長和稅款包收員，當時印度東海岸上最大的港口馬蘇利帕特南（Masulipatnam）就位在該省境內。亞洲人、歐洲人帶著世界各地的其他珍貴商品，來到此港交換紡織品，這些珍貴商品包括東南亞的香料、東非的黃金、西非的奴隸、美洲大陸的菸草和糖、歐洲的白銀。身為此港的關稅業務主管，阿德斯塔尼很快即和英國人、荷蘭人、葡萄牙人搭上關係（但這些歐洲人彼此常起激烈爭執）。為討好阿德斯塔尼，荷屬東印度公司授予他的船隻在該公司所巡邏海域的安全通行證，那是大部分海路貿易業者所無緣享有的權利。靠著這通行證，阿德斯塔尼的個人貿易帝國很快就往東擴展到緬甸、印尼。他既靠著官方特許，在戈爾孔達鄉村經濟裡扮演呼風喚雨的角色，又與這些國際同業有密切往來，兩者相輔相成，使這一人獨有的聯合大企業勢力更為擴大。

在印度洋海港經商的外國人有個困擾。他們何時能來，何時得走，全看季風的轉換而定，自己作不得主，但要購買他們所珍視的印度精緻紡織物，他們得在數月前就下訂。為支付龐大訂金，這些公司陷入資金緊俏的困境，一旦織工或中間商拿到訂金後跑掉，它們就難逃倒閉厄運。這時候，如果有個像阿德斯塔尼這樣的當地人當夥伴，風險就會降低許

多。這樣的人不只現金滿滿，還已標到向一些紡織村收繳土地稅和其他稅的權利。戈爾孔達不倚賴各村子裡的上層人士收稅（他們與同村村民關係較親，而與朝廷關係較遠），而讓阿德斯塔尼承包收稅業務，藉此反倒讓國庫更豐；而阿德斯塔尼儘管向朝廷保證會上繳大量稅收，以示他無意為自己另外大肆榨取民脂民膏，但他從朝廷買到向農民、織工、地方捐客收稅的權利，藉此牢牢掌控了這些人，進而可以掌握住許多上等布料的來源和他所中意的客戶；英國、荷蘭貿易商經過慘痛教訓得知，他們很難繞過這類中間人，與生產者直接交易。

幾年下來，阿德斯塔尼的事業扶搖直上。一六四〇年代，他當上將領，參與了戈爾孔達為奪取印度沿海地區更多領土所打的諸多戰役之一；他買到愈來愈多的稅款包收權，組建了一支配備歐造火炮、人員超過五千的私人衛隊。

最後，他在朝廷派系傾軋中落敗，新蘇丹害怕他權勢過大、尾大不掉，隨即將他逮捕入獄。以他如此的權勢，大概也只有新王上任才能讓他垮台。但這失意只是一時，他拿出富可敵國的家產一部分，買到自己的無罪獲釋，隨即叛逃到蒙兀兒帝國。蒙兀兒朝廷賜予他貴族頭銜，讓他在新地盤重操舊業。

這種跳槽行為在當時並不罕見。許多包收稅款的貿易商一生服務過數個朝廷，將這種人逮捕，然後要他出錢釋放，往往只是統治者在解聘委任官後榨乾其錢財的一種辦法。對待這類人要留點餘地，不能太嚴酷，甚至在免他們職時亦然。這些行走各地、事業有成的貿易商，大部分有親戚在別處擔任同樣職務，沒有人想跟那些在其他國家朝廷裡握有大權的人為敵；此外，繼任的稅款包收員所需的資料，有許多都還握在前任包收員手中（事實上，將商業上的結算方法轉用於稅單上，乃是承攬稅款包收業務的貿易商，對環印度洋沿岸地區的治國之術，最重要且長遠的貢獻之一）。甚至，外籍的稅款包收員，在南亞的商業、政治領域扮演了如此舉足輕重的角色，在很長一段歲月裡，沒有哪個統治者想過甩開

他們自己來。因而，一七五七年英國東印度公司征服孟加拉時，未試圖設立新君，反倒迫使現任統治者指派該公司（具法人資格的新式貿易商），出任稅款包收總監這個古老而崇高的職務。

13 │ 印度洋商品回路：
如何把棉花變成象牙

　　怎麼把棉花變成象牙？或者更叫人傷腦筋的是，怎麼把棉花變成奴隸？十六世紀起，人數相對較少的一群印度商人就懂得這一神技的祕訣。他們未使用魔術，而是運用跨洋貿易。這一貿易涵蓋亞洲、阿拉伯半島、非洲三地的部分地方，最終且把歐洲商人和美國人都拉進來。原本看似再簡單不過的一項交換，最終卻變成橫越大洋、海域、河川，以及跨越政治、宗教、文化藩籬的複雜國際交易。這是怎麼一回事？

　　浮現腦海的第一個答案是「貿易」。貿易通常被理解為「供給」與「需求」透過生產者（賣方）與買方（消費者）之間的協議達成的互動。我們常認為這一交換由待售之貨物的價格來推動，而且那是買賣雙方都覺得合理的價格。但這一建立在合意（consensus）上的兩方協定，過度簡化了涉入商業回路的許多人和許多交換，過度簡化了為達成國際商業交易和其他目的（例如建立有利於實現社會、政治或文化目的的人際關係）而常祭出強制作為（coercion）一事。

　　以下談到的就是位於印度洋的一個這類回路。這一回路在印度、葉門、東非（尤其是莫三比克）、馬達加斯加和馬斯克林群島（Mascarene Islands）帶來明顯可見的影響，並且擴及到南非、安哥拉、巴西和拉布拉他河。參與這一貿易回路者，包括來自西印度古賈拉特（Gujarat）的人，葡萄牙、法國、西班牙的殖民地政權和較晚涉入的英國殖民地政權，以及斯瓦希里（Swahili）商人、馬達加斯加商人和其他非洲商人。參與這

一交易者，少有人認知到自己所扮演的跨大陸性角色，但他們所發揮的作用卻攸關影響到數十萬人和動物的商業網運作。這一商業體系造成什麼結果？對來自古賈拉特的印度人來說，那使生產者和商人大發利市，對印度人的婚禮來說，那帶來了非洲首飾，對東非來說，那帶來漂亮的酋長服和布幣，對拉丁美洲的奴隸來說，那帶來衣物，對馬斯克林群島和巴西來說，那促成甘蔗、咖啡樹種植面積的擴大，此外，還造成了奴隸與死大象的買賣增加，以及歐洲殖民政策的大行其道。

我們要談的這個跨大洋、跨洲的貿易網，興盛了超過兩百年，而在其中扮演最重要角色者，是一群為數不多但分布甚廣的印度人，人稱「巴尼亞人」（Banias）。他們是來自印度古賈拉特的印度教、耆那教商人種姓，過去集中於蘇拉特（Surat）城，尤其集中於印度西北部卡提亞瓦半島（Kathiawar Peninsula）岸外葡萄牙人控制的小飛地第烏（Diu）島，以及附近沿海的達曼（Daman）區（後來，在印度其他地方，bania 或 banian 一詞，單純指涉商人，與宗教無關，但這裡要講的故事，主角是印度教商人和一些耆那教商人）。巴尼亞人是菲立浦·克廷（Philip Curtin）所謂的「跨文化掮客」，構成一個僑居在外的貿易族群。他們是一群在當地定居的印度教、耆那教商人，彼此具有血親或姻親關係，充當外來訪客與當地環境之間的中間人。

這一中間種姓的成員走上經商之路，乃是因為「更上級」種姓的印度教徒不得從事海外旅行和經商，按照當地習俗，他們若那麼做會失去其種姓地位。而「較下級」種姓的印度教徒沒錢從事這類活動。因此，進出口運輸事宜的組織、出資、安排，就只有巴尼亞種姓和相鄰的穆斯林可以從事，從而只有他們能從這些活動獲利。

許多來自古賈拉特的人，因地利之便而成為國際貿易行家。印度洋最繁忙的諸多港口，有一些座落在古賈拉特境內。古賈拉特商人既靠近北邊與西邊的波斯灣、阿拉伯半島、紅海、東非，也與東邊的南印度、東印度、香料群島、中國有貿易往來。由於當地自產棉花且技術熟練的勞動

力充沛，古賈拉特人也精於製造棉紡織品；他們的紡、織、印、染效率，在世上名列前茅。世上最廉價且精良的棉布，有一部分出自他們之手，而且他們能迅速因應式樣的變化進行調整。他們在航海和造船上也有悠久歷史。

來自古賈拉特的商人，西元前四世紀時就出海到葉門南邊的索科特拉島（Sokotra Island）闖天下，九世紀起足跡就遠至阿拉伯半島最南端的亞丁。十四世紀時，他們開始從事香料貿易，在南邊和東邊的南印度、香料群島尋找胡椒、丁香、肉桂、豆。葡萄牙、荷蘭軍艦先後進入印度洋，使巴尼亞人不再能那麼順利取得南方的香料，然而他們隨之調整貿易方向。

有些來自第烏和達曼且敢於冒險的印度教商人——大港城蘇拉特和日後會成為孟買的那個地方就在第烏和達曼附近——進入紅海。一五二〇年代蘇拉特和孟買前身成為葡屬印度一部分之後，葡萄牙人允許他們從事海外貿易，前提是他們得照規定繳稅。印度商人的經商本事和經商成就，最終會為葡萄牙的北印度洋帝國供應了大部分資金。

巴尼亞人成為此篇文章的主角，乃是因為他們曾在摩卡商界打下一片天。摩卡是葉門境內正日益發達的貨物集散地（見第三章第三篇），當時屬鄂圖曼帝國。據某位來過摩卡的歐洲人所述，巴尼亞人以「計算、經濟方面的本事和熟練」聞名於該地，「他們往往（因此）在收稅和徵收關稅的業務上甚受穆罕默德信徒信賴」。由於今日穆斯林、印度教徒關係的緊張，這樣的關係或許令今人覺得意外，但在當時並不會予人這樣的感覺。在當時的印度，穆斯林、印度教徒之間偶有暴力衝突，而在當時的葉門，非穆斯林一般來講會受到猜疑且往往被禁止進入該地，但這兩個宗教的教徒，在這兩處境內都能做生意，儘管印度人陷於矛盾處境——經濟上地位重要，社會上卻屬次等。這是因為財富未能讓他們為當地人所完全接納，處境一如東南亞的華商和歐洲的猶太商人。有位十七世紀的旅人指出，「他們之中有非常有錢的商人、許多金銀過磅員，簡而言之，

從事各行各業的人。」但他們是過客，沒有公民權。他們年輕時過來，等到賺夠了錢就離開，回鄉娶妻，就此定下，未再出海闖蕩。

巴尼亞人一心想著早日返鄉，因為僑居葉門時，他們只享有少許權利且備受歧視；再則巴尼亞人信多神教，相信世上有許多神，令信一神的穆斯林覺得困擾。於是，在葉門，信印度教的巴尼亞人得繳交特別的居留稅，被迫借錢給政府官員且官員往往一借不還，也只能在隱密的地方行自己的宗教儀禮，受禁奢令（衣著規定）約束，不准結婚，死後不能葬在葉門。除了這種種不便，還有一點令巴尼亞人氣憤難平，即如果死在葉門，他們的地產會遭葉門官員沒收。更糟的是，這些在經濟上舉足輕重的人，偶爾還會遇到穆斯林欲強迫其改信伊斯蘭，乃至謀殺未遂之事。

巴尼亞人受到許多認為他們狡詐且有時不老實的穆斯林惡劣對待——凡是外商都常受到這樣的對待——但這些外地人乃是把葉門市場與東方連在一塊的關鍵人物。在印度洋各大商港和葉門境內多個市集鎮，都有與他們信奉同一宗教的印度人僑居於當地，他們憑藉此同鄉關係，提供商業情報和日後銀行所提供的服務。摩卡因咖啡貿易而繁榮，先後為來此經商的土耳其人、歐洲人充當中間人的巴尼亞人亦然。這些土耳其人和歐洲人都是為了購買葉門的咖啡和從更東邊運來的香料、紡織品，以及源自美洲的白銀，而來到這座港城。在這個有利可圖的貿易裡，這些印度商人扮演了舉足輕重的角色，只是好景不常。愈來愈多的稅目、愈來愈高的價格、葉門人的猜疑，迫使巴尼亞人離開摩卡。

其中有些人投奔葡萄牙在非洲東海岸上的飛地，在那裡遭遇較少的抵抗。在莫三比克這個葡萄牙勢力正日益壯大之地，他們尤其集中。莫三比克島是一四九八年葡萄牙人在印度洋登岸的最早地方之一，後來因島上的小船塢和能為葡萄牙船隊提供水、食物等必需品，而變得重要。再後來，有人把取自尚比西河流域大象群的象牙帶到沿海，這時莫三比克才成為商業重鎮。他們所想入手的象牙，大部分由兩類人提供——一

類是位在非洲內陸、未受葡萄牙人嚴密控制的酋長（大部分透過貿易取得象牙），另一類是葡萄牙、非洲混血兒——因此，光靠武力不管用。得帶東西去換取象牙。而葡萄牙國內沒有非洲人想要的東西。但這一貿易不是從里斯本控制，而是從南印度的葡屬印度殖民地臥亞的首府控制。這層關係促使來自古賈拉特的巴尼亞人供給紡織品給統籌殺象取牙之事的非洲酋長。

但為何這些酋長會想要古賈拉特的紡織品？畢竟在東非就可入手棉花和紡織品。古賈拉特貨有何特殊之處？研究發現手藝好的古賈拉特紡工、織工、染工，生產出不算太貴且令從事此買賣的非洲酋長和其他人心動的布。在這一交換裡，時尚是黏著劑。印度布讓統治者和其副手可藉由統治儀式和炫耀性消費來彰顯自己的與眾不同。非洲菁英因穿著體面而顯得高人一等，因為在政治上舉足輕重而穿著體面。但需求因季節而異，印度出口商如何知道印度洋彼岸的人需求什麼？僑居莫三比克島和非洲內陸的巴尼亞人，在此扮演了極重要的角色。他們密切掌握顧客的銷售情況和想望，借錢給非洲強人，透過複雜且困難的河路、陸路貿易路線把貨物交到顧客手上。誠如史學家佩德羅・馬夏多（Pedro Machado）所論道：「古賈拉特的紡織品銷路好，源於布的用途非常多樣，源於非洲消費者賦予它們多種社會文化意涵。」十八、十九世紀，隨著歐洲人帶著美洲白銀前來購買奴隸，紡織品的經濟意涵更加濃厚。紡織品成為衡量象牙、奴隸、白銀之類主要商品之價值的主要憑藉之一。事實上，紡織品形同貨幣，既因其用途和／或裝飾價值而受人青睞，也因其交換價值而受人青睞。例如，在莫三比克的葡萄牙士兵，薪餉就用布支付。

但這還是未能解答為何印度人對象牙的需求這麼大。畢竟，當時印度境內仍有龐大的象群。但研究發現印度象並不符所需。首先，在印度，大象被用於來打仗，因此土邦主得保護部分大象。第二，對象牙的需求，主要是為了裝飾。人需要象牙來製作首飾，世上最大的陸地動物因此遭殃。就古賈拉特來說，象牙製的婚禮手鐲和戒指的需求極高。適婚年齡

的女人似乎希望自己手臂、手指上掛著白得發亮的飾物。對莫三比克的象群來說，這可不是件好事，因為這意味著準新娘喜愛白亮的非洲象牙更甚於印度本地厚皮動物的偏黃獠牙。印度女孩與母親的時尚偏好，推動一場跨洋貿易，導致一七五〇年後的八十年裡，光是莫三比克一地，就估計有三萬頭大象遇害。這些身形龐然且聰明、具有不凡運輸力的哺乳動物，全身有價值之處只剩象牙——象肉很少被食用。世上最大陸上哺乳動物的死活在這個貿易裡無人聞問——只有以磅計而非以性命計的象牙這項商品被拿去賣。

於是，有個印度種姓，在以臥亞為中心的葡屬印度支持下，充當了古賈拉特製布者和莫三比克君主、葡非混血兒、其他首領的中間人。但這一雙向貿易並未充分解釋這一貨物回路的複雜。除了賣象牙，這些非洲酋長也把人當作商品賣，通常是戰俘、負債者或罪犯。十四、十五世紀時，已有數千名非洲人被帶到印度從事家務活和軍事工作。

這一持續許久的貿易（見第一章第四篇），在拓展殖民地的法國人定居於印度洋島嶼模里西斯和留尼旺時，變得更為多樣，更加跨大陸性。法國人帶來他們在加勒比海地區先後學到的甘蔗、咖啡樹種植知識，想找到奴隸在這些原本無人居住的島嶼上幹活。他們先是從鄰島馬達加斯加買人，不久後即發現，向莫三比克的葡萄牙人買奴隸，貨源更為可靠。到了十八世紀中期，巴尼亞人已再度投身咖啡貿易，只是這次是間接參與，因為他們販賣數千名來自莫三比克的奴隸到留尼旺，這些奴隸在該島的咖啡園幹活，生產供應巴黎咖啡館的咖啡。非洲人也被先後賣到模里西斯、留尼旺兩島上的甘蔗園幹活。在一七八〇年代奴隸買賣最盛時，一年有八千至一萬名奴隸從莫三比克被帶到法國的領地。

但僑居海外參與咖啡貿易的巴尼亞人和紡織品貿易，後來又經歷了另一場轉變：十八世紀和十九世紀初期，巴西、美國、西班牙的發貨人來到東非莫三比克買奴隸，以便運到南非和更遠處的巴西出售，而且這些奴隸同樣被充當咖啡園和甘蔗田的勞力。這些商人也把莫三比克奴隸

運到古巴販賣以換取糖和糖蜜，也把部分莫三比克奴隸運到烏拉圭和布宜諾斯艾利斯，以賣到「高地秘魯」（Upper Peru，玻利維亞前身）的銀礦場。南美洲商人想得到印度紡織品，用以購買種植園、礦場的勞動力和那些勞動力所需的衣物。古賈拉特的織工和第烏、達曼兩地的巴尼亞人，在兩大洋各地和三塊大陸上都受到看重。

這一貿易使某些商人、發貨人、非洲酋長、歐洲種植園主致富。印度境內的棉花種植者、紡工、織工、染工和尚比西河流域的獵象人，從這一貿易回路獲得的利潤較少，而馬斯克林群島、開普敦、巴西、烏拉圭、阿根廷境內的奴隸，則根本未從這些橫貫大陸的交換中獲益。事實上，許多奴隸，一如一整群又一整群的非洲象，受苦或死亡。把棉花神奇轉化為象牙以取悅古賈拉特新娘和尚比西河流域酋長，以及把非洲勞動力神奇地轉化為咖啡和糖以滿足歐洲消費者，協助推動了世界經濟，但卻有人和動物為此受害甚巨。促成這一神奇轉變的東西，除了棉花、象牙、咖啡、糖，還有貿易、汗水和血。

14 | 不本土化：貿易商侍臣時代的結束與公帳開銷

　　企業總希望管控員工的公帳開銷，但也一直難以如願。事實上，十七、十八世紀的英國東印度公司（今日跨國公司最受公認的前身之一）發覺，要讓員工理解這點難上加難。當該公司的會計開始不願核銷某些請款項目，例如駐馬德拉斯代表處處長莊園餵食園中老虎的請款單據時，他們所要執行的規定，並非每個人都能理解。事實上，他們是在建立一種現代的企業管理方式，這種方式在當時是駭人聽聞的。最後公司針對種族、清廉、優秀英格蘭貿易商的名譽，提出一套包羅更廣泛得多的觀念，然後把上述新觀念夾帶其中，才得以讓員工接受。

　　英國東印度公司迥異於從前之處，還在於它是具法人地位的公司。在這之前，經商觸角遍及遙遠異地的商號，雖然不盡相同，但都屬於合夥企業，因此，商號派在遙遠城市的代理人，有權分享商號的獲利。即使他不是合夥人，通常仍關心商號的長遠發展，或至少在意自己在故鄉的名聲（例如華商家庭常派年輕侄子或僕人到海外經管業務一段時間；只有在海外有相當績效，他們返鄉時才能出錢入股，成為商號合夥人，也只有這時才會替他們撮合婚姻）。但英國東印度公司的員工鮮少持有公司許多股分，有足夠資金那麼做者，通常不願跑到印度尋找發財機會。因此，該公司的新組織形式激化了其與地方代表的潛在衝突。

　　但更重要的是英國東印度公司（與荷蘭、法國、丹麥、其他歐洲國家同性質的公司），不只是具法人地位的公司，它有法律依據可壟斷從亞

洲回銷母國的進口商品，且獲得特許，可以在其他市場尋找專賣商品或獨家壟斷收購市場，如有必要更可動用武力以達成這目的。事實上，一家公司若眼前得支應龐大的預付成本（除了較例行的經營成本，還包括建造要塞、提供武裝護衛艦以保護其船隻免受其他歐洲強權攻擊之類的成本），多多少少也得在其他地方尋找專賣商品，將其武力用於攻擊以協助彌補預付成本。但這把該公司推往兩個相互矛盾的方向，最終同時葬送了現代的企業經營觀和殖民政策的發展。

　　另一方面，欲維持壟斷地位，就得讓該公司的地方代表在運用公款疏通、攏絡當地官員上，有極大的自主權，比如巴結國君以取得有利可圖的當地特許經營權，拉攏當地貿易商和貴族（兩者往往是同一人）以取得公司所想要而掌控在他們手中的商品，動用武力和找當地有權有勢者（在某些地區這類人可能比在位的統治者能提供更有利的交易），都需要地方代表有這樣的自主權才能辦到。因此，成功的貿易商也必須是將領（懂得帶兵打仗）和侍臣（懂得巴結奉承，廣結人緣）。馬德拉斯那位地方代表拿他所養老虎的飼養費報請公帳時，他無疑認為養老虎是為了讓自己夠體面，以便打入他必須打交道的官場，因而飼養老虎的開銷當然要由公司支付。信仰基督教的貿易商娶當地印度女子為妻（儘管在老家已有老婆），贊助宗教意味濃厚的當地文化活動，還有其他諸如此類的事，他們這麼做不只是為了自己高興，還是為了融入當地社會，以利公司業務的推行。英國東印度公司開業後的前一百年左右，倫敦顯然認同此點，認為深深融入當地社會乃是做生意所不可或缺的事項之一。

　　但另一方面，從事遠距離的貿易，特別是一心追求壟斷的貿易，得牢牢掌控這些職員。他們之中期盼光靠死薪水致富的人只占極少數，絕大部分人私底下還從事大量買賣以賺取外快，而這些業外活動，有些必然和為公司追求最大利潤的目標相衝突。當派駐地方的代表和當地上層人士一起作樂時，倫敦也愈來愈猜疑那些代表心裡是想著公司利益還是個人利益。

隨著會計方法變得更為複雜精細，總公司開始想方設法對可允許的開銷訂定更為嚴密的規定，但只要員工想鑽漏洞，再嚴密的規定都阻擋不了他們。只要懂得將某人老虎、宴會服務人員諸如此類的名目，改以別的名目記在自己的開支薄裡，即可避開規定。

因此，總公司面對鞭長莫及的海外員工，只得訴諸道德以加強管理。除了這些冷冰冰的金融規定，還愈來愈倚重更普遍適用的道德勸誡，希望讓公司的駐外員工相信，如果和「本地人」走得太近，就當不成道地的英格蘭或蘇格蘭人之類（在十八世紀這些改變的同時，種族歧視心態開始深入歐洲人心，歐洲人更深信自己優於其他民族，更認同有節有禮的生意人應和放蕩不羈的當地貴族有所不同，且這些改變還對這些觀念的改變有推波助瀾的作用）。

到十八世紀結束時，歐洲人已不再把所娶的當地女子稱作「妻子」，而改稱為「小老婆」，乃至「妓女」；在該世紀末的某些戰爭和經濟恐慌期間，她們和與她們同住的男人，甚至不得住進有防禦工事的歐洲人聚落。歐洲人仍繼續款待當地上層人士，但愈來愈將這視為身不由己的憾事，愈來愈認為歐洲人若過度沉迷於此事，將可能斲喪其靈魂（和民族認同），從而更堅定不移地相信這會危及公司紅利這一更為功利的看法。大貿易商抱持超越民族、國界的開放心胸，融入當地的貴族生活，這樣的時代已近尾聲；西方貿易商或殖民官員住在山丘上的獨棟房子裡，生活習俗一如母國，竭盡所能不沾染當地習俗，猶如做分類帳時收入、開銷絕不相混，這樣的時代則正要展開。

15 | 本小利大的帝國：
一七五〇至一八五〇年加爾各答的英國冒險家和印度金融資本家

　　再基本不過的經濟學原理：給資本充裕國家的投資客投資機會，他們會毫不遲疑地鎖定資本欠缺的國家，從中抓住較高的報酬。如今從格蘭德河（美墨界河）到易北河，只要是富經濟體與窮經濟體相連之處，這觀念仍引來希望與恐懼（但事實上資本往往仍朝反方向流動，例如一九八〇年代資本流出拉丁美洲）。在兩百年前，英國東印度公司在馬德拉斯、孟買、威廉堡（Fort William，即加爾各答）建立新殖民地時，同樣如此深信資金應如此流動。英國人相信資金會透過這些據點投入，追隨已然興盛的貿易活動，而其中最被寄予厚望的據點，就是便於進入廣闊而較富裕之孟加拉地區的加爾各答。

　　因此，英國人來到加爾各答的頭一百年結束時，為英孟貿易、印度最早的蒸汽動力工業、英國行政機構本身提供資金者，包括戈什（Ram Gopal Ghosh）、席爾（Motilal Seal）、德瓦卡南特‧泰戈爾（Dwarkanath Tagore）、戴伊（Ashutosh Day），全是孟加拉貿易商。事實上，要到一八六〇年代，才有大量英國投資流入印度。那時候，倫敦爆發的金融恐慌已使那些孟加拉大貿易商和他們所創立的出口代理商、銀行破產，摧毀了與外人的進口貿易，為英國貿易商留下暢通無阻的入主空間。孟加拉富商巨賈的小孩這時已棄商，轉而從事其他行業。不久，就可聽到一些歐洲人解釋道，印度人天生不具創業本事。

　　在英國人到來之前，這些金融資本家兼貿易商的事業，跟著蒙兀兒

王朝的朝貢制度而興起，也隨該制度的消失而式微。蒙兀兒人來自相對較貧窮的印度遠北之地，入主之後要更遙遠的南方納貢。南方的地理環境適合種水稻，且有沿海航運之便，已創造出更富裕、更商業化得多的社會。蒙兀兒人收到貢金後，將其中一大部分用來購買奢侈品，以滿足德里、亞格拉的上層階級需要，於是有大量貢金又回流到南方。已從事印度紡織品和其他商品蓬勃出口生意的貿易商（大部分是中東人和東南亞人），也掌控這一貿易。不久，有錢冒更多風險的貿易商投入金融業，使政府和貴族得以提早支用他們的稅收。

蒙兀兒人於十八世紀覆滅時，這一貿易轉移了地點但未枯竭，這些貿易商繼續為王朝滅亡後分據各地的國家經手財稅業務。事實上，這些與多個國家打交道、處理交相攻伐之公國的稅收需求的貿易商，討價還價的實力提高，從而使政治勢力的商業化，成為十八世紀印度快速發展的產業之一。英國在印度的沿海殖民地最初只有三個，印度境內更多的是由現金短缺的窮兵黷武者所組成的國家，它們的需求與蒙兀兒帝國崩潰後分出的奧都（Oudh）、羅希爾坎德（Rohilkhand）等國家的需求幾無不同。英國殖民地的人民和其他人一樣乖乖付費（百分之八到十二的利息），而將儲蓄匯回老家作業複雜，對加爾各答的錢幣兌換就意味著一大商機，意味著他們已然廣闊的往來外商網絡可以再加進一家倫敦銀行。

但這些匯款行為正是英格蘭人為何不同的原因之一。他們大部分希望賺大錢，把錢匯回老家，而不想成為哪個印度王廷敬重的金主。因此，他們不願把徵得的貢金用來買印度布料或珠寶，反而希望將貨幣匯出國。這就帶來一個大問題。缺乏貴金屬的印度，進口金銀已有千百年，如今，突然變成貨幣淨流出國（印度全境一年流出五、六百萬英鎊），從而引發長期的資金問題，即使貿易更趨蓬勃，新科技的誘人潛力吸引外來投資，亦然。

加爾各答的孟加拉貿易商與英國僑民合夥建立跨種族的「代理行」，以滿足該地區形形色色的金融需求。這些孟加拉人提供在恆河沿岸廣大

內陸地區活動所需的資本、地方知識、人脈。其中有些英國人是機械工，提供了蒸汽機、機械化紡紗機之類新奇設備的知識；其他英國人除了提供據稱可找上英國有力人士的人脈關係，幾無付出。他們之中本身是大貿易商者少之又少。在這同時，英國東印度公司的前途未卜和貪汙傳聞（貪汙有時協助、有時阻礙該公司所轄領地的新發展），妨礙了資金從倫敦的長期投入。

這些代理行除了提供資金給政府和貿易活動，同時還首開先河，開創許多前途看好的新事業，包括用蒸汽動力泵開採煤礦、用新方法製鹽、造拖船、建鐵橋、開闢茶園、煉糖，乃至鋪鐵路（但最後一項只停留於紙上作業）。他們甚至投標爭取印度境外的工程，例如擬議中的加爾各答到蘇伊士的汽輪郵遞服務。但他們的事業一直苦於資金不足。同時在這麼多領域大張旗鼓進行，手頭上的資金根本不足，而且貿易商從加爾各答的歐洲人所能籌措到的資金，隨時可能突然撤回。此外，為數不多的這些代理行，利益衝突不少。例如某個管理非自己旗下之商號的代理行，和與該代理行（或代理行的某個個人合夥人）有重大利害關係的商號，達成可疑交易的現象，司空見慣。

最糟糕的是，這些代理行能否存活，極度倚賴英國人匯款回家的業務，沒有一家能擺脫。而這種匯款回家的舉動，照理應受東印度公司管理，有時卻反客為主支配起該公司。英國人希望只帶走現款，但印度沒那麼多貨幣可滿足他們需求，於是轉而鎖定其他易於流通的出口商品：鴉片、靛藍染料、棉，以及（稍晚的）茶葉。但這些出口品的供給量，往往更取決於能否找到用以將它們運回國販售的運輸工具，而非需求上的變化（大體上取決於其他地方的採收量），因而全受制於周期性的經濟榮枯。

一八四〇年代靛藍染料貿易出現大崩跌，清楚表明這些代理行的投資多樣性只是虛有其表。取消靛藍種植園回贖抵押品權利的商號，不顧低價，繼續在市面銷售靛藍染料，因為需要變現一些資金以保住快速周轉

的匯款業務；由於供應量和低物價維持不變，其他種植園跟著破產。煤礦業者發現他們最大的客戶，即用煤大量燒煮靛藍以熬製出染料的靛藍種植園，開始拖欠債務；政府收不到應收稅款，削弱了其財政，連帶傷害到借款給政府的代理行。靛藍染料和鴉片，基本上充作貨幣的代理品，靛藍染料價格的崩跌因而使每個人都缺少流動資金。心急如焚的董事（包括印度人、英國人），訴諸創意性會計（譯按：指在未明確規定會計準則的領域中，有意識地美化企業財務狀況，或是高報企業收益），把自己商號的錢大量借給自己，等待價格彈回，但手中有靛藍染料存貨的人，沒有人承受得起壓著存貨不銷售，於是惡性循環止不住。倫敦一家有業務往來的公司拒絕承兌聯合銀行（Union Bank，加爾各答最大銀行）的匯票時，這家外強中乾的公司隨即倒閉；大肆抨擊此事的英國報紙，把焦點放在這場恐慌最後階段發生的醜聞和「孟加拉一地的欠缺商業道德」，而對與英國本土關係更大、更深層的因素則輕描淡寫。

　　一敗塗地的孟加拉貿易商未重返商場。許多人轉而投入購置土地或當公務員這兩種較穩當的事業（不久後，隨著一八五八年印度全境併入大英帝國，孟加拉貿易商投身公務員者激增）；其他人則轉而投身教育、醫學或藝術創作（德瓦卡南特・泰戈爾的孫子拉賓德拉納特・泰戈爾〔Rabindranath Tagore〕以詩作獲頒諾貝爾獎）。新公司法的頒行，促進了純英國銀行的創設（當時它們很少借款給非歐洲人）。一八六〇年代，印度境內鋪設鐵路，終於開始吸引遲未進場的英國資金投入（鋪設鐵路需要長期資金，且資金規模只有工業化國家支應得起）。英國人孤身位在印度這新經濟的頂端，開始「引進」創業精神。

第 2 章

運輸手段

0 │ 導論

　　要做買賣，貨物就得由賣家送到買家手上，運送成本愈低廉，交易量愈大，利潤愈高。千百年來，人類一直在想方設法降低運輸成本，且降低的方法往往是一般人所幾乎無法察覺的，例如仔細研究古羅馬時期用來運送橄欖油的陶罐可以發現，陶罐的壁有慢慢愈來愈薄的趨勢，從而使運送橄欖油時附加的額外負重愈來愈輕。但在蒸汽動力發明之前，運輸的改善仍有些基本限制。即使在蒸汽機問世之後，運輸的演進仍不只表現在用科技克服距離上，更非表現在克服距離拉近人與人的距離或增進貿易上。

自然所加諸的限制

　　鐵路發明之前，水路運輸比陸路運輸更省力得多。在中國的帝制晚期，穀物若走陸路，每走一・六公里，每一袋的價格就要比水路增加將近百分之三；每一塊煤則增加百分之四。因此，只要是吃重的貨物，水路運輸的成本優勢有時是無可限量的：直到一八二八年，美國大西洋岸的某些沿海城鎮仍認為，用英格蘭的煤取暖，比從距海岸只有幾哩的內陸大森林拖木頭來焚燒取暖，成本還更低廉。

　　然而，在過去，走陸路運輸的貨物，其噸—英哩數（運貨噸數乘以英哩計的運輸距離所得的數值），遠比走水路者還多。其中有許多純粹是地理因素所造成，因為絕大部分的生產、消費活動不在水道旁，幾乎所

有貨物都至少有部分路程是走陸路運來。此外，省力和省成本是兩碼事。沒錯，載貨的動物得進食，但如果沿路有大量的草，大概就耗不了運貨者什麼成本。如果動物沿路自行覓食（如第二章第三篇一文裡所述的龐大闇牛隊），即使是長程陸路運輸，成本都可能超乎意料的低。而且往往連造個像樣的道路都不需要，只有地勢平坦，未耕地夠多，動物會自行開出路徑。只有在人口太稠密（土地太昂貴），不適於動物沿著蜿蜒小徑吃草的地方，這種前工業時代的陸路運輸方法，成本才必然高昂得嚇人，而這種地方往往就是水路運輸擅場的地方（例如荷蘭、中國的長江三角洲，雖然富裕、貿易發達、工程技高超，道路系統卻很糟糕，因為根本沒有辦法將陸路運輸的成本壓低到足以和水路運輸相抗衡的程度）。但在人煙稀疏的地區旅行，卻有因此引發的特有問題，例如大絲路商隊的最高昂成本，通常是出於安全考量（見第五章〈暴力經濟學〉）。

中美洲欠缺水道和大型馱獸，但馬雅人、阿茲特克人並未因此就不將貨物運過高聳、艱困的山區。男人揹負貨物，跋涉數千哩前去貿易。數百名運貨人（tamame）組成的送貨隊伍，串連起分處遙遠地區的貴族。但在這裡，充塞於道途上的不是為獲利而生產的商品，而是強徵的勞力和上貢的物員（見第一章第七篇）。殖民政權結束後，這仍透過私人強徵的人力揹夫繼續施行（見第二章第十篇）。促成貿易的動力來自身分地位與權力，而非經濟上的得失考量。

在過去，不管是走陸路還是水路，大自然的限制都不容忽視。過去，除非是地理環境特別有利，否則，值得長距離運送的貨品，大部分是價格體積比（price-to-bulk ratio）高的產品，即絲、金銀、糖、咖啡、藥草，而非小麥、石灰岩或木柴。因此，運輸大大影響了過去地區間的分工和需求的本質，即使運輸條件理想到足以催生出長距離分工，亦然。過去，將笨重的稻米順著長江往下游送，將高價的紡織品逆流往上游送，符合經濟效益，若反其道而行則不符效益。過去，將上等劍、亞麻布從西班牙經阿根廷運到玻利維亞的波托西（Potosí），有利可圖，但將阿根

廷北部的小麥、騾或葡萄酒外銷到西班牙,則完全不划算(見第五章第二篇)。過去,運輸成本也制約了城市發展的大小,因為糧食、燃料之類笨重的物品運送愈遠成本愈高,當距離遠到使價格太過高昂時,這類物品就不可能運去(見第二章第一篇),除非,如波托西這樣的特例。這座高踞於產銀山區頂上的孤城,因為所得甚高,居民購買天價般的商品也毫不眨眼。

十九世紀之前,欲維持貿易上的競爭優勢並不容易。陸路貿易的中心,例如絲路沿線的城市,有賴於政治局勢安定,以免於軍隊、盜匪的劫掠。陸路貿易路線隨戰爭的成敗而變動。海上貿易優勢也不是安穩如山,因為航運成本低廉的關鍵在船,而船需要船桅,船桅得用龐大而運送不易的木頭製成。從威尼斯到廈門到美洲,所有航運、貿易業的強權都發現,它們得保住離水邊愈來愈遠的大樹來源,不然就得讓其他人代勞造船工作。十八世紀之前,華南的大帆船有許多造於東南亞;美國革命前夕,英國商船隊有三分之一的船造於美洲,同時皇家海軍努力欲壟斷遠至魁北克、馬德拉斯之類地方所產的船桅建材(見第二章第一篇)。在歐、非、美三洲之間航行,從事三角貿易的葡萄牙船,有許多造於巴西的巴伊亞(Bahia),西班牙船隻則造於厄瓜多的瓜亞基爾(Guayaquil)。

大自然也藉由制約運輸,左右了貿易的周期變化和貿易的地點。從廣東到摩卡,整個亞洲海域的貿易時程都受制於季風。強風朝同一方向連續吹幾個月,然後轉向,改朝另一方向又連吹幾個月,既然如此,違逆風向而行就顯得不明智。貿易商(偶爾是女貿易商)朝一個方向航行到最遠,然後待在該地,直到風向調轉;他所帶來的貨物則由別的貿易商買走,這位貿易商來得更早,清楚知道風轉為利於返航後自己可以再待多久,知道應在風再度轉為不利返航的多少天前揚帆出海,才夠乘著順風一路返回家鄉(見第二章第一篇)。因此,比起中國貿易商帶著絲,花上至少兩個季風季節一路航行前往波斯之類的地方,每個季風季節出航,和中國、波斯兩地之間的中間商交易,然後帶著乳香、小地毯返鄉,

看來還更為明智。於是一連串商業中心在麻六甲、蘇拉特（Surat，印度西部港市）、馬斯喀特（Muscat，安曼首府）等地興起。貿易商看待這類地方時，主要思考在一個航行季節裡從該地可航行多遠，而非該地可生產什麼商品。於是，亞洲海岸沿線，出現一連串貿易發達而充斥外地客的港市，但這些城市往往和緊鄰的內陸地區沒什麼往來（見第一章第十一篇）。

這一體制雖然極有效率，卻有某些自然限制，在蒸汽動力發明之前，不管在航海上或商業機構上有多大進展，都無法克服這先天的束縛。風向轉向之前，所有貿易商都無法返鄉，要縮短離家在外的時日，進而減少離家船員的生活開銷、資本的周轉時間，也就都有其限度。相對的，在大西洋，風向模式所加諸的限制較沒這麼嚴苛。該海域大海港的興起，若非由於西班牙貿易商選定它們為獨占性的貨物集散中心（比如古巴的哈瓦納、墨西哥的韋拉克魯斯、哥倫比亞的卡塔赫納〔Cartagena〕），就是因為相對較自由的貿易商（以英國人居多）認為那些地方很便於做貿易。在前一個情形裡，政府的批可，而非風力、風向，決定出海時間。在後一個情形裡，英國船運業者能縮短船隻靠港的時間，也就能更快周轉資金，減少支付給船員的薪水開銷。

十八世紀時就是如此，因為蘇格蘭貿易商藉由建造倉庫，指派代理商先行集攏貨物，以及其他方法，將他們每趟前往美洲大陸時在海港逗留的時間縮短了數星期。這結果影響甚大。隨著跨大西洋航運成本降低，殖民者能往更內陸推進（因此承受較高的當地運貨成本），而仍能以富競爭力的價格將菸草、稻米等商品運回歐洲。要到歐洲人能夠從更內陸成功輸出貨物，歐洲人才開始往較內陸地區定居，這對他們和他們的奴隸而言都是如此（見第二章第四篇）。

人的慧心巧思：順應天然障礙並立下新的障礙

　　但即使地理環境和氣候左右了前工業時代的運輸（進而左右了經濟），它們的制約並非絕對。大西洋風或許是上述航運成本得以大幅降低不可或缺的因素，但光靠它們本身不足以促成創新。創新不只需要有注重成本的蘇格蘭貿易商，還需要或多或少屬於單產品型的貿易。如果巴爾的摩的代理商知道切薩皮克（Chesapeake）地區惟一可購買的東西是菸草，知道英國國內的菸草市場大到運回一船菸草也無法讓市場飽合，那麼授權該代理商負責蒐購巴爾的摩的貨物，相對就較容易（日後隨著商品有了統一的分級制，這還會變得更容易，參見第六章〈打造現代市場〉）。授權地方代理人，要他從麻六甲之類地方收購貨物運送回國，就困難得多，因為在這類地方，普通一艘船能載運一些絲、一些茶葉、一些瓷器、一些香、一些糖等多種東西，也就是市場行情好（全非當地生產），運回的數量不能太多，以免讓國內市場飽合的商品。

　　有時，某一創新主要是在加強對自然的控制，還是對人的控制，甚至都無法明確斷定。十六世紀快結束時，荷蘭人開始利用名叫「福祿特（fluitschip）」的新式船隻，航行於荷蘭與波羅的海之間。這種船行動笨拙緩慢，但航行所需的船員數比當時大部分船隻要少許多，可大大節省航行成本。但荷蘭人進軍地中海的航運業時，未用到這些較省成本的船，更別提用於大西洋、太平洋或印度洋航路。原因為何？波羅的海航路已肅清海盜（和敵對政府，兩者往往是同一批人），但其他航路還沒有。這種船速度慢，炮門少，船員數又少，在不靖的海域航行，無異成為容易的劫掠目標。

　　天然良港的優勢，未必能確保該港繁榮於不墜。摩卡港身兼歐洲、埃及間與波斯、印度間重要的貨物集散中心，但隨著港口淤積，最終退居內陸（見第三章第三篇）。還有些情況下，海港的式微並非因為自然力，而是因為繼承、購得或竊得具地利之便之地方的人，可能過度利用

該地，而失去它們的優勢。在其他情況下，只要有人可能試圖獨占某地的地理優勢，就可能引發先發制人的行動。因此，就因為擔心荷蘭人一旦重新掌控連接印度洋、南中國海的麻六甲海峽，可能強行徵收通過該海峽的過路費，萊佛士於是深信該在這個扼控世界貿易的要地，設立服膺自由貿易理念的替代港，從而有新加坡市的誕生（萊佛士因此遭到他行事更謹慎、更有外交顧慮的上司懲罰，見第二章第六篇）。

動力驅動的運輸工具：新時間、新空間、舊衝突

十九世紀，蒸汽動力和鐵路將翻動世界貿易版圖。蒸汽動力的問世，大大提高了人類掌控自然的能力，但並非無上限的提高。蒸汽動力使輪船逆流而上幾乎和順流而下一樣輕鬆，且一年到頭都可在海上航行。但至少在某些多風暴的海域，汽輪航行其中仍有很大的風險。蒸汽挖土機可用來挖運河、疏浚海港等多種用途，且速度更快得多，效果更好。承平時期，貨運運費直線下降，或者說看來如此：從一八一五至一八五○年，橫越大西洋的大部分貨物，每磅運費約降了八成，一八七○至一九○○年又降了七成，累積共降了將近九成五。

陸路運輸的改變還更大。鐵路讓人類首次得以用低廉成本將重物經陸路運到遙遠他地，但碰到坡度太陡的地方，鐵路就沒轍（火車太重，無法靠可充氣的輪胎運行，必須使用與鐵軌間摩擦力非常小的光滑輪子，因而幾乎無法爬上陡坡，即使在今日，火車所能爬上的坡度，仍不如具抓地力輪胎的汽車和卡車）。此外，鐵軌鋪設路線穿過落後地區，鋪設成本高昂，意味著即使省下龐大的運輸成本，收益仍可能叫人洩氣（見第二章第九篇）。

鐵路還創造了自己的獨特需求。例如火車在車站裡等待裝貨時，讓蒸汽車頭繼續發動著，非常耗成本，而如果關掉鍋爐，要再啟動又得花上一段時間。因此，停留上貨的時間必須要短，上貨時得採用一打開就將貨物（例如穀物）一股腦倒進車廂的起卸機，而非一袋袋搬進車廂。

但使用起卸機意味著不再把張姓農民和李姓農民的小麥分開擺放，從而對現代世界經濟裡的標準化商品和期貨買賣產生深遠影響（見第六章第四篇）。

鐵路、汽輪大幅提高了貨運的速度和分量，同時大幅壓低成本，從而在時間、空間、商品化上引發一場觀念革命。因為汽輪，大西洋、太平洋縮小成池塘，大陸縮小成小公國。遙遠之人變成近鄰，位在港口或同一條鐵路線上的人，甚至比距你更近但不在交通網內的人，與你關係更近。運輸瓶頸一打開，時間就是金錢。載運愈多貨，代表更大利潤，而非市場飽合。隨著時間、距離的阻隔消失，買家、賣家之間的中間人往往遭打入冷宮。製造商和金融資本家的地位往往變得凌駕於貿易商之上；試圖消弭文化距離的廣告商（文化距離的消除比地理距離的消除更慢），也變得較重要。全球超級市場於十九世紀開始成形。奢侈品不再是長程貿易的最大宗商品。阿根廷、烏拉圭、美國的牛、羊肉，澳洲、美國、印度的小麥，餵飽飢餓的歐洲人；日本的紡織工廠混用美國、印度、中國所產的棉花。多個國家的貨物在世界市場上競爭，隨之需要標準化和商品市場（見第六章第四篇）。因此，運輸不只決定了利潤、損失、貿易量，還拉近了人與人的距離，左右了時間觀，重畫了地圖，開啟了今日稱之為商品化、全球化的觀念革命。但運輸革命雖帶來極大變革，卻仍未如某些人所曾預測（和仍在預測）那般打消地理畛域。

原因之一是人必須抓住機會，而即使是很有利潤觀念的社會，都沒有抓住每個機會。例如十九世紀末期的美國，埋首發展征服而來的大陸，大體上無心往海上發展，從而讓一度強大的海上貿易事業消失無蹤，甚至放棄看來它占有地利的貿易路線（例如通往巴西的路線）。在其他例子裡，人的確抓住機會消弭地理距離，但無意間拉大了文化距離。例如，在荷屬東印度群島（今印尼），十九世紀末期一連串的改變，乍看似乎必將更形鞏固這殖民地與母國的關係。蘇伊士運河的建造，使航行時間在短短十年縮短了將近三分之二，加上原已改善的海上航運，更大大縮短

母國與殖民地的距離；跨洋海底電纜的鋪設，意味著首度可以用幾乎即時傳送的方式將消息傳送到遠地，且成本遠低於貨物成本。但在殖民行徑和十九世紀末期種族主義盛行的背景下，民族畛域反倒更為鮮明，荷蘭人覺得自己與荷蘭的關係比以往更親，覺得自己與「家鄉」的歐洲同胞的關係，比與他們在東印度群島上非歐洲人的鄰居更親；爪哇的華人同樣覺得與中國較親，許多穆斯林則覺得與中東的伊斯蘭學術中心較親（見第二章第八篇）。因此，運輸與通信上的進步，製造出區隔（殖民地內部的區隔和殖民地、宗主國之間的區隔），更甚於使人民同心同德，至少在東印度群島是如此。科技能使人的遷移、貨物的運送更為容易，但人如何看待自己、彼此、貨物，完全由人自己決定。

1│木材、風、造船、貨運：
中國為何未雄霸海上？

　　考你個問題：在前工業時代，世上最大的船是哪種船？不是用來將美洲白銀運到大西洋另一岸的西班牙大帆船，不是最後將西班牙大帆船驅離海上的英國軍艦。比起中國為海軍建造的「寶船」，兩者都相形見絀。

　　這些寶船比上述歐洲船還早幾百年出海，十三世紀和十四世紀初時，航行足跡既遠又廣，最遠達東非海岸，有些人更認為，曾繞過非洲的好望角。航行距離之遠，在當時獨步全球。最大的寶船重達七千八百噸，比十九世紀前，英國海軍的任何艦隻還大上兩倍。

　　中國的海上武力如此先進，卻未能和日後的英格蘭、西班牙、荷蘭或葡萄牙那樣稱霸海上，著實令人不解，但如果仔細檢視歷史，就會知道是其來有自。

　　一四三三年後，明朝政府不再支持寶船遠航，中國的海上霸權自此幾乎終結。從那之後，中國船隻只在今日新加坡以東的海上活動。幾十年後，長距離探險和隨後的長距離貿易，主動權交到歐洲人手上。

　　朝廷裡新的一派得勢，明朝政府的政策隨之開始改變。該派主張國內和大陸事務才是施政的主要重心所在，強調農業生產、內部穩定、在中亞乾草原邊緣駐兵和殖民、整修長城以阻止外族入侵。

　　這足以解釋明朝政府為何不再支持遠航。雖有許多人認為整個中國民間跟著政府一起轉趨內縮保守，其實不然。民間遠洋航行之所以式微，還涉及更錯綜複雜的因素。在東南亞的海上貨運路線上，中國民間貿易

商其實變得比以往更活躍，只是從未如寶船航行得那麼遠。民間貿易商是根據市場因素下決定，與明廷不同。

建造大船所需的木料很昂貴，特別是在繁忙的貿易中心，因為貿易中心擠居大量人口，柴枝、木頭建材的消耗量大。當時短缺木材的不只中國。在煤這一合用的炊煮、取暖燃料變得普遍可取得之前，歐洲人也為木材短缺所苦。在整個歐洲，以及印度部分地區和日本，政府極力控制木頭的價格和供應。威尼斯的造船廠因為木材短缺而停擺，英國人則祭出非常措施以保住自己境內的木材，甚至立法規定新英格蘭地區森林裡特定高度、強度的樹，全屬於皇家海軍，他人不得砍伐（但事實表明這規定難以落實）。

中國政府根本不干預木材市場。明朝政府不再建造龐大而昂貴的寶船後，就幾乎不關心木材價格。隨後入主中國的清朝（一六四四～一九一二）皇帝，在初期大肆建造皇宮時，曾試圖固定木價，但不久即放棄，任由市場決定。

市場對此的反映，乃是發展出龐大的民間木材貿易，而只要有水路

圖 2.1　明朝艦隊司令鄭和的寶船與哥倫布的聖母號船對比圖
來源：出自 Jan Skina 之手的插畫

運輸之便的地方，木材貿易即蓬勃發展起來。內陸森林砍伐下來的原木，順著中國的主要河川和運河往下游漂流數百哩，以滿足今日上海、廣東、北京附近人口稠密地區的需求，換取地區中心的布、鐵製品、其他製造品。也有木材走海路，從滿洲、福建，乃至今日越南、泰國，運往上述地區中心。

但這些方法只適用於開採靠近水路的木材資源，而沿海、沿河的森林很快就砍光了。從深山運出原木太費人力，因此，十八世紀時，華中沿海地區的造船成本已升高到米價的約三倍之多（米是中國主食，了解整體生活成本最可靠的指標）。

中國海運業者採取受市場驅動的明智措施以為因應，亦即訂定合同，將造船工作發包給東南亞幾個地區，他們往往是親戚或其他華人移民所經營的造船廠。中國並未封閉，造船市場並未因人為因素而停擺，只是不再有承造龐然「寶船」的市場而已。

中國貿易商未出資建造可遠航至印度、中東的大船，轉而請人建造較小的船。這種船能讓貿易商載運瓷器、絲到中國與印度、中東之間的中途站，在那裡購買印度棉、靛藍染料運回中國。

較短程的航路也較適合該地區的氣候模式，使中國貿易商不必遠航到會因季風轉向而得耽擱數月才能返航的港口。要追求最大利潤，就得利用那些因風力之助而發展起來，便於各地商人碰頭交易的貨物集散中心；一連串這類碰頭交易地點，打造出有效率的貿易網絡，讓產品能在沒有貿易商在外逗留超過一季的情況下，一路從地中海輾轉交換到日本、中國、韓國。

事實證明，牽就氣候做貿易很合乎效益，但此舉不利於造船業和遠洋航行的發展。要讓人覺得造大船、遠航值得一為，需要別的動機，比如傳教、軍事競爭，或欲獨占海洋、繞過這些港市競爭性市場的念頭。中國人把如此浩大的事業留給歐洲人，而歐洲人以行動證明他們願意蔑視市場法則，從而為世界貿易開創出新時代、新模式。

2 │ 聰明還不如交好運

　　從小的學校教育就告訴我們，哥倫布是見識宏遠的典範。他似乎是以一己之力把歐洲帶離中世紀，推進近代。因為他的恢宏見識，理解了真實世界和其潛在機會，眼光短淺的歐洲一躍成為世界強權，世界經濟的主宰。但哥倫布真是歷史上的偉人？真是克服無知與迷信、改造世界、敏於審時度勢的歐洲企業家？

　　哥倫布是地中海經商世界非常典型的人物（義大利語本名 Cristoforo Colombo，拉丁語名 Christophorus Columbus，英語世界對他的稱呼 Christopher Columbus，即源自拉丁語名，西班牙語名 Cristóbal Colón，但後來他偏愛用 Colón 一名自稱，未再使用 Columbus 一名）。身為熱那亞毛衣織造工和貿易商的兒子，他十四歲就上船出海，遊歷地中海許多地方。熱那亞不只是新興資本主義世界經濟裡繁榮的貿易中心，還是非洲奴隸、黃金買賣的重鎮。哥倫布會成為新大陸的第一個奴隸販子，絕非出於偶然。他年幼就熱衷於追逐財富，且算不上是愛財取之有道的君子。他至少曾在專門劫掠船隻的海盜船上當過一段時間的海盜。一四七六年他在葡萄牙海岸外遭遇海難時，正在洗劫威尼斯同胞。此後終其一生，他展現見風轉舵的本事，為了個人利益，一再改變效忠的主子。

　　天意要讓哥倫布透過海難，踏上全球最偉大的航海國家葡萄牙。當時的葡萄牙在製圖、造船、航海上都已有長足進展。十五世紀初起，葡萄牙人就已發展出速度快、易操控、大三角帆的多桅小帆船，繪製海圖、天文圖，發展航海儀器（例如用來測量緯度的橫標儀）。推動這些進展的

力量，不是來自對知識的抽象熱愛，而是來自欲在傳說中的非洲、東方市場發財致富的念頭。哥倫布因緣際會踏上葡萄牙土地時，葡萄牙人已透過有計畫的探索，發現大西洋上的馬德拉（Madeira）、亞速（Azores）、加納利（Canaries）三處群島，移民於那些群島，且已沿著非洲西海岸往南航行超過西岸一半的距離。

葡萄牙國內那股發掘未知、大膽遠航的狂熱氣氛感染了哥倫布，使他有了西航的念頭。他研究地圖。更重要的，他娶了馬德拉群島某島嶼（歐洲最西陲）行政長官的女兒。沖上岸的古怪鳥屍和樹枝，當地的傳說，鼓舞了這位熱那亞人更往西探索。

但他大膽西航的探險計畫找不到人資助。葡萄牙國王先前曾批准一次西航行動，但以失敗收場，因此駁回哥倫布的構想。橫阻在哥倫布面前的不是迷信，而是經驗。卡斯提爾的伊莎貝爾女王（Queen Isabel）欣賞哥倫布的堅定信念和風采，但因八百年來將摩爾人逐出伊利比半島的大業正到最後關頭，她無心他顧，因而也回絕了他的計畫。哥倫布和他的兄弟轉而找上法國、英格蘭國王，依舊無功而返。

之後伊莎貝爾女王重新考慮，決定召集一群專家，研究哥倫布的計畫。部分為了保密，擔心「商業間諜」刺探，他未詳細透露他的計畫。經過四年思考（非遽下論斷），這群專家未接納他的計畫，但這不是因為女王身邊的人，全是無知、迷信的逢迎拍馬之徒，認為地球是平的，擔心航行到盡頭會落入萬丈深淵。

反倒是因為她那些學識淵博的顧問，斷定哥倫布把地球周長估算錯誤，因而拒絕他的計畫。這群專家深知地球是圓的，一如當時歐洲幾乎所有知識分子所認為。至於哥倫布本人的見識，誠如他後來寫給卡斯提爾女王信中所說的，他計畫的根據不是地圖、天文學，而是聖經。比起那些否決他計畫的顧問，哥倫布的見識其實比較落伍。他是深受宗教教義影響的中世紀思想家，根據聖經預言得出他所深信不移的西航路線。他從經文裡拾取線索，用較短的義大利哩（而非較適當的阿拉伯單位）

換算，因而計算出的地球只有實際的三分之一大。他推斷往西兩千四百哩可抵達印度地方（譯按：Indies，印度和其周邊島嶼），但誠如今日所知，那裡其實比較靠近美國的印第安納。伊莎貝爾的顧問群深知前往印度距離太遙遠，要替如此長的航程供應糧食和其他必需品有其困難，因而認為這一遠航計畫不可行。

葡萄牙國王再次召見哥倫布，再次討論他的計畫。這次依然無功而返，因為就在這個熱那亞人來到王廷時，葡萄亞航海家狄亞茲（Bartholomeu Dias）也抵達里斯本，宣布他已抵達非洲的好望角。通往印度（即通往東方）的航道因此開啟，哥倫布的探險計畫隨之失去價值。最後，伊莎貝爾女王再度召見，哥倫布的信念終於有機會實現。這時的伊莎貝爾剛擊敗穆斯林在伊比利半島上的最後根據地格拉納達，一派志得意滿，加以丈夫斐迪南國王告以哥倫布所需的經費不算太大，改變了她的想法，因此，儘管對此計畫能否成功抱有疑慮，她還是同意資助這次探險的大部分經費。

接下來就如大家所知，哥倫布率領三艘小船橫越大西洋。離開加納利群島三十三天後，他抵達巴哈馬群島。他不只不知道自己要前往何處（因為對地球的大小認知有誤），真到了那裡也認不出自己身在何處。他一心想要靠印度貿易發財致富，因而深信古巴就是日本（當時歐洲人稱Cipango）。這些「新地方」的所有居民，因為他的誤解，因此成為「印度人」（Indian，意譯即「印第安人」）。此後十餘年間，他再率探險隊四度來到這所謂的「印度地方」，航行過委內瑞拉、洪都拉斯沿海，在牙買加、西班牙島、古巴待上很長時間，但到最後他仍堅信自己已找到「印度地方」。這個重畫世界地圖的人，仍抱持中世紀的觀念，認為世界是梨子狀，洶湧的奧利諾科河（Orinoco River）是位於地球頂端、接近天堂處的四條河之一。這個將使世界經濟產生翻天覆地劇變的人，動機只是為了取得黃金以資助收復耶路撒冷的行動。哥倫布不小心撞進近代世界，而當他發現那世界時，他並不認得那世界。有時聰明還真不如交好運。

3 | 首都和其胃納量：
十八世紀之旅

今日那些抱怨「大政府」的人，並不在乎其員工住在哪裡：美國國內收入署位於德州托皮卡（Topeka）的官員，仍屬於「華盛頓特區」的一員。但在未有鐵路的時代，常引發人民抱怨的，卻是首都本身的規模太大。為什麼倫敦或巴黎的成長，引發那麼多暴動，北京、德里的成長引發的暴動卻少那麼多？

大部分城市的大小受限於食物、木材的需求。只有少數農業地區，在農民吃掉自己農作物後，還有超過兩成的作物可賣。而且陸路運輸糧食的過程會消耗過剩的糧食，因而即使有廣闊的農業腹地，也難以解決城市的需求。舉例來說，帶一群馬走三十多公里路，馬在途中會吃掉牠們所運送的許多穀物，從而使這趟買賣（通常）無利可圖。因此，城市如果成長到太大，糧食價格上漲，工資跟進升高，該城市的產品就失去競爭力，而城市也隨之停止成長。

但首都不一樣。它們所提供的是只此一家、別無分號的服務，它們的居民包括了可藉頒布敕令提高自己所得以追上較高物價的人。一五〇〇至一八〇〇年間，歐洲帝國、軍隊、官僚體系逐步成長，首都也逐步擴大，為鄰近城鎮引來嚴重問題。倫敦周圍環繞著生產力特別高而又市場導向的農田，且有優異的水路運輸，問題沒那麼嚴重；但即使如此，倫敦仍得頒行多項新法以引導足夠穀物輸往該市。

在客觀條件較差的巴黎，這問題就形成災難。附近農民消耗掉的自

種農作物一般超過八成，剩下的才拿到市場賣。因此，如果產量變少，例如少掉一成（常有的事），對穀物市場的衝擊，就如同今日產量掉了一半那麼嚴重。貿易商將到更遠的地方蒐購穀物，以供應買得起高價穀物的首都居民所需。鄉間的穀物買家（村中工匠、領工資的工人、種葡萄、亞麻和其他非穀物類作物的農民）則因此挨餓。巴黎所掀起的浪濤，可能使他們淹死在原本相當平靜的海裡；他們惟一的自保之道就是暴動，不讓載運穀物的貨車離開。而巴黎還不是歐洲最慘的地方，最慘的是馬德里。馬德里，美洲白銀淹腳目，卻座落在氣候非常乾燥、大部分飼養綿羊的地區。

鎮壓這些鄉村穀物暴動所付出的成本，以及為了讓首都窮人買得起而壓低物價所付出的成本，抑制了歐洲各首都的成長。因此只有少數歐洲城市的人口能超過二十萬，無一能超過五十萬，但為什麼其他社會養得起人口超過百萬的城市？

這些首都有一些就座落在糧產豐饒的地區附近，或優異的水路運輸路線附近，或者附近同時兼具這兩項地利。因此，開羅靠尼羅河三角洲提供糧食，若有需要，還可靠海外進口救急；伊斯坦堡附近有肥沃平原和幾條重要的航運路線。東京前身的江戶（大概是十八世紀最大的城市），不只其周遭鄉間的居民幾乎個個都住在沿海附近而得以享有舟楫之利，而且非常幸運的，其腹地的居民都種植稻米（每畝稻田所能產生的過剩稻米遠多於每畝麥田，而且稻米比小麥更便於貯存、運送）。儘管如此，仍需要廣鋪道路、龐大的貿易網，以及（有時）橫徵暴斂，強迫倒楣的農民獻上稻米，才能餵飽江戶城民。

最令人嘆為觀止的，大概非清朝、蒙兀兒王朝的京城莫屬。這兩個帝國都控有遼闊的種稻區，但兩者的首都（北京、德里）都距種稻區有數百哩遠，且位在幾無過剩糧產的乾燥平原上。而且兩者都是前工業時代世上最大的城市之一。那它們為何未面臨五倍於馬德里的災難？解決之道就在兩者都建造了巧妙而獨特的運輸系統，使首都得以利用遠處過

剩的稻米。

　　就北京來說，稻米是藉由世上最廣闊的運河網往北輸送，其中包括長兩千多公里的工程奇蹟大運河，大運河取水自中國幾條大河，將北京與這些大河連成一氣。大運河從七世紀起一段段開鑿，一四二○年全線完成；十八世紀時，它一年所輸送的稻米至少餵養了一百萬人。此外，清朝政府督建一全國性的備荒賑災體系，這體系由國營、民營義倉共同構成，豐年時義倉貯存穀物，荒年時以低於市價賣出存糧。這套體系很耗成本，但管用，即使在十八世欠收最嚴重的時期，中國的穀價幾乎從未上漲超過百分之百，反觀法國糧價有時還上漲至百分之三百或四百。

　　蒙兀兒王朝既不開鑿運河，也未建許多糧倉，但的確鼓勵首都附近的廟宇和有錢人家投注巨資鑿井，以使平原較為濕潤，生產力提高。但真正的解決辦法乃是班賈拉（banjara）階級所提供的陸路運輸服務。

　　班賈拉人是趕著牲畜四處遷徙的世襲性牧民；千百年來，他們遊走於村與村之間，將一部分新生的小牛賣給需要牲畜犁田的農家，一部分老邁的牲畜則殺了取其皮販賣。可想而知，他們也很快就從事起運輸行業。他們的牲口隊往往有超過萬頭的閹牛（班賈拉人的閹牛共有約九百萬頭），每頭閹牛能拉運約一百二十五公斤的東西，因而班賈拉人自然成為運送大型笨重貨物的絕佳人選。蒙兀兒王朝時期，他們定期受雇運送穀物到首都，還有機會承接鹽、布，乃至鑽石（用來贈人疏通事情）這些利潤更大的運送工作。

　　此外，班賈拉人的運貨成本低，因為在半乾旱的平原上有許多未開墾、未築圍籬圈住的茅草地，牲畜可沿路就地覓食。在歐洲，駕馭聯畜貨車的人通常得花錢買草料餵拉車的牲畜，但班賈拉人的牲群沿路覓食，不花他們一毛錢。這使得班賈拉的牲口隊移動緩慢，在來到此地的歐洲人眼中，更覺怪異，但這套方法管用。如果那些歐洲人原是來自巴黎或馬德里城外的鐵匠，或許會看出這種運貨方式的殊勝之處。

4 │ 倉庫、跨大西洋貿易、開闢 北美邊疆地區

　　往西開拓的故事，大概是美國最受喜愛的史詩故事，而參與這壯舉的人物，不管是好是壞，都是美國文化裡最持久不衰的偶像，這些人包括毛皮貿易商、伐木工人、農夫、土兵……還有倉庫經理。倉庫經理？沒錯。至少在歐洲人殖民美國的頭兩百年期間，往西拓展的步伐快慢，有很大一部分取決於殖民者有否能力將商品作物運回歐洲賣掉；而要能從愈來愈內陸的地區運出貨物，同時又能在歐洲市場保有競爭力，則有賴於作物運抵東部大西洋岸後，能夠降低此後一應的航運成本。一七〇〇年到美國獨立革命之間，在航運技術未有任何改變下，這些成本降了一半；而促成此事的主要功臣，就是設於東岸沿線的倉庫。

　　我們常認為開墾賓夕法尼亞西部或卡羅萊納西部的農民，都是種植作物大體上供自用的自給自足之人；但兩個現實因素使他們之中的大部分人得將作物運到歐洲賣掉才能過活。首先，他們大部分人是借錢來創業，借錢可能是為了坐船到新大陸，不然就是為了購置土地。第二，完全自給自足太不合效益，而殖民地市場太小、太分散，支撐不起大量生產的工業，因而鐵釘、布、其他民生必需品，更別提鏡子、鐘或茶葉之類象徵身分地位的東西，大體上靠進口。為換取這些進口品，賓夕法尼亞人、紐約人輸出穀物；卡羅萊納人輸出稻米、松脂製品，還有後來的棉花；維吉尼亞人、馬里蘭人大部分輸出菸草。這其中大部分貨物的市場，價格波動大且競爭激烈，因而欲在較偏遠地區生產它們，風險很大，

除非可在其他部分降低成本。

基本上，有兩組改變拉低了航運成本（即使在汽輪或改良帆船問世之前亦然），從而使農民能往西開拓。第一個改變來自英國一方，即十八世紀時大抵上肅清了海盜。這不只降低了保險成本，還使貨物得以用無武裝船（或輕武裝船）來往於大西洋兩岸。這種船建造成本較低，操作成本更低廉得多，因為靠較少的船員就能運作。但這只是原因之一，因為加勒比海殖民地和巴西（在某些情況下是北美殖民地的競爭者）受益於此的程度，絲毫不遜於北美人，甚至還有過之。

航運成本降低的另一因素，來自船隻滯港時間縮短。水手到了家鄉以外的任何港口，船主都得支付水手上岸期間的開銷（否則他們幾乎無法存活）；愈晚買到貨物離港，滯港時間愈長，船主開銷就愈大。而因此滯港的時間，歷來都很長，因為買家得走訪各種植園，檢視作物，討價還價，才能成交。一七〇〇年，往返於英格蘭與切薩皮克菸草產地的船隻，每次航程平均要花上百餘天在切薩皮克河口四處收購貨物；其他地方的滯港時間與此類似，成本差不多高（在印度洋和南中國海，得等季風轉向才能返航，滯港時間還更久，為此，當地貿易商找到截然不同的解決辦法。船東不雇請要發工資的水手，反而召募貿易商為船員，提供船上特定大小的置貨空間給他們，他們則負責船上勤務以為回報。這些身兼船員職務的貿易商，在停靠港口期間自行做買賣，藉此養活自己，完全不需船東供養）。

事後看來，縮短滯港時間似乎再簡單不過，只要與當地代理商簽訂合同，由代理商事先買好你所要的作物，存放於倉庫，待歐洲來的船一抵達，立刻就可上船。但在當時，這是相當創新的辦法，因為當時的貿易商不習慣於提供這類安排所往往需要的那種程度的信用，或不習慣於把批購何種貨物這麼重大的權限授予他人。但在美洲，這辦法可行，部分原因就在於在美國特定地方所能批購的貨物，種類不多。舉例來說，抵達亞歷山大或加爾各答或廣東的商船，可以選購的貨物五花八門，令

人傷透腦筋（這個季節買胡椒比較好，還是買絲比較好，還是都不如買茶葉來得好？或者如果回程時得中途停靠蘇拉特，那買棉花，然後在蘇拉特換別的東西運回歐洲？）但抵達巴爾的摩的海運業者，買的是菸草，其他貨物少之又少；抵達查爾斯頓（Charleston）者，買的是稻米、棉花，或許還有松脂製品；抵達金士頓（Kingston）者，幾乎百分之百買糖。此外，他們運送這些貨物直接返回歐洲。在跨大西洋航路上，沒有可以中途停靠，以拿部分船貨交換別種貨物的貿易據點（這與歐亞非洲的貿易有所不同）。因此，較易下決定，較易授權代理人，而一旦如此，他們就可以大大縮短滯港時間。

有趣的是，英格蘭老牌貿易公司過了相當一段時間才理解這點。而蘇格蘭個體戶貿易商，最早看出為願意建造、管理倉庫的美國人提供融資的潛在好處。但漸漸的，大家看出這能省下許多時間和金錢（一七七〇年時，切薩皮克地區的滯港時間降至五十天，其中許多天數是修補船隻所必需），其他海運業者隨之跟進。隨著跨大西洋貿易成本降低，美國貨物在歐洲的需求量隨之升高。但載運出口品到美國的英格蘭船，貨艙未裝滿，因為出口的製造品（其中許多是奢侈品），不像笨重的美國農林產品那麼占空間。因此，船上總有剩餘空間可載運新一批歐洲移民（這時這些移民可更放心大膽進入人煙較稀少的殖民地內陸地區），而這有一部分得歸功於碼頭上和沿海倉庫裡悄悄進行的創新措施。

5 ｜ 勇於移民的華人！

　　哥倫布發現美洲後，其他歐洲人跟著過來。當時的歐洲，一如任何地方，有許多人沒地、沒資源、沒機會，因此開拓杳無人煙的南北美大陸，讓他們怦然心動。一八〇〇年時，也就是美國已脫離英格蘭獨立而拉丁美洲許多地方也快要脫離西班牙掌控之際，前所未有的龐大移民潮加入這場冒險，創建新社會，同時紓解歐洲的人口壓力。

　　哦！對不起，上面講的全別當真；你的高中教科書裡或許就這麼寫，但大部分不符合事實。一八〇〇年前湧進美洲的人潮並不突出，至少在人數上是如此。一五〇〇至一八〇〇年間，約有一百萬至兩百萬人來到美洲，相對的，有八百多萬非洲人透過奴隸買賣送到了美洲（歐洲裔占北美洲人口的絕大多數，源自非常高的生育率，也就是美國著名政治家和科學家富蘭克林所說的「美國乘法表（American multiplication table）」，而悲慘處境和找不到婚配對象使非洲裔人口下降）。事實上，美洲某些地區之所以需要奴隸，完全是因為許多最優質的土地遭特權人士和有權有勢者搶走，闢為大片種植園後，該地所能提供的工作類型，從歐洲吸引不到足夠的人前來。反倒是常給視為安土重遷、不肯輕易遷離世居地的華人，更有助於我們了解人類遠離家鄉尋找無主之地的歷史。在蒸汽動力發明之前，華人的志願移民人數高居世界之冠。

　　就從人數來看，或者從今人所知的數據來看。一五〇〇至一八〇〇年間，光是中國西南邊疆，就有約四百萬華人移去，開墾未經開墾的土

地，趕走原居當地的土著。光是十七世紀中葉，就有一百多萬人移民到滿洲（有些是志願，有些不是）；十八世紀時，清朝禁止關內人民再移民滿洲，但根據一七七九年所調查遭開墾的土地面積，顯示又有至少一百萬人湧入。還有一些華人渡過海峽到台灣，或前往其他邊遠地區。四川算不上是新發現的邊遠地區，但經過十七世紀中葉戰爭、瘟疫的摧殘，四川再度出現無人占有的空地，於是約兩百年間，它一直是最熱門的移民地點（關於外地人移入四川的歷史，今人所知不多，這是其中之一）。

為什麼有這麼多人遷離故鄉？那些中國移民並不比當時的歐洲移民窮或處境悲慘；一般來講，他們或許甚至比前工業時代的西方人富裕些。而他們所找到的土地無疑沒有更富饒；他們所受的苦也未必少於那些橫越大西洋者。

就某些情況而言，政府政策是答案所在。這其中有些移民（例如前往西南邊陲的約其中一百萬人）是士兵和其眷屬，是奉政府之命派往該地，以鞏固中國對局勢不靖地區的掌控。在其他地方，邊遠地區因天災或人禍，人口減少，而成為移民的目標，且官方往往贊助志願性移民，即提供免費種子和具繁殖力的牲畜（以繁殖役畜），協助建設灌溉、防洪設施。最重要的是，官方保證遭廢棄或新開墾的土地歸移民所有，且常免除這類土地的賦稅。

但對於真正新發現的邊遠地區，政府往往沒那麼樂於協助移民，甚至還阻止移民。移民台灣和滿洲遭官方禁止了很長時間，因為政府欲保護那些地區的土著，或至少省掉來日鎮壓叛亂的成本。滿洲是滿族的發祥地，滿族就靠著在那練就的精湛騎術、武藝入主中原，建立清朝（一六四四～一九一二），因此清朝政府保護該地，不讓外人進去。此外，滿洲森林出產人蔘，那是皇家所獨家壟斷、有利可圖的商品。移民滿洲者會改種大豆、小麥，或許能增加糧食生產，餵飽人民，但無助於增加皇帝的私人財庫（在美洲，情形相反，通常是殖民地的作物，糖、菸草、咖啡之類，占對外貿易的大宗，對政府歲入的貢獻，遠大於在森林未遭

砍伐下毛皮和獸皮所能有的貢獻）。

　　台灣也有對外出口（土著將鹿皮和其他森林產品賣給一六○○年後抵台的荷蘭貿易商），清政府擔心太多農民將森林開闢為農地，將製造出可能難以收拾的反清同盟。因此，儘管情勢顯示政府根本無法禁絕內地人移民台灣，官方仍極力保護土著，務使他們毫無損失。例如官方規定內地農民可開墾土地，但不得擁有該土地；農民或許取得永久的地上權，且獲准出售、出租或轉讓這些權利，但土地本身仍歸原住民擁有，因而原住民可以收租，從而可以局部彌補森林變小的損失。一旦認定移民推逼太甚，引發動盪，官方願和原住民聯手，用武力恢復現狀，這在北美洲，或南美洲大部分地區（包括南美洲幾乎整個溫帶地區），幾乎不可能見到。

　　那麼為什麼離鄉討生活的華人會比歐洲人多？只要移民，幾乎立即可得到自己的土地，無疑是原因之一。另一方面，在歐洲人所開闢的許多殖民地，有權有勢者可以將所有土地占為己有，平民百姓因此只能寄望替他們充當僕役一段時期以償付旅費之後取得土地。還有一個原因，一個與大部分人的刻板想法大相逕庭的原因，那就是華人移民創業之初，不像大部分歐洲人那麼受束縛。在法國大革命之前，許多歐洲人受法律約束而離不開土地或封建領主，或離不開兩者。即使有權離開者，往往無法出售地產以籌措渡海的盤纏。相對的，絕大多數中國農民是小自耕農，或者與地主的關係屬契約關係而非臣屬關係的佃農。在經濟領域，他們比同時代的歐洲農民更為自由，也就是說，別的自由不談，他們在遷徙上更有自主權。要到歐洲農民和工匠在這方面「趕上」華人移民，要到十九世紀其中許多人因動亂而無以維生，他們才擁有同樣的遷徙自由，開始大規模遷移尋找新天地。今人就根據後來這樣的移民規模，回頭替殖民美洲的頭三百年歷史，套上了不符當時實情的移民傳說。

6 ｜說服萊佛士

萊佛士在亞洲的英國東印度公司任職十五年期間，征服了爪哇，寫了三本書，替倫敦動物園草創之時收集了許多動物，特別重要的是，他創建了新加坡。但東印度公司拒付他退休金，向他的遺孀一再催討他在創立東南亞最大貿易中心時所支領的開銷。

對促進英國在亞洲的商業勢力，少有人比萊佛士貢獻更大；對於闡釋十九世紀大英帝國「開明」時期該帝國的價值，可能也沒有人比他貢獻更多。萊佛士生於一七八一年，距後來英軍敗於約克敦（Yorktown），結束對北美十三州的統治，讓這個由白人殖民地構成的帝國領悟到自己並非所向無敵，只有三個月。他十四歲就開始為英國東印度公司（另一種大英帝國的帝國掌旗者）效力，該公司與南亞諸多屹立已久的社會貿易，有時且統治它們（父親猝逝，留下債務，萊佛士才如此年幼就開始工作賺錢。他這段人生經歷也使他成為十九世紀大英帝國的貼切象徵——任何肯上進的年輕人，只要協助英國向海外拓展商業勢力，就能出人頭地——然而這種布衣致富的事蹟其實很罕見。這其實是個迷思，但當時英格蘭人對此深信不移）。

萊佛士在該公司的倫敦辦事處埋頭苦幹十年，沒沒無聞；一八〇五年，上頭給了他前往馬來半島岸外檳榔嶼的機會，他欣然接下。萊佛士始終雄心勃勃（他在幾封信裡自比為拿破崙），在航往檳榔嶼途中自學馬來語，使他成為該公司幾乎不可或缺的人物；在該公司，幾乎沒有其他員工懂得說這種語言。這地區處處叫他著迷（有次休假返回倫敦，

他帶了總重超過三十噸的速寫、動植物、當地手工藝品），但他從一開始就關注更大的事物，關注更東方的地方。拿破崙戰爭（一七九九～一八一五）給了他機會，因為荷蘭在這段期間淪入拿破崙統治，荷蘭對其亞洲殖民地（今印尼）的掌控變得薄弱，正好可趁勢搶奪。而萊佛士的眼光還不止於此，他針對東南亞事務所提出的第一份備忘錄，強調英國若能將殖民勢力伸入荷蘭印度群島，將可充作英國擴展對中國貿易的基地。一八一一年，英國派九千五百人的部隊從荷蘭手中搶下爪哇，他即擔任這支部隊文職人員的第二把交椅（和首席軍師）；接下來四年半，他擔任總督統治爪哇。

萊佛士還滿心懷抱著一個憧憬，即建立一個既開明又集權，以自由貿易為基石的帝國，他深信這對當地土著和英國都有好處。荷蘭人統治時，要求爪哇各村得無償奉獻一定配額的勞役耕種外銷作物，才能繼續擁有他們所賴以栽種稻米供自己食用的土地。他廢除了這一制度，至少在書面上是如此。他理解到將土地拍賣給最高投標者，對該土地課稅，將足以確保糖、咖啡，其他外銷作物的供應於不墜，同時讓農民有機會投身市場。他決意廢除蓄奴；決意用稅收鋪馬路，改善其他有利於貿易的設施。但撇開這種欲在一夕之間引進資本主義所導致的混亂，萊佛士在爪哇還面臨一個難題：他的員工和英國外交部都不贊成他將英格蘭行事法則應用於該地。英國政府急於拉攏荷蘭，希望在後拿破崙時代來臨後，讓荷蘭成為英國在歐洲的盟邦，因此打算歸還荷蘭的海外殖民地，既然如此，萊佛士蓋馬路和其他革新舉措，在英國東印度公司眼中，就成為高成本而又回收不大的投資。拿破崙戰爭結束不到一年，萊佛士被調到偏遠的明古連（Bencoolen，也在馬來亞）任職，且得到毀譽參半的個人評價；大概只有他有次休假回到倫敦結識的高階層友人（包括王儲），才給予他實至名歸的肯定（在倫敦他被頌揚為戰爭英雄、探險家、自然學家、人類學家）。

萊佛士為自己事業遭遇橫逆而洩氣，也為他所確信英國喪失的良機

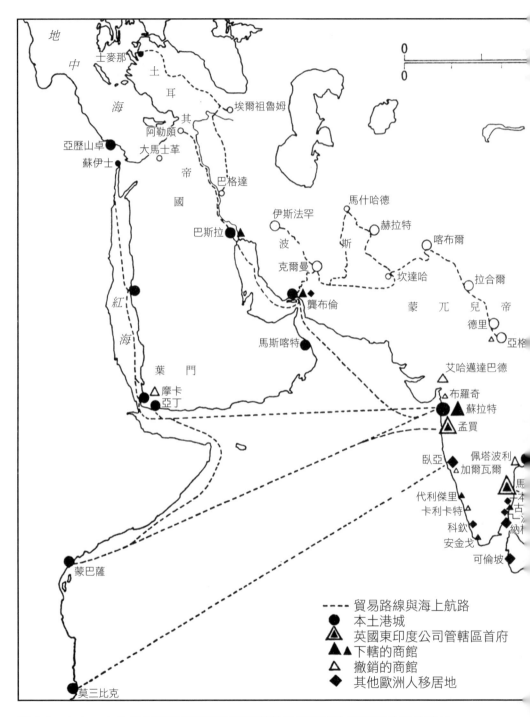

地
中
海

土麥那

土
耳
其
帝
國

埃爾祖魯姆

阿勒頗

亞歷山卓

大馬士革

蘇伊士

巴格達

伊斯法罕

馬什哈德

赫拉特

喀布爾

波
斯

克爾曼

坎達哈

拉合爾

蒙　兀　兒　帝

巴斯拉

紅
海

龔布倫

德里

亞格

馬斯喀特

艾哈邁達巴德

葉　門

摩卡
亞丁

布羅奇

蘇拉特

孟買

臥亞

佩塔波利

加爾瓦爾

代利傑里
卡利卡特

科欽

安金戈

可倫坡

馬
本
古
（
納
村

蒙巴薩

莫三比克

- - - - 貿易路線與海上航路
● 本土港城
🔺 英國東印度公司管轄區首府
▲▲ 下轄的商館
△ 撤銷的商館
◆ 其他歐洲人移居地

圖 2.2　十七、十八世紀英國東印度公司和其他歐洲國家在印度洋地區的移居
地分布圖

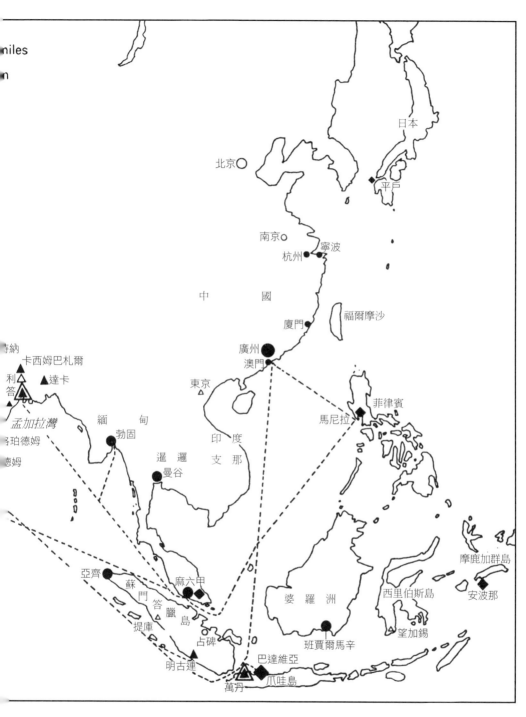

來源：改寫自 K. N. Chaudhuri, *Trade and Civilisation in the Indian Ocean: An Economic History*, Cambridge University Press, 1985.

而沮喪。英國不只將東印度群島還給荷蘭，還容忍荷蘭重新壟斷與這遼闊群島的幾乎所有貿易（誠如倫敦所了解的，如此容忍不得不然，因為來自印尼的收益乃是飽受戰爭摧殘的荷蘭重建社會、穩定局勢所必需）。為鞏固壟斷，荷蘭人不斷騷擾航入他們海域的外國船隻，且常拒絕服務進入他們港口的船隻。印尼扼控連接印度洋、太平洋的所有海上航路，從而阻礙了想到中國、日本賺大錢的荷蘭以外的商人。對萊佛士在東印度公司的上司而言，這只是令人困擾，但對較小「國家」的商人而言，這可會要他們的命。他們較小型的船隻更常需要在印度、中國之間停靠補給；而他們也有特殊的資金需求。他們的資金沒有東印度公司充裕，要在海上航行幾個月後，才能看到他們所投注在貨物、船員、補給品的營運資本有所回收，這讓他們手頭非常吃緊。他們得盡早將貨物脫手，特別是得在季風再度轉向前就返航，以免船隻滯港，得再等幾個月才能將這趟遠行的獲利送回家鄉。在歐洲人到來之前幾百年，這問題已藉由來自中國的船隻和來自印度、中東的船隻在麻六甲海岸會合得到解決；已有多個城鎮在麻六甲海峽享有過數十載（或數百年）的繁榮，最後因遭貪婪的海盜或君王索取太多保護費而滅亡。如今，由荷蘭人獨占了這個貨物集散的絕佳地點，萊佛士決心在那裡開闢一個據點以便從事自由貿易（他可能是最了解該地區商業史的歐洲人）。

萊佛士不厭其煩向頂頭上司（總部設在加爾各答的印度總督）發了許多備忘錄，闡述荷蘭人正如何加緊控制加爾各答、廣東間的貿易（英國東印度公司利潤最大的貿易，大抵拜鴉片販賣之賜），最後終於得到語焉模糊的指令，一個可以解讀為包括容許動武干預的指令。而這正是他所想要的，於是萊佛士利用蘇丹去世後兩兄弟爭奪繼承權的混亂局勢，在一八一九年一月二十九日來到日後建立新加坡的所在地，將流亡在外、未能繼承王位的哥哥偷偷帶回新加坡，承認他為合法蘇丹，說服他（和他家族裡實際掌權的一位叔伯），以每年八千銀幣的價錢將新加坡租給英國人，並派遣一支象徵性的英軍武力，嚇阻荷蘭人，以防他們對這新殖

民地有所不利。這整個過程花了一星期。

　　爭議並未就此終結。荷蘭人激烈抗議，但最終毫無行動；在這期間，英國東印度公司和英國外交部既怕多重負擔，又怕惹荷蘭不快，遲遲未承認這殖民地。但一如萊佛士所算計，時間站在他這一邊。加爾各答、倫敦兩地的個體戶貿易商和他看法一致，寫了許多信、社論、宣傳小冊，要求支持這個新殖民地。或許更重要的，這些貿易商用腳、船、資本投了票。才兩年半的光景，這小漁村就有超過萬人的居民（華商居多）；已有二千八百三十九艘船在此港卸貨（只有三百八十三艘非亞洲人所有）。隔年的數據更超越前兩年半的總和。以新加坡為據點，英國可以加入亞洲內部貿易，利用該貿易更壯大國力，而該貿易的規模比英國東印度公司所得到特准壟斷的英格蘭、亞洲直接貿易，更大上許多；英國還可以改變該貿易以滿足自己的目的，將印度的新、舊出口品（香料、靛藍染料、鴉片）送到遠東，取代印尼的出口品。一八二四年三月，英國、荷蘭接受這無可改變的情勢，承認新加坡這個繁榮的自由貿易港為英國屬地。

　　這個新城市的成功，不只預示了東南亞所將有的重大改變，也預示了英國所將有的重大改變，而後者或許正可以解釋，為何萊佛士的上司那麼心不甘情不願表彰他的功勞。英國東印度公司創立於這兩百年前，當時有一部分的思維認為，具特許壟斷地位的貿易公司，與政府保有密切關係，將有助於提升英國在亞洲的勢力；同樣重要的，這樣的機構將較易掌控，不會實行與倫敦意見相左的政策。即使在該公司已深深捲入印度大陸上的軍事行動（一七五五年後成為孟加拉的實質統治者），這一思維仍盛行不墜；國會向來的反映乃是加強監督該公司，而非放棄該公司或拿掉該公司在將印度貨物運回英格蘭上的壟斷權。

　　此外，荷蘭人治理爪哇的方式，令萊佛士怒不可遏，而英國東印度公司治理其新領地的方式有點類似該方式，至少最初是如此。基本上，該公司扮演嚴厲的聯盟共主角色，藉此掌控印度，而聯盟成員包括國君、大貿易商、地主。該公司頻頻與地方上層人士磋商，該公司早期派駐各

地的行政長官，有許多人自封為具有政治影響力的巨商（見第一章第十四篇）。在這同時，該公司（一如地方上的許多豪強），以直接動武對付地方上的弱勢者，而非透過自由簽約，取得其許多貿易品（見第七章第五篇）。

萊佛士的作法不同於此。在新加坡，沒有什麼地方豪強可供磋商，即使有，他大概也沒興趣。他深信自己和其他歐洲人最有見識，因此建立了幾乎所有實權都由殖民地總督一把抓的政府體制，毋需向誰徵詢意見。另一方面，新加坡是貨物集散中心，沒有自行生產許多產品，因此沒必要採取爪哇、印度兩地都普遍採取的那種強制性勞力管制措施。事後看來，這套自由市場法則和不民主的政府，倒是他所留下持久不墜的遺產。

但往這方向推進時，萊佛士不只在體現自己的想法。歐洲人愈來愈清楚了解，他們在亞洲的實質利潤將來自投入亞洲內部貿易；而且抓住這些機會的歐洲人，更常是私人團體而非得到特許的公司（這些公司在國內市場享有受法律保障的壟斷權，重心仍擺在國內市場）。這些「國家商人」（有些是英格蘭人，更多是印度人或華人），為英國這新帝國提供了不可或缺的經濟動力，卻不易掌控。他們施壓政府無論荷蘭人說什麼或做什麼，都一定要保住新加坡，從而鮮明展現了他們的勢力之大，足以推翻倫敦的歐洲中心觀；他們之中許多人要求英國強迫中國、日本開港通商（英國政府和東印度公司在此事上原傾向於不要這麼急切），預示了未來局勢的走向（另一個預示未來走向的徵兆，在於奉行無關稅政策且幾無土地可徵稅的新加坡政府，不知不覺中其稅收竟幾乎只倚賴一樣違背其自由貿易精神的買賣，即鴉片專賣）。

這一新興的「自由貿易」帝國，帶來了前所未見的豐厚利潤，但也帶來了前所未有的改變。身為開啟這邊烈變革的推手，萊佛士使那些據稱引領這改變者感到不安，他們之中許多人其實更希望世界發展的腳步慢些，以便倫敦足以掌控全局，並且也認為在這樣的世界，獲利機會更為可靠。

7 │ 貿易、失序、進步：創造上海，一八四〇～一九三〇年

商業造就了上海。這個連省會都沒有當過的地方，如今大概是世上最大的城市，一九二〇年代，上海境內的機械化工業仍屈指可數之際，它已是世上第六大城。但除這之外，關於它的成長過程，絕大部分是你所想像不到，或者說是建造上海者所預想不到的。

鴉片戰爭後，清廷根據條約，開放包括上海在內的五口通商，當時外國人常稱上海只是個「漁村」。外國人在該處設立商舖時，作為英國人租界的所在（也就是後來成為上海市中心的所在），大概只有五百居民。但就在河的對岸，有個人口約二十五萬的中國城市，日益繁榮的國內貿易中心。全中國有超過三分之一人口住在長江流域，而長江就在這裡入海。商業發達的長江三角洲有三千多萬人口，所製造的手工藝品，特別是絲織品和棉布，沿著長江往上游運送，換取稻米、木材、糖、小麥、大豆，以及這個人口擁擠之地所無法自給自足的其他許多商品。即使在一八三〇年代，就已有些外國人推估上海的年度貿易量和倫敦不相上下。畢竟上海周邊的長江三角洲，人口比英國多，而且像英國一樣是其所在「世界」的「工場」。

當然，外國人所帶給該世界的乃是猝不及防的狂暴衝擊，但上海似乎反倒從國難中得利。隨著鴉片貿易於一八二〇、一八三〇年代急遽增長，上海成為鴉片貿易的重鎮之一；鴉片戰爭後，上海更成為最大的鴉片貿易中心。隨著吸食鴉片的惡習普及，數百萬人受到毒害，但許多上

海貿易商、海運業者、銀行家致富。一八五○年代的內戰（太平天國之亂），中國陷入更嚴重的災難，但上海反倒因此更突飛猛進。

太平天國之亂（一八五一～一八六四）可能是歷來摧殘最烈的內戰，奪走了超過兩千萬條人命。但上海從中獲益。首先，數百年來華南所產的大量稻米，都是循大運河輸往北方，供養北京和北方軍隊，但太平天國之亂打斷這條漕運路線，稻米轉而從上海走海路北送。對於原來運貨到北方而總裝不到半條船的海運業者而言，這賜給了他們一樣有利可圖且不虞貨源中斷的貨物（上海所輸出的布和其他產品，比來自南方的木材、大豆、小麥，其他笨重貨物，遠較不占空間，因此貨艙裝不到一半）。海運稻米的獲利，使碼頭、船等與海運相關的設備，得以有錢大幅現代化。隨著清廷開始體認到外國人比過去所一向提防的乾草原游牧民族威脅更大（但外國人也代表新科技、資金的潛在來源），上海和其他海港成為自強新務的推展目標。

尤其值得一提的，清廷對於這個因條約而開放通商的口岸本身，對於該口岸與該中國城市間的關係，原有預定的構想，但這場內戰使構想不得不有所改變。清廷原打算以這些條約口岸將外國人阻隔於中國城市之外；外國人原打算設立的租界，乃是完全沒有中國人的殖民地。但隨著戰火逼近，中國人為保住性命、財產，逃進租界避難。租界人口從五百暴增為兩萬，英國官員打算趕走這些移民者，卻引來中國商人的反對。而中國人湧入使得租界房租飆漲，地主不願放棄這些利益。最後，貪婪壓過種族歧視，英國當局同意讓中國人住進租界。

這一開放就再無法回頭。中國人一波波湧入各國租界和這個中國城市；不久它們共同發展成一個大都會。互不隸屬的數個司法權並存，使上海成為走私者和敲榨勒索者的天堂，但也使上海成為相當開放的地方，成為可以從事各種生意的場所，成為政治激進分子的避難所（中國、外國當局都鄙視這種人，但他們往往能在巡捕填寫搜捕令之前從某租界逃到另一租界），成為好、壞現代文化的薈萃之地。上海是中國最早有報紙、

百貨公司、電影院的地方，這裡催生出華洋風格雜糅的新文化。西方人在蒸汽動力、電報、保險，其他許多領域上的創新發明，促進了這城市的商業發展。

　　但開放絕非有益無害。上海互不隸屬的各國政府，大抵靠違法活動來維持，因而無意打擊不法。一九二〇年代，上海的吃角子老虎數目居世界之冠，妓女占人口的比例大概舉世最高，毒品買賣非常發達；罪惡是這城市獲取基本歲收的主要憑藉，貧富差距懸殊到有一家飯店甚至聘了僕人負責熨平房客的早報。在中國境內、境外的數百萬人眼中，上海是個什麼都可以賣、事事都不照計畫的新世界，是最典型既充滿機會又讓人害怕的地方。

8 │ 從一體走向分殊

　　一八六九年蘇伊士運河開通，在歐、亞兩洲之間開闢捷徑的數世紀夢想終於實現。只三個月時間，倫敦、孟買間的航運成本降了三成；拜這運河和汽輪改良之賜，在十年間，馬賽到上海的航程由一百一十天減為三十七天。人員、貨物、觀念以空前未有的規模在移動。

　　最為翻天覆地的改變，發生於荷屬東印度群島，即哥倫布時代所謂的「香料群島」，即今日印尼。許多歐洲人自信滿滿預言，隨著這殖民地與歐洲的關係益趨緊密，西方人的習俗也終將取代當地習俗。隨著共通文化在這日趨互賴的群島上普及開來，混居群島上文化各異的馬來人、印度人、華人及其他民族，也終將形成共同的認同和同質性的社會，且當然惟歐洲人馬首是瞻。但實際上，蘇伊士運河所發揮的作用與此背道而馳。到了二十世紀初，印尼表面上統一，但內部卻因階級、種族、宗教差異而嚴重分裂，鬆動了荷蘭的控制，同時製造出至今未消的亞洲內部人民間的敵對關係。

　　地圖變動迅速。蘇伊士運河開通後一年，電報傳抵巴達維亞（今雅加達）。兩年後的一八七二年，荷蘭人開放其他歐洲人投資這殖民地，菸草田、咖啡園、可可園、橡膠園，在原本人煙稀疏的外島大量出現（不久更出現錫礦區和油井）。為保住最珍貴的外島蘇門答臘，荷蘭人於一八七三年發動亞齊戰爭。這場長達三十年的慘烈戰爭，擴大了荷蘭殖民地範圍，確立了日後印尼獨立時將有的版圖。在這片疆域內出現一種

新的企業，那企業有別於先前殖民體制，而更類似於現代的農業綜合經營。

　　一八七〇年之前，東印度群島的出口品大部分來自爪哇，且由農民生產。在這之前，為便於統治爪哇，荷蘭人支持當地許多原有的生活方式。農民一輩子待在村落，種自己需要的糧食，受作風傳統的土邦主和村長統治；他們還需另外服徭役，種植甘蔗等作物，以生產糖等出口品，徭役透過納貢制度分配，每個國君根據其所轄土地、人民有一定配額。但如今，國際貿易成長，使殖民地的經營有了新的可能。法國人、英國人排乾湄公河、伊洛瓦底江三角洲，不久後，從英國的科芬特里（Coventry）到中國廣東，都可以吃到南越、下緬甸的米。東印度群島的勞工一旦可吃進口米，歐洲人即將諸外島轉闢為大型種植園，只生產出口品，種植園的人力來自領工資的工人。為了維持廉價工資，歐洲人從人口稠密的中國、印度、爪哇引進大量「苦力」。有錢的華人跟著移來，經手稻米零售、典當、鴉片買賣的生意；擁有種植園的歐洲人則位居這移民社會的最頂層。爪哇當地歐洲人原本用心扶植的土邦主和村長，這時遭打入冷宮，其角色由較「現代」的行政人員（工頭、收債人、法官、警察、私人警衛）所取代。即使在爪哇本身，出口也因稻米進口量日增而趨於專門化，把更多農民直接帶入地下經濟。

　　但蘇伊士運河所凝聚起來的，也因該運河而分開（部分原因是該運河改變了歐洲人居住、統治的方式）。隨著取得家鄉的貨物（甚至冰！）和消息更為容易，另一種歐洲人來到東印度群島。他們被稱作「trekker（短期僑居者）」，以有別於先前來此的「blijver（長久僑居者）」。他們把東印度群島只當作事業長路上的一站，最終還是要回歐洲。僑居當地時，他們一心要過著和家鄉一樣的生活。此時這已成為可能，新一波來此的歐洲人帶妻子同行；先前的長久僑居者則娶當地女人為妻，透過姻親關係打進當地上層社會。新歐洲人不願與當地人直接往來；大部分不願學馬來語，而馬來語是在歐洲人到來之前許久，數百年來，在從蘇門

答臘到呂宋的廣大地區間，一直充當貿易語言和幾乎是共通第二語的語言。許多未婚的短期僑居者，非常瞧不起當地「土著」，因而偏愛引進日本女人當妾（在那個種族歧視和社會達爾文主義毫不避諱的年代，日本女人被視為是「較高等級的亞洲人」）。先前歐、亞人婚生的混血兒，原本還被視為和歐洲人地位差不多，如今成為較「純種」歐洲人低一級的另一個階級；許多混血兒因此極力想甩掉「東印度群島」作風，否認自己的亞裔血統。

別的僑居民族也開始排斥異族，自成一個生活圈。新一波華人移民也發現，與家鄉保持聯繫，比以往更容易得多；繼歐洲人之後，他們也開闢出純華人的聚居區，設立強調中華文化傳承的學校，創辦只有華人可以加入的貿易組織和民間團體。華人上有地位更高的歐洲人鄙視，下有地位較低的馬來人敵視（華人掌控了放貸、稅款包收、毒品買賣，自然引來馬來人敵視），在這種處境下，他們創立了東印度島群最早一批「民族主義」組織，但他們心繫的國家是中國。早期活動包括為祖國的政治運動（包括一九一一年推翻清朝的革命）募款，要求殖民當局給予華人等同「歐洲人」的地位，一如殖民當局所給予日本人的地位。

不久，東印度群島上占人口多數的原住民也開始行動。但對爪哇人、亞齊人、米南卡包人（Minangkabauan），還有其他許多致力於提升自己族群利益、對抗歐洲人、華人的族群而言，他們需要有共通的認同感，而那是他們此前所未曾擁有的。在這點上，蘇伊士運河助了一臂之力。歐、亞間的主要航運路線，這時是通過中東而非繞經南非，這殖民地上居人口大多數的穆斯林，因此也拉近了與其遙遠的文化「心臟地帶」的距離。

原本極少見的麥加朝聖之旅，這時對於住在城鎮而信教較虔誠的敬虔派（santri）穆斯林而言，變得稀鬆平常。而這時正值「現代主義伊斯蘭」運動橫掃中東。現代主義人士主張，真正符合可蘭經意旨的伊斯蘭，並非與現代世界的生活不能相容。他們認為伊斯蘭與現代扞格不入的錯

誤印象，源自於伊斯蘭與各地習俗的混雜；為還原伊斯蘭原本的精神，使伊斯蘭能續存於這競爭世界，就必須肅清摻雜進來的各地習俗。東印度群島的敬虔派穆斯林受此啟發，創設了結合可蘭經研讀與西方科學、社會科學的學校；設立由穆斯林貿易商組成的合作性組織，以對抗華人入侵香菸、蠟染印花布的生產領域；為了提升穆斯林政治權利而奔走。歐洲人藉由汽輪、纜線，使東印度群島接觸到影響力更大的外來文化，卻發現外來觀念未必就是歐洲觀念。鼓動反抗歐洲人統治的主要分子，大部分出身自一九一一年由現代主義穆斯林貿易商創立的伊斯蘭聯盟（Sarekat Islam）。

　　但對「伊斯蘭」更強烈的認同，並不等同於對印尼的認同。不只華人被視為非我族類，成為東印度群島種種苦難的歸咎對象（如今華人往往仍擺脫不了這原罪），因現代主義之故，敬虔派與掛名派（abangan）兩派穆斯林間的嫌隙還擴大，敬虔派較富裕、教育程度較高、信教較虔誠，掛名派則較貧窮，人數較多，多住於鄉村。掛名派將敬虔派所亟欲排除的各種土著習俗摻進伊斯蘭中，比如女族長制（原普及本區各地，但這時已限於蘇門答臘部分地區），寬鬆的性禮俗，乃至神祕膜拜儀式、「鋪張浪費」的宗教慶典、「流於迷信」的宗教儀式，這些都是可蘭經所不容。敬虔派遠比掛名派更有組織，教育程度更高，因此，歐洲人所記錄為「習慣法」者，通常是敬虔派的觀點；但書面上的勝利既未使掛名派真正順服，也未促成伊斯蘭的統一。掛名派理所當然痛恨敬虔派的干預，他們認為敬虔派到麥加朝聖沒什麼值得稱許，反倒還往往說（如今仍在說），他們之所以能大老遠跑去朝聖，全因他們平日對掛名派佃戶、債務人、顧客吝嗇小氣，從這種醜惡行徑裡賺飽了錢。

　　較為世俗化的印尼人援引外力和外來觀念，形成一個個相互敵視的團體，居多數而一盤散沙的鄉間居民無人聞問，只能獨自面對古怪而嚴酷的世界。後來，許多掛名派穆斯林擁抱激進的蘇卡諾民族主義派系，擁抱外來成分更濃的思潮──共產主義，幾可說是順理成章。一九六五

年，這些規模龐大但組織鬆散的運動，與較有組織的敬虔派、軍方和他們的外國盟友發生衝突，奪走了約五十萬條人命，為久久未消的分裂對立（更便捷的交通正是此分裂對立的始作俑者之一），留下了血淋淋的見證。

9 │穩賺的生意和部分實現的希望：英屬印度的鐵路建設

　　最能象徵十九世紀全球性轉變的東西，非鐵路莫屬。鐵路降低了運貨成本達九成五，貿易量相應暴增了數倍。鐵路給了我們統一的時間，因為相隔遙遠的人要將行動協調到分秒不差的地步，就必需有一致的時間。鐵路標準化了大宗商品：讓蒸汽火車頭火力全開，因為等著將張三農場與李四農場個別的小麥一袋袋裝上車廂，既慢又耗成本，所以有了穀物起卸機問世。世人了解到，生活於鐵路世界，需要某種心態，也就是強調經縝密分析的估算，揚棄「不精確」舊習俗的心態。事實上，十九世紀末期的社會達爾文主義者（譯按：套用達爾文生物進化論解釋人類社會現象，並把歷史歸結為「生存競爭」者），常把一民族是否具有建造、經營、善用鐵路的能力，當作該民族是否天生「適合」享有現代生活的衡量標準。

　　因此，一九一〇年已擁有世上第四大鐵路網（鐵軌總長占亞洲八成五）的印度，竟未能迅速躋身為現代社會，且鐵路本身的獲利也不高，這就令歐洲人大惑不解，開始探究當地「土著」到底犯了什麼錯。但如果當時歐洲人更仔細研究過印度鐵路的建造方式和功用，這些謎團或許早已不是謎團。

　　首先，不應該因印度鐵路網的遼闊而樂觀認為印度很快就會邁入現代社會，反倒應因此下修這期望。印度的鐵路線（包括一些距離非常長而通往邊遠地區的路線），有許多是建來輸送軍隊而非貨物；其他鐵路線

則通往農作常欠收、交通也很不發達的印度最貧窮地區（人稱這些路線為「飢荒路線」，清楚點出其用途），而這些地區的人窮得不可能常利用火車，只有外人搭火車送糧食來救災（和平靖局勢）時，火車運輸量才會變大。此外，英國要殖民政權提供投資鐵路建設者絕不虧本的保障，藉此讓這些資金籌措不順的路線從民間取得資金。據此，凡是官方批准興建的路線一年的資本獲利不到百分之五，就由印度納稅人填補不足的數額（在鄂圖曼土耳其和其他一些鐵路，英國也祭出類似保障）。倫敦金融資本家和其他英國商號因此大蒙其利，因為幾乎所有鐵軌、車頭、車廂、專門技術的工人，乃至許多煤塊，都由後者提供。這導致殖民當局興建更多營利前景不佳的鐵路線，以及一些華而不實的營建工程，因為銀行家和鍋爐製造業者都可以從募集穩賺不賠的資金中獲利（另一個結果是印度的鐵路建設未像其他地方那樣促進本地煉鋼、工程，乃至煤礦開採的發展，也未能培養出一群技術熟練而能將所知轉移給其他產業的人員）。

這龐大的鐵路網的確大幅降低陸路貨運費，但在某些地方（特別是恆河沿岸），傳統運輸工具仍具競爭力。貿易量的確增加，但其增長速度和取代傳統運輸工具的速度，並不如大家所預期那麼快。一八八二年（興建三十年後），印度鐵路貨運量約達四十億噸—公里，但一八〇〇年時，光是北印度的閹牛車隊就大概運送了三十多億噸—公里的貨物，而且在這八十幾年間，人口已增加了一倍。此外，貨運費即使下跌，相較於人口的消費能力，費用仍偏高。一八九〇年，要運送兩百公斤的貨物到一千五百公里外的地方，運費仍相當於人均國民所得的百分之二十二；在美國，同樣重量的貨物和運輸距離，運費只相當於人均國民所得的百分之一。而且費率結構使通往港口的幹線運費，要大大低於支線的運費，這有利於印度蒸蒸日上的出口，卻不利於國內市場發展。

這些令人失望的結果中，最叫英國人瞠目以對的，就屬大部分路線都獲利微薄一事。一九〇〇年，七成印度鐵路需要印度撥出稅收補

助，才能達到百分之五的獲利；大部分路線的獲利不到百分之三·五。一八八一年，兩條路線貢獻了全印度鐵路營收的百分之五十六。相較於鐵路所省下的運輸成本，政府補助金額不算大，但印度人對此深惡痛絕。在這期間，那些原對鐵路功用寄望甚大的英國人（「鐵路拓展人的視界……讓他們知道時間就是金錢……讓他們得以接觸不同理念的人……特別重要的是鐵路助他們養成自立的習性」，「每小時行走三十哩，終結異教信仰和迷信」），這時嘲笑道，「鐵軌兩側一百碼以外，就成為化外之地」。

但鐵路帶來改變，只是這改變沒有像英國人所推測得那麼快，而且不是到處都發生，也不必然就是人們所預期的那種改變。一九二〇年代時，運費相較於所得已下降了八成（美國那幾年的運費下降幅度與此一樣），一八八二至一九四七年運輸量成長了九倍。更多邊遠地區開始種植商品作物，使原建來主要供軍隊使用的鐵路線，有了平民乘客。稻米產地對小麥的消耗量開始變多，小麥產地對稻米的消耗量亦然，這讓稻米或小麥患枯萎病所產生的衝擊隨之降低。或許更為重要的是，那些所謂的飢荒路線，在運送救濟物資上，屢屢發揮預期的功效，使邊遠地區農作欠收引發的災情，遠不如從前嚴重。因此，遼闊的鐵路網雖未改變印度的經濟，更未如某些外國人所預期那樣改變其文化，但的確帶給印度更為強固的安全網，即使在鐵路營收不佳，顯示鐵路使用率不高的地方，鐵路都對該地有強烈衝擊。因此，在殖民時代的印度，原為滿足英國將領、投資者、煉鋼業者之需要而興建的鐵路，其對開創新社會的貢獻，其實可能還不如對保存舊社會某些部分的貢獻來得大。

10 | 短時間橫跨數百年的發展落差

　　世人常認為運輸是將東西從此地運到彼地（往往是從生產者運到消費者手上）的一種手段。運輸涉及到從一地轉移到另一地。但事實上，運輸所橫越的往往不只是不同的地區，還是不同的社會區域，乃至幾乎不同的歷史時期。咖啡豆從墨西哥洽帕斯的種植園運到美國境內烘烤器的過程，就是很好的例子。

　　咖啡樹種於索科努斯科（Soconusco），墨西哥洽帕斯州南部一個人煙稀少的偏遠地區，一八七〇年代開始種植。這地區人口稀疏，地形陡峭崎嶇，河流少，不久之前還只有少數道路，根本沒鐵路，經濟發展條件不佳。但這裡的土壤極適合種植咖啡，同樣重要的，土地便宜且易於取得。

　　但除非該區生產的咖啡豆能賣到外面，否則無利可圖。事實上，該區的咖啡豆，透過一非常古老、石器時代形式的勞力，送到現代世界的咖啡飲者手裡。墨西哥有些地區與外界嚴重隔絕，連馬都很難進入。人類學家魯斯（Jan Rus）推估，有五千名馬雅印第安人，受迫以勞役抵債（habilitacion）的形式，得各揹負五十公斤的咖啡豆，運送到外地。馬雅人將咖啡豆運下山，沿途經過陡峭滑溜的山徑和數十座索橋，抵達河港，然後上船運往海邊。單程至少三或四天。採取這種運輸方式，不是因為純粹的技術問題（資金、地形、可取得的動力）而不得不如此，而是殘暴的勞役制度規定如此。即使在十九世紀結束時，強制性勞役仍屢見不

鮮。許多觀察家稱此為奴隸制。洽帕斯高原上的有錢地主，可以要求馬雅印第安人貢獻勞力。馬雅村落貢獻勞役，以換取低度的自治。付勞役的工人只領取少量工資，因此用印第安人運貨比用騾子運貨成本更低。更理想的是，印第安人可能債務纏身，只能用勞役抵債，而且債務不因人死而消失，其家人還要繼續負責償還。因此，長長的印第安人龍，揹著裝著阿拉比卡咖啡豆的袋子，蜿蜒走在熱帶河谷的小徑上。

這種古老的勞力，進入二十世紀後仍未消失。泛美鐵路於一九〇一年開始興建，一九〇八年接通到墨西哥灣岸。鐵路運輸促進咖啡樹種植，一九〇〇至一九一〇年產量增加了一倍。但這種現代運輸工具，其實增加了將咖啡豆從種植園運到鐵路站的馬雅搬運工的需求。直到一九二五年時，整個洽帕斯州仍只有七輛卡車！

裝著咖啡豆的袋子由裝卸工搬上船，但貨物一運抵紐約，即進入截然不同的世界！咖啡豆袋常由汽輪運往布魯克林的紐約港區公司（New York Dock Company），該公司的碼頭區長四公里，有三十四座突碼頭，倉庫容量超過一百八十四萬立方公尺。二十家輪船公司的船定期在這裡停靠。吊索一次卸下十到十五個重六十公斤的貨袋，四輪卡車裝滿二十五個貨袋後，運到電動起重機旁，改由起重機將貨袋轉運到三層樓中的其中一樓，接著咖啡豆接受抽樣檢驗，賣出，裝上火車，因為主要的卡車貨運公司都有鐵路通往這港區公司。

生咖啡豆由火車運往烘焙工廠。沃爾森香料公司（Woolson Spice Company）設在俄亥俄州托雷多（Toledo）的工廠，是一九一〇年時全球最大、最現代化的咖啡豆烘焙工廠之一。輸送帶將生咖啡豆從私人的專用鐵路線送到伯恩斯（Burns）烘焙器受料斗，在受料斗裡烘焙。烘焙過後，透過斜槽倒進冷卻器，再從冷卻器送進貯料斗，貯料斗裡有濾網和去殼器去除雜質。最後咖啡豆送到自動秤重機、包裝機。自動化設備讓五層樓工廠裡的五百名工人，一週可烘焙四十五萬公斤的咖啡豆！裝袋後的咖啡豆，送到四十州約二十萬家店鋪販賣。一九一〇年時，已有龐

大的貨車隊負責將烘焙過的咖啡從火車送到零售商手裡。

這些咖啡豆由債務纏身的印第安人親手採摘，由他們揹出墨西哥叢林，最後由蒸汽、煤所驅動的汽輪、火車，由電力驅動的輸送帶，由汽油驅動的卡車，完成其運輸旅程。它們不只從一個大陸移到另一個大陸，由一個國家移到另一個國家，還從一個歷史時代移到另一個時代。紐約的工廠、碼頭和洽帕斯的叢林差異何其大，但透過世界貿易，兩者緊密地連在一塊。

第 3 章

致癮性食品的經濟文化

0 ｜ 導論

　　今天，「drug」這個字指的是會讓人成癮的毒品，是非法商品，是在不可見人的黑市裡交易而會危害社會、遭致刑罰的商品。它們不被視為國民生產總額的一部分，甚至被認為是會減少貨物、服務總產量的東西，因為吸食毒品使消費者無法辛勤工作貢獻生產，或使消費者無法消耗合法且有益健康的產品。毒品也被認為是不利資本主義的東西，會使經濟倒退回中產階級倫理和消費模式尚未盛行的原始時代。毒品公司的執行長被稱為「baron」（原意「男爵」）或「lord」（原意「領主」），彷彿中世紀的王公貴族，他們的組織則被稱作「clan」（原意「氏族」）或「卡特爾（cartel）」（為避免彼此競爭、聯合掌控價格組成的企業聯盟）。自由貿易（據說藉由讓最有效率的生產者增加利潤，讓消費者增加成本，可以讓參與其中的所有人都大蒙其利），並不適用於毒品買賣世界。外界要求政府監視、控制這領域，以降低毒品貿易量和利潤。世上極少有其他商品，被要求如此。而欲管控毒品不是透過市場機制，而是透過對毒品的「沙皇」（譯按：指幕後老大）發動「戰爭」。但 drug（致癮物）真是這麼異類？它們真是靠另外一套規則運行而被排斥於經濟領域之外的棄兒？

　　事實上，歷史上曾有一些 drug（也就是透過攝食、吸取、嗅聞或飲用而改變人身心狀態的產品）被視為好東西，而且自古迄今，這些東西一直是不可或缺的交易、消費商品。這些商品的商業價值、社會價值至

今未變，改變的是 drug 這個字的定義（也就是說 drug 一字後來不指這些合法流通的商品，而專指列為違禁品的毒品）。睽諸歷史，從看似遙遠異國的地方引進的新食品，其社會生命都經過數個階段。最初，它們往往被視為能產生愉悅藥理效果的東西。這時，它們既被當作藥物，也被當作宗教儀式裡具神聖意義的東西，也就是被認為既會影響精神，也會影響生理。它們若非引領使用者進入輕飄飄的精神狀態，就是充當春藥，讓人感官亢奮，而發揮與前者相反的效果。它們不是讓感官亢奮，就是讓感官麻木，而不管是何種情況，都讓使用者遠離平日生活的煩悶無聊（過去曾有多得驚人的食物被認為能撩起性慾，從灰撲撲的馬鈴薯到柔軟多汁而有「愛果」之稱的蕃茄都是）。新食物的引進具有這些社會用途，無疑已有數千年歷史，但要到十六世紀的運輸革命，才使這些食物成為國際貿易裡的要角。世界經濟使它們成為珍貴商品，它們隨之由賦予精神或感官愉悅感受的東西，變成積聚大量世俗財富的根基。

十七世紀時，全球各地的有錢人開始飲用、吸用、食用來自遙遠異地的珍奇植物。咖啡、茶葉、可可豆、菸草、糖，約略在同一時期成為大受歡迎的東西。歐、亞洲的消費者都不能自拔地愛上這些美洲、亞洲、非洲的產物。有三百年時間，它們是世界貿易領域最珍貴的農產品。今日宣揚自由貿易者將 drug（毒品）排除於自由流通的商品之外，但孕育出近代世界經濟的那些植物，事實上在過去也被視為 drug。有時，它們在消費國裡被列為違禁品，如咖啡和菸草。但它們的魅力實在太強大了，最後一個又一個的政府決定，與其花費巨資防範人民上癮，還不如向享用這些美味東西的人收稅，同意人民使用，甚至栽種這些植物。

但在過去，大部分致癮性食物屬於特定地方的特產（阿拉比卡咖啡屬衣索匹亞特產，後來引進葉門，適應當地水土；可可豆是墨西哥特產，古柯是安地斯山區特產，茶葉是中國特產，菸草是美洲特產），因而生產者總想維持他們本有的獨占地位。這些出口品的原始生產者（都非歐洲人），例如中國人、鄂圖曼人、阿茲特克人、印加人，試圖掌控這些商品

的貿易，防止種籽或幼苗外流。歐洲人誘之以貿易利潤，加之動用武力開港通商，挫敗了原始生產者的意圖。不久，歐洲人所殖民的遙遠新地方，開始生產起大部分致癮性食物。培育異國幼苗的植物園成為帝國的先鋒。殖民帝國的建立，就以致癮性商品的貿易為基礎，許多國內官僚體制和軍隊的建立亦然。針對茶葉、糖、菸草所課徵的關稅，為十七、十八世紀許多國家的稅收貢獻了很大一部分。事實上，致癮性食物的稅收仍是今日國家稅收的主要來源之一。針對菸草製品和酒所課徵的稅，也就是所謂的罪惡稅（sin tax），資助了學校和公共衛生計畫（見第三章第七篇）。

歐洲人將致癮性食物普及於各地，從中往往也改變了它們的意義、用途、生產地點。茶葉和咖啡在中國、中東首先得到青睞，因為它們的咖啡因有助於人們得到宗教儀式所需的清醒。蘇菲派（Sufi）穆斯林的聖人和佛教僧侶，將這兩種長久以來和宗教儀式密不可分的飲料普及於大眾（見第三章第二篇和第三篇）。可可豆飲料原只有阿茲特克帝國（位於今墨西哥）的神權政治家和貴族可以飲用（見第三章第一篇）。在過去的歐洲，這三種飲料用於教會以外的場合。經過一段時間，它們的階級吸引力改變——最初它們屬貴族專享飲料，後來擴大為中產階級的消遣，最後成為大眾的愛好和普遍的民生必需品（見第三章第四篇）。最初用來協助宗教冥想的致癮性食物，成為產業工人的提神飲料。隨著這樣的改變，人們飲用它們的方式也改變了。從原本不加糖的熱飲（過去，阿茲特克人將紅辣椒加進可可，阿拉伯人有時將豆蔻或肉豆蔻加進咖啡），到最後加進許多添加物，幾乎到了讓人認不出初泡好時模樣的地步。

致癮性食物一旦得到接納且開始為貿易商和國庫賺進大筆財富時，大部分這類食物就成為受敬重的東西。在世界貿易領域的邊緣地區，它們有時還充當貨幣。可可豆在中美洲，菸草在西非，鴉片在中國西南，茶磚在俄國西伯利亞，都曾是貨幣。但通常，持有這類產品者，目的是要用它們來換黃金或白銀。最初，它們是重商主義帝國的根基。西班牙

人非常喜愛巧克力，他們掌控了拉丁美洲大部分地區，而在貿易商將可可樹移植到非洲之前，拉丁美洲作為可可樹的原產地，西班牙人理所當然地獨占了可可豆貿易。英國人（最早迷上咖啡的歐洲人）發現茶葉更有利於實現他們在中國、印度的貿易計畫（見第三章第七篇）。熟悉拉丁美洲的法國人、美國人，喝咖啡喝上了癮。

這些來自異國的致癮性食物，從原本見不得人的違禁品，搖身一變成為歐洲初興之中產階級生活風格的核心部分。它們從群體共享的東西（例如美洲印第安人在政務委員會議上或西非人在宗教典禮上所抽的菸草），變成個人主義的催化劑。在歐洲，咖啡館（也賣其他飲料）成為貿易和政治活動的中心。最早的報紙、男人俱樂部、政黨是在一群人圍著桌子喝咖啡、喝茶之際籌組出來的，革命活動也是在這氣氛下策畫出來的（見第三章第四篇）。抽菸把有志之士聚在一塊，在辛辣菸味的繚繞中創造出公民社會（事實上，咖啡館就是世界經濟的縮影；它是販賣各種舶來品的商場，有來自爪哇、葉門或美洲的咖啡，有來自中國的茶，有來自非洲大西洋群島或美洲加勒比海地區的糖和糖蜜酒，有來自北美或巴西的菸草）。

十九世紀時，這些商品大為普及，進而失去它們原有的革命魅力和標舉個人身分地位的意涵。菸草從高雅的鼻煙、上等的雪茄，降為俗不可耐的咀嚼菸草。凡爾賽那些講究穿著打扮、優雅吸著鼻煙的巴黎貴族，若看到日後美國職棒球員所稱之為「chaw（一口咀嚼的菸草）」而吐在邊線的東西，或看到青少年躲在學校廁所偷偷抽的東西，大概認不出那和他們所吸的是一樣東西。事實上，使人更易於邊工作邊吸食菸草，可能是擴大菸草銷路極重要的一環（當捲菸取代了中東地區上層人士所偏愛的尼古丁吸食工具──精緻且沉甸甸的菸管──菸草銷路隨之擴大），同時也改變了抽菸的社會觀感（見第三章第九篇和第十篇）。糖的身分從奢華精緻的飯後甜點，降為勞動階級喝飲料時補充熱量的大宗來源，再降為蕃茄醬之類乏味東西的工業添加物；咖啡和茶葉從高雅沙龍打入尋

常人家，以即泡咖啡和加冰紅茶的形式，成為自助餐館的一般飲料，普見的軍用口糧。

　　致癮性食物愈來愈普及，愈來愈受看重，它們最初的歷史也隨之受到遺忘。它們不再標舉自己的發源地，反倒成為消費國文化裡最重要的部分。消費國的代理商將這些致癮性食物移植到世界各地，讓原產國失去了對它們的固有權利。咖啡產地擴及到全球一百個國家時，它和葉門（咖啡第一個移植歸化的地點）的淵源也就遭受淡忘。事實上，葉門主要港口摩卡，其與咖啡的關係，反倒變得不如和巧克力的關係來得大。而爪哇這個被移植咖啡樹的荷蘭殖民地，則成為咖啡的代名詞。當土耳其、中國和整個赤道非洲地區，在歐洲人首度見到菸草後不久，開始種植菸草，菸草即失去其與美洲獨一無二的關連性（與我們所討論的其他

圖 3.1　某咖啡館內部情景雕版畫（西元約 1800 年）
來源：Claude François Fortier

致癮性食物不同，菸草在南歐種得起來，但該地產的菸草不如來自美洲殖民地、由奴隸種出的菸草來得好）。

在北半球的消費國，致癮性食物創造出體現一地文化特色的社會習慣。誰能想像沒有喝茶場所的英國，沒有加奶咖啡的法國，沒有濃縮咖啡的義大利，沒有喝咖啡休息時間的美國職場，會是什麼樣子？致癮性食物不只協助創造了消費國的民族認同，還在消費國人民裡創造出族群區隔。巧克力被認為是女人、小孩的飲料，想到咖啡、菸草，就聯想到男人。鼻煙和後來的雪茄是上層人士的玩意兒，供咀嚼的菸草是平民的東西。有錢人在雅緻的客廳裡享用從墨西哥銀壺倒在中國瓷杯裡的茶；平民百姓用借自街頭小販的粗糙髒馬克杯啜飲茶湯。

與此同時，在生產國裡，原具有許多宗教、公有社會意涵的致癮性食物，成為單純的商品。它們不再是身分地位的象徵，反倒成為賺錢的工具，以用賺來的錢購買其他東西或賺更大的錢。隨著最早的國際性致癮食物成為大量生產的商品，新的致癮性食物進入世界市場。鴉片和可製成古柯鹼的古柯，十九世紀時首先贏得國際需求，從而成為致癮性食物裡最早被接受的大量生產商品。事實上，在這之前，安地斯地區人民咀嚼古柯已有數百年甚至數千年的歷史，他們咀嚼古柯以去除飢餓感和寒意，以使工人提神，就和美國工人喝咖啡或英國工人喝茶的用意差不多。古柯貿易原由印加帝國掌管，古柯原也用於宗教儀式。十九世紀提煉出古柯鹼時，最初用它當作止痛劑，後來成為大眾飲料可口可樂的添加物（見第三章第十一篇）。另一方面，清朝皇帝為保護人民，在一七二九年後禁止吸食鴉片。英國靠著船堅炮利強迫中國開港通商後，鴉片才在中國大為普及。有了鴉片出口到中國，英國才得以換取英格蘭人所嗜飲的中國茶。鴉片是十九世紀推動世界經濟成長的引擎，因為它使英國得以賺取中國、印度的金銀，為西歐提供資本，這些金銀有許多源自美洲（見第三章第八篇）。

只有在二十世紀，在禁酒呼聲的日漸升高下，鴉片、古柯鹼才身分

一轉成為非法商品。時人認為它們所帶來的虛幻快感，相較於銷售獲利，弊大於利。道德運動挫敗了唯利是圖的心態。但這說不定是另一個短暫的插曲（睽諸歷史歷歷不爽），因為利潤的誘惑讓人顧不得吸食致癮性食物所帶給社會的危害。於是，如今我們看到主張大麻合法化的人（如在荷蘭），主張限制大麻只供醫療用的人（如加州法律所規定），希望繼續將大麻列為違禁品的人，各陳己見，相互爭辯。另一方面，美國正有人在推動將菸草納入受聯邦藥物管理局管轄的藥品，而非如現今這樣不受管制的食品。

　　過去，為了保住財富，道德良心被甩在一旁。天主教徒照喝穆斯林咖啡之類的異教徒飲料（但他們很快就在照理信仰基督教的歐洲人殖民地生產咖啡豆）。法國革命人士一邊草擬理念崇高的人權宣言，一邊喝著、抽著美洲大陸奴隸所生產的加糖咖啡、菸斗，絲毫不感到矛盾。在中國的英國商人，在船的一邊賣掉鴉片，讓更多人中鴉片癮，在船的另一邊唸聖經以尋求救贖，證實了馬克斯稱宗教是大眾之鴉片的箴言，也證實了二十世紀反駁該箴言的妙語——鴉片已成為大眾之宗教。

　　過去，歐洲、北美消費者知道，這些帶給北半球消費者無比閒情雅趣的致癮性食物，使南半球、東半球的生產階級淪入受剝削、無地、貧困的境地，但他們不覺不安。過去，這類食物全在窮國生產，以供富國使用，以使有錢人發大得離譜的財。同樣是致癮性食物，在生產國和消費國，影響大不同。它們在歐洲和北美助長財富、貨幣化、雇傭勞動，在許多生產國中，卻使更多人淪為奴隸（見第三章第六篇、第五章第一篇和第四篇）。生產這些致癮性食物常需用到強制性勞力，如今有時仍是如此（見第四章第十三篇）。國家通常動用公權力確保強制性勞力的取得（例如透過黑奴買賣），並統籌管理這類食物的生產。在其他例子裡，例如十九世紀的中國西南和今日的緬甸、哥倫比亞，生產違禁品促成了生產地區的暴力、犯罪勢力升高。致癮性食物既是國家的基礎，也是禍根。因此，這些食物，最初人們是為了享受它們所帶來的愉悅感受（「天堂

滋味」）而拿來吸食，最後卻成為讓許多生產者覺得傷天害理的商品。
但無論如何，我們得承認它們是世界經濟的基礎，而非偏離世界經濟運
行法則的異類。

1｜巧克力：從貨幣變成商品

　　一五〇二年，哥倫布碰見一艘載運貨物到他地做買賣的馬雅人大型獨木舟時，知道自己已無意中發現值錢的東西。這些馬雅貿易商不小心掉了一些杏仁狀的東西，急忙將它們撿起，樣子「彷彿掉下來的是他們的眼睛」。這些奇怪的豆子，馬雅人稱之為「卡卡瓦（ka-ka-wa）」，阿茲特克人改稱之為「cacao（可可）」，最後西班牙人以訛傳訛稱之為「chocolate（巧克力）」。

　　可可豆在中美洲作為珍貴商品已有兩千多年歷史。建立美洲第一個文明的奧爾梅克人（Olmec）食用可可，隨後將此習慣傳給馬雅人。可可樹只生長在熱帶低地，可可豆透過貿易先後傳到特奧蒂瓦坎（Teotihuacán）、阿茲特克這兩個高地文明國家。它之所以成為人人想要的東西，除了味美，還因為稀有，以及飲用後的藥理反映。

　　過去，可可被視為興奮劑、致醉飲料、迷幻藥、春藥。戰士希望借助可可豆的可可鹼，讓自己在戰場上驍勇善戰。其他人則喝發酵過的巧克力飲料，整個人變得醉茫茫，如果用仍青綠的可可豆泡製，且飲用時搭配食用具致幻成分的墨西哥蘑菇（psilocybin mushroom），醉人效果尤其強。在某些宗教節慶時，就會搭配食用這種蘑菇。蒙帖朱瑪（Montezuma）皇帝之類的人，則會在和後宮眾多嬪妃行房前喝下這種飲料。這飲料還充當治療焦慮、發燒、咳嗽的藥劑。

　　味道也很重要。他們在巧克力飲料裡加進許多辛香料，其中有些香

料今人恐怕不敢領教。巧克力飲料通常加水泡成，飲用時普遍加進紅辣椒，或狀似黑胡椒的花，或能帶來苦杏仁味的 pizle 種子，或石灰水。玉米用來使巧克力飲料變濃稠。而當馬雅人或阿茲特克人替這飲料加進蜂蜜、香草精時，那味道才似乎是我們所熟悉的。

巧克力在阿茲特克市場占有獨特地位。人人都想一嘗它的美味，但它非常稀有。天然的可可樹林生長在熱帶低地，但住在這類地區的馬雅人，大多是自給自足的農民。今人已知馬雅有幾座大城，但在這些大城裡都未發現有市場的證據。剩餘產品透過納貢獻給貴族。馬雅人有長距離的珍貴商品貿易，但未有證據證明存有重要的商人階級。因此，墨西哥高地居民對可可豆的需求很大，產量卻小。

事實上，可可豆非常珍貴且稀有，以致被拿來充當貨幣。阿茲特克經濟大部分以面對面的實物交易為基礎，因而可可豆代表著邁向貨幣化的重要發端。可可豆有時有仿冒品，證明了可可豆的確被視作一種貨幣。根據第一任西班牙總督的說法，空可可豆殼裡塞進黏土，看起來「和真的沒有兩樣，而有些豆子品質較好，有些較差。」

以樹的果實當貨幣，聽來或許荒謬，但事實上，西班牙人在墨西哥中部沿用這傳統數十年，在中美洲部分地區更沿用了數百年。在十八世紀的哥斯大黎加，總督仍用可可豆當錢買東西。天主教修士是將可可豆引進歐洲的最大推手，而有些這類修士更曾建議西班牙也以可可豆為貨幣。以會腐爛的東西當貨幣，無疑很迎合這些批評資本主義和高利剝削的人士。

禁欲苦行的神父是最早將巧克力普及於西班牙和其鄰國者。巧克力在當時被視為天主教飲料，一如咖啡先後被視為穆斯林飲料、新教徒飲料。耶穌會士尤其著迷於巧克力，因而開始投入種植可可樹，甚至因此遭民間競爭者指責試圖壟斷可可豆貿易（出於同樣強烈的熱愛，巴拉圭的耶穌會士開始生產瑪黛茶謀利）。

巧克力最初是充當節制飲食用的宗教飲料而引進西班牙，但不久，

就和在墨西哥一樣，成為貴族打發閒暇、擺闊、標舉個人身分地位的飲料。十六世紀初的西班牙，巧克力飲料是加水、糖、肉桂、香草精泡製而成。兩個世紀後，泡熱巧克力時終於加進了牛奶。可可豆作為第一個獲歐洲人青睞的提神劑，成為西班牙美洲殖民地最主要的外銷農產品。

歐洲的帝國主義者能掌控配銷和生產二者，而與哥倫布之前的帝國主義者（如阿茲特克人）不同。在資本主義世界經濟的驅動下，可可豆生產由墨西哥的野生樹林轉移到大面積的種植園。可可樹在委內瑞拉、中美洲栽種，然後移植到菲律賓、印尼、巴西，最後移植到非洲。可可豆這時成為商品，而非貨幣。在十八世紀之前，它一直是殖民地作物，但要到殖民地貴族階層不再是其主要消費者，它的生產量才開始變大。隨著女人、小孩開始飲用可可（一八二八年由荷蘭人范胡騰〔Van Houten〕首開此風氣），隨著牛奶巧克力於十九世紀後半葉問世，女人、小孩開始吃許多種巧克力甜點，巧克力在異國落地生根，成為通俗食物。

如今巧克力是甜食，是人人消受得起的小東西，但別忘了它曾作為王公、戰士飲料、充當貨幣的光榮日子。

2 | 醞釀風暴

　　從哥倫布遠航到工業革命的三百年間,三種跨大陸貿易盛行一時。其一是從非洲到美洲的奴隸買賣,其二是美洲所產的金、銀大量出口到歐、亞洲,其三是向來被稱為致癮性食物(咖啡、茶葉、糖、巧克力、菸草、後來的鴉片),其愈來愈暢旺的貿易。三種貿易中只有最後一種在進入工業時代後仍持續不墜。

　　這些致癮性溫和的小奢侈品,大部分輸往歐洲;大部分的售價漸漸便宜到大眾消費得起,因為(不管它們原產於那裡),歐洲人開始在美洲大面積栽種,且當地土地便宜,又有成本低廉的奴工。

　　只有茶葉生產從未轉移到美洲。茶葉繼續作為亞洲農民的作物,免於歐洲人的直接掌控長達四百年。但茶也成為英格蘭的國民飲料,而英格蘭身為工業界、殖民界的超級強權,不遺餘力欲掌控其他不可或缺之原料的生產,惟獨未能掌控茶葉生產。什麼因素使茶變得如此重要,使它的際遇如此不同於其他「致癮性食物」?

　　至少在西元六世紀時,中國人就已經知道茶,不久後且傳播到日本、韓國。最早將這種新飲料帶到中國以外者是日本僧侶(譯按:西元八〇五年,日僧最澄到浙江天台山國清寺學佛,帶回茶籽種植於日本的滋賀縣,是為茶葉傳入日本之始)。他們來中國佛寺求道,隨之將這種提神劑帶回日本(求道與提神兩者之間未必沒有關聯。佛僧為通過取得聖職的考核,得埋頭鑽研佛典,而傳說中他們發現茶葉有助於他們辛苦鑽研時

保持清醒，自此佛僧成為茶葉最主要的消費者）。過去，這種飲料不便宜，且從未成為普受喜愛的飲品，即使在中國亦然；北方的窮苦人家通常喝白開水。但隨著愛喝茶的人變多，華南許多丘陵上（惟一適合種植的地方）迅即遍布茶園，從而協助促成了中世中國的商業革命。在許多地方，人們還開始把這飲料和華夏文明、殷勤招待、士大夫間的討論聯繫在一塊。這飲料變成象徵身分地位的奢侈精品，從而使它成為外銷到東亞其他地方、東南亞、中亞的珍貴商品（華北窮人曾常按照華南人喝茶時那套禮儀喝白開水，有時甚至稱白開水為茶，從而明褒暗貶諷刺了世人將茶與上層社交活動聯繫在一塊的象徵性意涵）。

事實上，茶在國外如此受歡迎，不久後，它就成為中國政府所喜愛運用的戰略性商品。中亞的游牧、半游牧民族（蒙古人、厄魯特蒙古人、突厥人等）渴求茶葉，因而茶葉就成為中國所賣給他們的主要商品，以換取他們所飼養的戰馬（世上最精良的戰馬）。因此，中國政府有時試圖將茶的生產、運輸納為國家專營，以確保取得足夠這項貿易所需的茶葉，且將價格控制在他們所負擔得起的範圍內（十二世紀時，有個財政拮据的政府將茶葉收購價格定得太低，以致毀掉一些產茶中心，此後的政府轉而採取更為有效的政策，即規範茶貿易而不親自經營茶貿易）。

飲茶習慣從中亞又傳到俄羅斯、印度、中東這三個新市場。這些地方或因伊斯蘭教義而禁止喝酒，或因地理環境種不出葡萄，釀不出葡萄酒（俄羅斯），而加糖茶（東亞所沒有的飲用方法）正好提供了葡萄酒的代替品，因此大受歡迎。

但部分因為茶所具有的戰略價值，栽種區的擴散遠慢於飲用習慣的傳播。過去，將茶樹帶離中國屬犯法行為，直到十九世紀中葉，全世界茶葉大部分仍產自中國（日本約略能自給自足，但非出口國）。亞洲大部分地區滿足於倚賴中國提供所需的大部分茶，但十七世紀開始引進這飲料的歐洲人，久而久之較不願接受這種壟斷安排。

葡萄牙人於十六世紀闖入東南亞時，發現了供出售的茶葉，但大部

分是劣質茶種，因為劣質茶種比良質茶種更經得起離開中國後的長期運送。茶於十七世紀見諸英格蘭、法國、荷蘭的文字記載，但當時歐洲對茶需求不大。事實上，當時西歐人的觀念似乎主要將茶葉當藥，而非當作日常飲料。一六九三年，就連英格蘭的人均茶葉進口量，大概都不到三公克。

十八世紀，情形全盤改觀。一七九三年，英格蘭的人均茶葉進口量已超過四百五十公克；該國的茶葉總進口量可能成長了四百倍。為什麼口味上有這麼突然的改變，原因不明，但用來加甜的糖突然可以便宜買到，無疑是原因之一。十七世紀末期和十八世紀期間，拜美洲大陸奴隸種植園之賜，糖首度成為歐洲一般大眾買得起的商品。社會生活的改變，無疑也是原因。愈來愈多工匠出門到作坊（或某些情況下到早期工廠裡）工作；工作時間變得較死板，中午時回家吃頓慢悠悠的午餐變得較不可能。在這種環境下，在工作時利用短暫休息時間，補充點咖啡因和糖，就成為一成不變的工作日子裡重要的一部分。即使工業時代初期這些變動不完全是促成喝茶習慣興起的原因，茶無疑有助於降低這些變動的衝擊。最終，茶取代琴酒和啤酒，成為英格蘭的國民飲料。由於早期工廠相當危險，工人若昏昏沉沉、笨手笨腳，難免發生工傷意外。若沒有茶、糖取代酒作為英格蘭的主要廉價飲料（和熱量的補充來源），情形可能遠更糟糕。

倚賴茶當然有其代價，而英國不想持續付出這代價。隨著茶葉進口量邊增，英格蘭開始尋找可同樣大量賣到中國的商品，因為進口茶葉全以白銀支付，導致英格蘭白銀流失嚴重。經過幾度尋找，英格蘭人終於找到理想的商品，亦即種於他們印度殖民地的鴉片。這一決定最終導致鴉片戰爭，改變了中英貿易的局勢，造成許多中國人吸鴉片成癮的問題。

在這一「解決辦法」付諸實施之後，歐洲人才開始著手在他們的殖民地裡種植這種植物（歐洲本身種不成茶樹）。茶樹最終在一八二七年出現於荷屬爪哇，一八七七年出現於英屬錫蘭。但在那之後，從這些島嶼

所生產的茶，仍不敷歐洲人的需求。

要一舉解決歐洲需求，仍需要更大面積的種植區。印度東北部人煙非常稀少的阿薩姆地區，正好非常適合種茶。一八三九年，鴉片戰爭開打之際，阿薩姆茶葉公司成立；但直到一八八〇年代，才真正開始生產。一八五四年頒行了阿薩姆茶葉開墾法案（Assam Tea Clearance Act），凡是承諾到此種植茶樹供外銷的歐洲種植園主，均授予本地區多達一千兩百公頃的土地。但原住民有別的想法——清除森林開闢茶園（或其他任何一種私人房地產），將意味著他們半游牧生活方式的消失。

英國當局費了好一番力氣（從直接動武，到課徵稅賦迫使原住民負債，到立法禁止他們「侵入」在一夕之間批予外國人的林地，或禁止它們在這些林地「盜獵」），才將他們遷離家園。然後又花了更大力氣建立運輸網（包括靠大幅補助興建的鐵路），以將大量茶葉運出這偏遠而多山的地區。

久久之後，這辦法收到成效。從一八七〇左右到一九〇〇年間，阿薩姆的茶葉輸出量增加了十九倍，喜馬拉雅山麓丘陵其他地區也開始種植茶樹（其中聞名遐邇的產地大吉嶺，就位在看得見聖母峰的地方）。最後，西方終於得以自行生產足敷需求的大量茶葉，消費國自此牢牢掌控茶葉生產，不受制於原產茶國，一如他們掌控了咖啡、糖及其他提神食品的供應。但茶樹從中國移植到印度的這段過程，其實比旅人橫越兩國間高聳入雲的山峰還更為艱難，更出人意料。

3 │ 摩卡其實與巧克力無關

　　一七〇八年，德拉羅克（Jean de la Roque）和法屬東印度公司的三艘船，抵達葉門的摩卡港，成為第一批繞過非洲南端航入紅海的法國人。他們冒著危險，花了一年時間，航行如此遠的距離，就為了直接購買咖啡。

　　長久以來世人總把咖啡和拉丁美洲連在一塊，但有約三百年時間（咖啡作為商品以來的一半時間），阿拉伯人獨占了阿拉比卡咖啡的買賣。不只全球的商業咖啡產自葉門山區，中東、東南亞也消耗了絕大部分的商業咖啡。最叫法國人感到不是滋味的，咖啡貿易的中間人也大部分是阿拉伯人、埃及人、印度人。但這局面再維持不了多久。歐洲人終將席捲咖啡貿易，使葉門獨占咖啡貿易的歷史成為隱約難辨且失真的記憶，而德拉羅克正是這股浪潮的重要推手之一。

　　阿拉比卡咖啡樹原生於衣索匹亞，但咖啡飲料大概在一四〇〇年左右在葉門的摩卡市發展出來。一五〇〇年時，這種飲料在阿拉伯半島已隨處可見。穆斯林將它用於禮拜儀式，隨著前往麥加朝聖的信徒帶咖啡豆返鄉，這種飲料普及於伊斯蘭世界，遠至印度和印尼。咖啡也開始和世俗社會的成長搭起密切關係。咖啡館誕生於中東。當時，幾乎沒有所謂的餐廳，而酒館又是穆斯林的禁地。因此，咖啡館就成為缺乏公共場所的穆斯林世界裡，少數獲認可的世俗公共場所之一。

　　歐洲人遲遲才接納咖啡，出於幾個原因。首先，咖啡作為穆斯林飲

料，歐洲人視其為異教徒飲料。其次，土耳其式咖啡，不加糖，不加牛奶，又濃又燙，不合歐洲人胃口。最後，這種相當稀少而富含咖啡因的香料或致癮性食品，很不便宜。事實上，在約一七七六年之前，歐洲人很少喝這種飲料。

一六六五至一六六六年抵達法國、奧地利的鄂圖曼蘇丹特使，在豪華晚會中準備了許多這種珍奇飲料，從而提升了咖啡在歐洲促進人際往來、標舉身分地位的功用。土耳其人也在無意間促成咖啡飲料在歐洲的普及。一六八三年土耳其人圍攻維也納久攻不下，最後撤兵，遺留下一些咖啡袋。後來，維也納第一間咖啡館的老闆，想到濾去土耳其咖啡的沉渣，加進蜂蜜、牛奶，從而使咖啡更能為歐洲人接受。但這時的阿拉比卡咖啡仍是非常罕見的特產品。

問題在於咖啡很貴。葉門的人工生產方式、層層中間商的剝削，以及昂貴的運輸成本，使咖啡幾無異於奢侈品。一六九〇年代之前，全球只有葉門三個咖啡產區栽種咖啡，這些產區位在陡峭而有灌溉設施的山上，分成一小塊一小塊咖啡園，栽種農民只數百人。

貝特爾法古伊（Betelfaguy）鎮是當時主要的咖啡市場之一，位在距摩卡兩天路程的內陸。農民從附近的小咖啡園帶自家咖啡豆到這裡賣，一年到頭如此。德拉羅克記載，收成「不定量，不定期，因而阿拉伯人不知有所謂的收成季節。」咖啡農一週六天帶咖啡豆到市場，每天帶出來賣的咖啡都比前一天多一點；價格低時他們就扣住不賣。在市場裡，印度商人和阿拉伯人掌控咖啡生意。十七世紀初起荷屬、英屬東印度公司就在摩卡設有代表，即使如此，他們一如德拉羅克，是透過據說最會殺價的印度中間人購買。歐洲人的商業地位不高，因為他們沒有政治影響力，而葉門人惟一想要的歐洲商品，是用墨西哥白銀製成的皮阿斯特幣（piaster），而且當場就要。

咖啡豆是當時最珍貴的世界貿易商品之一，但德拉羅克發現咖啡豆買賣的規模仍然非常小，要當面交易，且由一附庸國牢牢掌控。他得先

跟摩卡行政長官簽訂條約，以獲准購買咖啡，然後得耐心等待咖啡豆送來市場。最後他終於收購到約六百噸的咖啡豆，但花了六個月才買到這樣的數量。為突破這個瓶頸，他預付了一大筆錢，給一名自稱有特殊管道可取得咖啡豆的印度商人，結果受騙。

不只收購咖啡豆得留上很長時間，這些法國人背後所代表的暴增需求，也使價格暴漲。德拉羅克到來之前的二十五年間，由於歐洲人對阿拉比卡咖啡的喜好與日俱增，咖啡豆價格已漲了九倍。德拉羅克出現在產地，造成價格又一波急遽上漲。此事惹火了土耳其人，土耳其蘇丹的大使因此向葉門國王抱怨歐洲人直接前來購買一事。除了要受價格上漲之害，歐洲人直接前來購買還使蘇丹少了關稅收入。

鄂圖曼人這麼擔心，其來有自。他們費了很大成本，克服重重麻煩，才將咖啡豆從葉門山區運到他們的咖啡館。首先他們用駱駝把在貝特爾法古伊所買的咖啡豆，運到十里格（譯按：一里格約合五公里）外的小港口，然後上船運到六十里格外紅海邊的鄂圖曼最大港吉達，再在吉達將貨改裝上土耳其船，航往蘇伊士。到了蘇伊士，咖啡豆再裝上駱駝背，運往開羅或亞歷山卓。到了亞歷山卓，貨再上船，航往君士坦丁堡。在德拉羅克遠航至此之前，法國境內的咖啡豆，幾乎也全購自亞歷山卓，然後船運到馬賽。如此輾轉運送，成本非常高昂，因而德拉羅克一行人雖然花了兩年半繞經非洲好望角到摩卡，卻發覺如此直接前來有利可圖。

受到這次遠航成果的鼓舞，德拉羅克於兩年後再度來到摩卡，這次他謁見了葉門國王，並發現該國王種了一大片咖啡樹。這個法國人批評了葉門國王的作為，解釋說歐洲國王在御用植物園裡只種觀賞植物，並補充說：「園裡如果結了果實，國王通常將果實留給侍臣。」葉門國王聽了這番話無動於衷。

後來，德拉羅克大大後悔於這番討論，因為回到巴黎後，他發現自己對路易十四御用植物園的描述有誤。這個貿易商在其冒險報告的最後說道：「這份報告最恰當、最合宜的結尾，就是提到……終於從荷蘭送來

的那棵咖啡樹。」

　　種在太陽王路易十四植物園裡的那棵咖啡樹，乃是歐洲人殖民美洲的先驅。它的種子將被帶到大西洋彼岸，它將成為美洲許多咖啡樹的先祖。法國人已找到方法打破阿拉伯人對咖啡貿易的壟斷。不到五十年，拉丁美洲馬丁尼克島（Martinique，法國殖民地）所生產的咖啡，就在開羅市場上漸漸取代摩卡咖啡！葉門敵不過殖民地的大規模生產。一九〇〇年時，葉門的咖啡豆產量已不到全球產量的百分之一，繁榮一時的港市摩卡，淪落到只剩四百名流浪漢居住在已不再濱海的葉門廢墟中。摩卡掌控全球咖啡市場三百年的光榮歷史，如今只靠著一種飲料──將巧克力摻進美洲所產的咖啡調和成的特殊飲料，能讓人勾起那段過去！

4 | 咖啡社會角色的轉變

　　咖啡展開我們的一天，使我們的工作休息時間有條不紊，使我們每天三餐備覺可口。作為全球第二大的大宗商品，咖啡已成為現代生活不可或缺的一部分，沒有咖啡以前的世界，簡直令人無法想像。但咖啡走了五百年，才成為你早餐的美味飲料，而且一路上經過四大洲，曾被賦予多種不同角色。

　　傳說中，有位衣索匹亞牧羊人，看到他的羊群嚼過苦味漿果後變得興奮且秩序大亂，大為驚訝，於是跟著拿起那漿果放入嘴裡，結果也興奮得四處跳。他發現了咖啡的祕密效果，而就是這祕密效果，最終促使咖啡在葉門落地生根，成為當地作物。將這種漿果從衣索匹亞運到紅海對岸的阿拉伯人，很可能是擄掠販賣黑人的奴隸販子，從而使這種飲料似乎一開始就和奴隸脫離不了關係（咖啡與奴隸的悲慘結合，歷經四百年才結束）。十五世紀中葉，阿拉伯半島上的蘇非派，發現咖啡正好有助於他們思索阿拉時保持清醒，因而咖啡首先受到伊斯蘭教這個神祕主義教派的青睞，但保守的伊斯蘭神學家擔心它致癮的特性會使人偏離探索最高境界之路，因而不久咖啡即遭這些神學家的痛斥；一五一一年，他們在麥加街頭焚毀數袋咖啡豆。後來，土耳其的大維齊爾（Grand Vizier，即首相）發布敕令，凡是經營咖啡館者，要受棒打之罰；再犯者就縫進皮囊，丟入博斯普魯斯海峽。

　　這些統治者當然要擔心咖啡促進人際往來的媒介能力。開羅、伊斯

坦堡、大馬士革、阿爾及爾的咖啡館，成為政治陰謀的溫床和淫亂邪行的場所。從提神到致癮到顛覆，咖啡這一發展軌跡將在其他國家、其他大陸一再重現。

在歐洲，咖啡於十七世紀開始受喜愛，正值商業資本主義興起之時。這種中世紀的中東豆子，搖身一變成為西方資本主義商品。還好，它最初是由威尼斯貿易商引進歐洲。謝天謝地！否則我們大概就沒義式濃縮咖啡和卡布吉諾可喝。但這些最早經手咖啡買賣的人，把它當藥看待，認為它可治眼睛痛、水腫、痛風、壞血病。不久，倫敦貿易商開始在咖啡館喝咖啡談生意，咖啡館作為商業中心，店數增加了一倍。強納森（Jonathan's）、蓋拉威（Garraway's）兩咖啡館，還作為英格蘭的主要證券交易所長達七十五年；維吉尼亞（Virginia）、波羅的海（Baltic）兩咖啡館，擔任商業和海運交易所則長達一百五十年；羅伊德咖啡館（Lloyd's café）成為世上最大的保險公司。咖啡館還充作辦公大樓、傳播最新消息的「便士大學」（譯按：只要付一便士就可入此種咖啡館喝咖啡，交換資訊，吸取新知，因此得名）、最早的男人俱樂部。咖啡推動商業發展，卻惹惱做妻子的女人，她們痛恨丈夫沉迷於陰暗、嘈雜的咖啡館，一致抨擊「這種低劣、又黑又濃、齷齪苦澀發臭、令人作嘔的泥潭水」，指稱咖啡讓男人性無能。叫英王查理二世比較擔心的，不是上咖啡館可能誤了男人的家庭責任，而在上咖啡館者的討論政事，於是他著手關掉咖啡館，結果未成。要到東印度公司興起，印度成為英國殖民地，英國才琵琶別抱，成為獨鍾喝茶的國家。

在歐陸，咖啡館漸漸成為因資本主義經濟而發達致富者的象徵，成為為這類人服務的場所。這類人構成新興的有閒階級，也就是後來所謂的咖啡館社交界（café society）。但咖啡蔚為主流的過程，並非一帆風順。關於咖啡的醫學價值，辯論非常激烈。在瑞典，有對雙胞胎兄弟因犯了殺人罪而被判死刑，國王古斯塔夫三世（Gustav III）發揮優良的科學傳統，拿這兩個死刑犯做實驗。他讓他們免於一死，但要其中一人此後

在獄中，喝飲料只能喝茶，另一人只能喝咖啡。結果喝茶的先死（享壽八十三），瑞典從此成為世上人均咖啡消耗量最大的國家。普魯士的腓特烈大帝（Frederick the Great）思想那沒麼開明，且關心臣民的政治傾向和貿易平衡，更甚於關心臣民的健康。他把咖啡納為國家專賣品，試圖藉此阻止平民喝這種飲料。高進口稅造成只有大城市裡較有錢的人喝得起咖啡，但他還是沒達成目的。在法國、奧地利，情形亦是如此。

但在各國首都，咖啡館生意興隆。據布倫南（Thomas Brennan）的說法，咖啡館在巴黎的大行其道，證實了「上層人士決心要擁有自己的聚會地點，不與低階級人士混在一塊。」但這些是事業有成的上層人士，是資產階級上層人士。咖啡有別於酒的好處，在於提振身體同時又洗滌心靈。有些咖啡館，例如巴黎的普蔻（Procope，法國第一家咖啡館），是藝文界人士的交流中心，伏爾泰之類人士就在這裡譏刺貴族的可笑可惡。維也納的海因里希霍夫咖啡館（Café Heinrichhof），為一身銅臭味的商人帶來經商靈感，也為布拉姆斯和其他大作曲家帶來創作靈感。其他咖啡館，例如我祖母在維也納經營的莫札特咖啡館（Café Mozart），提供撲克牌、撞球和諸如此類較輕鬆的消遣。就在咖啡館的悠閒氣氛中，醞釀了重大的發展。非法經營的咖啡館與公民社會的誕生、公共空間的出現、半封建貴族階層的瓦解，密不可分。因此，不足為奇的，德穆蘭（Camille Desmoulins）在一七八九年七月十三日，在伏瓦咖啡館（Café Foy）裡，謀畫了攻擊巴士底獄的行動（有些人主張這行動為現代世界揭開序幕）。法國大革命期間，咖啡館依舊是陰謀策畫與鼓動不滿的大本營。

隨著匡噹作響的工廠催生出工業時代，咖啡漸漸的不只代表悠閒，還代表勞動。在美國，咖啡成為普及化的致癮性飲品，用以幫助大群勞工朋友撐起垂下的眼皮，喚起逐漸渙散的眼神。咖啡的主要角色，不再是宗教冥想或做生意或休閒消遣的飲料，反而變成表明工業時代的鬧鐘。到十九世紀末期時，咖啡館讓位給自助餐館，咖啡社交圈讓位給職場上的喝咖啡休息時間。北美的咖啡進口量，十九世紀時膨脹了將近九十倍。

這時，在工廠自助食堂裡三五成群緩緩走動的顧客，不像早期穆斯林主顧那樣追求阿拉的啟發，不像當年倫敦商人那樣追求獲利，不像當年歐陸喝咖啡者那樣追求創作靈感，他們求的是活著。在某些咖啡館裡，他們策畫推翻資產階級社會。禁酒社會推廣咖啡和咖啡館，以消弭酒館裡的酗酒行徑，無異是開歷史的大玩笑。伊斯蘭神學家若地下有知，得知源自阿拉伯語 qahwah（意為「酒」）的咖啡，竟被捧為酒癮（工業時代主要社會弊病之一）的療方，想必瞠目結舌，無言以對。

二十世紀，咖啡遭抨擊會導致心臟病和潰瘍，提神功效相形遭冷落，但其消耗量有增無減。喝咖啡不是在冥想啟悟的場合，不是在社交場合，反倒往往是開車時或匆匆趕路時囫圇吞下。咖啡不只加快了現代工業生活慌亂的步調，本身也已成為大量生產的工業商品。有些混合多種成分加工處理成的現代飲料，大言不慚自稱咖啡，其實應說是化學家而非農民所發明的東西。咖啡已遭馴化、商品化，遭摻雜劣質添加物而失去其純正；如今有些宗教仍痛斥咖啡之惡，但咖啡已失去其顛覆的利刃。從衣索匹亞到葉門到歐洲和拉丁美洲的咖啡園，咖啡一路陪伴近代世界的發展。從上天所賜的萬應靈藥到資產階級飲料到工業商品，咖啡已成為職場飲料。

5 | 美國與咖啡豆

　　美國人愛喝咖啡。長久以來，美國人一直是喝咖啡喝得最凶的人。甚至，美國人之愛喝咖啡更甚於喝茶，還常被拿來當作有別於英國的民族認同標記。史學家甚至把喝咖啡當作高貴、愛國的行為。大部分人也都同意，喝咖啡習慣的養成與美國的建國關係密切。北美十三州人民以喝咖啡，向殖民宗主國英國表示反抗。

　　在美國，每個學童都聽過波士頓茶葉黨事件。在這次事件中，北美殖民地反英人士，打扮成印第安人，將一箱箱中國茶葉丟進麻塞諸塞灣，以抗議英國徵收茶稅及授予東印度公司壟斷殖民地茶葉貿易的權利。這個振奮人心的故事，替美國人喝咖啡的習慣，注入了民族追求獨立自主的光榮色彩。遺憾的是，一如許許多多的民族光榮事蹟，這並非事實。促成美國人棄茶而擁抱咖啡的動力，其實就只是貪婪和利潤，而非光榮與愛國心。

　　歷來的說法都說，在殖民地時期，美國人和英國本土人民一樣愛喝茶甚於喝咖啡。雖然據說早在一六〇七年，詹姆斯敦鎮（Jamestown。譯按：英國在北美洲最早的殖民地）的約翰‧史密斯船長（John Smith。譯按：載運最早的英國殖民者前往詹姆斯敦鎮的船長，也就是著名的迪斯尼卡通片《風中奇緣》的男主角），就已將土耳其人喝咖啡的習慣引進北美十三州（在那之前，他受迫替土耳其首相效力了一年多），但殖民地時代的美國人，無疑喝茶更多於喝咖啡。

輸入美國的茶葉，從一七九〇年代的僅僅一百一十餘萬公斤，暴增為一百年後的將近四千一百萬公斤。但在這同時，咖啡消耗量的成長幅度，更達茶葉成長幅度的七倍之多。到了一九〇九年，美國人一年人均消耗掉將近〇‧六公斤的茶葉和超過五公斤的咖啡。那一年全球消耗的咖啡，有四成被美國人喝掉。到了一九五〇年代，美國人每年所喝掉的咖啡，比世界其他地方所喝掉的咖啡加總，還多出五分之一。

　　美國人怎麼會愛喝咖啡到這程度？

　　那並非出於美國人的愛國心或反英心態，毋寧是因為奴隸制的存在。美國海運業者從海地運出當地大批奴工（當時世上最大一批奴工）所生產的東西，供應他們許多民生必需品。海地的奴隸在大甘蔗園裡工作，生產大量的糖。但海地的自耕農和自由民欠缺資金開闢甘蔗園，於是這些鄉間中產階級轉而闢種面積較小而成本較低的咖啡園，以賣給島上一心要學巴黎人的時髦作風喝咖啡的上層人士。種咖啡獲利穩當，不久，產量就超過當地需求。

　　美國商人出手援助，銷掉剩餘的咖啡豆。在這之前，新英格蘭、切薩皮克兩地區的美國貿易商，與這產糖島嶼、英國從事三角貿易已有很長時間。他們運來食物供海地奴隸填飽肚子，運來木材、英國產品換取島上的糖、糖蜜酒，然後將其中一部分的糖和糖蜜酒運到英國脫手，換取其他產品。這些海運業者有時貨艙未塞滿，還有空間可另外帶回託售貨物尋找新市場。咖啡耐海上長途運送，腐爛慢，正是理想的貨物。

　　之後咖啡價格暴跌。從一六八三年每磅阿拉伯咖啡要價十八先令，降為一七七四年英國商人所經手的海地咖啡每磅九先令，再降為獨立後的美國境內咖啡每磅一先令，咖啡因此成為更多大眾喝得起的飲料。到了一七九〇年，美國的咖啡進口量比茶葉進口量多了三分之一，十年後，咖啡進口量是茶葉的十倍之多。

　　一七九〇年代，海地奴隸受美國、法國革命的鼓舞，起事反抗殖民統治，終於廢除奴隸制，宣布獨立，此時咖啡產量受時局影響暴跌，價

格飆漲，出口美國的數量減了一半。若非另一個同樣靠奴隸撐起經濟的國家，趁機填補美國的咖啡需求缺口，美國人與咖啡豆的戀情，可能會就此畫下休止符。巴西利用此次機會，把農地改闢成咖啡園，一八〇九年，第一批巴西咖啡運抵紐約。十九世紀中葉，美國所消耗的咖啡，有三分之二來自巴西。

先前，里斯本牢牢掌控巴西商業，使美國商人無法與葡萄牙這個遼闊的殖民地做生意。但又是法國大革命介入，改變了局勢。一心要取得里斯本（西歐良港之一）的拿破崙，說服葡萄牙國王若奧六世（João VI）逃亡到里約熱內盧，開放巴西口岸對外通商。自此，美國船可以輕鬆進入里約港裝載咖啡，但他們可以載什麼來賣？巴西是大陸規模的殖民地，民生物資自給自足，與其加勒比海地區的競爭者不同，但它需要更多奴隸。

一八三〇年代，全球咖啡需求大增，巴西的咖啡園主需要更多黑奴在咖啡園裡工作。英國境內的反奴隸買賣呼聲，最終促成國會通過相關法案，從而使從事奴隸買賣已久的英國人幾乎不再參與這「獨特事業」。到一八四〇年代初期，從大西洋彼岸運來巴西的奴隸，人數創新高，其中有五分之一是美國船所運來。一直到奴隸買賣的最後一年（一八五〇年），不幸失去自由之身來到巴西的奴隸，有一半是由飄著星條旗的船隻運來。

巴西奴隸辛苦種植咖啡，以滿足美國無數喝咖啡成癮的都市居民和工人大眾的需要。咖啡成為美國生活方式裡不可或缺的一環，而這與其說是因為美國人痛恨英國橫徵暴斂，因而連帶排斥英國人所愛喝的茶，不如說是廣大奴隸使咖啡變得便宜且有利可圖所致。

6 | 甜味革命

在撰寫本文的當兒，已有數萬名海地難民逃離他們苦難的島嶼，踏上美國領土。今日的海地，孩童死亡率高得嚇人（約百分之六的新生兒活不到一歲），預期壽命約六十三歲，人均國民所得不到一千八百美元，識字率只有百分之四十五，整個國家慘不忍睹。

但在兩百年前，它卻是備受稱羨的島嶼，是全球最富裕的國家之一，有安地列斯群島珍珠的美譽。但使海地成為人間福地的糖，也腐化了海地的社會結構。

在近代初期之前，甜味是人類所罕能享有的滋味。那時，蜂蜜是惟一的天然加甜物（因此天堂是流著奶與蜜之地），而蜂蜜的供應量不大且不普及。人不得不倚賴味道清淡的稀粥或米飯或玉米粉圓餅填飽肚子。只有應時的水果能稍解口味的單調。

糖是在遠東或南太平洋開始踏上其普及全球之路。這種高大的禾本科植物，最晚在西元前三○○年時於印度馴化為作物，但往外傳播緩慢。一千年後已傳至中國、日本、中東。阿拉伯人最早大規模栽種甘蔗；埃及所產的糖過去被視為全球最佳。阿拉伯人殘酷征服伊比利半島後，隨之將甘蔗引進栽種。其他歐洲人則是在十字軍東征期間往耶路撒冷一路攻打過去時，開始熟悉這一新植物。是故，糖與暴力變得密不可分。

威尼斯貿易商運用其龐大的商業艦隊和海軍，加上密布於地中海地區的要塞、貿易站，主宰了中世紀歐洲的糖貿易。那時糖仍屬奢侈品，

市場不大，但威尼斯人還是因此賺了大把錢。

隨著鄂圖曼土耳其人的崛起，糖繼續往西傳播。十五世紀時，鄂圖曼人已奪走威尼斯人所控制的穆斯林地區。威尼斯人轉移發展目標，首先轉向新近重新征服的西西里、伊比利半島上的地區。然後他們與葡萄牙人聯手展開劃時代的遠航，從而改造了世界經濟面貌。

葡萄牙人駕著他們適合航海又易操控的商船（nau）和輕快多桅小帆船（caravela），發現了馬德拉群島等大西洋島嶼，並在距非洲陸地不遠的海上，發現了聖多美島（São Tomé）。在聖多美，蔗糖的生產有了革命性的變革，卻也是可怕的變革。非洲人淪為奴隸，被帶到這裡的甘蔗園工作。這座原本荒涼的小島為島上的葡萄牙莊園主和義大利商人帶來豐富利潤，卻使數萬黑奴陷入地獄深淵。歐洲在十六世紀的遽然致富，創造了更大一群享受得起這種甜味的人。

為滿足這新需求，葡萄人決定將甘蔗引進巴西，擴大生產。美洲成為第四個被拉入世界蔗糖市場的大陸。甘蔗是不折不扣的國際性作物，結合了亞洲植物、歐洲資本、非洲勞力和美洲土壤。

哥倫布的岳父在馬德拉群島擁有一座甘蔗園，哥倫布因而成為第一個將甘蔗引進美洲的人，但要到葡萄牙人在巴西廣為種植，蔗糖業才首度大規模蓬勃發展。葡萄牙人主宰世界蔗糖生產達一百年。一五一三年，為展示自己所新獲得的威權和財富，葡萄牙國王獻給教皇一尊等身大的教皇像，四周圍繞十二名樞機主教和三百根一‧二公尺高的蠟燭，全都用蔗糖製成！

然後，換加勒比海地區登場，特別是海地的蔗糖業臻於顛峰。這座蔥鬱的法屬熱帶島嶼，全島成為一座大型甘蔗園和奴隸監獄。島上有約三萬名自由之身的白人，還有人數約略相當的黑白混血兒和四十八萬名奴隸。蔗糖使奴隸這種古老勞力和現代形式的工業資本主義結合在一塊，而且是令人髮指的結合。甘蔗園或許是世上最早的現代工廠，它有一大批嚴守紀律的工人，任務的分工、整合幾乎按照工廠組裝線的方式安排。

蔗糖生產需要先進的精煉技術和昂貴設備。甘蔗園主常是不住在當地的法國資產階級顯赫人士，例如商人、銀行家。

　　但他們倚賴奴隸這種古老而殘酷的勞力替他們幹活。奴隸買賣在歐洲原已銷聲匿跡，在非洲也逐漸式微，但蔗糖與「大發現時代」（應說是帝國主義時代）的結合，使奴隸買賣重獲新生。一五〇〇至一八八〇年間，約有一千萬非洲人，在極盡慘無人道的情況下運到大西洋彼岸。這些黑奴大部分是被載去甘蔗園工作，其中有很大一部分是要運去海地（海地進口的黑奴數量比美國的進口量還多一倍）。難怪曾任千里達多貝哥（Trinidad-Tobago）總理的史學家威廉斯（Eric Williams），在指出「沒有

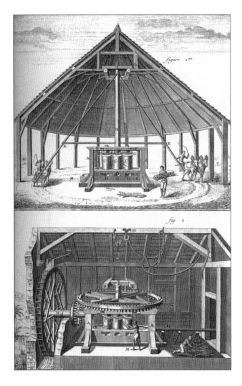
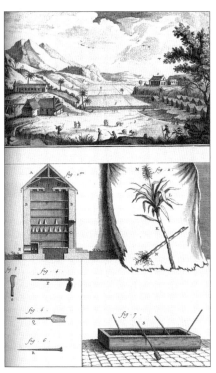

圖 3.2　糖廠與蔗糖生產圖
來源：Denis Diderot and Jean le Rond d'Alembert, eds., *Encyclopaedia or a Systematic Dictionary of the Sciences, Arts and Crafts*, Volume 1, 1777-1779

蔗糖，沒有黑人」之後，懊悔說道：「糖這樣的東西，這麼甜，這麼為人類生存所必需，竟會引起這樣的罪行和殺戮，實在叫人奇怪。」威廉斯接著指出第二個弔詭之處——他提出了備受爭議的主張，認為蔗糖催生出奴隸買賣，奴隸買賣讓歐洲人積累大量財富，進而為歐洲的工業革命提供了資本。

　　法國爆發大革命後，海地在工業主義和奴隸制之間、資產階級與古老勞力間的矛盾，再也無法抑制。資產階級的「人權宣言」與法國的殖民意向相衝突，島上的矛盾情勢隨之引爆。巴黎的革命人士願意將選舉權擴大適用於海地的自由白人，乃至自由的黑白混血兒，卻無意廢除奴隸制，以免斷掉法國歲入的一項主要來源。於是海地的黑人雅各賓黨決定自行解放，從而爆發世界上最早的近代民族解放戰爭之一。這也堪稱是世上第一場種族戰爭，戰事從一七九一年打到一八〇四年，幾無間斷，最後，取得自由之身的奴隸占領海地，殺死或放逐島上的自由民。

　　經歷百餘年奴隸政權的嚴酷統治，這些得到自由之身的黑人決心放個長假。重返工作崗位後，他們不願替甘蔗園賣命，反而展開土地改革，將大莊園分割為數小塊土地。黑色雅各賓黨人成為黑人農民。他們也拒絕種甘蔗。個別黑人農民的生活，無疑比蔗糖經濟發達時要好上許多，但海地在國際經濟領域不再扮演重要角色。如今，這座島的人均出口額排名一百六十一。獨立後的海地赫然發現自己基礎設施貧乏，資本稀少（因為獨立前蔗糖的獲利大部分投注在法國），農民未受教育且無治理經驗。占人口少數的黑白混血兒貴族興起，他們剝削廣大農民圖利自己，國家卻幾乎仍停滯不前。貴族統治不穩時，美國出手相助（一九一五至一九三四年遭美國占領），以維持「穩定」，防範農民做亂。一八〇四年獨立後，島上人口增加，海地卻找不到可取代糖的產品。以輸出棒球選手和血液為基礎的經濟，當然不可能是蓬勃發展的經濟。歐洲人的嗜甜，使這處熱帶天堂變成悲慘貧困的落後地區。世界經濟所帶來的不只是進步。

7 | 「罪惡稅」與現代國家的興起

　　大家都知道，政府需要錢，許多人若非萬不得已，不想把錢給政府。千百年來，許多政府從官方所擁有（或家天下的統治家族所擁有）的資產，或從獨家貿易權，取得許多收入，但久而久之，在幾乎任何地方，這類歲入都變得愈來愈不敷所需（有些人口相對較少的產油國是當今主要的例外）。服務費，例如上官方法庭找回公道的費用，也被納入許多政府的財源，但還是不夠。幾乎任何地方，解決之道都是徵稅：對民間個人的資產和交易課稅。

　　西元一四〇〇年後，以火藥為基礎的武力，迅速擴散到世上許多地方，大大加劇政府的歲入需求。更大的武器催生出更大的防禦設施，而更大的防禦設施又反過來催生出更大的武器。對海上強權來說，這種增長趨勢更加快速：要在船上安裝後座力強大的加農炮，船本身得先強化，而事實表明強化船身結構很花錢。誰都不想輸掉戰爭。於是，對政府來說，現代初期變成一場為覓得更多歲入而展開的賽跑，而且是無休無止的賽跑——這場賽跑需要像跑馬拉松那樣的耐力，但中途需要多次攸關生死的突然衝刺。

　　對許多國家來說，土地是顯而易見的課稅標的，尤以較大的國家為然——土地難以隱藏，無法移動，而且本身所具有的價值使人很可能為了保障其土地所有權而付錢。例如，中國的歲入從十四世紀晚期至十九世紀中期一直主要倚賴土地稅。但在某些小國，土地根本不夠；在其他

國家，強大的既得利益者（例如歐洲的貴族和天主教會）享有讓許多土地免稅的特權；不管在何處，凡是倚賴土地稅，都使國庫的盈虛與一個經濟部門脫離不了關係，而且這個部門的成長速度，長遠來看比其他部門都慢。凡是成功的國家，最終都得靠工商稅來取得大部分稅收。工商業是日益成長的經濟領域，而且工商業攸關生活的程度，被公認不如農業（尤其是種植基本糧食作物）攸關生活，因此，人們較無理由把這類稅視為無理的強徵。

現代初期，所謂的「致癮性食物」——糖、菸草、茶葉、咖啡之類具有微致癮性或頗強致癮性的小型奢侈品（第三章數篇文章裡有所討論）——貿易額暴增，成為絕佳的課稅標的，而且在數個現代初期國家，這類商品個個都遭課以重稅。如果本地無法生產而必須自外進口者尤其如此——走私或許是個困擾，但比起監控廣大鄉村，派警察守一些港口，省事得多。現代初期英格蘭的財政，從此類的稅收獲益甚大，英格蘭政府很快就成為歐洲第一收稅高手：舉個例子來說，史學家算出，一名在十七世紀維吉尼亞種植供運到英格蘭販售之菸草的奴隸，每工作一小時為國王賺進的收益，比他為自己或他的主人賺進的收益還要多。雖然這一作法並非到處管用，例如英格蘭政府想提高其美洲殖民地茶葉進口稅時，就發現不盡理想，但這作法的成效往往還是足以使政府收入大增。英國歲入占國民所得的比例，從一六六五年的三‧四％增加為一八一五年的一八‧二％，而且在這一時期的晚期，菸草、茶葉、糖的稅入已占這些擴增後之歲入的約一成。但比起烈酒，它們還是大為遜色。一八〇三年，抵抗拿破崙大業接近最激烈時，來自烈酒的稅收，占了英國歲入的四成四。

拿破崙戰爭時期，許多稅被人民當成非常措施而忍受下來，但這一戰爭時期結束後，這些稅就行不通了，隨之停止徵收。但祭出「罪惡稅」（針對菸酒賭博等課的稅）之名，課徵起來比較名正言順——例如，提高喝酒、抽菸的成本，比課徵房屋稅，更不易引發民怨——從而較可能

持續課徵。此外，隨著十九世紀大西洋世界裡愈來愈多思想家信奉自由貿易原則，繼續對境外進口的貨物一律課徵高關稅，就變得愈來愈不得民心（但美國是個值得一提的例外，在十九世紀許多時候一再提高關稅）。這一減少稅目的舉動，意味著即使在十九世紀許多國家所得大增，且人們所消費的貨物種類，多樣化超過以往，罪惡稅仍是歲入的大宗。例如，一八〇〇至一九〇〇年間，烈酒稅仍提供英國四成歲入，一九一〇年時，儘管烈酒占人民總預算比例已開始大減，仍提供了兩成八的政府歲入。這一現象也非英國獨有：從一八六五至一九一五年，烈酒稅提供了一成五至兩成五的荷蘭歲入。一七八〇年，來自烈酒銷售的歲入，占總歲入的四成三，整個十九世紀期間平均超過三成。

在美國——一個歷來極討厭稅且必須從頭建立中央政府的地方——烈酒稅或許更加攸關國家的締造。根據催生出一七八九年美國憲法的那個政治協議，有個委員會負責償還獨立戰爭期間舊大陸會議和各州所欠的債款。為此，財政部長亞歷山大・漢彌爾頓說服國會立法對烈酒課稅——美國政府對單一產品所課徵的第一個稅。邊疆地區許多農家自行釀酒，不願為自釀的酒繳稅；有些農家（以在西賓夕法尼亞的農家居多），粗暴地攻擊收稅員。中央政府動用了軍隊，由總統華盛頓親自領軍，這場「威士忌叛亂」雖然很快就平息，但這件事說明了罪惡稅與建立聯邦政府公權力一事有多密不可分。

隨著美國日益茁壯，其他歲入來源變得重要，尤其是進口品關稅。隨著版圖往西擴張，聯邦政府土地的銷售也甚為重要。但烈酒稅收始終至為重要，尤以十九世紀晚期為然，這時中央政府在迅速工業化的社會裡擔下更多責任，而消費者（尤其是農民）則抱怨關稅課徵提高了他們所購貨物的價格。一八七〇至一八九二年，烈酒稅占了美國聯邦政府歲入四分之一，使烈酒稅成為中央政府僅次於進口關稅收入的第二大來源；一八九二至一九一六年，比例更高，達到超過四成，長期來看，儘管聯邦所得稅於一九一三年後開始徵收，平均比例仍達三成五。事實上，許

多主張全國禁止買賣烈酒者為所得稅案通過而額手稱慶，正是因為所得稅會在烈酒稅收之外另闢一個財源，從而移除某領袖所謂的「最後僅存的（反禁酒）論點」——此前數十年，主張禁酒者始終有增無減，隨著一九二〇年憲法第十八修正案通過，他們追求的目標終於實現（一九三三年禁酒令才遭撤銷）。因此，直到進入二十世紀許久以後，烈酒稅才變得對聯邦政府稅收無關緊要；但如今，烈酒稅（與菸稅和更晚近的彩券、賭博稅）仍是許多州政府的重要財源。

然後，在歐洲人的亞洲殖民地（和在亞洲國家，例如追求國家富強、避免淪為殖民地的暹邏和中國），罪惡稅的故事再度上演。殖民地行政機關——一般來講官員人數不多（以壓低開銷）且需要當地菁英配合才能順遂治理——課稅不需經代議機關同意，但還是發覺針對許多人有使用但少有人自行生產的產品課稅很省事——使其得以透過相對較少的特許商人收稅。這些產品也是能透過課稅使其變得較貴，但又不致造成人民挨餓或不致使政府蒙上不關心民間疾苦之汙名的產品；而由於它們能讓人上癮（致癮程度不一），即使價格上漲，許多人仍不得不繼續花錢買。在亞洲許多地方，來自烈酒和菸草的稅收絕非微不足道，但對另一項商品——鴉片——課徵的罪惡稅，獲利卻更大。

最常見的作法是「讓人承包」鴉片稅，也就是把合法販賣鴉片的許可權拿去拍賣。這使政府（殖民地政府或本土政府）得以事先取得穩當的收入，不必操心配銷鴉片、防範職員私下自行販賣鴉片之類等瑣事。有時，取得許可權者可獨享一地區的鴉片販賣，有時只是讓取得者成為有權販賣鴉片的諸人之一；不管是上述哪種情況，財團往往聯合起來買下所有許可權，使他們得以形同壟斷頗大片地區的鴉片販賣。

於是，可想而知，要在拍賣場搶標，得有雄厚財力，而搶下標案者通常是財力已然雄厚的生意人。許多這類人早已參與當地政府的治理工作，往往擔任「頭人」，管理（荷屬）東印度、（法屬）印尼、（英屬）馬來亞等地的華人僑社：良好的官場關係，使這些人擁有合法權力來保護

其用高價買下的鴉片經銷地盤，也由於具有這一優勢，他們自然而然是取得鴉片販賣特許權的不二人選。「承包」鴉片稅使這類人更加有錢，地位更為顯赫。後來，有些鴉片商把部分利潤投入非歐洲人所擁有的一些最早期的工業事業；這使他們成為某些具有民族主義「覺醒」意識的史學家眼中的英雄，但身為毒品經銷商和殖民地收稅員的角色，使他們在其他敘述裡成為首惡之人。

不管他們還做了什麼，這些人使政府得以運行不輟。二十世紀頭十年期間，鴉片收入提供了荷屬東印度高達三成五的歲入，一八六一至一八八二年間則提供法國人所統治的交趾支那（南越）三成的歲入（十九、二十世紀之交，鴉片和烈酒為整個法屬印度支那提供了將近四成的歲入）。就未淪為殖民地的暹邏來說，比例大概是一成五至二成。在印度這個很少吸食鴉片但出口大量鴉片的地方，一八四八至一八七九年，儘管有遼闊的國內土地和許多人口可供課稅，鴉片收入占歲入的比例，平均還是達一成六。中國方面的數據則變動很大，而且官方報告往往不可靠。但就連官方數據都意味著一九三〇年代，鴉片提供了一成五的國民政府歲入，有位著名史學家估計，真正的數據可能高達五成。國共內戰期間，國共雙方的歲入都倚賴鴉片銷售收入，同時至少偶爾試圖消滅吸食鴉片的惡習。在這期間，二次大戰時與日本人合作、統治中國部分地區的汪精衛政權，積極販賣毒品，而且未費心裝出著手消滅鴉片買賣的形象。

在香港和新加坡（沒有多少土地可供課稅），十九世紀末和二十世紀初期，鴉片的確提供了至少一半的歲入；兩地政府因此得以藉由將其他大部分貨物的關稅壓到最低，來履行他們的「自由貿易」承諾，並把商人從其他強權治下的鄰近港口吸引過來。英國從一開始就極倚賴海軍武力來擴大鴉片市場，因此這是帝國時代自由、強制、壟斷三者交互為用的又一個奇怪方式（關於其他方式，見第三章第八篇）。

簡而言之，罪惡稅的好處令政府大為心動，尤其令那些——但又不

只那些——沒有大規模、高生產力工業部門的政府和不得不與更大且／或更富裕對手作軍事競爭的政府心動，因而少有政府抵得住它們的誘惑。不過，有些政府在課徵罪惡稅時，面臨比其他政府更強烈的道德矛盾。例如，二十世紀初期、中期的中國政府（和有心自立中央者，如共產黨），宣稱欲「復興」、「解放」中國，使國家擺脫帝國主義者剝削和自身的衰敗，而吸食鴉片和這些內憂外患都有密不可分的關係，因此中國政府自然特別難以承認自己把鴉片收入當成國家財源之一。這類政府想必希望政治上的成就會使後人忘記和／或原諒這檔事：在新加坡，政治成就想必已產生這樣的效應，當地有尊目光嚴厲的反鴉片大將林則徐的雕像，俯視這座曾靠鴉片收入之助建立起來的城市。

8 ｜鴉片如何使世界運轉

　　這是段（美國人）有些熟悉的歷史，但不是光彩的歷史。一百七十年前，英國人靠著船堅炮利強迫中國簽訂南京條約，結束了三年的鴉片戰爭。中國因此得乖乖接受會讓人上癮的鴉片大量進口，承受其他多種傷害；但這條約的條文和替這條約辯護的人，卻誇誇其談這條約如何促進了自由貿易和「打開」中國門戶。

　　不只英國將領信誓旦旦宣稱鴉片是次要問題，其實整個西方那些據認屬自由派和激進改革派的人士，也曾這麼公開表示。卸任的美國總統亞當斯（John Quincy Adams），不喜歐洲的殖民行徑，卻解釋說：

　　「英國此舉名正言順……如果要我說個清楚，我不得不說鴉片問題並非這場戰爭的起因。戰爭的起因是……中國的傲慢和妄自尊大。別人只有忍受屈辱，自甘為卑下的藩屬……中國才願與他們通商往來。」

就連馬克斯都主張鴉片戰爭的真正意涵，在於全球資產階級堅持「打倒長城」的決心，將使「停滯不前」的中國不只進入世界市場，還進入世界史。

　　今日沒有人會替一手持槍一手兜售毒品的惡霸行為辯護；但這一眾所認同的觀點，依舊未把毒品本身當作問題的關鍵。美國漢學巨擘費正清，就以亞當斯若在世也很可能會認同的字句說明這場戰爭：

「中國看待對外關係的觀點……落伍且不合理……英國要求彼此平等往來，要求給予通商機會，其實代表了西方所有國家的心聲……英國把對中貿易的重心不只放在茶葉上，還放在鴉片上，這是歷史的偶然。」

他的一位學生則寫道，戰爭若未因鴉片而爆發，可能也會因棉花或糖蜜而同樣輕易地爆發。

但事實上，鴉片絕非偶然因素。更仔細檢視可知，鴉片是促進世界貿易、加速經濟成長最重要的憑藉，對中國是如此，對歐洲、美洲亦然。國際鴉片貿易始於十八世紀，以因應歐洲（特別是英國）在國際貿易上的一項危機。數百年來，歐洲都是消耗來自亞洲的香料、絲和其他產品，卻少有產品輸出到亞洲。西班牙征服新大陸，為歐洲提供了暫時的解決辦法。新大陸的金、銀大量運往亞洲（其中可能有一半運往中國），以換取歐洲人所真正能消費的東西。但到了十八世紀中葉，輸入歐洲的亞洲產品達到新高（特別是茶成為國民飲料的英格蘭）。在這同時，新大陸所產的金、銀變少，而且來自美洲的新貨物（以糖、菸草居多）也使歐洲貯存的現金逐漸流失。

如此一來，該如何支付這些新嗜好的開銷？動武是方法之一。直接征服亞洲的產地，要那些產地外銷產品以繳付新稅。荷蘭人（在印尼）和英國人（在印度），在這方面各有斬獲，但仍不敷所需；中國仍太強大，根本不能用這辦法對付。在這同時，想賣出歐洲產品（包括將英國羊毛製品拿到亞熱帶廣東銷售），成果仍不理想。英國人把在中國所不具備的生態龕裡收集到的數種奢侈品（如來自美國太平洋岸西北部的毛皮、來自夏威夷的檀香木等，見第五章第六篇）賣到中國，雖然銷路較好，但仍不足以平衡其貿易赤字。

最後，英國東印度公司轉而訴諸可在印度殖民地生產的鴉片。這種致癮性食物最初屬奢侈品（在中國原本拿來當藥，很少拿來麻醉自己追求快感），早期吸食者包括覺得人生乏味的政府辦事員、駐守在長期太平

無事地方的軍人、終日困在家中的有錢人家婦女。一七二九到一八○○年，中國的鴉片進口量成長超過二十倍，從而有助於止住英國金銀流向中國。但金銀的流向並未徹底逆轉。對中國而言，進口這些鴉片（在這個三億人口的國度裡可能足供十萬癮者食用），雖然傷害不小，但還未到動搖國本的地步。

一八一八年有人發展出更廉價、藥效更強的混合鴉片，毒害隨之更為嚴重。這種新鴉片的問世，大大擴大了鴉片的消費市場，猶如後來哥倫比亞的梅德林（Medellin）古柯鹼集團，將昂貴的古柯鹼轉變成廉價的快克（crack），大大擴大了毒品市場。一八三九年輸入中國的印度鴉片，足供一千萬癮者吸食。中國因進口鴉片所流出的白銀，自此大到足以抵銷英國龐大進口開銷的一大部分（當時英國的進口金額居世界之冠），並導致中國部分地區銀價飛漲，影響政府財政。

吸食鴉片成癮者多到中國政府不得不採取行動反擊，一八三九年強制收繳英商鴉片，結果慘敗收場。中國不只未能如願禁絕鴉片入境，不只敗給英國海軍，還失去關稅自主權、治外法權，支付大筆賠款，割讓香港。但這只是中國苦難的開始，鴉片戰爭曝露了中國軍力的薄弱，自此，中國進入外國侵略、社會動盪、內戰頻仍的苦難百年。急速增加的鴉片吸食量（到一九○○年時可能有四千萬人上癮），也是促成這百年苦難同等重要的禍因。

有人可能會認為，在英國為鴉片而開戰時，鴉片貿易（和此貿易所導致的種種苦難），對英國而言，應已不是不可或缺。畢竟，一八四○年代時，英國已是世上的工業龍頭，且將繼續保有這地位直到第一次世界大戰前夕。認為「這個世界的工場」不需為了支付進口開銷而販賣毒品，聽起來似乎是很合理的推測。如果當初中國准英國人所請，讓他們自由貿易，文明的歐洲人是不是就不會販賣這個害人的東西？但很可惜的，答案還是會。英國還是需要靠鴉片賺取外匯，即使在二十世紀初期亦然。當時，世上大部分地區所消費的大量生產商品仍少，英國對外國商品（和

原物料）的渴求則和其工業實力一樣增長快速，在這情形下，工業上的優勢並不能確保其擁有足夠的外匯。一八三〇、一八四〇年代，英國改採自由貿易時，這問題更為嚴重，因為除了輸入茶葉、糖、菸草、棉花，英國還從美洲輸入大批穀物和肉。在這期間，北美和歐洲大部分地區堅持保護主義，限制英國在全球幾個最富裕市場銷售其產品，從而形成新的工業競爭者。一九一〇年時，英國與大西洋世界的貿易赤字，大到即使英國對美國、工業歐洲的輸出增加一倍，都不大可能平衡貿易收支。

非貿易收入（對外投資的獲利、海運、保險費諸如此類）對財政有些許幫助，但只是杯水車薪。此外，對於那些讓英國積累了巨額赤字的國家而言，英國是極重要的資本供應大國。

這一不平衡的貿易，資助了英格蘭的生活水平和西方其他地區的快速成長，卻是靠著維持了數十年的英國與印度、中國的貿易，而在對中貿易裡，鴉片扮演了關鍵角色。一九一〇年時，英國在大西洋貿易上的一億兩千萬英鎊赤字，大抵仍是靠與亞洲的貿易來抵銷。這個帝國（不含印度）與中國的貿易有一千三百萬英鎊順差；撇開棉線不談，製造品對這順差的貢獻，還不如農產品（包括非印度生產的鴉片）的貢獻。

最重要的是，英國對印度的貿易，每年有六千萬英鎊的順差（約相當於英國在大西洋貿易上赤字的一半）。靠著防止其他工業國產品進入的保護措施，訂定（在紡織品方面）阻礙印度本土業者壯大的法律，英國各種製造品（從布、煤油到火車廂），徹底稱霸印度市場。而使印度得以不斷購買英國這些商品的外匯，大部分來自對中貿易，特別是鴉片貿易。

英國本身是印度最大的買家（一八七〇年百分之五十四的印度產品外銷英國），但顯然不是印度國庫最大的收入來源。印度的巨額貿易順差主要來自亞洲，特別是來自中國。從一八七〇到一九一四年，印度對中國一年的順差約兩千萬英鎊；到了一九一〇年，印度對亞洲其他地方的順差約四千五百萬英鎊。

印度如何賺到這些順差？靠稻米、棉花、靛青染料，但主要是靠鴉

片。一八七〇年，鴉片貿易貢獻了至少一千三百萬英鎊，也就是對中順差的三分之二。直到二十世紀初期，鴉片仍是中、印貿易最重要的商品，且在印度對東南亞的出口裡占了舉足輕重的地位。換句話說，毒品不只協助創造了英國對中國的直接順差，還促成金額更大的英國對印度順差。沒有這些順差，英國不可能保住其西方最大消費國和最大資本供應國的地位；整個大西洋貿易的成長也將緩慢許多。英國領導下的百年工業化，改造了西方許多地區，但要到十九世紀快結束時，西方才成長到不需倚賴在亞洲的劫掠。

這一平衡態勢仍有一個謎團未解：中國沒有哪個國家讓其享有巨額順差，那麼它如何支應與英國、印度長達百年的不平衡貿易（促進世界經濟成長居功厥偉的貿易）？史料不足以讓人得出確切答案，但最合理的推測是海外華工、華商匯回中國的資金填補了差額。

隨著十九世紀末期的殖民行徑為出口導向的生產開闢了新天地，在東南亞原已勢力不小的華人僑社隨之更快速成長。加州淘金熱在美洲開啟了發達致富的機遇；從古巴到夏威夷等多個地方的種植園，亟需廉價而技術純熟的甘蔗工人；新問世的消息傳播管道，使人更容易得知存有什麼機會。數百萬工人隻身前往這些地方（往往因為他們所前去的社會不准他們攜家帶眷），即使薪水微薄，不賭不嫖的工人還是能省下大筆錢寄回老家；電報和新金融機構使匯錢更容易。確切的匯回數目雖不得而知，但總數想必相當大。因此，為美國聯合太平洋鐵路公司（Union Pacific）鋪鐵軌的華工，可能不只為鐵路建設出了力氣，他們所賺的錢，經中國、印度、英格蘭輾轉流到美國，從而可能也提供了資金。

因此，鴉片不只將中國、印度、英格蘭、美國牢牢結合在四邊的貿易關係裡，還在維持英國工業化的持續向前和十九世紀世界經濟前所未有的不斷擴張上，扮演了最重要的角色。

9 │ 菸草：一種魔草的興衰

　　一四九二年哥倫布來到古巴時，他兩名冒險進入內陸一探究竟的船員回報，看到路邊有塔伊諾（Taino）族男女，一手拿著一根燃燒的木頭，還有一些曬乾的草，放在某種葉子裡……把一端點燃，然後他們在另一端嚼或吸吮，吸入煙。那煙使他們肌肉麻木，使他們飄飄欲仙，因此他們說不覺得疲累……他們把那叫作「tobaco」。

　　哥倫布的手下在後來被歐洲人稱作「新世界」的那個地方探索時，親眼見到許多奇事，而上述見聞只是其中之一。不過，這個冒煙的東西特別值得一提，之後它會對全世界產生很大影響。它會被當成藥物、毒品、休閒活動、春藥、興奮劑，乃至最終被當成財源，而受到崇拜、禁止、渴求或鄙視。菸草，連同可可豆，是最早拿下國際市場的美洲本土作物；它會帶來龐大財富，還有蓄奴和死亡。

　　哥倫布的同伴，以為自己來到東印度群島（見第二章第二篇）。他們在歐洲沒有吸植物煙的習慣，對他們來說，這事實在太新奇了，因此，葡萄牙語的「菸草」一詞——「fumo（煙）」——不是形容該植物，而是形容該植物產生的煙（如今在英語裡仍普遍使用「smoke」這個俚語來指稱香菸，而「fumo」正是此一俚語的早期說法，兩者的字面意思都是「煙」）。事實上，當時美洲原住民抽野菸草（Nicotina rustica 和 Nicotina tabacum）煙或許已有一萬八千年的歷史，只是歐洲人不知此事。約五千至七千年前，菸草於秘魯／厄瓜多安地斯山區首度被人類馴化，然後菸

草和人使用菸草一事，最終傳遍整個美洲。過去，人類透過身上大部分孔洞來利用菸草，且出於多種不同目的。有人把菸草做成雪茄來抽，如哥倫布在古巴所見，有人透過菸管來抽，如英格蘭人後來在北美洲所會見到的，也有人把它當成毒品或春藥來食用，有人把它當成眼藥水來用，有人把它當藥膏塗在皮膚上，用以治療感染或防蝨，有人把它放在鼻子裡吸以提神，有人把它吃下肚以通便，有人把它當灌腸劑注入肛門。也有人拿菸草治牙痛和蛇咬。有人拿比我們今日所使用的菸草還要性烈許多的這種「草」，當成待客的點心給客人抽，用以締結正式和約，有人用它來堅定戰士的鬥志。

菸草是茄科植物，而該科植物裡既有蕃茄、馬鈴薯這種較有益的成員，也有會影響心理狀態的有毒植物顛茄。不足為奇的，菸草也曾被當作使薩滿僧（巫醫）起乩的靈藥，薩滿僧吸其煙或飲用其汁液而起乩，進入超自然世界，在那世界裡，神靈現身，使他們得以預見未來、讓惡靈無法近身。菸草曾是重要的聖物。古馬雅人崇奉兩個抽菸的神，而阿茲特克帝國的皇帝暨祭司蒙特祖馬，則喜歡在晚飯後抽個菸。菸草被人拿來買賣，但在整個美洲，種菸草較常是為了個人自用，因為它在許多不同氣候裡適應都非常好，在南北美洲許多地方和加勒比海地區都有栽種。

一五五〇年代菸草傳到歐洲後，立即得到接納，但並非被當成只是另一個日用商品予以接納。它有時被視為神奇之物，有時叫人驚訝，有時叫人極度反感，或有時讓人覺得有害。把它帶回母國的西班牙人，發現它受到某些敢於大膽嘗新的消費者歡迎，這一會讓人上癮的異國食物，具有叫人飄飄欲仙和振奮精神的效用，使這些消費者大為驚喜；有些人則被這植物本身的美迷上。他們的其他同胞覺得它是異端巫師的器具，違反戒律且危險，因為它受到塔伊諾人和其他非基督徒的原住民喜愛，而西班牙人認為這些人是野蠻人和多神教徒。有些天主教傳教士試用過菸草，稱讚它能讓人看到異象、刺激感官和肌肉、減輕疼痛和餓感，但

也有些人覺得雪茄和菸管的火、煙是惡魔所致，一如抽菸者出現的亢奮予人同樣的觀感，因而痛斥菸草。有個伊斯帕尼奧拉島（Hispaniola，即今海地島）的總督，把抽菸斥為土著「惡習」之一：「印第安人有個特別有害的習慣：吸某種他們稱之為 tobacco 的煙，以產生恍惚狀態。」有些西班牙人甚至相信土著薩滿僧為了與惡魔結交而抽菸。西班牙主教巴托洛梅‧拉斯卡薩斯（Bartolomé las Casas）示警道，染上這惡習的西班牙人，「說他們戒不掉」它。他，一如此前和此後的許多人，認識到這種草會讓人上癮——另一個由惡魔造成的特性。抽菸這想法本身太奇怪。在歐洲沒人這樣處理植物（具有靈力的香是例外）。植物是要拿來吃或製成飲料喝，不是給人拿來吸的。

西班牙人首次將菸草輸入歐洲——一五五八年時已輸入。十七世紀初期，在里斯本、塞維爾、阿姆斯特丹，這一貿易走上營利之路，並在這些地方開始歐洲化。在歐洲，菸草失去其宗教、儀式用途，反倒變成治療多種病痛的萬應藥——和在美洲治療的病痛種類一樣，但在美洲治療的病痛又不只這些。西班牙人不像美洲原住民那樣把菸草裹在玉米苞葉或菸葉裡拿來抽其煙，而是先後把它製成粉和鼻菸來用，鼻菸的成分還有麝香、琥珀、橙花等東西，使用時經由鼻孔將其直接吸入體內，不用火將其點燃。古巴產的菸葉特別受青睞，因為具有宜人的香氣、味道和易燃。

許多神父反對這一異教徒習慣，但其他神職人員和平民在美洲大面積種植菸草，以強拉來的原住民和非洲人為勞動力，獲利甚大。一四九三年，教皇亞歷山大六世要西班牙國王將這一新發現土地上的人民轉化為基督徒，而西班牙國王的確認真看待這項任務，但要達成這任務，他們必須替旗下的神職人員、陸海軍搞定經費。因而把菸草的貿易、生產、銷售納入專營事業並予以課稅，大有助於達成他們的宗教任務，並減輕靠異教徒菸草和奴工獲利所帶來的良心不安。之後，菸草專賣和課稅會繼續是全球各地政府的主要財源（見第三章第七篇）。

西班牙的敵人──英、法、荷，不久後也開始食用這一令人飄飄欲仙的新草。他們抽菸時往往用菸管，而非用雪茄，也嚼食菸草，把它製成鼻菸使用。最初菸草全來自西班牙或葡萄牙的殖民地，因此，對這些晚來的北歐人來說，菸草很貴。抽菸管成為有權有勢者表明自己跟得上時髦的憑藉。為了入手愈來愈精緻珍貴的菸管，這些人花的錢愈來愈多。鼻菸和飾以珠寶的精美鼻菸盒，也是上層人士標榜身分地位的表徵。但在歐洲，鼻菸和鼻菸盒都不具有宗教意涵。事實上，以當時歐洲人有限的知識，只知菸草源於沒有複雜本土文明存在的加勒比海地區，因此，菸草不具有可可豆（阿茲特克）、咖啡（鄂圖曼）、茶葉（中國）所具有的那種文明印記。但無論如何，菸草初傳遍歐洲時，這種植物和其用途大為風靡。法國駐馬德里使節暨宮廷御醫尚・尼古（Jean Nicot）帶了一些菸草粉回國給王后治偏頭痛，結果竟使自己名字和菸草結下不解之緣。她於一五五〇年代協助將這種美洲草介紹給法國貴族，這種草後來被人稱作「尼古草」（Nicotian herb）。事實上，瑞典動植物分類學家林奈替這新植物取名時，把它叫作「nicotian」。一八二八年，海德堡兩名學生抽取出草的生物鹼藥物成分，並為表彰尼古的貢獻，將其取名為「尼古丁」（nicotine），於是尼古與這異國植物的密切關係就此確立。

並非每個廷臣都會把這當成光榮事。有些國王，例如英國的詹姆斯一世和查理一世，曾著手消滅這習慣，但未能如願。詹姆斯一世認為菸草傳到歐洲與當時另一個不受歡迎的新東西──性病梅毒──出現於歐洲有密切關係，於是懇請他的子民：「到底是什麼樣的榮譽心或政策，竟驅使我們仿效未開化、不信神、奴性的印第安人的野蠻、殘暴作風，尤其是在如此邪惡、令人反感的一項習慣上？」這位國王也痛斥這種新草的罪惡之處：「如果沒有菸草來激起你從事這些類休閒活動的念頭，你就覺得尋常飯菜吃來無味，而且在妓院裡也提不起勁？」他大漲菸草進口稅，禁止英格蘭境內生產菸草，以斷絕需求，繼他接任王位的兒子蕭規曹隨。其他某些歐洲君主，例如俄羅斯羅曼諾夫王朝沙皇和普魯士的腓

特烈大帝，如法炮製；而某些亞洲統治者亦然。但成效甚微。

　　菸草的致癮性，強過國王的法律。事實上，詹姆斯一世在無意中擴大了英格蘭人的需求。以他的名字命名的新移居地詹姆斯敦（Jamestown），位在以他的前任君主伊莉莎白的稱號取名的殖民地維吉尼亞。最初這個移居地差點亡於疾病、攻擊和飢餓，但一六一二年，殖民地開拓者約翰・羅爾夫（John Rolfe）從千里達島輸入菸草，為這個前途黯淡的移居地帶來救星。菸草籽在此順利生長，使他得以在四年後帶著最早一批這種營利性作物到倫敦，並有他的妻子，著名的波卡洪塔絲（Pocahontas）同行。他的維吉尼亞菸草在英格蘭市場銷路很好，但波卡洪塔絲卻過得不順心，一年後就去世。羅爾夫隻身回到維吉尼亞。不久後，更多殖民地開拓者來到維吉尼亞，並為該殖民地買進最早的非洲奴隸。菸草產量暴增，從一六二二年的六萬磅增加到五年後的五十萬磅。但被美洲原住民馴化且喜愛的這種植物，此時乃由非洲裔勞動者栽種，供歐洲主子享用。菸草產量大增的同時，印第安人人口、領土銳減。

　　對許多美國人來說，一提到菸草，就會聯想到波卡洪塔絲和約翰・史密斯、約翰・羅爾夫之類的英格蘭殖民地開拓者。但菸草故事並非只和歐美人相關。誠如先前已提過的，曾有數千年歲月，只有美洲原住民知道菸草這東西。但哥倫布把菸草帶回伊比利半島後，拜西班牙人在其遼闊帝國（從美洲綿延到伊比利半島、低地國、部分義大利地區和印度洋、非洲、太平洋三地區境內的殖民地）的貿易之賜，菸草以驚人的速度成為遍及全球的致癮物。誠如著名法國史學家布勞岱爾所寫道：「十六至十七世紀，它（菸草）征服全世界，受歡迎程度超過茶葉或咖啡，成就殊大。」

　　在中東，鄂圖曼人從義大利（熱那亞和威尼斯）、荷蘭、英格蘭商人那兒取得菸草，在咖啡館裡除了啜飲咖啡這個同樣會提神的東西，也用水菸管抽菸（見第三章第三篇和第四篇）。他們的波斯對手亦然。抽菸一事遭到穆斯林烏里瑪（即學者）和伊瑪目（神職人員）反對，且遭某些

蘇丹和地方官員下令禁止，但在近東仍被大部分人當成一種伊斯蘭儀式而予以接納，因為可蘭經並未禁止抽菸。菸草，連同咖啡，助長了社會革命，因為咖啡館的公共領域和夜生活產生藝術、音樂、娛樂（例如棋戲）和具有民主精神，且有時轉為政治性和顛覆性的男性社交活動。鄂圖曼人發現他們在東歐巴爾幹的殖民地極適於栽種足以滿足日增之需求的菸草，因此土耳其人不需大量進口菸草（見第三章第十節）。

我們筆下的菸草從美洲東行之旅，在中國畫下句點。中國人很快就加入瘋菸草之列。到了一六三一年，差不多是英格蘭人、荷蘭人、法國人正在侵犯西班牙人的壟斷地位之時，菸草在北京已大為盛行。它從西方和東方來到北京：葡萄牙人把菸草產品和菸草籽從巴西帶到其在中國的殖民地澳門，荷蘭人把它們從美洲帶到日本長崎，西班牙人則把某些這種具提神效果的草，從他們在新西班牙（墨西哥）的殖民地帶到位在菲律賓的殖民地（菲律賓之名根據西班牙國王腓力〔Phillip〕之名而取）。這三個地方都與華南有活絡的貿易（但一六三三年德川幕府下令禁止對外通商，日本開始鎖國）。這個被中國人稱之為「煙酒」的東西，迅即傳遍全中國，達官貴族和平民百姓，男女老少，都「吃菸」。一如在歐洲和中東所見，軍人、水手和神職人員最早嘗試抽菸。

我們要走訪的最後一塊大陸，但非最後一個遇見菸草的大陸，乃是位於南半球的非洲。十六世紀葡萄牙人在大西洋兩岸建立孤立的殖民地時，首度將菸草帶到西非。在葡萄牙人的殖民地體系裡，巴西職司開採珍貴金屬和種植菸草、甘蔗之類的熱帶作物。但葡萄牙人不想自己幹活，而原住民沒有長期栽種作物的習慣且易染上歐洲病，被逼去為殖民地開拓者幹活時常死掉，或者逃入內陸。於是，葡萄牙人開始利用非洲境內存在已久的奴隸買賣。從巴西乘船到非洲（有時只要花四個星期），為了買到非洲奴隸（往往是非洲人彼此交戰時所俘獲的戰俘），葡萄牙人帶來商品交換，而菸草即屬其中的高價商品。一如在歐洲、中東和亞洲打動了新消費者，菸草因其具有影響心理狀態的特性，也打動了西非商人。

在非洲，菸草也被用於宗教儀式、社交活動和娛樂、彰顯身分地位。這套體系呈現環形：葡萄牙和巴西的種植園主先後購買非奴隸，以在新大陸種植菸草，而種出的菸草大部分用於非洲增購奴隸，而增購的奴隸送到巴西，採收菸草、甘蔗和後來的咖啡豆，開採黃金和鑽石。在相當短的時間裡，菸草就傳到幾乎每個大陸，並使這些大陸改頭換面。

但直到十九、二十世紀，菸草才參與一項獲利極大的產業。十六世紀時，西班牙人就已開始把切碎的菸草塞進用廢紙製成的小紙捲裡。法國人不久後就開始喜歡這種抽菸方式，把這個小導管叫作「cigarette（捲菸）」。為生產捲菸，動用數千婦女組裝，工作辛苦且緩慢，成為生產上的一大瓶頸。機械化之後，這一問題才解決。一八八〇年，美國發明家詹姆斯·阿爾伯特·朋薩克（James Albert Bonsack），為其自動捲菸機器申請到專利權，該機器在十小時的工作班次裡能捲十二萬根捲菸。北卡羅來納州菸草公司高層主管詹姆斯·杜克（James "Buck" Duke）租下他的機器，為這時更為一般人買得起的這項產品，發起驚人的廣告宣傳。不久，他說服其他菸草生產者合組一全國性的托拉斯，該托拉斯取名美國菸草公司（American Tobacco Company）。公司部分獲利被用來設立一基金會，當地一所學校靠此基金會的捐款擴展規模，並改名為杜克大學，以表彰杜克家對該校的貢獻。美國境內一年的菸草消費量，在十九世紀最後二十年裡增加了五成。二十世紀時，拜美國大眾交通和物流系統、高明的廣告宣傳和幾場大戰之賜（隨著香菸成為軍中必要的配給品，許多人因從軍而開始抽菸），美國人（男遠多於女）成為世上最大的消費群體，一九四〇年銷售了一千八百九十億根捲菸，一九七〇年增加為五千六百二十億根捲菸。二十世紀時，世界各地的捲菸消費量也暴增，由為數不多的跨國公司和國營專賣事業體控制這一產業。

過去五十年裡，隨著捲菸銷售量下跌（雪茄、菸斗用菸絲、嚼食用菸葉占市場分額遠低於捲菸），美國已不再是全球最大的菸草生產、消費國。肺癌致死數的大增、把癌症暴增與抽捲菸掛鉤的研究結果，以

及大部分州境內澎湃的反菸運動，使美國男子抽菸的比例，從一九六五年的超過五成降為一九九○年的四分之一，女人抽菸比例則在同一期間從三分之一降為五分之一。到了二○一六年，美國捲菸銷售量已降到二千五百八十億根，不到一九七○年的一半。這意味著，由於晚近人口持續成長，人均捲菸消費量從一天七・五根驟減為二・二根，肺癌死亡數從一九九一年迄今少了約四分之一。

隨著美國與西歐境內菸草消費量劇減，這兩地的菸草公司已把經營觸角擴及食物和飲料市場，同時把目光轉向如今既生產且消費世上大部分菸草的較低度開發地區。這一魔草的全球化已使中國成為全球最大的菸草生產國，產量占全球一半，其次則是巴西和印度，美國排在第四。菸草不再是有錢人才得以享用的東西或有錢人的惡習。如今，人均最高消費比例都出現在較低度開發國。美國在人均購買量排行榜上已跌到第五十七名，前三十大菸草消費國裡只有四個位在西歐。哥倫布報告「一些曬乾的草，放在某種葉子裡……把一端點燃，然後他們在另一端嚼或吸吮，吸入煙」時，不知道他為世人揭開了什麼。他並非如他以為的來到東印度群島，但的確遇見了一種會大大影響該地區和世界其他地方的植物。

10 │ 使抽菸變摩登：從菸斗到捲菸，在埃及和其他地方

捲菸與美國的關係，大概比其與其他任何國家的關係來得密切。菸草最初被人從加勒比海地區和南美洲帶到歐洲，然後從歐洲被帶到亞洲和非洲（見第三章第九篇），卻是在維吉尼亞一地，這作物成為一整個殖民地的支柱。一八八一年，美國人詹姆斯・朋薩克為其捲菸製造機取得了專利權，拜這機器之賜，原本在菸草消費裡只占極小分額的捲菸，才幾十年就成為最盛行的菸草使用方式。由美國人詹姆斯・杜克領軍的英美菸草公司（British American Tobacco），不久就成為最重要的國際生產商，所用原料大部分是維吉尼亞和北卡羅來納的維吉尼亞菸草（brightleaf tobacco）——後來數個品種的這類菸草被移植到其他許多國家。二十世紀上半葉，美、英、加拿大的人均抽菸量高居世界之冠，當時，抽捲菸是摩登與老練的象徵，而其他美國出口品，例如好萊塢電影、流行音樂、美國大兵，也助長這一風氣。即使今日捲菸已讓人聯想到死亡和生病更甚於讓人聯想到迷人帥氣，且抽菸日益成為「第三世界」問題，但有些最著名的老牌捲菸，例如萬寶路（Marlboro），仍大大利用它們的美國特質來擴大銷售量。

但捲菸還有別的身世，那些身世強化了自成一格的幾個地區性政治經濟體制和消費文化；其中一些政經體制和消費文化讓美國人遇到頑強的競爭對手（至少有段時間是如此），而且在這過程中，對捲菸的襲捲世界有所貢獻（如果「貢獻」一語恰當的話）。其中一個較重要且較富歷史

興味的身世，把我們帶到鄂圖曼帝國，尤其是帶到埃及。

　　十六世紀末，菸草經由歐洲和非洲傳到鄂圖曼帝國的數個地方。一如在世上許多地方所見，菸草迅即流行起來，尤以在城市為然：富人和窮人、男人和女人、大人和小孩，都有許多人愛上這東西（但在鄂圖曼帝國，女人和小孩一般來講不得參與共享菸草的公開儀式，因為一般來講他們不得參與公共活動）。

　　用其他種草來抽菸之事，自古即有（已有人在西元前兩千年的埃及墳墓裡找到菸管，希羅多德提到西元前五世紀期間在後來成為鄂圖曼帝國核心領土的地區有人抽菸），因此，捲菸傳來時，已有數種菸管存在，而且西歐式菸管也迅即有人採用。一般來講，比起西歐菸管，鄂圖曼菸管較長、較重、較不易斷；有些鄂圖曼菸管裝飾繁複、昂貴，是身分地位的重要表徵（儘管如此，一般來講菸管還是頗容易斷，因此大量出現於考古遺址裡）。買得起別緻菸管者，往往有一名僕人負責帶菸管。把菸草（或其他植物）煙降溫，使其較易被深吸入體內的水菸管，體積又更大了，一般來講，存放在固定地方——通常是家裡或咖啡館裡（見第三章第四篇，咖啡和咖啡館傳遍鄂圖曼帝國和歐洲的時間，和菸草約略同時）。用這類器具抽菸，並非特別方便或人人用得起，而且本來就無意追求方便或人人用得起。抽菸時需要一些專注，因此不好邊工作邊如此抽菸；除非有僕人幫忙帶著，菸管也不大好隨身攜帶，而對買得起這類東西的人來說，把自己收藏的精美手工打造菸管拿出來展示可是件大事。

　　因此，捲菸傳來時，具有產生革命性變化的潛力，畢竟捲菸把菸草和導煙工具結合為一，而且輕、非常便宜、幾乎不需要再度點燃、用完就可丟掉。不過，曾有數百年，捲菸未獲大眾青睞。西班牙軍人在十六世紀就已製作捲菸，有些平民如法炮製，但這一作法並未流行開來。傳說，日後會躋身全球前幾大捲菸紙生產商的法國拉克魯瓦（LaCroix）家族，有個成員拿一瓶香檳跟一些西班牙軍人換來捲紙，然後予以仿製；但拉克魯瓦家族的工廠一六六〇年才問世，他們的第一筆承包案來自拿

破崙的軍隊，時為一八〇〇年左右。法國大革命和那之後靠全面徵兵組成的新公民軍隊，自然而然構成捲菸的基本消費群，因為服兵役期間——用某句言簡意賅的流行語說，九成五的無聊和百分之五的強烈恐怖——自然讓人想抽菸（如果能用易攜帶且不會妨礙多種勤務之執行的導煙器具來抽菸的話）。征服各地的法軍把這種抽菸方式帶到新地方；老兵則有助於將它帶進平民生活，因為菸草很容易讓人上癮，而且當時人還不知道戒菸有多重要。到了一八四〇年代，捲菸已普見於法國，儘管抽菸管、吸鼻菸、嚼菸草仍占菸草消費的大宗；不久後，捲菸開始傳遍鄂圖曼帝國（捲菸相較於菸管的諸多好處，雪茄也具有其中一些——儘管還是大大比不上捲菸，因為雪茄較大且較貴——而在某些國家，雪茄比捲菸更早流行，但並非在捲菸所會傳入的所有國家都如此，或是能受到同樣族群歡迎。例如，在女人世界，雪茄始終吃不開）。

在鄂圖曼帝國，捲菸最早的基本消費族群，乃是擁有比大部分人更多閒暇和可支配所得的都市人：軍人、坐辦公桌的上班族（包括許多政府官員），以及包括蘇丹后妃在內的上層婦女（但就上層婦女來說，捲菸能奪得青睞，主要不是因為其方便好用，炫耀自己的身分地位仍是抽菸的最重要考量。有些後宮婦女動用多達五名僕人來協助她們抽菸：五名僕人各有所司，分別幫忙備紙、備好菸草、捲成紙菸、遞給女主人、拿火鉗夾住火紅煤炭點菸）。有趣的是，這些人和促成吸鴉片之風在中國迅速傳開的主力群體大略相同——中國人吸鴉片之事，開始於更早約五十年前（見第三章第八篇）。但隨著時日推移，抽捲菸之風傳播更廣，而抽捲菸比抽菸管和抽大麻更能和工作（包括粗活）並行不悖，因而有推波助瀾的作用。埃及是十九世紀中葉後捲菸傳播尤其迅速的地方，而這主要出於叫人意想不到且大抵和政治有關的理由。

隨著鄂圖曼帝國於十九世紀時日益落後於其歐洲對手，官員竭力尋找財源，以為一連串浩大的改革計畫籌得資金。一如世上其他人，他們找上菸草之類能讓人上癮且非必需的東西，畢竟針對這類東西課稅，比

針對生活必需品課稅，更易為人所接受且更易執行——而身為穆斯林國家，他們幾乎無法像其他地方那樣靠課徵某些「罪惡稅」（見第三章第七篇），例如烈酒稅或特許賣淫稅，來增加稅收。但隨著鄂圖曼帝國欲從其特許菸草銷售體制裡榨出更多錢，菸商（大部分是希臘人，還有一些亞美尼亞人）轉移陣地。他們搬到埃及這個自約一八〇〇年起實質上已不受鄂圖曼帝國中央節制的地方，但菸草本身有許多來自希臘和巴爾幹半島。在埃及，捲菸生產最初鎖定當地市場，但後來擴及埃及境外。隨著埃及日益受英國擺布，一八八二年時實質上成為英國殖民地，一八六九年蘇伊士運河開通，使埃及成為全球航運的輻輳之地，國內捲菸市場和其與境外市場的關係都成長。英國和德國是埃及捲菸在鄂圖曼帝國境外最早且最大的市場；不久後，美國和中國緊追在後。

有趣的是，埃及捲菸廣告既強調外國對其的肯定，也強調古老「傳統」的意象。外包裝上列出在國際商展上得過的獎和包括英國陸軍在內的顯赫顧客；有些牌子的捲菸甚至徵得外國名人同意，以他們的名字命名——包括英王喬治五世。在這同時，包裝盒上常印了金字塔、人面獅身等古埃及文明象徵（和偶爾印上希臘文明象徵）的圖片；有些還有戴著精緻頭巾、擺出撩人姿態的女子，增添些許迷人的頹廢意味。一九一三年問世的美國「駱駝」牌捲菸引用這些意象，試圖利用當時埃及捲菸所擁有的異國魅力和高品質形象來打開銷路。

在這期間，一九〇二年時，出現一個難纏的競爭者：英美菸草公司。話說美國菸草公司（本身就是為避免削價競爭而合併諸多菸草公司所形成）和帝國菸草公司（Imperial Tobacco），為避免價格戰而達成一項協議，英美菸草公司的成立就是該協議的一部分。該公司幾乎一成立就進入埃及市場，但數年下來打不開市場。該公司以在其美國工廠所用較淡的維吉尼亞菸草為原料，而這種菸未能打動習慣抽較濃「土耳其」捲菸的消費者；該公司買下當地的埃及捲菸生產商時，欲引進其在母國用來降低勞動成本的捲菸機器，但遭當地工人強烈反對（埃及工人較便宜，但根

本不足以彌補虧損：一九二〇年代該公司的埃及工廠終於引進此機器時，每台機器取代將近七十名工人）。隨著一次大戰的結束，鄂圖曼帝國和其菸草專賣制度瓦解，埃及成為更重要的生產基地，埃及生產的捲菸行銷於附近這時由歐洲人統治的地區：約旦、巴勒斯坦、敘利亞、黎巴嫩、伊拉克。但在這些市場，該公司仍然面臨強烈競爭，直到該公司採行其一開始賴以創立的策略，即與其最大競爭者合夥，組成東方菸草公司（Eastern Tobacco），然後東方菸草公司再買下其他競爭者，情況才改觀。不久英美菸草公司就幾乎獨占市場，掌控九成埃及市場，由該公司負責生產，當地合夥人則負責行銷。

　　行銷文案配合流行文化趨勢，把捲菸與都市、摩登和（對女人、青年來說）有點叛逆的形象掛鉤。相對的，菸管被賦予非常保守的形象，雪茄則被賦予非常有錢、反動、可能腐敗的形象。這與英美境內的許多情況沒有兩樣，但在埃及，抽雪茄的「肥貓」形象，多了與外人勾結的這個負面意涵。到了一九四八年，埃及境內銷售的菸草，超過四分之三以捲菸形態賣出，維吉尼亞菸草終於得到接受：二次大戰期間許多同盟國部隊駐紮於此，以及英國的中東供給中心（Middle East Supply Centre）——負責決定稀少的載貨空間和外國信貸該優先作何使用的機構——決定將菸草指定為「必需品」一事，都對此有推波助瀾之功。這一決定在今日的我們看來或許奇怪，在當時卻不稀奇。馬歇爾計畫花在戰後歐洲「食物」的資金裡，約三分之一花在菸草進口上，菸草進口被認為攸關民心士氣，被視為（一旦轉化為課了重稅的捲菸之後）重要的歲入來源，被視為對美國境內具有強大政治影響力的菸草生產利益團體的特別照顧。一九九〇年代，埃及政府再度將菸草劃歸戰略物資，提到國內的高消費量（當時每年每名成人超過五十包），擔心菸價上漲會引發動亂。

　　二次大戰後，埃及政府開始逼迫由外資完全擁有或部分擁有的公司「埃及化」。一九五六年蘇伊士運河危機時，英、法、以色列對埃及發動

了短暫戰爭，危機結束後，東方菸草公司遭埃及政府接管。儘管後來解除進口管制——使美國菲利普莫里斯國際公司（Philip Morris）得以拿下約一成一的市占——東方菸草公司仍占有埃及約八成的捲菸銷售額。

自一九九〇年代以來，一再有傳言說該公司會轉為民營，以鼓勵更有效率的生產，一如埃及境內許多國營公司的遭遇。但該公司為政府的財源之一，雇用員工眾多（且人人認為民營化會資遣員工），且使一項需求甚高的產品得以維持平價，因此至目前為止，該公司仍屬國營，反菸作為仍然有限。埃及的捲菸在國外或許不再那麼吃香，捲菸生產商仍與該國政治、文化密不可分——再再證明它們具有它們的前輩所協助打造的那種奇怪的「必需性」。

11 | 咀嚼可以，吸食就不好：化學如何使好東西變成壞東西

　　今人常將科技與現代，將現代與改良，聯想在一塊。因此，古柯葉由宗教儀式用、堪稱魔液的東西，轉變成較複雜的藥用萃取物（古柯鹼），看來似乎就是種進步。先進的化學，將單純、天然的古柯葉子，製成由工業生產的藥。古柯原是用於相互交換、納貢、在特定地方用於宗教儀式的天然物質，這時變成國際貿易的珍貴商品。世界經濟改變了古柯的意涵和影響，且不幸往壞的方向改變。古柯價值雖大為提高，但對個人、社會的危害也隨之變大。

　　古柯樹原生於秘魯、玻利維亞高原裡海拔較低的熱帶河谷裡。印加人自信滿滿說古柯是他們對安地斯文化的偉大貢獻之一，但其實人類使用古柯葉大概已有數千年。比印加人還早六百年出現的提阿瓦納庫人（Tiawanaku），無疑就已知道古柯葉的效用，且懂得利用這功效。使用者將古柯葉嚼爛，加進一點石灰膏，可釋放出作用類似咖啡因的生物鹼，藉此減輕飢、渴、疲累。古柯沒有致幻作用，且大概不會致癮。西班牙人到來之前，嚼食古柯似乎不普遍。栽種、採收技術雖然簡單，古柯樹卻只生長在特定的生態龕。古柯那時不是商品；安地斯社會沒有貨幣，而是透過實物交易互通有無，且往往在親緣團體內從事實物交易。古柯的重要在於其用處，而非在於其交換價值。古柯創造了社交網絡和典禮，但未創造出市場。

　　這一印加人的「神聖植物」，大部分用於宗教儀式和醫療。舉行宗教

儀式時，巫師燃燒古柯作為開場，拿古柯當祭品獻祭；夜間舉行宗教儀式，用古柯來維持清醒。古柯葉一如茶葉，用於預測吉凶，診斷病因。古柯還當藥，用來治療消化毛病或清洗傷口。小袋包裝的古柯用作贈禮，以回報客人的饋贈，用作貢品獻給地方領袖和皇帝。印加人從古柯貢品裡拿出一部分，再分給地方政治領袖，以攏絡他們。因而，古柯是使安地斯社會得以團結，使提阿瓦納庫、印加之類大帝國得以誕生的宗教儀式、社會儀式裡，最重要的東西

　　西班牙人對白銀的探求，創造了初級市場經濟，古柯的社會意涵隨之開始改變。十六、十七、十八世紀，為開採波托西山（Cerro Pototsí）豐富的銀礦，得同時動用數萬名印第安勞力。銀礦區座落在海拔四千兩百公尺寒冷荒涼的地方。礦工得忍受寒冷、飢餓、疲累，古柯因而成為他們的最佳良伴。在西班牙人治下領取工資幹活（但工資非常微薄）的印第安礦工，替這種神聖植物創造了強勁的新需求。數以萬計的駱馬從玻利維亞、秘魯谷地，循著山中的羊腸小徑，將乾古柯葉運上波托西。

　　許多西班牙人，特別是神職人員，痛斥嚼食古柯的行為，因為古柯葉與他們所亟欲剷除的基督教傳來之前的當地神祇和儀式有密切關係。西班牙國王認為古柯是邪物，殖民地總督明令禁止食用。但不到一年，他就不得不考慮是否該收回成命，因為殖民地的運作和擴張，波托西主教的教務推展，都要靠白銀資助，而要開採波托西山豐富的銀礦，需要那些藉古柯麻痺感覺的工人。這時古柯已從具魔力的宗教靈液，轉變為世俗的致癮性食物。它不再是支撐傳統共有、互惠關係的基礎，而已成為個人享有的商品。它不再代表宗教儀式時的社交活動，反倒成為吃重勞力的象徵。這種與傳統本土世界關係非常密切的本土植物，成為西班牙殖民體制財政基礎的一環。但在這時，嚼食古柯仍與安地斯地區原住民傳統密不可分。在美洲的西班牙人，只有少數染上這習慣。一五四四年，古柯首度出口到歐洲，但歐洲人一點也不覺得這植物有何神聖之處。

　　拜現代醫學之賜，古柯才變成國際貿易商品，揭開它在現代社會

的功用。一八六〇年,德國科學家從古柯分離出生物鹼,命名為「古柯鹼」,並發現其可作為麻醉藥。佛洛伊德頌揚它是萬能靈藥。一些大賣的專利藥,例如馬里亞尼酒(vin de Mariani),含有古柯鹼成分。在美國喬治亞州的亞特蘭大,有人利用古柯鹼和可樂果,以調製藥用飲料,結果製出可口可樂。後來,這飲料用去了古柯鹼成分的古柯來製造,直到一九四八年,可口可樂才完全不含古柯。以古柯鹼作麻醉藥,在歐洲、美國大為盛行。古柯鹼還用作止痛劑,用來比嗎啡或鴉片還安全。古柯鹼在安地斯以外地區的使用量,比安地斯地區還要多上許多,而與古柯的情形不同,因為外國製藥廠替較複雜的加工過程申請了專利。

美國、德國、日本的大藥廠利用政府限制古柯鹼進口,使這些藥廠得以進口古柯原料,享受獨占利益。為達成此目的,它們得和二十世紀初所新興起的反毒品運動站在同一陣線。「medicine(藥物)」是好東西,「drug(毒品)」是壞東西。於是,「drugstore(藥鋪)」要改名「pharmacy」。一九二〇年開始在美國如火如荼展開的禁酒法,使古柯鹼也受到波及;一九二二年美國禁止輸入古柯鹼。國際組織,例如國際聯盟,也加入打擊非醫療性使用古柯鹼的行為。古柯鹼需求急遽下滑。

一九七〇年代,因為已開發消費國喜好和習俗的轉變,古柯鹼市場步入新繁榮期。這些富國社會最初欲透過古柯鹼滿足自我精神上的需求,不久卻陷入追求享樂,不能自拔,從而提升了古柯鹼在國際上的銷售量。一九一八年起,就有國際協議致力於禁止古柯鹼的非醫療性使用。古柯鹼遭列為違禁品,使藥廠不得再生產該物,從而催生出所謂的「毒品走私者(narco traficante)」。

就在需求最大而獲利最豐的時期,古柯鹼成為備遭唾棄之物。這項一度重要的國際貿易商品,其生產、行銷落入第三世界人民所掌控,古柯鹼買賣被納入犯罪統計數據,而非納入貿易和國民生產總額的資料。資金充裕且關係良好的毒品走私者(如今大部分來自拉丁美洲,特別是哥倫比亞、墨西哥),利用其豐沛獲利成立準軍事組織,賄賂官員、警察,

出資改善市政、城市藉以贏取地方支持。中央政府和國際機構無力阻止古柯鹼從貧窮產地流向有錢消費者，秘魯、玻利維亞、哥倫比亞的一些地區，整個淪入毒品走私者掌控。在玻利維亞、秘魯，原住民如今仍在種植、嚼食古柯，但政府致力於根除他們的古柯樹，代之以另一種致癮性植物咖啡，因為擔心他們的古柯葉會被拿去製作古柯鹼。因此，儘管玻利維亞的艾瑪拉人（Aymara）依舊保有自古流傳下來的嚼食古柯的宗教儀式和傳統觀念，如今卻陷入毒品走私者和美國緝毒局交相逼迫的處境中。即使在艾瑪拉農民眼中，古柯也已成為具有危險意涵的商品。

在五百年間，古柯由宗教儀式用品和社交媒介，變成用以極盡可能剝削土著勞力的殖民地商品，再變成可以止痛、替藥廠帶來豐厚利潤的神奇藥物，最後變成用來消遣娛樂而被視為足以危及社會結構的毒品。外來科技和消費者的引進（也就是古柯的現代化），使古柯對社會的危害變大。以古柯鹼形式出現的「現代」古柯，未強化社會、國家的體質，反倒予以侵蝕。未治癒疾病，反倒帶來傷害。古柯鹼未帶來精神的昇華，反倒帶來物欲和肉慾。商品化和科技變遷不必然帶來進步。

第 4 章

移植：世界貿易裡的商品

0 | 導論

　　本章所收錄的幾篇文章，著重探討某些動物性或植物性產品（可可、棉花、茶葉、橡膠諸如此類）的貿易。但這些產品雖屬於自然產物，不表示它們的用處就為人所清楚察覺乃至永遠不變。它們的用處，往往是在它們的其他長處吸引人們注意之後，才為人所察覺；在其他時候，它們的用處，不只與它們本身的任何特性有關，同樣程度上與人們對於和它們密切相關的人或地所抱持的刻板印象也有關。但隨著它們成為全球性商品，它們不可避免地具有與它們在地方生態系所扮演角色不同的價值和意涵（即使我們可以說出這類角色的「意涵」），而且那價值和意涵與它們原來在當地社會體制、文化體制下所具有的價值、意涵不同。不同意涵和價值的衝突，重塑了該商品所從自的自然世界、社會世界，重塑它所進入的自然世界、社會世界（即我們所聚焦探討的世界）。

　　例如，印加人知道馬鈴薯這東西（見第四章第十二篇）已有千百年後，歐洲人仍不知有此物。它最早引起歐洲人注意之處，在於它能在海拔數千呎的高處生長，但這原不算是特別重要的長處，直到西班牙人大肆開採高海拔的波托西銀礦，需要糧食餵飽該處數萬名礦工的肚子，這一長處才顯得特別突出。然而即使在那之後，歐洲境內首次利用馬鈴薯時，並未將它當作食物，而是當作據認可撩起性慾的異國香料；一般歐洲人將它和安地斯礦工聯想在一塊，斥之為「奴隸食物」而不屑食用。馬鈴薯得以成為愛爾蘭主要作物，大抵是因為它易於栽種、貯存，且敵

人入侵，燒掉地面上的作物和穀倉時，馬鈴薯便於帶著逃難。在東南亞，馬鈴薯使人得以移居到山區更深處種不了山地稻的地方，因此，替日益擴張之帝國打頭陣者和逃離這些帝國的人都非常喜愛這種食物。它也常是谷地裡不肯聽命於各類有權有勢者的居民喜愛種植的作物。畢竟地主或收稅員知道何時該現身收取一定比例的稻米、小麥或玉米收成，一年裡只需待在該地區數天就能辦成這事；而馬鈴薯可採收的時間則長上許多，或在更長許多的時間裡放著不採收也不用擔心爛掉。今人所認為馬鈴薯主要的「天賦」長處——同樣的栽種面積，它的種植成本遠比玉米或小麥低，但提供的營養遠更為多——要再經過頗長時間，在十八世紀末期和十九世紀期間人口較擁擠的歐洲，才受到重視。

一八四九年加州的淘金熱（見第四章第四篇），未將任何新植物引進世界市場，但隨著各地人民湧向加州，淘金熱將一個原本受冷落的邊陲地區，化為世界商業潮流和移民潮的中心。內華達山脈所發現的金礦，以及稍後在澳洲、阿拉斯加的克朗代克（Klondike）、南非所發現的金礦，大大增加了全球貨幣的供應量，促成國際貿易前所未有的增長。但就在加州的礦藏造福世界時，以明確而按部就班的計畫著手開發加州的薩特（John Sutter），卻被迫離開這個他曾一手掌管的地區（見第四章第三篇）。而有時候，黃金基本上是想使某個邊陲地區變得有價值以藉此發更多財的冒險家想像出來的東西。沃爾特‧羅利爵士寫出一本十六世紀暢銷書時，在（如今分屬五國所有的）圭亞那就發生這樣的事。這本書談南美洲北部的「黃金城」（El Dorado），那裡有個先進的文明國家，主政的國王全身塗滿黃金，晚上才把它洗掉（見第四章第五篇）。該文描述了歐洲帝國主義者在亞馬遜河區域的夢想和失敗。但在其他地方，微不足道的東西，例如鳥糞，變得值錢。在智利沿海的某些島嶼上，拜非常乾燥的天氣之賜，保存了堆積如山的鳥糞（見第四章第七篇），但千百年來乏人問津。這些富含硝酸鹽的糞堆，因為英格蘭、美國同時出現的兩股潮流，突然變成值錢之物。首先，極盡所能增大產量以獲取最大利潤的農民，

把地力用到了極限；其次，這些農民，雇了工人替他們的大農場幹活，既不想增加他的工資，卻又不願像歐陸小農那樣，用非常耗費勞力的方法恢復地力（大部分是透過非常頻繁的犁田、施泥灰肥料、細心栽培適合本地微環境的種籽）。因此，因為數千哩外的事態變化，原本看似完全不值一顧的東西突然變得值錢（所謂變化，不只指人口增加使恢復地力有其必要，還指在當時的社會經濟體制下，藉由購買來自遠處的必需品來恢復地力，比藉由傳統方法，更有利）。更令人嘆為觀止的，石油貿易的勃興，將在日後使阿拉伯半島上的沙漠，突然間變得比鄰近的肥沃月彎更為重要，使千百年來一直遠更富裕、更有權勢的肥沃月彎，一夕之間落居下風（見第七章第十二篇）。促成這變化的主要因素，在於美國人追求史無前例的便捷交通，以及軍隊需要更大的船艦、坦克等武器。

歐洲的飢渴也改變了阿根廷彭巴大草原的社會面貌（見第四章第九篇）。在這些平原上，四處流浪、獵捕野生牛隻的加烏喬牛仔，在有刺鐵絲圍籬和鐵路入主這內陸地區後，他們自己也遭馴化。隨著牧牛數目增加，加烏喬人數目和其所享有的自由隨之變少。

在其他例子裡，新商品給引進世界經濟。新商品有時倚賴其實與該商品的原始用途和「天賦」特性皆相反的結合和混合作用而製成。胭脂蟲紅（見第四章第六篇）這種猩紅色染料，曾粧點了歐洲一部分最美、最昂貴的布和掛毯。那些得意展示它們的貴族，若知道這種染料是以馬雅農民骯髒、汗汗的手所捕捉的數千隻昆蟲壓碎製成，肯定意外又震驚。

但商品用途的可塑性，不表示買者可以為所欲為。作物的天然特性和栽種作物的社會，賦予了其限制。消費社會竭力欲突破這些限制，有時透過商業攻勢或動武，有時透過移植作物，十九世紀末期起則透過合成替代品，但結果有成有敗。

凡是大抵因社會政治因素的阻礙，而無法以低廉成本穩定獲致某作物的供應時，透過移植來打破該障礙，都相當成功。因此，歐洲人有三百年時間未能打破阿拉伯人、印度人對咖啡供應的壟斷；但一旦咖啡

樹在幾個歐洲人殖民地茂盛生長，這市場的主控權就轉移到加工處理業者和消費國手上。美國內戰悄然逼近時，英國試圖尋找替代品，以取代原由美國供應的棉花，結果就沒那麼成功；而且在美國恢復生產，美國產品充斥市場時，英國的上述舉動，往往讓其所扶植的生產者吞下苦果。但若考慮到這潛在後果的嚴重（一八六〇年美國產的棉花占了全球出口量的三分之二），曼徹斯特倒是很不簡單，它捱過這場風暴，未受多大損傷（見第七章第三篇）。

糖是由哥倫布首度帶到美洲，栽種於加勒比海地區。歐洲人的嗜甜導致無數人淪為奴隸，使一座熱帶天堂變成集中營。海地奴隸暴動，推翻慘無人道的奴隸體制後，蔗糖生產轉移到其他地方。夏威夷（見第四章第八篇）開始為美國市場而生產糖。這使某些人發達致富，卻葬送了夏威夷王國的獨立，因為美國海軍陸戰隊與美國裔財閥統治階級合謀，將夏威夷併入美國。但糖並非總是如此冷酷無情。中國政府鼓勵生產稻米更甚於生產蔗糖（儘管十七、十八世紀時華東的嗜糖程度和歐洲不相上下），且把確保邊陲地區的穩定放在第一順位。因此，福建、廣東、台灣儘管在一六五〇至一八〇〇年間名列全球最大的蔗糖產地，中國政府卻未准許其中任何一地發展成以甘蔗為主的單作區。

橡膠（見第四章第二篇、第十四篇）在十九世紀變值錢。全球橡膠需求激增時（拜腳踏車的大為風行和充氣輪胎問世之賜），全球最大的橡膠產地巴西，未趁機向世界強索高價；反倒竭盡所能擴大產量，且往往役使奴隸採集橡膠。但亞馬遜森林橡膠的採集，一樣不符「理性的」資本主義標準。橡膠樹每棵之間相隔遙遠，中間穿插著別種叢林植被，採集工必須「浪費」許多時間在從此樹走到彼樹上，且工人難以管理，而在巴西，工人又短缺。

因此，英格蘭人韋克姆（Henry Wickham）從巴西偷偷將一些橡膠樹籽帶到倫敦時，其意圖再明顯不過。英國人將橡膠樹種在英屬馬來亞和其他熱帶殖民地裡新開墾的種植園，棵棵排列整齊劃一，樹與樹的間距

在不妨礙生長的情況下達到最小。然後，更多印度、中國工人引進，安置在營房裡，從而替嚴密管理的「外來物種」種植林，搭配上嚴密管理的外來移民勞工。這種橡膠栽種方式極有效率，巴西橡膠業因此落居下風。但在這裡，人員管理一樣未能盡如殖民者之意，例如這些純男性的工人最後爭取到帶女人同來成家的權利，且得到較高的工資以支應成家後較大的開銷（他們之所以能爭取到這樣的待遇，有部分是因為他們非常不服管教，致橡膠園主認為穩定的家庭生活或許能穩住他們的心，因而雖會增加經營成本，但兩相權衡，或許利大於弊）。

橡膠業的消長，這時才剛開始。二十世紀，轎車、卡車、坦克、飛機，都得仰賴規格不斷變動的橡膠輪胎才能運行（自騎車兜風者到軍事將領的各種人都得仰賴橡膠輪胎才能得遂所願）。但世上前幾大消費國（美國、德國、日本、俄羅斯），大部分欠缺合適的殖民地種植橡膠樹，以提供足敷所需而又可靠的橡膠來源。於是，實驗室、種植園、商人、官員爭奪橡膠資源，創造巨大財富，也鑄下悲慘大錯（例如日本人企圖占領東南亞）、環境災難（例如亨利・福特在巴西廣闢橡膠林卻失敗收場），促成了怪異的結盟（例如在第二次世界大戰戰雲密布即將爆發之際，德國的法本化學工業公司〔I. G. Farben〕和美國的杜邦、標準石油〔Standard Oil〕、通用汽車公司竟共享合成橡膠和飛機燃料的關鍵性專利），以及促成橡膠種植業者消長交替的情形。事實上，為了取得橡膠資源，幾乎無所不為，惟獨相關地方的長期穩定，不在爭奪者的考慮之列。

作物移植受到大自然的嚴重限制和生產國的強力抗拒時，移植作物的過程有時艱辛漫長且手段卑劣。早在十七世紀時，歐洲人就有意將中國茶樹栽種於其他地方，且試過許多次都失敗。茶樹本身脆弱，汽輪發明前海上航行時間長久，加以中國禁止輸出茶葉種籽，因而，直到一八二〇年代，茶樹的移植還只有部分成功。十八世紀期間，英國人的茶葉需求暴增了約四百倍，十九世紀時需求更有增無減（一如可可的情形，這有部分是因為用來加入其中的糖，拜奴隸甘蔗園之賜，愈來愈便

宜），中國壟斷茶葉生產，對英國財政而言，變得相當不利。英國的因應之道非常多樣，包括靠武力將鴉片強行賣給中國，以及不惜流血、不惜成本，出兵征服阿薩姆（印度東北部），趕走當地游牧民族，在該地山坡上開闢茶園，但一直要到一八八〇年代，英國人才獲致可觀的茶葉產量，然後他們得花更多錢鋪設長長鐵路，穿過原本幾不需要鐵路的崎嶇地區，以將阿薩姆的茶葉運出。中國人、印度人因英國這些作為所蒙受的損失不可計數，但同樣值得一提的，歐洲人所付出的代價也不小。但對歐洲人來說，為了茶，這麼辛苦顯然值得：茶最初是身分地位的象徵，會讓人聯想起中國文明之富裕與高雅的東西，最終卻變成數千英哩外的歐洲人日常生活的一部分（見第三章第二篇）。

　　因此，某些商品的用途改變和爭奪掌控那些商品，在很久以前就有，但在十八世紀末期到二十世紀初期，這兩種情形大概最為嚴重。在這段期間，人口、工業生產、人均需求都大幅增加。但在其他方面，整個世界是馬爾薩斯《人口論》中的世界。土地有限，而在合成產品問世之前，糧食、衣物纖維、建材全都得每年從土地上採收；那時還沒有化學工業，無法利用石化製品巨幅提高單位面積的產量。新興工業國所引發的供給瓶頸，可能使原本沒沒無聞的地方和商品，突然間面臨龐大的全球需求壓力，造成怪異的社會變遷。

　　經濟史家派克（William Parker）已指出，科技創新所導致的供給瓶頸，解決辦法不外以下兩種：新的科技創新，或者將更龐大的資源用於舊生產過程。因此，舉例來說，紡棉紗機械化後，創造了兩個瓶頸，即沒有足夠的織工可將所有已紡好的紗織成布，沒有足夠的棉花可用來紡成紗。前一個瓶頸催生出一個科技創新，即機械化的織布機，後者則促成棉花田的大量增加。歐洲基於幾種原因不適宜種植棉花，於是改而利用奴隸在美國南部種棉花。美國南部生產的棉花也不敷需求時（或其供給受到政治局勢威脅時），紡織廠所需要的特定品種棉花，再擴大栽種於印度、埃及、中國。在這三地裡，偏愛較舊品種且已發展出配合該作物

生長規律的社會習俗（例如採收、拾落穗、節慶的日期排定）者，受到特別編制的武裝巡邏隊攻擊，儘管如此，仍無法剷除各地原有的習俗（見第四章第十一篇）。

奴隸栽種出來的美國棉花，大概是說明一地的科技進步，如何導致他地人民蒙受苦活和不幸的絕佳例子，但這樣的例子不只這個。麥科米克（McCormick）收割機征服美國中西部，使自有土地的家庭得以大規模耕種、獲利，對麻線的需求隨之暴增，其中許多麻線來自墨西哥猶加敦半島。而為了種出低成本的黃條龍舌蘭（henequen），歐洲人讓這半島上的勞動者陷入近乎奴隸般的處境（見第四章第十篇）。在其他例子裡，對社會的衝擊一樣強烈，但較難估算。十九世紀末期絲綢貿易的繁榮，使日本鄉下女人的工作時間拉長，但也使她們的收入更趨近於男人的收入，如此所造成權力、生活風格、態度上的轉變，難以察覺但影響深遠。在另外的一些例子裡，影響則仍無法明確斷定。過去，西非可可豆出口的成長（見第四章第十三篇）——大部分銷往歐洲和北美洲——最初憑藉許多不自由的勞動力，但久而久之創造出大有助於改採自由勞動力的機會——其對這一轉型的貢獻，很可能比據稱矢志根除奴隸制的許多政府還要大。但光是市場無法確保進步的可長可久：自一九七〇年代迄今，世界可可豆價格暴跌和其他改變，已使勞動者的議價能力大減，在許多例子裡，在意成本的土地所有人已轉而使用透過人口販子取得的不自由孩童、青少年勞動者。

但不管它們對當地社會的衝擊為何，全球貿易、專門化、商品的製造（和再製造），不斷在向前推進。例如棉花從只是眾多纖維植物的其中一種，搖身一變成為全球的貨幣本位商品。在此，植物本身的物理特性舉足輕重。例如亞麻種植非常費工，得密集施肥，且人類花了更長時間才弄清楚如何用機器將亞麻纖維紡成紗。因此，儘管亞麻工業屹立已久，在工廠和大種植園蔚為主流的時代，亞麻在許多用途上都敵不過棉花。愛爾蘭、西里西亞（Silesia）和其他亞麻產地，都經歷過賠本教訓，才認

清這一點（見第七章第二篇）。

就其他產品而言，供給瓶頸所導致的榮景，蓬勃一如棉花所呈現的情形，但維持沒那麼久，由於化學的介入，土地密集和勞力密集的解決方法，讓位給科技辦法。我們已探討過橡膠和鳥糞，但還有許多例子也值得探討。花生這種獲利微薄的食物，大部分是為了自己食用而種，但當花生油經證實是好用的工業潤滑油後，花生突然變成火熱的商品；華北那些種不成別的作物，因而向來不值得占為己有的沙質地帶，因為適合種花生，隨之引發激烈的搶地糾紛。但這種繁榮來得快，去得也急，首先遭到更便宜印度、非洲花生的打擊，隨之遭到新化學方法的削弱。在其他地方，這種繁榮、蕭條周期，帶來的傷害更大。亞馬遜橡膠業式微時（見第四章第二篇、第十四篇），受引進來採集樹液的工人，轉而嘗試清除林地開墾耕種。但森林土壤淺薄，原有樹葉濃密的林木提供落葉以填補流失的土壤，砍掉林木後，迅即造成生態災難。

咖啡業為期更久的繁榮，使巴西遼闊的大西洋岸森林受創益深（見第四章第一篇）。當地人砍倒林木開闢農地，首先用以種植木薯，後來用以種植咖啡，造成嚴重土壤流失問題。但罪魁禍首不是無知。技術愈落伍的農民，帶來的傷害反倒愈小。真正的災難來自現代咖啡農和他們的鐵路，鐵路使再深的森林都變得可以進入，把土地變成商品。

巴西的土地最初看似開發不盡，投資巴西者往往是與當地雨林沒有直接利害關係、對當地原住民和雨林共生的方式幾無了解的外國人。因而，在巴西，土地的開發或許特別枉顧當地人和當地生態的福祉，但管理更良善的企業，依舊無法免除這難題。事實上，現代的經濟開發觀根本和生態穩定無法並存。

分工和專門化是經濟成長的主要動力之一，但專門栽種特定一種作物，與生物多樣性背道而馳。失去生物多樣性的壞處之一，就是使生態系經不起外來的衝擊。作物的標準化（從數百個品種的小麥或稻米中挑選出一些來栽種），也是現代經濟發展的要素之一，因為只有可互換的產

物可以在未見實物的情況下交易（見第六章第四篇），而這種標準化作為也降低生物多樣性。

更根本的問題在於自新古典經濟理論問世以來，該理論一直抱持某種「勞動價值論」，也就是認為某物的價格取決於將該物送到市場所需的勞動時間多寡，取決於藉由運用該勞動時間生產商品所放棄掉的生產量（或其他好處，例如休閒）。其實，在李嘉圖（David Ricardo）之類經濟學家正式提出這觀念之前，這觀念已可見於洛克哲學作品、狄福《魯賓遜漂流記》之類英格蘭經典名著裡關於「自然狀態」和財產源起的種種看法中（馬克斯主義作為這些經濟學理論以外主要的替代解決方案長達百年，但在這領域裡，它完全不是扮演替代解決方案的角色，因為它抱持著特別嚴苛的一種勞動價值觀，證明「自然的免費餽贈」之遭到悲慘低估有其道理）。但這往往與我們所認為物品天然固有的「價值」相衝突：少有人認為紅杉的價值可藉由砍掉紅杉的勞動量來充分估量。在這同時，我們所歸之為「天然固有」的價值，往往是我們自己的好惡所決定，而非科學法則所決定。不管紅杉有何優點，從嚴謹的生物學觀點，很難解釋為何一棵古老雄偉的紅杉比兩棵較年輕的紅杉來得好：事實上，較年輕、生長較快的紅杉，提供的「森林服務」反倒更多，例如替空氣提供氧氣。將某地評估物品價值的社會、文化法則代之以全球性法則，或許後果非常嚴重（如本章幾個例子所顯示的），但我們至少知道如何以生態學用語或經濟學用語，去描繪、比較「事前」和「事後」的特點；但我們拿商品在市場上的價值和其天然本有的「價值」相比較時，我們是在做重要但更為晦澀難解的事。

透過長距離貿易解決問題，往往也為代表這其中全球化、商品化一方的外人（通常是歐洲人），帶來無人猜測得到的後果。畢竟他們也來自「地方」文化和社會，而這些文化、社會不可避免地在當地資源和當地做事方式出現外來的替代選擇時受到影響。歐洲人、北美人所引進的那些堆積如山的鳥糞，最終證明並非取之不竭（鳥糞開採的榮景一結束，

那些鳥糞產地立即回復到該產業初興時的貧窮景況），但開採養分、運到農田的構想仍大有可為。這構想最終孕育出合成肥料（基本上合成肥料將煤或石油轉化為植物成長養分），且這種地力保存方式，如今已完全取代舊式的地力保存方法，即精心修改無數種種籽以適應當地水土特性的舊方法。數代以來細心累積的地方知識（數百萬農民的主要「人類資本」）變得不合時宜，於是，在推廣制式種籽（這種籽本身成為國際上重要的貿易商品）和施用化肥這種新農業方法的人士眼中，傳統農民變成「無知之徒」（由於有機農業受到重視，那古老知識有許多部分，最近才為人所重新發現）。在努力培育基改作物的今日，這過程似乎又即將重演。獲專利保護的基改作物種籽，具有某些特性，使它們得以用最理想的方式因應特定專利肥料、殺蟲劑之類等東西。

但在這種生物學標準化的時代環境下，社會仍創造出料想不到的「需要」，為原本不值一顧的東西，引爆出迷你淘金熱般的追逐熱潮。例如新近發達繁榮的華南，創造出女神蛤（棲息於美國太平洋岸的大蛤）的突然需求，從而使辛苦討海的漁夫致富，且很可能使這種蛤最終絕種。在美國，水資源不足和高勞動成本，已促使美國人開始尋找長得較慢、生命力較強韌、更耐旱的品種草，以便培育供下一代美國草坪使用。數百萬舊時代農民若得知這事，想必覺得這是可笑的歷史反諷。那些推廣制式棉花、移植橡膠樹、從事諸如此類作為者的繼承人，如今開始急急忙忙四處尋覓，想著在鋪砌路面的隙縫裡或鐵路橋墩的下面，或許可以找到一絲絲向來受冷落的生物多樣性，以滿足新需求。

1 | 非自然的資源

> 小孩，你們住在沙漠裡；讓我們來告訴你們，你們如何被剝奪
> 了應有的東西。
>
> ——迪恩（Warren Dean）

　　將近五百年前第一批葡萄牙人登上巴西海岸時，遇見了沿巴西東南海岸一路蔓延且深入內陸的遼闊大西洋森林。一些歐洲人為它的磅礴遼闊而瞠目結舌，以欣賞自然美景的心情看待它，但大部分歐洲人視它為可怕動物的出沒之地，或前進的障礙，或值得砍伐利用的資源。他們是真正的見樹不見林，要到砍伐殆盡，才會看到這森林。因此，過去，經濟學上的估算總是流於短視。有數百年期間，巴西人都是寅吃卯糧，消耗本應留給下一代的東西來維生。

　　不砍樹，清出空地，人根本無法在濃密的大西洋森林裡過活，但人可以和森林共生。在歐洲人到來之前，原住民與這森林共生已歷四百個世代。他們大抵以狩獵、採集為生，但也發展出先進的刀耕火種農業。這種農業方法放火燒掉樹林和下層灌叢，但每隔幾年就得遷居別的林地，讓清出的空地再長出樹木。原住民人口只有三百萬，分布在如此遼闊的地域，聚落分布非常稀疏，因而對大部分森林幾乎都未造成傷害。他們的食物大部分來自森林裡的魚和獵物，因此他們很快就能察覺某地是否過度狩獵，因而該遷居他處，以讓該處動物恢復數目。

　　然後，文明開化的現代人葡萄牙人到來。在到來後的頭一個世紀，葡萄牙人有許多時候都是倚賴原住民的技巧、勞力，以汲取森林裡的資源。這不能稱作生產，反倒應稱之為掠奪。有些葡萄牙殖民者，特別是神職人員，希望在美洲建立信仰虔誠的殖民社會。他們把葡萄牙人所建

的殖民地稱作聖十字架（Holy Cross），但世界其他地方卻是藉由該地森林所砍伐出來的貿易商品，得知、了解這殖民地，那商品即是用以製作紅色染料的巴西紅木。在頭一百年，大西洋森林有六千平方公里林地遭到這貿易的危害，但這森林實在太大，還不致構成太大傷害。

事實上，在十六、十七世紀，葡萄牙人的倒行逆施，反倒很可能促成森林的恢復。疾病和擄人為奴，使原住民圖皮人失去過半人口。倖存者往往躲在深山裡，深怕在田裡工作會遭獵尋奴隸的葡萄牙人給盯上。原住民農業因此幾乎停擺，森林回復。

一七〇〇年，人數不多的葡萄牙（三十萬人）緊靠著海岸居住。他們不利用當地知識種植當地作物，反倒從他們在大西洋島嶼上的殖民地，引進以奴隸為基礎的糖業經濟。土地大塊大塊分給政治關係良好的人。薩爾瓦多‧達薩（Salvador da Sa）一人就領到一千三百平方公里的地！但事實上，官方幾乎無力掌控土地。誰能征服、保有土地，誰就擁有那片土地，結果形成弱肉強食、階級分明的社會，由少數人掌控土地，大部分人各司其職替他們賣命。黑奴占農民的比例愈來愈高。葡萄牙人在自己國內靠務農過活已有許多世代，非洲人嫻熟農事，但由這兩個族群所組成的美洲奴隸社會，卻不屑於尊敬土地。歐洲人帶來新宗教、新語言；引進外來作物和外來勞工；將生產商品以供應外地市場的觀念強行加諸於該地。但在殖民化、基督教化的現代表象底下，殖民者仍沿用他們學自巴西原住民的那套刀耕火種辦法。土地開墾後不久即予放棄。但這時候，人口密度是歐洲人未到來前的五、六倍，對柴枝的需求更大，沿海的一些森林因此幾無休養生息的時間。同樣嚴重的，這些新歐洲人不靠打獵為生，而是引進牲畜。對豬、牛、山羊、馬、騾而言，大西洋森林不是棲身之所，而是充滿敵意的所在。適應當地環境而落地生根的外來動物，加速大西洋森林所受的傷害。但一八二二年巴西獨立時，大西洋森林只消失一小部分。畢竟，當時整個巴西的人口頂多只有五百萬，是現今聖保羅市人口的三分之一不到。

另一種外來作物咖啡，帶頭攻入內陸。咖啡於十八世紀結束時引進，到一九〇〇年時，巴西咖啡產量已比世界其他地方的產量總合還多。咖啡向來廣被標舉為「引領現代化」的作物，巴西的咖啡種植者則普遍被譽為啟蒙企業家，但事實上，這根本談不上是農業。用來指稱礦工的「lavrador」這個字，也可用於指稱農業工人，絕非出於偶然。樹木遭恣意砍燒；在樹樁周圍土地栽上咖啡幼苗。沒有遮陽，沒有施肥，除了鋤，沒用其他工具。

　　二、三十年後，咖啡樹已把原始森林裡的養分吸光，於是咖啡園遭棄置為牧草地，而牧草地往往轉而變成岩石裸露的荒地。咖啡種植園主承認，這其實不是栽種，而應視為摧殘。二十世紀初期，在種植咖啡的米納斯吉拉斯州，未遭清除的林地，其經濟價值比種植咖啡的土地高過七成，因為森林土壤較肥沃。過去，巴西能以低價咖啡攻占世界市場，就因為土地便宜且肥沃。沒有人計算過這一活「股本」的貶值或替補成本。就此而言，咖啡種植者是在耗用未來的資源，而把帳單留給後代子孫支付。

　　這筆帳非常高昂，因為大西洋森林不是可再生的資源。砍掉森林，遺害甚大。里約熱內盧海灣周邊的紅樹林一旦砍掉，有殼水生動物和魚數量銳減，以牠們為食的獵物隨之減少。注入這海灣的河川淤塞，大大妨礙海上交通，使瘧疾的威脅升高（因為這時河水停滯引來蚊子）。在其他地方，砍伐森林造成定期性乾旱和更極端的氣溫。許多物種消失。

　　造成如此破壞的元凶不是無知的印第安人或歐洲殖民者，就連咖啡種植者的原始耕種方法也不是禍首。毋寧是近代科技加快了摧殘大西洋森林的速度。鐵路使遙遠森林變得可以進入，鼓勵咖啡種植者更快放棄現有的咖啡園，轉而往更深入內陸的原始森林開墾。火車使枕木和充當燃料的木柴需求更大，也使其他產業，特別是煉鐵業者，因為有更充裕的木炭來源而更為欣欣向榮。

　　巴西政府無意願或無能力保護自己土地上的森林，很大一部分是因

為國家貧窮、衰弱，且為地主上層階級所把持。一九三〇年代平民主義政權的建立，使這情勢改觀，一九七〇年代，視森林為取之不盡之資源的觀念開始改變。接著，政府開始致力開闢自然保護區，保護公有地。但破壞森林的步伐只是稍稍減緩。面對社會上懸殊的貧富差距，巴西政府的因應之道是加強經濟發展而非財富重新分配。在這種心態下，森林不是祖傳遺產，不是寶庫，而是「尚未開發利用的資源」。所有動植物的存在，都是為了供人掠奪，從中獲利。平民主義者，乃至左派人士，和保守派一樣鄙視其他物種。他們主張保護自然資源是富國才做得起的奢侈行徑。窮國得更加砍伐，以餵飽快速增加的人口。根本不必操心土地本身資源正要耗盡。

為了開發而砍伐森林，當然不是這時才有。許久以前，稠密的人類新拓居地就是砍伐森林而來的。誠如史學家迪恩所尖刻指出，「對森林史家而言，南美洲是（人類與森林的戰爭中）最最晚近打完的戰場，在那裡，所有倒下的樹屍橫陳在地，仍未埋葬，而勝利者仍在四處走動，擄掠焚燒輜重。」如今，大西洋森林頂多只剩百分之八的林地。人類是否能在這片碩果僅存可供後代子孫使用的森林，在被塞進照料不善的植物園之前，體認到它的價值呢？

2 ｜橡膠大國的興衰

　　一八七六年三月二十八日凌晨，在巴西亞馬遜河邊的聖塔倫（Santarém）港，韋克姆將一批種籽運上駛往輪敦的英國貨船亞馬遜女戰士號（Amazonas）。韋克姆是位足跡遍及世界各地、一生充滿傳奇的貿易商，生性喜歡搶風頭受矚目。據或許有待商榷的史料，他在後來告訴滿心好奇的聽眾，他當著一艘虎視耽耽的巴西炮艇面前，偷偷將這些禁止帶出境的種籽帶上船，然後到了該地區首府貝倫（Belém）海港時，躲過巴西海關官員的檢查。種籽運抵倫敦後，植物學家立即將其栽種於裘園（Kew Gardens，英國皇家植物園）。接下來的事，大部分交由大自然負責——種籽發芽，生出此前只見於南美、中美洲的橡膠樹。裘園長出的橡膠樹，有些移植到馬來亞，後來更移植到東印度群島的其他歐洲人殖民地。第一次世界大戰爆發時，這些殖民地已掌控全球橡膠市場，拉下原來的橡膠生產霸主巴西。

　　靠著他所敘述的這段事蹟，韋克姆替自己贏得英國爵位，招來巴西民族主義人士永無止息的敵意。不管這位英國冒險家的事蹟是否真如他自己所說的那麼驚險刺激，將橡膠帶到大西洋彼岸一事，無疑對世局帶來重大影響，而巴西橡膠帝國的沒落，只是那諸多影響之一。

　　但在一八二〇年蘇格蘭人麥金塔什（Charles Macintosh）發現用於橡膠加工的溶劑之前，在一八三九年美國人古德伊爾（Charles Goodyear）發現硫化法之前，沒有人特別在意橡膠樹長在哪裡。古代的馬雅人和阿

茲特克人已在儀式性比賽裡踢橡膠球，歐洲人也早已注意到橡膠的特殊之處。在麥金塔什、古德伊爾的發現之前，橡膠對天候太敏感，遇熱就融，遇冷變脆。但經過麥金塔什的加工處理和硫化作用，橡膠的不滲水特性使它成為製造雨衣（「麥金塔什」成為雨衣代名詞）、防水鞋套（英語就叫「rubber」）、個人用防水衣物的絕佳材料。不過一直要到十九、二十世紀之交腳踏車風靡一時，鄧洛普（John Dunlop）發明橡膠充氣輪胎，以至後來汽車的問世，才創造出龐大的橡膠需求，進而徹底改變其生產方式，使遙遠異地的人也受其影響。

最初，橡膠增產的速度快不了，無法應付全球的需求，從而使價格飆漲到天價。即使商人想增產，最初也沒有多少橡膠原料可用，因為採集橡膠相當費事。原生橡膠樹不是群生，而是各自孤伶伶地生長在遼闊的亞馬遜雨林裡，不便大量採集。採集工（seringueiro）採集橡膠液，得走數哩遠的山路，因而採集過程緩慢且沒有效率。

增產的方法之一，就是雇請更多採集工。橡膠商人就這麼做，簽約雇請了愈來愈多的個體戶採集工，採集觸角進入愈來愈遙遠的亞馬遜河支流。但採集工難覓。氣候、疾病、過去欠缺值錢自然資源，使得亞馬遜河流域人口稀少。從事這一行的人，有許多是對錢不感興趣或拿錢幹活的原住民。橡膠不管人間事。原住民成了亞馬遜整合進世界經濟過程中的受害者。而印第安文化的最後堡壘，則葬送在這些歐洲化採集工所帶入叢林的疾病或武器之手。較幸運的印第安人，有時遭強徵為採集工，淪為奴隸。倖存者定居在亞馬遜流域裡更偏遠、更與外界隔絕的角落。

但印第安工人是例外。更常見的是來自巴西東北部的受雇橡膠採集工。那個地區氣候乾燥、人口過多、貧窮不堪，一八七八至一八八一年的大旱，加上一八八九年的又一次大旱，餓死數十萬人，數十萬人流離失所。旱災迫使他們進入亞馬遜流域的橡膠森林。叢林裡潛伏著瘧疾和其他熱帶疾病，但迫於飢餓，男、女、小孩不得不冒險進入。

橡膠榮景帶來許多苦難，但也替亞馬遜河流域的一些大城帶來前所

未有的財富。色彩艷麗、令全球人目眩神移的豪宅，雨後春筍般出現在偏處亞馬遜河上游約一千五百公里處的馬瑙斯（Manaus）。但更令人拍案叫絕的建築是裝飾華麗的馬瑙斯歌劇院，開幕當天，請到著名男高音卡羅素（Enrico Caruso）登台獻唱。馬瑙斯這些暴然致富的商人生活極盡豪奢，據說還把衣服送到外地洗，送到巴黎洗。

橡膠榮景所創造的財富，改變了國界線。原本幾乎無人居住且未曾勘察測繪過的廣大熱帶森林，由於具有經濟價值，毗鄰國家開始宣稱為己所有，從而引發領土糾紛。最著名的爭議地區就是橡膠資源豐富的玻利維亞阿克里省（Acre）。由於玻利維亞高原居民不重視阿克里省，玻利維亞政府決定將該地租給美國公司，以謀取該地的利潤。玻國政府幾乎是交出該地主權，以換取租金收入。鄰國的巴西高聲抗議。由於這地區實質上已為巴西人所進占，玻國政府除了撤銷該協議，幾無其他選擇。但這些擅自占地者不以此為滿足，更且占領該地區，宣告獨立。經過短暫交火和外交折衝，該地區併入巴西。

由於韋克姆偷帶種籽出境，巴西這股狂熱興奮的「黑金」追逐潮注定維持不久。東印度群島大面積栽種的橡膠，在歐洲資金的挹注、歐洲植物學家的管理、東南亞豐沛人力的投入下，很快就超越南美的橡膠產量。動用大量勞力採集野生橡膠的巴西，其產量絕敵不過工業化的大種植園。第一、二次世界大戰大大促進了合成橡膠的問世，如今全球所需的橡膠過半由合成橡膠供應。一九六○年時，巴西橡膠產量只占全球產量百分之二，甚至其國內所需的橡膠大部分由進口橡膠或利用石油合成的橡膠供應。

對巴西而言，這樣的發展並非無法釋懷的慘事。如果說世界貿易最終奪走了巴西的橡膠業，世界貿易也為巴西人提供了咖啡、糖、大豆的市場（這些外來作物其實先開了路，讓後來的橡膠得以遵循）。

3 | 得黃金非幸也：
在加州荒陬之地的薩特

　　薩特於一八〇三年生於靠近瑞士邊界的德國境內，原本似乎注定要庸庸碌碌過其一生。他在布料店當小職員，然後結婚，生下四個小孩，安穩過著小康的中產階級生活。但個人的想像力、魅力、雄心、欠缺生意頭腦，終將引領他橫越大洋，然後橫越大陸。

　　為了躲債，他拋妻棄子，前往美國的西大荒（一八三四年時指的是密蘇里）。他靠著自己的歐洲人身分、能操四種語言的本事、「舊世界」的魅力，闖天下。當時西部的毛皮貿易很興盛，他想趁機賺點錢，於是借了錢，帶著貨物，啟程前往聖塔菲（Santa Fe，位於今新墨西哥州，當時仍屬墨西哥）。在這裡，他立下了將跟著他一輩子的行事風格。一名生意夥伴騙走了薩特的貨。但他未打消前往西部冒險的念頭，反倒撇下債主，前往他所聽到人稱加利福尼亞的地方。

　　前往加利福尼亞之後，讓他發現這個墨西哥省分是何等的偏遠又落後，何等多民族雜居的地方。他走陸路前往溫哥華堡（Fort Vancouver，位於今華盛頓州），來到英屬哈德遜灣公司（British Hudson Bay Company）的西岸總部。但加利福尼亞距他仍然遙遠。他等了數星期，搭上了前往夏威夷王國的船，當時，夏威夷王國是太平洋沿岸諸國裡活躍的一員。一路上每停靠一地，他都結交朋友，收集推薦信，然後在下一個港口遞上推薦信。在夏威夷待了四星期，薩特前往阿拉斯加的西特卡省（Sitka，當時為俄羅斯一省）。最後，在離開密蘇里二十一個月後，

他抵達加利福尼亞的蒙特利（Monterrey），在那裡，他雖然有債在身，仍向墨西哥當局獻上推薦信、他個人的豐功偉績，以及他對未來的構想。

這個省當時仍大抵未受人為破壞，有約三十萬的印第安人和一萬五千的墨西哥人，過著近乎自然經濟的生活。沒有郵遞服務，沒有銀行，靠出售牛皮賺錢。但薩特有宏遠的計畫。他未建議開採金礦或發展貿易，反倒建議將加利福尼亞以牛隻畜牧為基礎的小規模經濟，轉化為農、工業。

墨西哥總督擔心附近英國、俄羅斯、美國冒險家覬覦這塊土地，欣然接受薩特的拓殖計畫，贈予他約兩萬公頃的土地，地點位在該省荒無人煙的內陸——沙加緬度河（Sacramento River）邊。薩特根據父親的故鄉，將這殖民地取名為新海爾維第（New Helvitia）。入籍墨西哥前他是美國公民，為化解墨西哥對美國人入侵的疑慮，他決定引進歐洲移民到他的殖民地。薩特著手興建一座大要塞，以抵禦印第安人侵擾，將肥沃的土地化為小麥、豌豆、玉米、菜豆、葡萄的田園。

他還將「文明國家」的服飾引進他的殖民地，利用沙加緬度河興築灌溉、航運設施。他所帶進的工具，有許多來自俄羅斯人所賣給他的羅斯堡（Fort Ross）。薩特成為墨西哥政府的地方大員，他發護照，為新人證婚，分發地契。他是印第安人最倚重的代理人、民兵首領。他所統率的二百二十五名民兵，就是這塊內陸地區的警察，民兵或操英語，或西班牙語，或德語，或洋涇濱莫魁倫南語（Moquelumnan），全部身穿俄羅斯人所遺棄的制服。他所建的圍椿堅不可摧，高五‧四公尺，厚三公尺，圍椿裡擺設了多門火炮，其中一門來自莫斯科，是拿破崙圍攻莫斯科失敗後所留下來的。薩特常被稱作是個拿錢就替人打仗的雇傭兵，但在此，他致力於維持安定和秩序。他打算轄下農地裡的莊稼一茁壯茂盛，就把地賣給殖民者，然後賣商品給他們。他尋求長遠穩健的發展，而非一夜致富。

然而他的目標使自己陷入矛盾處境。他的土地和地位來自他與墨西

哥官員的良好關係。但光靠墨西哥人墾殖他的土地，人力不足，於是他找上當時正大批前來美國的歐洲、夏威夷移民。前來設陷阱捕捉動物以獲取毛皮的美國人也愈來愈多，他們和薩特一樣無意中發現西海岸，但希望快速致富，而非長遠發展。用這批龍蛇混雜的人開闢新殖民地，實在不大可靠。

但薩特未停下腳步。他為轄下的大片麥田建造了磨坊，以便製成麵粉賣給俄羅斯人。他栽種葡萄以釀製葡萄酒和普通燒酒。他在亞美利堅河（American River）邊建造一座木材廠，以為他所打算成立的幾個新殖民地提供原料。

圖 4.1　薩特在加利福尼亞科洛馬一地的木材廠
　　　　（詹姆斯・馬歇爾攝，西元約 1850 年）
來源：Library of Congress

馬歇爾（James Marshall）就在那木材廠發現閃閃發亮的石子。馬歇爾把那些石子拿給薩特看時，這位民兵首領還不確定那是什麼東西。在這之前，他幾乎未想過黃金這東西，待翻閱過他的《大美百科全書》後才得以確認。

但薩特未因此樂昏頭。他明白「這東西是個禍根」，知道黃金會「大大阻撓我的計畫」。他最終體認到，發現黃金鑄下了他失敗的根由。但其實在發現黃金之前，薩特的殖民地就因為美國於一八四八年併吞上加利福尼亞而漸趨瓦解。薩特早料到美國會這麼做，但新政府成立後，薩特的政治權利遭大幅削減，他的土地所有權也大部分遭推翻。薩特極力不讓發現金子的消息外洩，但蜂擁而來的淘金客還是改變了加利福尼亞的面貌。他們擅自住進他的土地，開採他的黃金，屠殺他的牛隻，虐待他的印第安工人。他們推倒他的要塞，導致他不得不放棄該要塞。為取得木材，他們拆除了這堅固的要塞。

薩特有天時、地利的眷顧，且有先見之明，卻不懂審時度勢做出正確判斷。他能在荒無人煙之地殖民興業，卻不懂善用新的商業大勢。身為商人，他照理應懂得善用這些淘金者謀利。但生意夥伴總是更勝他一籌。他被騙走了土地，他所計畫闢建的城市，那個原本會被稱作薩特維爾的城市，由他人動手開發，取名為「沙加緬度」。薩特幾近破產，無比傷心，離開加利福尼亞，前往東方的賓夕法尼亞，在那裡靠著不算豐厚的養老金勉強過活。加州夢破碎，他不會是最後一人。

4 | 加州黃金與世界

馬歇爾帶著一群手下，替薩特在溪流裡建造鋸木廠，從而在溪裡發現黃金。他第一次向手下提及，他認為他已發現黃金時，手下全聳聳肩，不予相信，回頭繼續幹活。第二次提時，所有人皆仔細聆聽；不久，這個名叫加利福尼亞的偏遠聚落，湧進了大批淘金客（馬歇爾發現金子九天後，消息就從墨西哥傳到美國）。

加利福尼亞從一八四八年初只有約一萬五千名非原住民居民，兩年後成為超過十萬人聚居的熱鬧地區，四年後居民更暴增為二十五萬人。舊金山的發跡、興盛，速度一樣驚人。從沉睡在遭遺忘的太平洋岸邊只有八百五十名居民的小聚落，很快即發展成濃粧艷抹的粗魯女士，再發展成有三十多萬新居民的高雅貴婦。這些居民擠居舊金山的山丘上和沿海地區。加利福尼亞的繁榮富裕，大大超過薩特治理時。相較於這些急速繁榮的故事，馬歇爾發現黃金對世界經濟的影響，就較少人知道。而早在好萊塢抓住世人的目光之前，在迪士尼、衝浪客、嘻皮、雅痞之前，「加州夢」就已風靡全世界。

事實上，首先來此淘金的不是美國人，而是外國人。薩特木材廠發現金子的消息傳抵外國人耳裡許久，美國東岸才染上淘金熱。相隔遙遠加上交通不便，使當時的加利福尼亞較接近其他太平洋國家，反而與大西洋岸較疏遠。即使是像卡森（Kit Carson，開拓美國西部的著名人物）這樣大無畏的旅行家，都花了三個月時間才將發現金子的消息從西部帶

到華盛頓特區。在當時,大部分的旅人,不管是坐船繞過南美的合恩角或駕著有篷馬車橫越平原,從美西到美東都要花上比這多一倍的時間。因此,馬歇爾發現金子十個月後,紐約才爆發淘金熱。那時,已有約五千名墨西哥人,從索諾拉(Sonora)徒步橫越沙漠過來。更有數千名智利人、秘魯人,從沿著海岸往南航行欲繞過合恩角的船隻那兒聽到這消息,加入這股淘金熱。夏威夷、大溪地也有數百人前來淘金。誠如檀香山某主編對加利福尼亞的描寫:「如果那不是流著奶與蜜之地,也是充斥著酒與錢之地,而有些人對酒與錢更情有獨鍾。」

　　更遙遠的地區,得知這消息更晚;但就連他們也很快和美東人民一道奔往產金區。在那一年內,三十六艘船載了兩千多名法國人前來(路易·拿破崙希望把境內那些失業而會危及他政權的無產階級,棄置在加利福尼亞的產金區;為此,他開辦全國性彩券以募集資金,最終成功甩掉將近四千名他的子民)。數十名被判流放到澳洲服勞役的英國犯人,也想辦法逃出澳洲抵達舊金山灣,然後在該地組成令人喪膽的黑幫。前往加利福尼亞的各國人裡,除了美國人,就以華人最多。中國雖遠在太平洋彼岸,但這片大洋不是阻礙,反倒是便捷通道。搭快速帆船,三十天就可抵達。五年內,有約四萬名廣東人靠著賒票制(即先賒付船票抵美,然後以在美勞動所得償還欠款的方式)前來。到一八六〇年代,他們是金礦區裡人數最多的民族。從二十五個國家湧來的外國人,總共占了加利福尼亞人口的四分之一。

　　這些淘金客在一八四八至一八六〇年所挖出的黃金,比那之前一百五十年全球所挖出的還多。挖出的黃金很快銷到國外;在那段時期,加利福尼亞人所需要的東西,幾乎全部來自進口,物價是美國東岸的十倍。流出加利福尼亞的所有黃金,扭轉了此前三十年的全球通貨緊縮。錢幣鑄造量增加了五或六倍,進而促成前所未見的國際貿易榮景,世界貿易在一八五〇至一八七〇年間成長了將近兩倍。加利福尼亞的金礦,也為黃金取代白銀,成為世界貨幣的基準金屬,鋪下了黃澄澄的康莊大

道。

　　類似加州這樣原本無人聞問的地區，一轉眼擁有驚人購買力，這種變化也促成了運輸革命。眾所周知，西海岸的誘人財富，大大加快了美國興建大陸橫貫鐵路的速度，一八六九年，東、西分頭興築的鐵路於猶它州的羅根（Logan）相接。但加利福尼亞金礦對海運的影響更為重大。自秘魯銀礦於十八世紀衰落後，南北美洲的太平洋岸即大抵遭排除於世界貿易之外。一年只有一些船來回往返於南美、中美洲的太平洋岸。加利福尼亞發現金礦後，突然間有七家汽輪航運公司連接巴拿馬與紐約、加利福尼亞、南美、西印度群島、歐洲、尼加拉瓜、墨西哥、合恩角（一八五五年巴拿馬開通一條鐵路，將橫越這處地峽的行程縮短到不到五小時）。其他跨美洲的海上航路，運輸量也增加許多。秘魯和智利自此有了加利福尼亞這個市場可外銷其小麥；死氣沉沉的薩爾瓦多也是。更可靠且更便宜的航運，也讓薩爾瓦多、哥斯大黎加、瓜地馬拉西海岸所生產的咖啡，得以開始銷往歐洲和美國東岸。希爾斯兄弟咖啡公司（Hills Brothers）、福杰仕公司（Folgers）開始在舊金山烘焙咖啡。

　　但南美洲外銷暢旺並不全然是件好事。中美洲東海岸港口紛遭棄置。更糟糕的，在這些國家，全因為外銷暢旺導致地價升高，對勞力需求變大，進而助長土地集中在少數人，勞工權利受壓抑，原住民受剝削。薩特木材廠發現黃金，還把美國吸進環太平洋圈。美國船更常冒險進入太平洋，夏威夷成為美國貿易圈裡關係更緊密的一員。再不到五十年，這個島嶼王國就成了美國領土。中國也慢慢提升其與南北美洲的貿易，但外人所垂涎不已的「中國市場」卻一直令人失望。即使是長久以來對外國人心懷疑慮而不願通商貿易的日本，也在一八五四年美國海軍艦長培里（Matthew Calbraith Perry）的逼迫下，對美開港通商。

　　加利福尼亞淘金熱還標誌著美國的國際地位自此將不同以往。美國只保有靠大西洋岸的十三個殖民地時，其目光一直是朝向歐洲，但如今，美國國土橫跨東、西兩岸（譯按：加利福尼亞於一八四八年由墨西哥割

讓美國），其經濟、戰略眼光隨之變寬廣。南美洲突然間變成美國的「後院」，因為它就位在東、西兩岸之間。接著，在中美洲建條運河連接兩洋，就攸關美國的全國整合。赴加州淘金失敗的沃克（William Walker），一八五七年當上尼加拉瓜（建運河穿過中美洲地峽的中意地點之一）總統，隔年離職；再不到五十年後，巴拿馬運河區成為美國領土，將近一個世紀後才歸還巴拿馬。地位猶如巴拿馬運河哨兵的加勒比海地區，也成了攸關美國戰略利益的要地。太平洋（夏威夷、關島、日本）突然間離美國海岸更近，太平洋事務對美國變得至關重要。

事後，馬歇爾或許很後悔未守住發現金子的祕密。他的木材廠無緣實際運轉，薩特的農業帝國遭洶湧而來的淘金客推翻。馬歇爾死時窮困潦倒，薩特在賓夕法尼亞度過餘生。早期定居加利福尼亞的西班牙殖民者後裔逃到加州南部，當地原住民幾乎遭殺光。馬歇爾未建成木材廠，反倒改變了加利福尼亞的面貌，促成世界經濟全然改觀。

5 │黃金城還是荒涼海岸？ 世界史浪潮如何漫過一個偏遠地方？

　　沃爾特・羅利（Walter Raleigh）爵士以將菸草帶到英格蘭和試圖拓殖維吉尼亞而著稱，一五九五年出版《發現遼闊、富裕、美麗的圭亞那帝國，兼敘黃金大城馬諾亞（即西班牙人所謂的埃爾多拉多）》（*The Discovery of the Large, Rich, and Beautiful Empire of Guiana, with a Relation of the Great and Golden City of Manoa〔which the Spaniard Call El Dorado〕*），蔚為轟動。他以深入且驚人詳盡的口吻描述了一個「人口眾多且擁有許多大城、鎮、神廟和財寶」的帝國，該帝國「如今在位的皇帝是偉大的秘魯（印加人）君王之後」。他不只為目睹這些不可思議的財富而雀躍，也為能好好利用他所深信圭亞那提供給他的女王伊莉莎白的機會而雀躍。他寫道，凡是拿下這個地方者，「其功績都將比科特斯在墨西哥或皮薩羅在秘魯（征服阿茲特克人和印加人時）所締造的功績還要大」。「凡是擁有該地的君王，都會擁有比西班牙國王或鄂圖曼蘇丹所擁有的還要多的黃金、更美麗的帝國和更多的城市和人民。」

　　羅利聲名顯赫，既是英格蘭「童貞女王」（Virgin Queen）伊莉莎白的寵臣，又是著名的戰士和探險家，這本書受作者盛名之蔭，出版後大受關注。而對羅利來說，圭亞那是大西洋地緣政治的中心；要打敗西班牙的哈布斯堡帝國，非拿下該地不可。羅利的描述讓人深信不移，於是三十年後，歐洲一部分最有錢的銀行家，奧格斯堡的韋爾瑟家族（Weslers），出資參與德意志人在南美洲（委內瑞拉）的第一場探險，運

去一百五十名德意志礦工，滿心希望能找到黃金城。但我們也應知道，繼伊莉莎白之後出任英王的詹姆斯，沒那麼相信羅利的說法；他最終以海上劫掠的罪名下令處死羅利。而因為圭亞那丟掉項上人頭和個人財富的冒險家，羅利不會是最後一個。

羅利會把圭亞那的赤道熱帶地區幻想成財富橫溢之地，不是因為樂觀，而是出於對天主教徒的無比仇恨。伊莉莎白之前的英格蘭統治者，是信奉天主教的瑪麗女王（她敵人口中的「血腥瑪麗」），差點處死他堅信新教的家族，令他憤恨難消。他懷著這股對天主教徒的強烈怨恨去到愛爾蘭的斯梅里克（Smerwick）戰場，據說他在那裡要手下砍掉六百名西班牙、義大利軍人的人頭。因此，令現代初期許多人浮想聯翩的圭亞那，不只建立在荒誕不稽的謊言上，還建立在宗教敵意上。這將催生出生一個反烏托邦、最終與湯瑪斯·摩爾（Thomas More）的《烏托邦》或伏爾泰《憨第德》（Candide）小說中的黃金城截然相反的殖民地——《烏托邦》和《憨第德》都是以圭亞那為背景的著名短文。羅利和其他歐洲冒險家的初衷，並非想在這個熱帶地區創造財富或開發該地區，而是透過貿易換取那裡的自然財富，不然就是把那些財富搶過來。後來財富被人在種植園創造出來時，真實存在的圭亞那成為世上較慘無人道的地方之一，為期長達一百五十年。

第一批北歐人登陸以從事貿易（而非為了征服該地）時，把這個位於西班牙所擁有的北邊委內瑞拉殖民地和南邊葡屬巴西之間的險惡地區稱作「荒涼海岸」（wild coast）。由於境內有凶猛的半遊牧卡里布人（Caribs）和阿拉瓦克人（Arawaks）、不適人居的地形和高溫、潮濕、多雨的赤道氣候，這塊據說財富遍地的土地根本不適合外人居住。但還是有一些英格蘭人和法國人在這裡建立貿易站。雖然他們不久就失敗撤走，但圭亞那黃金城的夢想未被人完全遺忘。最後，甚至有世上某些最資本主義、最發達的國家想拓殖圭亞那，但大多失敗告終。不過，這個鮮有人知的偏遠區域絕非微不足道。美洲、非洲、歐洲和最終亞洲境內發生

的事，創造了圭亞那地區（Guianas），使這裡成為世上最多元化的地方之一（此地區最終被分割為三個互不相干的殖民地，委內瑞拉和巴西則保住圭亞那高原的其他地方）。

荷蘭人登陸圭亞那，肇因於遙遠異地的力量和事件。為了脫離西班牙國王統治（一五八〇～一六四〇年西班牙國王也統治葡萄牙和葡萄牙的殖民地），荷蘭人在歐洲打了八十年的獨立戰爭，也攻擊南大西洋兩岸的葡萄牙人。一六三〇年他們攻擊巴西的產糖重鎮伯南布哥（Pernambuco），控制該地二十四年；然後他們拿下西非境內數個奴隸貿易港，一六四一年拿下安哥拉的羅安達（Luanda）時聲勢最盛。有幾十年歲月，他們主宰大西洋奴隸貿易，是最大的糖生產者（當時糖是最值錢的外銷商品之一），而阿姆斯特丹則成為歐洲最重要的商業中心和煉糖地。

但荷蘭人分布太廣而陷入勢單力薄之境。他們透過堡壘和海軍，只能控制沿海地區，無法守住他們在西非的大部分港口。對我們要講的故事來說，更為重要的是他們在一六五四年不敵巴西種植園主和葡萄牙士兵造反而被逐出巴西。有些荷蘭人帶著資金去到新阿姆斯特丹（今紐約），其他荷蘭人則在無意間登陸圭亞那海岸，並帶去奴隸、資金和在巴西、西非學得的製糖技術。

荷屬西印度公司，世上最早的跨國公司之一，接管了這個殖民地。該公司董事同意簽署一六六七年布雷達條約（Treaty of Breda）時，心裡想必想著羅利的記述。根據這個條約，荷蘭控制圭亞那一事得到確立，但是以把紐約讓給英格蘭人作為交換。以今日的眼光看，這筆交易對荷蘭人來說似乎不太划算，但在當時卻似乎很上算。在荷屬西印度公司治理下，荷蘭人在海岸附近開闢的出口型種植園繁榮了一百年，但在內陸尋找黃金一事，成果甚少。荷蘭官員在圭亞那監造了數座堡壘，用以防範海盜入侵、打擊原住民阿拉瓦克人和卡里布人，以及防範奴隸造反。然後他們著手逼當地工人和自外輸入的黑奴開築運河和堤壩，用到在歐

洲低地區由大不相同的勞動者掌握的荷蘭工程技術。於是，他們把在熱帶奴隸貿易、在以奴隸為基礎的甘蔗、菸草、可可樹、咖啡種植園、在煉糖方面學到的心得熔於一爐，把以奴隸為勞動力的農業和荷蘭的資本、產權、工程學結合在一塊。這是史上頭一遭把龐大的跨大陸資本用於改造出口農業導向的土地。荷屬西印度公司壟斷此地貿易，提供所有奴隸和船隻。土地分割給私人所有，因此此公司最初掌握了運輸、財務、奴隸販賣和作物最終加工等較無風險的領域，而颶風、洪水災害、植物得病和人們患病的風險，則交給種植園主去擔心。

荷屬西印度公司的荷蘭商人和投資者覺得十八世紀的圭亞那貿易的確如同給了他們一座黃金城，因為奴隸買賣、借款給種植園主、販賣糖、菸草、可可豆、咖啡，讓他們獲利甚大。但隨著時日推移，當某個出口部門急速成長，把資金和勞動力引離無法在國際市場上競爭的其他部門，他們受苦於他們最早一型的「荷蘭病」或「商品咀咒」。荷屬圭亞那境內的種植園主獲利甚豐，於是選擇返回荷蘭，以在外地主的身分經營位在該殖民地的事業，並把熱帶種植園的管理之責交給領班。這些領班也不喜歡那些地處偏遠的種植園，於是往往留在殖民地首府帕拉馬里博（Paramaribo），把種植園交給較無經驗的人管。結果這些種植園變成無底洞。殖民地的債務負擔和不用心於生產，到了一七七三年終於爆出大麻煩，許多種植園主和阿姆斯特丹一些大貿易公司破產；不到二十年，荷屬西印度公司就垮掉了。

圭亞那大起大落，不只肇因於農業生產無效率和金融崩潰，還因為極惡劣的蓄奴制。誠如史學家海爾特・奧斯廷迪（Gert Oostindie）所論述：「這個殖民地成為妄想輕鬆獲利心態的墳場」；它其實是數十萬在此度過短暫痛苦一生之奴隸的墳場。奧斯廷迪還說，「那裡出現一荒謬且殘酷的現象，即種植園既吞噬了奴隸性命，也吞噬了園主的資本。」

在這個荷蘭殖民地，蓄奴之事從一開始就透著些許矛盾，因為具有典型中產階級性格且信喀爾文教派的荷蘭人，乃是最早在母國禁止蓄奴

的歐洲人之一，卻又成為巴西、圭亞那，尤其是加勒比海地區奴隸的主要提供者。在圭亞那的艱苦地理環境裡，奴隸往往認定逃到人煙稀疏的內陸是擺脫嚴厲監工虐待的有效手段。逃走之事在十六世紀就開始出現，一直持續到一八七三年終於廢除蓄奴和契約僕役制才消失。在內陸各地冒出諸多由逃亡奴隸建立的聚落，這些奴隸往往在非洲出生長大，而直至今日，這些聚落仍保有美洲境內大概最原汁原味的非洲習俗和傳統。為了填補失去的奴工，並彌補熱帶病導致的高死亡率，荷蘭人連同他們的殖民地鄰居英國人和法國人，從西非運來四十五萬左右的奴隸，以如此小的地方塞進這麼多奴隸，在世上並不多見。

但荷蘭資本家最終對蓄奴失去興趣。一七九一至一八〇四年的海地革命，結束了美洲最繁榮的奴隸殖民地，令荷蘭資本家膽戰心驚，加上歐洲和北美洲境內主張解放奴隸的團體聲勢日漲，一八二四年，荷蘭人終於停止對圭亞那的大西洋奴隸貿易。當地的經濟因素也促使種植園減少使用奴工。荷屬圭亞那的高死亡率、該殖民地在市場上敵不過位在拉丁美洲和加勒比海地區的更大型熱帶生產者、蘇伊士運河於一八六九年建成後荷蘭人將殖民地資本移到印尼之事，使圭亞那的種植園主改去他地尋找勞動力。廢除蓄奴後，由於運河和蒸汽動力問世，導致運輸成本大降，英屬、荷屬圭亞那的莊園主能從地球另一頭，以低廉的成本運來四十多萬名東印度契約工和人數較少的葡萄牙、中國、爪哇契約工幹活。但那還是不足以解決圭亞那種植園的勞力問題。於是，大地主把名下許多土地賣給他們的工人，因此，如今的農場絕大部分是由家戶持有的小農場，大部分生產供國內消費的東西。上述奴隸和契約工，加上原住民和仍控制內陸大片人煙稀疏地區的逃亡黑奴族群，使荷屬、法屬、英屬圭亞那擁有繽紛多樣的數十種語言、宗教和散居各地的地方社群。

總而言之，即使有世上最資本主義且開發程度名列前茅的幾個國家試圖拓殖圭亞那和利用該地的豐富資源，大部分還是失敗收場。不過，這個少有人知的偏遠地區絕非乏人聞問。哥倫布寫道世界的地理中心在

圭亞那地區附近時，他搞錯了，但從象徵性的角度看，他的看法沒錯，世人的確紛紛來到這個「荒涼海岸」，因為它是四大洲上的事件所造就出來的，而且成為世上最多元化的地方之一。

6 │ 美麗的蟲子

　　過去，家道殷實的荷蘭中產階級市民，圍著餐桌享受豪華大餐時，極自豪於自家餐廳裡所布置的精緻而華麗的裝飾。他們特別喜愛牆上精美的法蘭德斯（比利時）掛毯。這些掛毯以羊毛或絲為材料，手工製成，鑲有銀邊，染上鮮亮的猩紅色和深紅色。掛毯不只表明他們有錢，還表明它們本身的世俗特質：它們是世界貿易的產物。但有兩百年時間，絕大部分歐洲人不知道這些賞心悅目的東西是如何染上顏色。他們知道科特斯征服墨西哥後，神祕染料胭脂蟲紅就已由他帶回西班牙，但他們不大清楚那染料用什麼製成。他們推斷那和其他許多植物性染料一樣，以某種種籽製成。直到十七世紀結束時，義大利化學家才發現根本不是種籽，而是乾掉的昆蟲屍體。這高貴、優雅的掛毯竟布滿昆蟲屍體！

　　墨西哥南部和中美洲的印第安人，當然早知道這點。阿茲特克人就已要求南部的洽帕斯、瓦哈卡（Oaxaca）地區，以胭脂蟲紅為貢品進獻。但啟蒙時代的歐洲人，不可能自貶身分，拿自然科學的問題請教印第安人。因此，歐洲人不知其緣由達兩百年。米斯特克（Mixtec）、馬雅兩文明的印第安生產者，在這方面的了解更勝歐洲人一籌，因而他們將繼續主宰胭脂蟲紅的生產數百年。

　　大部分米斯特克人知道，胭脂蟲紅是以雌性胭脂蟲（Dactylopius coccus）的乾體製成，牠們以生長在局部地區的特定種類胭脂仙人掌（nopal cactus）為食。在野地裡，印第安人從胭脂仙人掌身上拔下這種蟲，浸入熱水裡或丟入爐中。這是費力而繁瑣的工作，因為約七萬個昆

蟲乾體才能製成四百五十公克的胭脂蟲紅。只有雌蟲堪用，但雌蟲與雄蟲的比例是一百五十至兩百比一（真是個雄性吃香的世界！），因此這不是大問題。但尚未交配的雌蟲，顏色更為鮮艷，而牠們在交配季節初期較常見，因而捕捉時機非常重要。

對於家有小孩、其他作物要照料的印第安人而言，在野外四處尋找雌胭脂蟲很費時間，較集約的「栽種」辦法應運而生。首先將作為「種籽」的懷孕胭脂蟲置入用玉米葉製成的袋子裡，再將袋子固定於仙人掌葉上。不久，雌蟲開始繁殖，幼蟲爬出玉米袋，到仙人掌上。約三個月後（視天氣而定），就可以採收。氣候良好的話，一年可採收三次。約五年後就得另覓或另植胭脂仙人掌，因為這時宿主仙人掌已遭這些食客吃光。這作法過去人稱為「播種」、「採收」農業，但事實上是牲畜養殖業（飼養者擁有的是一群昆蟲，而非可用來表演娛人的馬戲團跳蚤）。

但這種家畜身軀如此嬌小，意味著其對社會的影響大不同於養牛的影響。以草為食的牛，通常導致土地集中於歐洲殖民者之手，歐洲人將印第安人趕離家園，留下人煙稀疏的牧草地，相對的，養一群胭脂蟲，可想而

圖 4.2　早期的胭脂蟲養殖插圖
來源：來自關於新西班牙和秘魯數個天主教區之歷史、組織、地位的報告，1620-1649 年。

知，占不了什麼空間。因此，飼養胭脂蟲未大幅影響其他活動或作息安排。事實上，胭脂仙人掌通常與玉米、菜豆之類食用作物混種在一塊。它們往往栽種於宅院裡。在瓜地馬拉的前首都，即後來毀於火山爆發的安提瓜（Antigua），胭脂蟲飼養於原是高雅屋子和牲廄的廢墟裡。

印第安人社會未受害於胭脂蟲的飼養，甚至有時還因之更形鞏固。他們的經濟不成規模，小塊土地生產的染料，品質往往優於欠缺人力、疏於照顧的大塊土地所生產者。此外，這是風險很大的行業，需要相當的專門技術。胭脂仙人掌和氣候都要對，才能長出胭脂蟲。即使如此，不合季節的大雨或蝗蟲也能毀掉這些小蟲。「栽種」工作要伸長脖子，且單調、費力，因而只有少數西班牙人想到要去查明印第安人這門行業的祕密，從而讓印第安人得以繼續掌控這一前哥倫布時期的本土作物。胭脂蟲貿易的興盛時期，大部分期間，西班牙殖民者只負責收繳這種昆蟲貢品。殖民晚期，為擴大產量，有時施行貨物攤派制（reparto de mercancías），亦即政府官員，乃至有時教會人員，強迫印第安人購買貨物，印第安人得拿胭脂蟲來購買往往不需要的東西。事實上，這種昆蟲不只可以賣錢，本身還充當錢。

獨立後，官方的壓榨正式結束，這時，只有在少數地方，印第安人喪失對這「產業」的掌控。印第安人通常租村子共有地種植胭脂仙人掌，因此收入有很大部分流入村子的財庫，供舉行集體慶祝、建設公共建築之用。只有在一些地方，由歐洲化的混血兒侵占土地，掌控生產。在拉丁美洲，可可、橡膠、赫納昆葉纖維之類本土作物只要增加輸出，幾乎都導致印第安人淪為刀俎上的魚肉，陷入貧困。只有在極少數本土作物上，印第安人得以繼續掌控，胭脂蟲就是其中之一，而這全拜這一行工作極費力、收成好壞難測、需要專門採收技術所賜。

因此，歐洲許多最上等的垂簾、絲織品、掛毯，全賴墨西哥、瓜地馬拉、後來秘魯的印第安人，才得以擁有那令人目眩神移的猩紅、深紅。名噪一時的英國兵所穿在身上的紅色短上衣，就是用胭脂蟲紅染色，真

圖 4.3　胭脂蟲養殖插圖
來源：來自 José Antonio de Alzate y Ramírez 談穀物性質、文化與好處的報告，
　　　1777 年。

實生活中的海絲特・白蘭（Hester Prynnes，譯按：霍桑小說《紅字》的
女主人公，因遭指控犯通姦罪而被罰在胸前佩戴著紅色字母「A」，站在
刑台上示眾），佩戴於胸前的猩紅色字母，也是用這種染料畫上。

　　印第安人壟斷胭脂蟲的生產長達四百年，未遭世界經濟所打破。
一八五〇年代後，德國、英國化學家發明苯胺染料，取代了胭脂蟲紅。
這種染料最初不如天然染料鮮艷且較易褪色，但生產成本較低，可以大
量生產，滿足了當時棉織品革命的需求。消過毒的工廠取代昆蟲的採集。
風光一時的胭脂蟲，自此退出世界經濟舞台。她犧牲自己艷麗搶眼的身
軀，被從仙人掌林立的美洲鄉下，帶進阿姆斯特丹和其他歐洲大城有錢
人家的飯廳。工業製造的新染料變得和胭脂蟲紅一樣鮮艷，卻沒有牠們
那樣多彩多姿的故事。

7 | 如何點石成金：
鳥糞的短暫風光

　　這一篇講述的是飢餓但富裕的歐洲人，如何將地球另一端偏僻荒涼島嶼上堆積如山的鳥糞，化為一堆堆黃金，以及這暴發的財富如何釀成災難。

　　秘魯沿海的欽查群島（Chincha islands），是散落在太平洋上荒涼不毛的蕞爾小島，因不下雨，島上不適人居，成為鸕鶿、鵜鶘等鳥類的天堂。群島周邊海域受惠於寒冷的洪堡（Humboldt）潮流，魚類非常豐富，從而替這些鳥提供豐富食物，鳥群繁殖興盛。鸕鶿以鯷為食，沒有天敵，在欽查群島上過著安樂舒服的日子，放眼望去，每個島上幾乎鋪了一層羽毛地毯，鳥群密度高達每平方公里約兩百二十萬隻。如此密集的鳥群，不只產生震天作響的喧鬧聲，還堆積出數百呎厚的糞堆。鳥糞一代代累積，也因為不下雨，鳥糞愈堆愈高。

　　島上雖無人居，但人類知道島上有鳥糞堆。事實上，印加人還替它取名「瓦努（huanu）」，意為糞便。後來，huanu遭訛誤為guano（英語「鳥糞」），成為少數仍在英語裡通行的蓋丘亞語（Quechua）之一。

　　農業技術高超的印加人，使用鳥糞替沿海谷地裡的農田施肥，以生產糧食餵飽稠密的印加人口。但西班牙人征服此地後，使用鳥糞的習慣中斷。印第安人不敵外來疾病的摧殘，人口銳減，加以倖存者退居到偏遠而無法運送鳥糞上山的安地斯山區，鳥糞的需求幾乎停擺。人數不多的西班牙，坐擁最肥沃的土地，光靠他們所引進的牛隻糞便，就已足夠

施肥，再不需其他肥料。但鸕鶿繼續施展牠們的神奇戲法，群島上的財寶與日俱增。

西班牙人征服三百年後，一八三〇年代末期，世界再度體認到鳥糞的神奇價值。歐洲激增的人口，使其農業生產漸不敷需求。都市化，邊遠地區開發完畢且開始將觸角擴及貧瘠地區，人民愈來愈富裕，代表糧食需求更甚於以往，但能滿足該需求的自然資源卻較以往少。

飢餓和科學引領歐洲人找上鳥糞。直到十八世紀結束時，歐洲科學家才了解植物從哪裡攝取養分；一八三四年布森戈（Jean Baptiste Boussingault）首度進行這方面的實地實驗，而要到一八四〇年，才由李比希（Justus von Liebig）證實植物從腐殖質攝取養分。除了糞便、石灰這兩種使用久遠的肥料，農業學家開始試驗其他可補強土壤肥沃的東西。

當然，光靠需求、了解，不足以促成秘魯鳥糞為人所利用，還需要實際可行的輔助條件。從半個地球外運來肥料，有賴於運輸革命，才符合經濟益。帆船變得更大、更快，汽輪於一八四〇年代起開始嶄露頭角，港口設施變得更有效率，鳥糞的陸路運輸多了鐵路這個新利器，這種種因素大大降低了運輸成本。

獨立後的秘魯陷入長達二十年的內戰，加以喪失境內大部分銀礦，國家風雨飄搖，突然間，因為鳥糞，變得有錢。鳥糞突然變值錢，簡直就像是撿到一大袋黃金，因為鳥糞得來幾乎不費成本。

想像有這麼一個大老闆眼中的超完美員工：他不需要老闆供他吃的，因為他會自己獵食，不需要供他住的，因為他就喜歡住在戶外，甚至他在覓食或休閒時仍繼續生產。他從不放假，不需要工具或機器。這員工本身其實就是工廠。他自己找原料，免費取得的原料，將原料運送、加工處理後交出產品，然後站到一旁讓人取走產品，不收分文。除了數千萬個鸕鶿工人兼工廠，鳥糞貿易只需要約一千到一千六百名人力。中國、玻里尼西亞的契約僕役和秘魯罪犯，將令人熱得發昏的鳥糞鏟進等著裝運的船上，然後幾乎原封不動，轉運到歐洲農田。

最初，鳥糞貿易，秘魯幾乎插不上手。英國的吉布斯（Gibbs）家族贏得獨家合約，立約雇用英國船隻，對外銷售鳥糞，主要行銷地是法國、英格蘭、美國南部。在美國南部，鳥糞用在蕪菁、穀物、菸草之類的作物上。

令人驚奇的，在這個大英帝國稱雄的時代，弱國秘魯竟能維持對鳥糞貿易的壟斷，甚至一度將特許開採權授予秘魯一家民間公司。史學家杭特（Shane Hunt）估計，最終銷售價的百分之六十五至七十，歸屬秘魯政府所有；那是船上交貨價格的一倍多。

不久，秘魯就有了豐厚收益。這些收入讓秘魯得以廢除不利資本主義的障礙（例如人頭稅、進口關稅、奴隸制），且得以償付外債。這些新財富有一部分促成北部沿海地帶興起新甘蔗園，使工資漲了百分之五十。

不幸的是，這天外飛來的橫財也導致今日所謂的「荷蘭病」。秘魯貨幣升值促成大量進口，促成本地工匠和製造業者失業，促成大興土木建設堂皇建築。政府官員深知鳥糞因輸出而流失的速度（一八五六年達到五萬噸的巨量），遠超過鸕鶿攝食和排洩的填補速度，因此，他們設法利用這筆橫財（或者可以說「天上掉下來的錢」）發展多元經濟，壯大經濟，以為不久後就會降臨的那一天，即鳥糞挖光的那天，預作準備。

秘魯政府以鳥糞礦為擔保品（史上最奇特的擔保品之一），迅速向歐洲貸款，浩大的鐵路建設工程於是展開。史學家古騰堡（Paul Gootenberg）認為，這些措施最終雖以失敗收場，但不失為眼光宏遠，其他史學家則指秘魯官員愚昧、欺偽。無論哪種說法為真，因為鳥糞帶來的財富，秘魯成為拉丁美洲最大的債務國，並使秘魯在一八七六年宣布不履行債務，也就是古騰堡所謂「影響極其深遠的不履行債務」。

容易開採的鳥糞礦挖得差不多後，歐洲人轉而求助於另一種氮肥來源，即硝酸鹽。正好就在這時，在秘魯和智利之間，當時屬於玻利維亞的地區，發現蘊藏量最豐的硝酸鹽礦床。最初這似乎又是一筆天上

掉下的橫財，最後卻衍生出又一場悲劇。三國為爭奪這富含硝酸鹽的土地，兵戎相見，爆發慘烈的太平洋戰爭（War of the Pacific，一八七九～一八八三）。秘魯不只輸掉戰爭，還喪失南部領土和硝酸鹽礦區。

鳥糞島嶼的過度開採，硝酸鹽之類的替代品出現，以及最終化肥的問世，終結了鳥糞的黃金時代。如今，秘魯人得比以往賣力許多，以將魚變成黃金；他們捕魚，加工製成魚粉，但魚粉不當肥料，而是充當牲畜的副食品。鸕鶿，使廢物變黃金、使秘魯驟然致富的英雄，失了業。

世界經濟把廢物變成財富，不幸的，在相當大的程度上，人類浪費了這財富。

8 │ 夏威夷如何成為美國第五十州？

　　蔗糖、一名德裔食品雜貨商、沙加緬度河的黃金、共和黨的保護性關稅，如何使玻里尼西亞的一處天堂，變成美國星條旗上的第五十顆星星？一七七八年庫克船長（Captain Cook）替夏威夷群島取了桑維奇群島（Sandwich Islands）這個乏味而不恰當的名字，但在這之前，遠離世界貿易路線的夏威夷群島，雖沒沒無聞，卻已是繁榮富裕之地。這位英國船長將夏威夷王國慢慢帶入世界經濟，但外界幾不需要他們的主要產品麵包果和檀木，而夏威夷人也少有東西有求於外。改變的動力將來自美洲，而非歐洲。

　　加利福尼亞沙加緬度河發現黃金，替美國西海岸帶來數萬消費者，也引來賣東西給他們的商人。其中有位新近到來者是個德國移民，名叫史普雷克斯（Claus Spreckels），於一八四六年來到南卡羅萊納。他在查爾斯頓（Charleston）一家食品雜貨店苦幹實幹，最終買下該家店鋪，數年後，因為更大的抱負，他來到紐約，在這裡，他的新食品雜貨店生意一樣興隆。「黃金州」加利福尼亞的無限機會令他憧憬，於是他在一八五六年搭船抵達舊金山，欲從礦工身上賺錢。

　　史普雷克斯不是那種小有成就就滿足的人，他要賺十足的大錢，於是靠著做買賣賺了一些年的錢之後，他把事業擴及煉糖。他的總公司設在西海岸，貨源自然轉向太平洋地區的蔗糖生產者，而非加勒比海、路易斯安納這兩處美國歷來取得蔗糖的地方。

於是，夏威夷那些新教徒傳教士的後裔（比其先民更關注現世福祉的後裔），開始種植甘蔗以滿足新需求。甘蔗改變了這群島的面貌。外國人（美國人居多）開始大批購買土地以闢為甘蔗園。庫克船長首次來到這王國時，原住民有約三十萬人，但一百年後已減為五萬人。由中國引進的契約工，人數很快就超越原住民。

　　一八七六年，美國與夏威夷簽署貿易互惠條約，賦予夏威夷蔗糖在美國市場享有優惠地位之後，這一轉變速度加快。夏威夷的蔗糖產量在接下來二十年裡，暴增將近十九倍；且幾乎全輸往美國。二十五年的蔗糖榮景，使美國人掌控了夏威夷八成的甘蔗園，原住民人口降為三萬五千人。原住民在自己家園反倒成為異鄉客，因為他們既不擁有土地（美國人掌控了蔗糖生產，華人掌控了稻米，葡萄牙人掌控了牛），也未擁有在夏威夷繁榮糖業裡發達起來的公司；甚至沒在甘蔗園裡工作。

　　史普雷克斯一手促成這其中大部分的成長。在茂伊島，他開闢出世界最大面積之一的甘蔗園，掌控該島大部分的灌溉設施和碼頭，立電燈，設大工廠，鋪設鐵軌。他與夏威夷王國最大的出口商合作，夏威夷許多蔗糖的生產都靠他的資金。然後，他所經營的史普雷克斯海洋航運公司（Spreckels Oceanic Line），將他旗下的糖和其他種植園主的糖運到加利福尼亞，由他的煉糖廠完成最後的加工手續。為保高枕無憂，他成為國王卡拉考阿（Kalakaua）的主要銀行家，夏威夷王廷裡最舉足輕重的人物之一。

　　這位國王對美國人很友善。一八七四年，他成為首位拜訪美國的夏威夷在位國王，在紐約轟動一時。但與國王卡拉考阿鬧翻後，史普雷克斯的政治勢力和經濟帝國隨之岌岌可危。傳說史普雷克斯和國王、兩位來訪的海軍將領玩夏威夷紙牌遊戲，在牌桌上，史普雷克斯吹噓如果玩的是撲克牌，他手上的牌（三張老K和兩張較小的牌）會贏。握有三張A的英國海軍將領不以為然，但史普雷克斯不為所動，聲稱他有四張老K所以會贏。有人問他「哪來第四張老K？」史普雷克斯大言不慚回答，

「我就是那第四個老 K（譯按：老 K 的英文 king 意為「國王」）。」食品雜貨商出身的史普雷克斯如此狂妄，讓國王卡拉考阿大為不悅，當場離席，開始密謀削弱美國的影響力。他的第一步是在一八八六年，在倫敦（日益關注這群島的歐洲重鎮之一），籌募到一筆貸款。

倫敦貸款令史普雷克斯憂心。更令他寢食難安的是，美國於一八九〇年施行麥金利稅則（McKinley tariff）所帶來的影響。為促進與拉丁美洲、歐洲的貿易，這一關稅法明定，凡是簽署貿易條約者，都可享有蔗糖免關稅待遇。這協議形同剝奪夏威夷原享有的優惠地位。更糟的是，國王卡拉考阿不願接受美國針對互惠條約所設定的嚴苛條款。美國總統哈里遜實際上想將夏威夷王國納為受保護國，將珍珠港據為己有。不簽這貿易條約，茂伊島的蔗糖將因高關稅而被排除在美國市場之外。

惟一的另一條出路就是併入美國。如果夏威夷併入美國，甘蔗園主將不只享有蔗糖進入美國的免關稅待遇，還將可透過協助路易斯安那甘蔗園主，大發一筆意外之財。

令人意外的是，大部分甘蔗園主起初並不願併入美國。他們擔心美國人的種族歧視觀念，將阻止華工移入夏威夷，一如在加利福尼亞所發生的情形。史普雷克斯之類的煉糖業者，擔心併入美國將促成煉糖廠在夏威夷群島上的出現，從而打破他們在美國西海岸所經營煉糖廠的獨占地位。

但一八九一年，民族意識濃烈而意志堅定的女王利留卡拉尼（Liliuokalani）繼承王位後，居人口少數的外籍甘蔗園主一反初衷，轉而同意併入美國。夏威夷王國八至九成的財富掌控在一小撮外國人手中，但在選舉制度下，原住民仍占選民絕大多數。甘蔗園主擔心女王會和其本土子民站在同一邊，削弱糖業鉅子統治集團的勢力。於是兼併派和美國領事史蒂芬斯（Edwin Stevens）合謀，安排在境內發動政變的同時，讓美國海軍陸戰隊和水兵登陸。女王遭推翻，其間幾無流血。新政府由多爾（Sanford Dole）領導，這位身為傳教士之子暨夏威夷糖業大王詹姆斯·

多爾（James Dole）堂哥的統治者，上台後致力於併入美國。

　　最初，兼併一事遭強烈反對。歐胡島上的保皇派揚言要取史普雷克斯性命。他們在這位糖業大王的檀香山豪宅上，貼上寫有鮮紅文字的告示：「金和銀阻擋不了鉛」。在美國，也爆發反帝國主義的聲浪，而總統克利夫蘭以那場政變係由小撮人士推動為由，拒絕兼併夏威夷群島時，就注意到國內這股民意。

　　但四年後的一八九八年，美國總統麥金利（William McKinley）還是將夏威夷併入美國版圖。誠如《民族》（*The Nation*）雜誌所指控的，兼併夏威夷是「兼併糖，是為了糖，是透過糖」。

9 ｜牛如何吃掉牛仔

　　首先，阿根廷有綿延數百哩，遼闊、肥沃、無樹的大草原，即所謂的彭巴大草原。然後來了欲尋找貴金屬的西班牙征服者探險隊。他們未在這塊土地上找到值錢東西，但走時留下一些牛，從而在日後替阿根廷帶來財富。這些牛在此沒有天敵，又有享用不盡的牧草地，繁衍速度驚人。但彭巴大草原上的西班牙人，人口成長緩慢。彭巴不產金、銀，但有為數不少帶敵意而難馴服的游牧民族，因而不受西班牙人青睞。一直到十九世紀，彭巴仍是未開發的邊遠地區，原住民和少數西班牙人在此爭奪地盤，數目有增無減的牛群成為這廣闊大地的主宰。

　　這片土地孕育出名為「加烏喬牧人」的阿根廷牛仔。如果說有哪個族群係因其所從事的工作而誕生，那肯定是混血的加烏喬牧民。他們在彭巴大草原上騎馬放牧牛隻，後面還牽著一串馬匹，四處遊走如吉普賽人。他們幾乎時時騎在馬上，雙腿因而彎成弓形，工作簡直形塑了他們的外形；他們自給自足，除了牛肉，幾乎不吃別的東西。如今，加烏喬牧民在阿根廷民族神話裡的地位，一如牛仔在美國的地位，充滿浪漫傳奇。加烏喬牧民是個人主義、豪放不羈、陽剛氣魄的象徵，成為阿根廷精神的典範。

　　但在十九世紀時，外來者和阿根廷上層人士瞧不起他們，認為他們懶惰、散漫、「半馬半人」。精湛的騎術，使他們令人既敬畏又鄙視。曾有位訪客記述道，「在某些方面，他們是世上最有效率的騎士，要他們下

馬，他們就成了廢物，因為他們幾乎不會走路。」

加烏喬牧民幾乎事事都在馬上完成，包括洗澡、釣魚、做彌撒、汲水、乞討都是。他們甚至讓靴子前頭開口，讓腳趾頭伸出，以更能牢牢抓住馬鐙。這種靴子在地面上相對較不管用。

但在十九世紀下半葉之前，彭巴大草原需要的是騎馬人，而非苦力。牧牛業者基本上是個有組織的狩獵隊。半野放的牛徜徉在遼闊而毫無圍籬的牧場上，有些牧場廣達三十二萬公頃，牛隻大部分任其自行覓食。在這個人煙稀疏的未開發地區，不動產大抵上是個無意義的法律名詞。牧場主不像是農業實業家，說是個商人反倒更貼切得多。牧場主對牧牛業的惟一貢獻，就是提供加烏喬牧民所珍視的一些東西，例如菸草、瑪黛茶、酒、糖，以換取加烏喬牧民獵殺屠宰牛隻後的牛體和牛皮。

生產方式由加烏喬牧民自己作主，他們不受管轄，自由自在。在這種體制下，品質不受重視；生牛肉若要運往歐洲，還未抵達目的地，早已在船上腐敗掉，而阿根廷境內牛群如此眾多，人口如此稀少，基本上無國內市場可言。只有在鹽醃房處理過的條狀牛肉乾，才能出口（當地人稱這種牛肉乾為「xarquerias」，後經訛誤，成為英語裡的「jerky」）。但這種牛肉的品質非常差，主要消費者是巴西、古巴那些幾無權決定自己吃什麼的奴隸，而這市場不大。事實上，大部分屠宰後的牛體留在彭巴大草原任其腐爛；加烏喬牧民只割下牛舌吃，剝下牛皮出口。每隻牛的獲利當然很低，但成本幾乎是零。

十九世紀時，加烏喬牧民開始慢慢失去其生活方式和自由。脫離西班牙的獨立運動，漫長而慘烈，不知伊於胡底，許多地方軍閥乘勢崛起。殺伐頻仍而猖獗。加烏喬牧民騎術精湛，又善使套索、小刀、流星錘，自然成為絕佳的戰鬥工具。但這些阿根廷牛仔是不折不扣的與世無爭之民，不大關心什麼忠黨愛國之事，因而只能強行徵召入伍。各地方首長開始發行通行證，以限制他們的活動範圍，且頒行流浪罪，強迫未受雇於牧場的加烏喬人入伍。不過摧毀加烏喬牧民生活方式的罪魁禍首，乃

是歐洲人對牛肉的渴求。說來諷刺，牧牛業的成長，到頭來反倒導致加烏喬牧民的式微。

　　阿根廷之所以成為全球前幾大的肉品輸出國，得益於幾項因素。首先，日益都市化的歐洲，牛肉需求增加。其次，汽輪使跨大西洋航運更快速、更可靠，且因載貨量較大，貨運費降低。

　　牛可以活生生運到歐洲，但那仍有風險，且成本高。這時出現了一大突破，亦即十九世紀神奇食物之一的李比希肉汁（Liebig Meat Extract）。牛肉汁使原本難以吃到肉的歐洲數萬戶窮人家得以一嘗牛肉的美味。

　　但更革命性的突破，乃是芝加哥一地正進行的冷凍火車車廂實驗。冷藏設備應用於船上，可以將大量屠宰完畢的牛體或冷牛肉、冷凍牛肉運到大西洋彼岸。冷藏船（frigorífico）於十九世紀最後二十年大量出現，

圖 4.4　阿根廷加烏喬牧人照
（西元 1868 年）
來源：Library of Congress

二十世紀初更得到改良。

　　但要利用這新科技，阿根廷得改善牲畜品質。極適應彭巴大草原天然環境的克里奧耳牛（creole cattle）不再受青睞，牧場主開始進口較胖較肥的歐洲短角牛。為使選擇性育種萬無一失，他們在大草原上架起圍籬。

　　這些圍籬圈出一道道具體的邊界，最後終結了加烏喬牧民的生活方式。圍籬具體標明了土地的所有權。投資改良牛群的牧場主，開始更關心替自己的牛隻烙印以防止牛隻遭竊（在加烏喬人眼中，這不叫偷牛，只是狩獵）。愈來愈多加烏喬人成為牧場的契約工，行動自由遭到限制。在牧場當流動工人，變得形同犯法，隨時可能被拉去當兵和下獄。

　　一度稱雄於平原上的加烏喬牧民，如今反倒成為平原上最低賤的人。一九〇四年一名觀察者以懊悔口吻說道：

　　「可憐的克里奧耳人已完全忘記自己有權擁有土地，而把土地視為權貴人物的世襲財產，從而只能當個士兵、牧場工人或偷牛賊，百無聊賴度過一生。」

　　而且牧場工人的需求愈來愈少：一個人帶著一隻牧犬，在封閉的牧場內，抵得過四、五個人在開放牧場上的工作量。彭巴大草原部分地區開始充斥著對加烏喬人傷害甚大的東西：綿羊。大部分加烏喬牧民只能找到兼職工作。

　　後來，牧場主基於苜蓿草地的需求，開始將轄下部分土地，按盈虧分攤的原則，租給農民，以讓農民整治土地種植苜蓿，加烏喬人的處境雪加上霜。牧場主深信「徒步行走的加烏喬人只適合幹堆集糞肥的工作」，於是從義大利、西班牙召募移民前來開墾彭巴大草原，加烏喬人的地位更加邊緣化。隨著牧牛業發達，肥胖溫馴的牛群充塞鄉間，加烏喬人成為昨日黃花。餵養肉牛的需求，讓加烏喬人失去了自由，最終走進歷史。牛就是這樣最終吃掉了牛仔。

10 │ 世界貿易的混沌效應

混沌理論認為，亞馬遜流域一隻蝴蝶拍動其纖纖翅膀，能造成印度的季風，也就是說，行動可能帶給遠處完全意想不到的後果。美國的小麥農就是如此。他們以最現代化的機械設備開墾中西部，在無意中，在不知情下，使墨西哥熱帶地區的馬雅印第安人，淪入殘酷古老奴隸制的掌控。

芝加哥周邊的「大西部」於十九世紀遭征服，開墾為田地，當時，拓殖者發現這處平坦無樹的遼闊草原是種植穀物的絕佳地點。雨量豐沛時，這塊處女地的作物產量驚人。但要將豐收的物產運到東海岸或海外的城市消費者手上，仍是一大難題，要到鐵路網和運河將位於大湖區、密西西比河流域和更西邊地區的零散農田連接起來，這問題才解決。

美國大西部的農業，幾乎從一開始就走資本主義路子。土地由大型土地公司勘測過後，以至少一百六十英畝為單位分割成無數塊一一賣出，那些公司並放款給外地來的開墾者。這些揹負債務的農民得將收成賣到市場，以支付債務的利息。為此，他們想方設法增加收成，利潤掛帥。世上第一個大宗商品市場和第一個期貨市場，都在芝加哥誕生，也就絕非偶然。這些資本主義農民理解到，土地如此肥沃又相對較便宜，因此，開墾的土地愈多，獲利就愈大。

問題在於人力。由於土地充足又易取得，在這人煙稀少的未開發地區，要說服人替別人幹活耕種，即使祭出還不錯的工資，都很難，畢

竟取得土地那麼容易，誰不想當自耕農。機器解決了人力瓶頸的問題。麥科米克（Cyrus McCormick）將他所發明的收割機引進芝加哥，並在一八四七年在該地開設工廠。他的公司進一步改良該收割機；穀物產量跟著收割機銷售量一起提高。

但光有收割機還不夠。要將割下的穀物捆紮成束，送到脫殼器脫殼，仍需要大量人力，特別是小麥收割又那麼迅速。另一位發明家亞伯比（John Appleby）解決了這個問題。他於一八七八年發明了機械式紮捆器，進而促成割捆機的誕生。這種匠心獨具的機器，能將割下來的穀物集攏、捆紮、裝載運走。從此，只要兩個人操作這機器，一天就能收割十四畝田。於是，美國的家庭自耕農花錢購買這省力機器降低生產成本，為美國東部和歐洲的飢餓人口提供便宜的糧食。

數千哩外的小農，因為這位美國中西部穀物農業實業家，在現代農耕技術上的新發明，陷入更窮困的境地，但這樣的後果，他本人完全不知。割捆機要能運轉，有賴於低成本捆紮繩源源不斷的供應，而最有能力供應捆紮繩的地方，乃是墨西哥的猶加敦半島。

猶加敦半島相當乾燥而貧瘠，自從馬雅帝國覆滅後，七百年來這地方一直是苦難連連。作為墨西哥偏遠落後的一州，境內只盛產仙人掌和窮人。但這裡的仙人掌叫赫納昆，赫納昆葉的纖維極適於製成捆紮繩，當地的有地上層階級隨之看到了商機。

亞伯比發明割捆機的十年後，赫納昆葉纖維的出口量成長了將近五倍。赫納昆葉纖維是世上最先進之一的農耕機器所不可或缺的原料，但這原料的生產方式卻非常落伍。男女小孩揮舞大砍刀砍下赫納昆葉，裝上手推車，然後推著重重的手推車到簡陋的去皮機那裡，將纖維與肉質部分開。除了用以運出這吃重產品的鐵路支線，幾未用到現代科技。

數萬名當地馬雅印第安人，或因為要以勞役抵債，或因為遭威脅要徵召入伍，被迫從事這吃力工作。其他馬雅印第安人則遭種植園主奪去土地；失去土地後，他們就只能在種植園裡工作。有時，工人像奴隸一

樣被一個種植園賣到另一個，他們的小孩則被迫繼續當奴工，以償還父母的債務，如此一代又一代，永遠不能翻身。北美小麥的大豐收，反倒使失去玉米田的馬雅人挨餓。

最慘無人道的奴役情事，發生在墨西哥北部索諾拉州的雅基族（Yaqui）印第安人。他們與有意仿效美國中西部農民的墨西哥農民發生土地糾紛，隨之遭墨西哥軍隊追捕，然後上銬押送到猶加敦半島的赫納昆田。

靠赫納昆葉纖維大發橫財的「神聖階級」，高居統治階層，建造豪宅，美化首府梅里達（Mérida）。他們宣稱藉由供應國際收割機公司（International Harvester）所迫切需要的捆紮繩，神聖階級促進了猶加敦半島的發展（該公司是世上最大的農具製造商，前身即麥科米克公司）。但緯度不同，差別竟如此大。

猶加敦半島和美國中西部，因為赫納昆葉纖維所製成的臍帶而緊密結合在一塊，但分處臍帶兩端的母子，際遇差殊卻如天壤。美國中西部機械化、資本主義式家族農場，加上其省力的機器和領工資的工人，在猶加敦半島，催生出倚賴原始工具和大量強制勞力的大種植園。小麥使新來的拓荒者普遍擁有了土地，赫納昆葉纖維則使馬雅人失去他們自遠古就已居住其上的土地。割捆機在美國中西部所省下的人力，卻在熱帶地區給消耗掉。世界貿易的蝴蝶拍動翅膀時，結果往往難預料，甚至與人的預期正好相反。

11 | 科學農業在中國

　　美國建國後的頭一百年，科技的輸入遠超過輸出。事實上，那時的美國往往偷取別人的技術，特別是英國的技術。但到了一九○○年，情形改觀，美國人開始輸出「美式精巧發明」，以贏取威望和利潤。

　　技術輸出在農業上特別大有可為，因為美國已利用其農業技術，使自己成為全球農業的龍頭。歐洲人擴展農業往往只限於自己帝國內，例如英國人偷到橡膠樹和茶樹後，將它們種在自己所較能掌控的地方，但美國人有心將較好的農耕技術傳到每個地方。

　　特別值得一提的，致力於推廣科學農業的志工，將改革對象轉向中國，特別是中國初興的棉業。第一次世界大戰期間，歐、美列強忙於戰事，放鬆了對中國的紡織品傾銷，給了中國紡織工業發展良機，機械化紡織廠出現於上海、天津、青島。最初，這些紡織廠大部分倚賴進口棉花（印度、美國棉花居多），因為中國雖是世上最大的棉花產國之一，但本土棉纖維太短，無法用於機器紡紗。因此，隨著中國紡織業者轉而使用機器紡的棉線，供應原棉給手工紡紗業者的中國農民，在市場上節節敗退。

　　中國政府隨之介入。官方在華北、華中試種北美種棉花成功，有些美國種棉花（Trice, Alcala, Lone Star）在這裡長得比本土種更好，每英畝產量（以重量計）多三成。現代紡織廠能將美國種棉花紡成紗，於是這種棉花的每磅售價比本土種貴上兩成。此外，還有一個見不到的好處：

美國棉在黃河附近的砂質荒地上，在原本只有種罌粟這種作物才能獲利的地方，都生長良好。

除了供應中國國內市場，這種棉花的外銷潛力也很大；它在中國的栽種成本，比在美國約低了兩成。這吸引到日本大阪紡織廠業者的注意。一九二〇年，他們找上正計畫為華北某水力工程提供融資的日本興業銀行，要求該銀行務必使這工程所取得的新生地種植美國棉。

不久，一批美國科學農業志工和農經學家，中國紡織廠、英國紡織廠的業務代表，以及改革心切的中國官員，投入中國的棉業改革，提供種籽、建議、信貸和銷路保障。野心勃勃令中國官員和美國國務院不安的日本紡織業代表，使用他們已在朝鮮殖民地予以現代化的美國種棉，另行展開同樣的計畫。中國棉業改革匯集了多方的人才，包括康乃爾大學的農經學家巴克（John L. Buck）。巴克的妻子兼中文通譯賽珍珠（Pearl Sydenstricker），隨著身為美國傳教士的父親來到中國；她在中國的生活經歷，化為《大地》等數部膾炙人口的作品，並透過這些作品影響美國人對中國的看法達數十年。

這些來自美國的改革人士知道，不只要克服技術障礙，還要克服社會難題，但他們信心滿滿。其中許多人已在美國本土境內的「第三世界」，即南方腹地（Deep South），從事過農業發展工作，在那裡推廣過同樣品種的棉花。他們針對教育程度差的美國人，舉辦示範農場、商品展覽會，推行類似初期四健會的運動，並在商品展覽會上演出短劇以說明新農耕技術，成效卓著，從而深信這套辦法用在教育程度差的中國人身上同樣有效。

有時，他們的天真和改變當地文化的雄心，帶來了古怪的結果。在山東臨沂所舉辦的中國第一屆農產品展示會上，該縣的農業發展部門首長和一名美國傳教士上場演出短劇。劇中，農民因自種的本土棉花賣不到好價錢，而求助於中國神。那名傳教士接著開示他們「偶像崇拜」無益，然後送他們到農業發展機構，由該機構發給他們新品種棉花的種籽。

這種新棉花解決了他們的問題，從而證明中國神不管用。但臨沂正位於二十年前暴發拳亂，改信基督教的中國人與其他中國人相互殘殺的地方附近——要推廣新棉花，無疑有比上演這樣短劇更好的辦法。

　　牽動現實利害的問題，才更難解決。這種新作物有時與行之已久的地方習俗相扞格，因而破壞了社會的穩定。在山東西部，窮人有一沿襲已久的權利，即可在作物採收後的特定時日，撿拾田裡的落穗。但這種新棉花生長較本土種棉花慢，當「男男女女數十名，甚至數百名」（縣府官員語）依照往例衝進田裡，將大部分作物據為己有時，棉樹的圓莢約有七成還沒綻開。原為分發種籽、傳播知識而組成的當地「棉花會社」，為保護棉花，變成武裝的保安會。有些縣府官員最後帶頭向窮人，甚至向代表舊勢力的地方豪強宣戰。地方豪強之所以反對新棉業，源於新種籽、信貸、銷路安排，使原歸地方豪強控制的小農落入外人之手。

　　凡是全盤改種新棉花的地方，當地各階層的小農都有了利潤更高的收成。但地方上的公共保安開銷也升高。在這同時，許多原習慣雇請較窮鄰人協助採收（和保護收成）的農民，這時不願冒掀起小型階級戰爭的風險；於是他們的妻子、小孩開始肩負更多農活。而對外人的倚賴提高，也有其危險：有一群供應種籽兼購買棉花而死纏棉農不放的日本人，甚至試圖用鴉片來換購棉花。

　　雖有這些不利情事，這新作物還是拓展開來。根據統計數據，中國某些地區的小農接受這新作物的速度，和美國南部的小農一樣快，即使中國還多了軍閥橫行、交通不便等問題的阻撓。但它不是解決所有問題的靈丹妙藥——由於社會衝突的成本升高，有些美國人開始對那些禁止使用較有效率之鐮刀的村中長老另眼相看。那些長老認為新鐮刀雖有好處，但比起它在農民、受雇採收工、小偷之間所引發的新衝突，弊大於利，因此選擇禁用該款鐮刀。

　　巴克希望他們的作為能讓中國人了解科學可以幫助窮人而又不會引發階級衝突，藉此防杜共產主義的入侵，但這希望最後顯然落空。諷刺

的是，一九二〇年代欲推廣新棉花卻遭拾落穗者挫敗的那些地區，卻在中國共產政權成立後得遂所願。中共在一九五〇年代所打造的環境，使鄉村窮人不再阻撓新種棉花的栽種。欲透過美國植物學、教育方法、參與世界市場，改善全球窮人生活，這種想法，史上不絕如縷；不切實際的希望，不懂世界貿易會影響地方社會的多個層面，也是。

12 ｜一顆馬鈴薯，兩顆馬鈴薯

　　有時，歷史的重大轉折，隱藏在不易察覺的小事物上。西班牙人征服美洲大部地區時，歐洲人所為之雀躍的東西是美洲的金、銀。隨著其他歐洲人跟進來到美洲，焦點轉向菸草、咖啡豆、可可、糖這些珍奇農產品的出口。這些產品全是美洲作物，或者可以在美洲以前所未見之規模栽種的作物。它們沒有一樣對人很有好處，但歐洲人很快就愛上這每樣東西，且把它們栽種在歐洲以外的地方。歐洲人清除林地開闢大種植園，引進奴隸，特許某些公司成立，王室壟斷買賣，賺大筆錢，而後失去所賺的錢。

　　但後來使全球暴增的人口不致挨餓的那些美洲作物，最初其實是頗低賤的食物，根本不受大投資者青睞。栽種於美洲各地的那種玉米就是其一；有數百年時間，這種玉米都未催出生出大規模耕種的新經營模式，但它非常耐寒，營養價值又高，因而即使沒有大投資者的推廣，它仍很快就成為全球各地小農栽種的作物。

　　比玉米更卑賤的是馬鈴薯，一五五〇年代由西班牙軍人在秘魯安地斯山區「發現」。即使在原產地，馬鈴薯都被視為二流食物，栽種地從未擴及到北方的哥倫比亞，且絕大部分栽種於山坡上的貧瘠農地。沒有倫敦商人為了馬鈴薯貿易而成立新公司；它受到歐洲老百姓極度的冷落，待遇遠不如菸草之類成分較低，甚至有毒的美洲作物。但天災人禍的危機，反倒為馬鈴薯締造良機，因為馬鈴薯的特性正符合危機時人類的需

求；如今，馬鈴薯是世上第四大的糧食作物。

馬鈴薯成為安地斯山區的重要作物，出於四個簡單原因。首先，在極高海拔地區，馬鈴薯照樣能生長，在其他可食用植物幾乎都不敵寒霜摧殘時，它仍安然無恙。第二，馬鈴薯的單位卡路里產量大（大過稻米，更大大超過小麥、燕麥或其他穀物），又富含多種維他命。第三，馬鈴薯幾乎不用照顧就能收成，使高地居民有時間砍樹，採礦，採集其他山區、林區產物，用以向低地居民換取紡織品、陶器、水果（以及換取低地居民不攻擊他們）。最後，馬鈴薯易於貯存（即使沒有特殊貯存設施），從而大有助於作物欠收時他們不致挨餓（作物欠收是永遠揮之不去的夢魘）。

西班牙水手將馬鈴薯帶到菲律賓，航行途中且因有馬鈴薯可吃而不致得壞血病。馬鈴薯靠著本身的優勢，也就是使它在安地斯山區大受歡迎的那些優勢，在亞洲也攻城掠地，凡是因人口逐漸增加而日益往山上拓殖的地區，都是它大展身手的地方。在長江沿岸高地的開拓上，馬鈴薯和玉米特別舉足輕重；因此，十八世紀中國人口之所以能成長到新高峰，這兩樣美洲作物居功厥偉，而山坡地森林遭砍伐殆盡，從而引發十九、二十世紀中國的生態災難，這兩樣東西也是重要禍因。但是是在歐洲，馬鈴薯才終於征服大部分人口居住所在的低地城鎮和農田。

馬鈴薯以殊若天壤的兩種身分，進入大西洋經濟。它既是歐洲有錢人家餐桌上的奢侈配菜（與主菜相對），又是在西班牙祕魯殖民地的礦場裡工作的印第安奴隸的主食之一。馬鈴薯之所以能躋身為高貴食物，得益於歐洲人認為它們是強力春藥；一如近代初期歐洲的其他大部分蔬菜和藥用、調味用植物，馬鈴薯小量栽種於有錢人的庭園裡（有份十七世紀食譜，雖出自倫敦有錢人之手，卻提到如果馬鈴薯太貴買不下手，可有哪些替代品）。至於馬鈴薯之所以成為低賤礦工的食物，理由再明顯不過。因礦業而迅速發展起來的城市，都位在多山而不適種植其他作物或輸入其他作物的地方。但這用途使一般人產生根深蒂固的觀念，認為馬

鈴薯是只適於奴隸食用的日常主食；因這觀念作祟，歐洲老百姓延遲了數百年才開始食用馬鈴薯。

　　一六〇〇年後，歐洲人口急速增加，隨之出現前所未有的糧食危機，一群人數緩緩增加的植物學家、改革人士、皇家專門調查委員會，開始想到用馬鈴薯解決這危機。但一七七〇年時，仍發生一船馬鈴薯運到那不勒斯救濟飢荒卻遭拒絕的事；在法國，到了十九世紀初，仍有人深信馬鈴薯會造成麻瘋。通常要在某地蒙受嚴重苦難之後，這作物才能得到該地民眾的全面接受。

　　愛爾蘭，歐洲第一個以馬鈴薯為主食的地方，就是如此。據傳說，西班牙無敵艦隊於一五八八年進攻英格蘭落敗，英格蘭人從其中一艘失事的船上搶救下馬鈴薯，從而使馬鈴薯傳入英格蘭。這時，沒有哪位求新求變的貴族推廣這種神奇食物，但事後的發展表明，征服愛爾蘭的英國人，其邪惡居心反倒比仁心善意，遠更有效促成了這種食物在愛爾蘭的普及。為平定愛爾蘭人一連串叛亂，英國人訴諸焦土政策，燒掉倉庫、磨坊、玉米田、大麥田、燕麥田，殺掉牲畜，以讓頑強抵抗的人民餓死。叛軍也以牙還牙。在一片焦土下，馬鈴薯的優點正好特別突顯。它們生長在小塊濕潤田地的地下，四周環繞水溝，不易遭到火燒；它們密集存放在農民的小屋裡，因此躲過火燒；它們不需要碾磨加工；沒有犁的人家（當然還有那些沒有耕畜的人家），用一把鏟子就能栽種這作物。十七世紀時，戰事加劇；據某則記述，一六四一至一六五二年的叛亂期間，愛爾蘭有八成人口死亡或外逃。到該世紀結束時，馬鈴薯已成為愛爾蘭食物（和飲料）的主要來源：男性成人一天約消耗三・二公斤的馬鈴薯，此外除了牛奶，幾乎不吃其他東西。馬鈴薯使愛爾蘭人口得以迅速恢復，進而在十八世紀成長到新高。這作物不只單位產量驚人，且種植馬鈴薯幾乎不必成本（不需倉庫或耕畜，只需極少量工具）。通常，地主出租一小塊地，以換取佃農替地主另一塊地無償耕種。因此，就連非常窮的人，都有能力比同樣窮的英格蘭或法國人更早娶妻生子。極度貧窮，人口卻

有增無減，且全面倚賴似乎從不會欠收（一八四〇年代的大飢荒前是如此）的一種作物，這綜合現象使愛爾蘭和馬鈴薯成為全歐的熱門話題。但就在有些人認為飢餓歐陸將因馬鈴薯得到拯救時，卻另有一些人看到日益可怕的夢魘。

啟蒙時代的新哲學家（即經濟學家），大部分預見到這災難的降臨。對於馬鈴薯該為這場災難負多大的責任，亞當‧斯密、馬爾薩斯等人意見不一，但他們都同意人口暴增很危險。馬鈴薯把社會所能接受的「基本生活工資」不斷壓低，就農莊而言，這種幾乎不需成本和照顧的作物，再怎麼說都是有利有弊。事實上，十八世紀期間，認為馬鈴薯大有可為的人，正是那些希望讓它愈來愈廉價，以餵飽大量窮人，藉此實現自己理想的人，這包括歐陸的軍隊指揮官（歐陸國家的軍費成長速度大大快於稅收成長速度）、英格蘭新興工廠的老闆（這些老闆竭力生產比工匠所生產者更便宜的產品，以攻占市場）。

在英格蘭，許多製造商和改革者興奮談到馬鈴薯既便宜又營養，用來取代麵粉製的麵包，大有可為。到了十八世紀結束時，馬鈴薯已跳脫庭園侷限，成為農作物，特別是在快速工業化的北英格蘭。但仍有數百萬老百姓不願食用，例如，在許多英格蘭工人眼中，愛爾蘭人是願意過著野獸般生活的低工資對手，且他們最喜愛的食物正證明了這點，因為英格蘭人都拿那種食物來餵豬。對城市工人，特別是農業工人而言，吃和他們「上司」所吃一樣的白麵包，乃是他們所企求的身分象徵；試圖代之以馬鈴薯，無不受到他們的強烈抗拒。因此，實際所發生的，與那些對馬鈴薯寄予厚望者，大相逕庭，至少大不同於那些較注重營養的改革者所設想的。工業化初期的艱困年代，麵包占去英格蘭工人愈來愈大的日常開銷，因此，他們吃的馬鈴薯的確變多。因為這時一旦買了麵包，就再沒錢買豬牛肉、乳酪、雞肉，而馬鈴薯正可取代後三者的營養。只有最窮的人（不得不吃孤兒院、救濟站、濟貧院之馬鈴薯稀粥者），才以馬鈴薯為主要澱粉來源。因此，一兩個世代後，一旦英格蘭人生活水平

開始好轉，特別是撤銷美國穀物進口禁令之後，蛋白質食物重回窮人餐桌，馬鈴薯在英格蘭永遠只能是次要的澱粉類食物。

　　一如在愛爾蘭所見，戰爭、飢荒替馬鈴薯的在中歐、東歐，打開了一個更大且更長久的開口。馬鈴薯產量高又易於貯存，使它們成為軍隊的最理想糧食，對於一心欲達成備戰狀態的政治家而言，亦然。普魯士的腓特烈大帝（「軍隊要吃飽才能長途移動」），在今日的波蘭許多地方和東德，積極推廣馬鈴薯。在巴伐利亞王位繼承戰爭（War of the Bavarian Succession，一七七八～一七七九年）時，雙方陣營都極仰賴這種神奇塊莖，因而有人稱這是「馬鈴薯戰爭」；波西米亞的馬鈴薯作物耗光，該戰爭隨之告終。隨著法國大革命而爆發的二十五年戰爭期間，前所未有的大規模軍事動員，使馬鈴薯的食用擴及歐洲其他許多地區；俄羅斯於一八三一至一八三二年的飢荒後，政府大力推廣栽種馬鈴薯，為這作物的征服全歐劃下句點。西班牙人「發現」它的三百年後，作為美洲對人類最重要獻禮之一的馬鈴薯，這時在歐洲的栽種面積和食用人口，都遠超過它在原產地時；但它是以窮人食物的身分，征服這個世上最富裕的大陸，它雖有眾多優點，但在版圖上的每一次擴張，都讓新使用者覺得是迫於無奈而接受的。

13 | 可可豆與強制：自由勞動在西非農業裡的進與退

　　如果沒人逼你為某人工作，你為何還是為那個人工作？這個疑問，今日的我們不會花太多心思去思考，但十九世紀和二十世紀初期，政治人物、知識分子和數百萬其他人，看著數百萬原本獨立自主的農民和工匠成為雇員，數百萬原是奴隸者努力追求既自由又安穩的生活時，心裡卻懸著這個疑問。許多答案彼此有細微的差異，但都可歸結為兩個基本想法的其中一個（或兩者兼而有之）。或許，為雇主工作說得通，乃是因為雇主擁有某樣東西（或許是機器，特別是良田或高明的想法），使他得以付給你比你當個體戶所賺的還要多的錢。也或許你當個體戶這條路根本行不通，因為你無緣取得生產所需的土地或其他資源；而無緣取得這些資源，或許代表你若非真的缺少資源（例如如果你是小農家庭裡諸多孩子之一），就是因為人為因素而缺少資源（例如當擁有政治權力的菁英獨占極重要資源時）。

　　西非二十世紀初期的可可豆榮景——大放異采於殖民列強口頭承諾終結蓄奴，但對實際該怎麼終結游移不定之時——正突顯這些疑問和相關疑問。在前阿善提（Asante）王國，這最為真切。它於一八九八年後成為英國所統治之迦納的一部分，從一九〇八年左右起，成為可可豆的主要產地之一。

　　跨大西洋奴隸貿易於一八〇七年後逐漸遭禁之時，各大奴隸出口者，包括阿善提人，還是繼續取得奴隸（奴隸大部分來自更內陸的較弱王

國）；他們動用勞力，以出口棕櫚油（供製造香皂和潤滑之用）、野生橡膠（在東南亞橡膠園接管世界市場之前）、黃金和後來的可可豆。勞動安排——人如何成為不自由的勞動者、從事多少無薪工作、受到多大程度的羞辱、他們或他們的小孩改變地位的容易程度——因情況而有頗大差異，但沒有哪種勞動安排出於雙方完全的合意。事實上，曾有人把在奴隸失去出口市場之際非洲境內奴隸買賣竟然成長一事，拿去作為替十九世紀晚期歐洲人的殖民行徑開脫的主要理由之一，而有些受到驚嚇的公司，例如 Cadbury's，保證抵制用奴隸種出的可可豆。歐洲人在母國把「自由勞動」當成文明表徵予以大聲鼓吹，但一旦掌權，就不清楚他們是否真的想在殖民地裡鼓勵「自由勞動」。

這有一部分出於誰都看得出來的種族歧視。受尊敬的歐洲思想家主張，白人知道今日得工作明日才有飯吃，但非洲人未必懂得這道理，因此如果不逼他們工作，他們或許就不工作（根據某理論，非洲人被氣候寵壞，在那裡的氣候下，植物全年開花，因此不必培養先見之明和律己精神）。但在這種冒似科學實則站不住腳的說法之外，卻有一點千真萬確：由於非洲許多地方仍有大量土地，人似乎能靠己力餬口維生，因此或許就不需要為他人工作賺工資。另有觀察家認為，非洲人和其他任何人一樣理性，但主張非洲人比現代西方人更看重社會團結，較不看重物質財，因此未必會心動於雇傭勞動。

這些和其他說法使許多歐洲籍殖民地官員擔心，除非對動用武力一事至少繼續予以容忍，否則對他們自己和歐洲商人利害甚大的出口生產、道路維護等多種活動就會完蛋。還有些殖民地官員積極擴大強制性作為，若非規定產量配額，並以恐怖手段執行此規定（剛果境內情況最為駭人，數百萬人因此喪命，還有人因產量未達到配額而被砍斷手），就是訂定可用現金繳的新稅或把替歐洲人工作（尤其是在非洲南部開礦地區工作）之外的大部分賺錢方法斷絕掉。相對的，西非的出口榮景是在沒有這類措施下達成——在這一榮景裡，當地人不只主動積極，而且總是勝過想

用據稱「科學」的方法來闢建種植園的歐洲人。數據清清楚楚，很難辯駁：光是阿善提的可可豆出口量，就從一九〇八年的幾乎零，成長為一九一九年的三萬噸，到一九三〇年代中期的九萬兩千噸（獨立後，在一九六四至一九六五年達三十一萬兩千噸）。獨立時，將近一半的阿善提男子，若非自稱「可可豆農」，就是自稱「可可豆與糧食作物農」；在這兩類人裡，女人所占比例差不多，另有兩成三的女人自稱「純糧食作物農」。有些人賺了大錢，包括許多日後西非獨立運動組織的領導人。

但這一榮景是強迫勞動的產物，或者是市場的誘因其實催生出西式勞動力市場？答案是兩者皆是。土地的確不虞匱乏，但清理土地以便種植可可樹卻很費勁：一般來講，一英畝的森林有約三百噸的草木，清除這些草木後，新植的樹數年才會成熟。如果能不用幹這些活，沒多少人想自己做；而且始終有別的土地待清理，因為一、可可豆需求有增無減；二、老森林一遭清除，地力即大降（土壤其實很薄——在許多熱帶地區都是如此——而且大部分養分來自積約一吋深的落葉和其他腐敗的植物物質，而農民一清理土地，打斷那一循環，這些植物物質即消失不見）；三、一種名叫腫枝徵候群（swollen shoot syndrome）的嚴重植物病，從一九三〇年代起襲擊許多可可樹（如今仍是困擾）。至於可可樹下的地，農民往往可以免費使用，只要那塊地位在他酋長的領地上且農民繼續履行忠貞子民的義務（或許包括一些自由勞動，且肯定包括儀式性義務）即可；農民一旦需要清理別的酋長轄地裡的可可樹土地（大部分種植園主最後需要這麼做），該農民即付租金，而一般來講，租金被估定為可可樹開始生產後作物收成的一定比例。換句話說，這項產業的資本存量（可可樹）需要不斷予以更換和擴大，而要做到這點，關鍵不在於有錢投資，而在於有勞動力可動用。

那麼，誰來幹活？即使在一九〇八年蓄奴遭禁之後，仍有一些奴隸繼續從北方過來（甚至在一九四〇年代仍有這樣的情事），但這股勞動力漸漸減少。更多許多的不自由勞動力，以典當品的形態呈現：被轉交給

債權人為其工作,直到欠款還清為止。欠款或許是酋長或殖民地法庭的罰鍰,或是婚禮(或較少見地)購買消費財(尤其是布)的花費。有些人自己把自己典當,但遠更多的人是被親族裡的長輩典當;債權人也可以把他們再典當出去。在阿善提,遭典當者的人數在二十世紀上半葉期間增加,但大概還是少於奴隸減少的人數。的確有許多別無選擇的人自行從事清理土地的辛苦活,但若非遭強迫的勞動力變多,清理速度會慢上許多。一群自由人為了工資在可可樹園工作之事,很慢之後才出現。

有遭典當的勞動力可供使用,仍趕不上勞動力需求的成長,原因之一在於種可可樹,為需要現金的阿善提男人提供了另一個賺到錢的途徑;或者,他們即使能快速賺到錢,仍不敷其金錢需求,他們能拿可可樹,而不用拿親戚的勞動力,去抵押借錢。當可可豆價格夠高,勞動力可能變得缺稀,而由於種植可可樹的收益很不錯,種植園主覺得付出能使勞動者捨棄自給式農作前來為其工作、能把其他地區的勞動者吸引來為其工作的工資很划算。在這些情況下,市場在減少強迫性勞動力的作用上,至少和往往態度模稜兩可、行事緩慢的殖民地統治者所起的作用一樣大。

這種看漲的價格偶爾才得一見。價格變動極大,原因之一在於需求變動極大(例如二次大戰期間需求大跌),而可可樹一旦種下,多年都會結果,從而使生產者難以調整供給量。政府制訂固定的田租,並要求以現金繳納,認為這作法比針對收成分成徵收來得公平,而在行情最好時,固定的田租相當於一般收成的五%,但在價格暴跌時,卻漲到相當於六成。獨立後政府為固定價格所祭出的措施,一般來講也不利於農場主:政府把價格維持在低檔,取走此價格與世界價格之間的差額,以支應其他類計畫的開銷。

即使在榮景時,上漲的行情也只是讓某些人受益。女人從可可豆賺到錢的機會較低(儘管的確有許多女人種植可可樹),因為她們被認為該攬下大部分糧食作物生產和其他不可或缺但無酬的工作。於是,或許不足為奇的,把女人(和小孩)典當之事未消,甚至在男人遭典當之事漸

減之時還有增無減。出於類似的原因，女人被家庭拿來履行政府所規定之勞動義務的情事愈來愈多（任何殖民強權都不願捨棄這種勞動義務）；於是，舉例來說，道路維修（在高溫、雨勢大且植物生長快速的地區擺脫不掉的一項困擾），也愈來愈倚賴女人（一般來講，政府撥經費給酋長，以至少餵飽道路維護工人，但經費用到這些工人身上的比例有多少不得而知）。北邊的熱帶稀樹草原不利於種植可可樹，因此該地區需要錢的男女，除了典當，可走的路較少，而不自由勞動力的往南流動未停，往往跟新出現的自由勞動者人潮一起南移。

　　不幸的是，該地區二十世紀前三分之二時期有限的社會進步，有許多在過去約四十年期間化為泡影。隨著人口成長，土地終於開始變得缺稀，化肥和殺蟲劑提高了每單位產量，但也提高成本。空地變少，意味著外來移民無緣靠雇傭勞動存錢以擁有自己的土地，從而使受雇於農場裡工作比到城裡闖蕩更不受青睞。在這期間，儘管需求有增無減，世界可可豆價格自一九五〇年代以來，以實際角度來看，下跌了約六成（自一九七〇年代晚期的高峰以來則下跌超過八成），主因是有新供應者進場（大部分來自東南亞）和政府所支持的定價機構（應債權人要求作為貿易自由化和「結構性」調整的一部分）退場。由於成本上揚和價格下跌，一心削減勞動成本的農場主再度大量使用強迫性的勞動力。如今，這些勞動力裡有許多是童工，其中有些是本地小孩，有些則是來自更內陸更貧窮地區的小孩。馬利和布吉納法索目前是這類勞動力的主要輸出國，象牙海岸（今日世上最大的可可豆生產國）和奈及利亞則是主要的輸入國，從中獲取暴利者主要是各種人口販子。標準作法是協助移工非法越境，然後要他們工作償還偷渡費。這類不自由的勞動者，大概比充當典當品的人，乃至比一百年前的奴隸，更難脫身，受剝削程度甚至更大；那些較古老的奴役關係，雖然嚴酷，執行上受到某些限制，而且農場主也知道，若把勞動者逼到絕境而逃走，他們大有機會找到新工作，知道找別人來遞補，成本可能很高。

但還是有一線希望存在，那是一百年前所沒有的希望：「公平貿易」組織。這類組織協助農場主組辦合作社，以約世界價格兩倍的價格收購他們的作物，前提是他們得符合某些社會、環境標準，當然包括不使用強迫性勞動力（整個合作社必須符合這些標準才能被認定為「公平貿易」，因此農場主不會讓他們鄰居的處境退回到過去）。巧克力當然變得較貴，但許多消費者覺得為了對得起自己的良心，值得付出較高價。

　　一百多年前支持「開明」殖民主義的反蓄奴人士，就主張透過貿易來促進正派經營，而這樣的作法如今會比那時更有成效？眼下論斷此事大概還太早——但如果我們能從「廢除」蓄奴一事不盡如人意的歷史得到教訓，或許我們就不會重蹈覆轍。而讓人吃得心安理得的巧克力，才會真的像是一道美食。

14 │ 天然橡膠的百年興衰

誠如大家所知，汽車使二十世紀成為石油世紀，但誠如我們有時忘記的，汽車也使二十世紀成為橡膠世紀。橡膠輪胎讓汽車得以用超過八十公里的時速奔馳，而不會發出刺耳摩擦聲，從而使汽車得以大受歡迎；但橡膠業本身其實已帶人走過一趟狂野刺激的旅程。

橡膠首度成為熱門商品，出現於十九世紀末期的亞馬遜雨林，該雨林裡長著野生的巴西橡膠樹（Hevea brasiliensis），也就是幾種產膠乳的植物中最好用的一種。但橡膠的消費大戶很快就覺得，從亞馬遜大老遠進口實在不理想。在多種林木雜生的原始森林裡採收橡膠，實在很難有「效率」可言。在許多地區，橡膠樹的平均分布密度，每英畝不到一棵，因而採收者得花很多時間從一棵樹移到另一棵樹，生產力因而很難提升。隨著需求激增，價格跟著大漲，即使以名目美元計價，天然橡膠於一九一〇年達到史上最高價時的價格（每公斤十二美元），都比現今價格貴上約九倍。

橡膠的主要消費國，即當時的所有工業強國，在國內都種不成巴西橡膠樹，因為它是熱帶植物，而這些國家全位在溫帶。英國很快就著手將橡膠樹移植到其位於馬來亞（今馬來西亞）的熱帶殖民地，在這裡，英國人不只能掌控當地政治情勢，還能清除原生雨林，開闢出只種橡膠樹的大片種植園，且樹與樹排列整齊，樹與樹間距離在不妨礙其生長下達到最緊密。這省去了在亞馬遜雨林從一棵樹走到另一棵所「浪費」的

時間，讓工人得以持續不停工作。荷蘭人靠著美國資金的援助，在荷蘭東印度群島（今印尼）如法炮製。工人（大部分是引自南印度的泰米爾人和華南的福建人）日子過得並不好。原因之一是清除茂密森林後，更多陽光得以照進地面的水塘，為傳染瘧疾的蚊子創造了絕佳的滋生環境（在這之前，瘧疾在這地區很罕見）。疾病、食物與醫療不佳、往往動用殘酷懲罰，使頭幾十年的工人死亡率驚人，在大部分莊園，每年有百分之五的工人死亡，最糟的例子裡，更有將近五分之一的工人死亡（後來的衛生立法和組織工會大大改善了這情形）。土地的日子也不好過，單一作物耗盡森林養分，森林很快就需要大量施肥。但橡膠樹欣欣向榮，長得遠比在巴西時還好。兩殖民地裡擁有小塊農田者，不久即仿效大種植園種起橡膠（但他們從未只種橡膠）。兩殖民地的天然橡膠產量很快即占全球產量的三分之二，且一直持續到晚近。事實上，相較於工人、土地，橡膠樹的際遇幾可說是好得過頭。橡膠樹一旦成熟，就可以連續生產橡膠許多年而中間只需投下極少的成本照顧，因此，大量栽種很快就導致生產過剩，一九一三年時，價格已掉到每公斤兩美元。自那之後，生產者常努力限縮供應量。

其他強權沒有可供大片種植橡膠的殖民地。一九二〇年代擁有全球八成五汽車、消耗全球七成五橡膠的美國，有一個熱帶殖民地，即菲律賓，但美國立法機構不願為促進大橡膠園的發展而取消對土地所有權的限制。一九二〇年代初，英、荷兩國聯手壟斷價格，輪胎業鉅子懷爾史東（Harvey Firestone）轉而找上賴比瑞亞，即由前美國黑奴的後代所統治的國家。他在那裡租了約四十萬公頃的地（約台灣九分之一大），興築基礎設施，提供較低利息的貸款助賴國政府償還外債。賴國政府接著向內陸的部落酋長指定人力配額，要他們各召募一定數量的人力；這辦法招來奴隸買賣的指控，一九三〇年更由國際聯盟某委員會確認這罪行。賴比瑞亞生產出大量橡膠，但仍遠不足以滿足美國的需求。在這同時，懷爾史東的朋友亨利・福特回到巴西，一九二七年買了約一百萬公頃的

地。但他的「福特蘭迪亞」（Fordlandia）橡膠園最後一敗塗地。野地裡鮮少看到緊密相鄰的巴西橡膠樹，這乃是為了避免某種害蟲在橡膠樹間蔓延開來（這些害蟲不存在於賴比瑞亞和東南亞，因而那些地方的大橡膠園得以欣欣向榮）。福特蘭迪亞最後成為毛毛蟲的現成饗宴，一九四二年廢棄。在這同時，橡膠的缺貨已促使其他美國企業家在南加州試種狀似蒲公英的橡膠植物橡膠草（Kok saghyz）；一九三一年，因產量低且橡膠價格於經濟大蕭條時期暴跌而棄種（橡膠價格於一九三二年達到最低點，每公斤〇‧〇六美元）。境內也無熱帶地區的蘇聯，更著重橡膠的自給自足，因而儘管橡膠草無利可圖，仍在中亞持續栽種了數十年。

橡膠草的先天侷限，也鼓勵了合成橡膠的試驗。初期由德國人拔得頭籌，因為德國人擔心戰事一旦爆發，英國皇家海軍會切斷其熱帶產物的進口；第一次世界大戰期間，德國人獲得局部成功，一九三〇年代期間進一步改善該產品（儘管戰雲密布，德國的法本化學工業公司仍讓美國杜邦公司、紐澤西標準石油公司分享這方面的技術；後來透過同一協議，後兩家公司協助法本公司製造品質更佳的飛機燃料）。但當時的合成橡膠除了較昂貴，品質還較差，特別是不適於用來製造必須負相當重量的輪胎（即使今日，合成橡膠又有進一步改良，且應用於大部分的一般汽車輪胎，但卡車輪胎仍大部分使用天然橡膠）。這使它不適於用在飛機輪胎或坦克履帶之類等東西上，從而使軍方仍渴求天然橡膠。

過去，還有一種辦法解決橡膠短缺的問題。一九三〇年代時，日本既無熱帶殖民地，也無第一流的化學實驗室，因此日本領導人決定，要在相互較勁的國際權力集團間確保國家安全，就得搶下英國、荷蘭的馬來亞、印尼兩處殖民地，即使這不可避免要和美國開戰，亦在所不惜。

因為戰爭而使橡膠的主要生產國、消費國分屬不同陣營，第二次世界大戰是最後一次。世人一度認為品質逐步改善的石化合成橡膠，最終將使大部分天然橡膠失去市場，但一九七〇年代石油價格飆升，天然橡膠價格也跟著回升；自那之後，天然橡膠一直占有全球市場約三分之一。

如今的工業大國和軍事強國，大概不會因為沒有巴西橡膠樹而睡不安穩；
但愈來愈多的人靠這種古怪的多年生植物，享受馳騁樂趣。

第 5 章

暴力經濟學

0 | 導論

　　歷來常有人認為商業是人類得以文明開化的憑藉，更有人提出「柔性商業」（doux commerce）理論，認為商業使人類免於暴力相向。競爭對手不為爭奪數量有限的資源而動刀動槍流血死人，反倒可以各自專門生產他人所需的產品，互通有無。走上生產的專門化，而非破壞的專門化，盈餘隨之增加，生產成本隨之降低。和平環境會大大降低保護財產的成本和危險，促進貨物的交換。在古典經濟學家亞當・斯密、李嘉圖所想像的那種相對優勢的世界，競相將愈來愈多的物資納為己有，不只會促成競爭，還會促成合作。市場會將個人動武侵略的衝動，轉化為有益社會的繁榮。貪婪或許不是美德，但它可預測、可能具生產效益，而且比起，例如追求彪炳戰功，危險性低了許多。

　　有些史學家甚至主張，這夢想曾實現，至少曾實現過一段時間。真正的資本主義於十九世紀初出現後，隨之有了從一八一五到一九一四年的「百年和平」。爭鬥侷限於市場而非戰場。

　　但令人遺憾的，認為市場經濟擴散對人類社會有益這一樂觀看法，隱瞞了市場經濟所賴以建立而具重大歷史意義的暴力基礎，以及始終存在於市場經濟（特別是非歐洲人世界裡的市場經濟）背後不斷動用武力一事。「原始積累」（primitive accumulation），也就是逕自掠奪他人資產和強迫他人付出勞力，數千年來屢見不鮮。貢品和戰利品為巴比倫人、亞述人、古埃及人、馬雅人提供了資金。那時候雖有某種貿易行為，但

在財富的積累上，仍大大倚賴強制行為（包括明確或暗示的強制），更甚於倚賴志願性交換。財富主要建立在人數眾多而力量強大的軍隊和收稅員上，而非生產技術和市場運作上。合乎經濟理性的市場算計者，往往死於蒙古部隊或維京海盜的刀子之手，不然就是赫然發現武力的確是降低成本的有效手段，於是也跟進採取暴力。在這期間，就連最殘暴的統治者都往往體認到，如果善待商人，商人既能增加歲入，也能提供情報。有位蒙古汗更加尊重商人，據說要他的士兵向為了目標不惜跋涉萬里的商人學習堅忍不拔、矢志不渝的精神——蒙古士兵本就憑著不怕苦的精神震懾了歐亞大陸許多地方，而蒙古汗竟還要他們向商人看齊，毋寧令人嘖嘖稱奇。

貿易商與貿易商離鄉在外時提供他們保護者（包括不請自來的「保護者」），兩者間的關係歷來多有變化。在威尼斯，政府曾強迫所有貿易商利用政府所組織的船隊遠行，實際貿易活動的大部分和對貿易商的保護都由官方統籌。葡萄牙人和西班牙人曾試圖將此模式從地中海外銷到大西洋、太平洋、印度洋，結果有成有敗。荷蘭和早期英格蘭的海外商人，則曾採取相反作法，由官方賦予私人公司處理開戰、貿易事宜的特許權。因此，這時候，暴力與商業在同一隻手裡，只是是在私人手裡，而非官方手裡。誠如連恩（Frederick Lane）所說，這些商號「將保護成本內部化」，能夠將這些成本納入理性的規畫與算計中。另一方面，拿到特許權的公司必須支付這些成本，而隨著戰爭規模和開銷於十八、十九世紀時日益升高，保護成本對政府以外的任何組織或個人，都顯得愈來愈承受不起。這時候，歐洲人才開始想到貿易商與政府間應有一「常態」分工，亦即貿易商只做買賣不打仗，政府則打仗但不做買賣，只是說官方應扮演「值夜人」的角色，只負責保護財產，還是扮演武裝盜匪的角色，負責用武力「開闢」可從事新式貿易的新領域，有時還界定不明。而即使在那之後，歐洲人對這新分工體制也非信守不渝，例如在非洲內陸開闢、統治殖民地的成本很高，使歐洲多個國家在十九世紀末期，再

度賦予私人公司壟斷貿易、扮演準政府角色的特許權。即便在今日，仍有許多公司，特別是在偏遠地區經營而以資源為基礎的公司，動用大批形同軍隊的私人警衛。因此，講究和平共識的貿易和強制性暴力約束，有時似乎愈來愈涇渭分明，但從未到彼此各行其是，毫無瓜葛的地步（在亞洲幾個地區也可見到這兩種政策的施行，只是兩者所占比重因地而異：從一些威尼斯式的壟斷到大型「自由貿易」區，甚至在某些官方特許地區，特許暴力和特許貿易的運作方式和特許公司差不多）。

此外，經濟暴力不只是受「以物易物、實物交易」的欲望所驅馭的遠古時代原始衝動。「西方人」常忘記鄂圖曼土耳其人曾存在於歷史，但他們締造了世界最大之一的帝國，且維持了四百年，卻是不爭的事實。十六世紀在蘇丹蘇萊曼大帝（Suleiman the Magnificent）治下，鄂圖曼帝國國力臻於巔峰，版圖西抵維也納和德國雷根斯堡（Regensberg）城門，東達亞塞拜然，北至波蘭北部，南達埃及。靠著規模居世界前幾大的軍隊、了不起的官僚體系（其中有些官員為基督教徒奴隸）、傳揚阿拉旨意的不屈不撓精神，土耳其人主宰了東南歐和中歐的政治，使廣大地區享有相當程度的太平。連接歐洲與中國、印度、波斯的通路，因鄂圖曼帝國的主宰而非常安全，從而使貿易非常發達。但促成這財富積累的動力來自征服；這積累的主要成本在軍隊開銷。

鄂圖曼土耳其人從貿易汲取資金，以支持軍隊、官僚體系的開支，從而阻隔了歐洲與東方的直接貿易，歐洲貿易商只得另尋通往富裕東方的路徑。因此等於是土耳其人迫使葡萄牙人、西班牙人往南繞過非洲抵達印度洋，往西航越大西洋意外發現新大陸（見第二章第二篇）。歐洲人展開大探險之前，與非洲往來已有數千年。歐洲主要是透過黃金、奴隸買賣，與撒哈拉以南的非洲地區搭上關係，而這兩項貿易這時都掌控在控制非洲北部海岸的鄂圖曼土耳其人手中。因此，葡萄牙人採迂迴戰術，從而在象牙海岸、黃金海岸開闢了貿易站，在聖多美等大西洋上的非洲島嶼建立了殖民地。但對歐洲近代初期的成長居功厥偉（對美國的成長

當然貢獻更大）的奴隸貿易，卻是建立在暴力上。

在此我們再一次見到，暴力與商業活動的關係雖然改變了，但兩者始終存在。非洲奴隸買賣往往是由非洲人自己起的頭，但歐洲人的種種作為，從哄抬價錢（進而助長更多擄人為奴的行徑）到提供火器給他們所中意的擄人團體，扮演了極關鍵的推波助瀾角色。此外，非洲、歐洲兩地奴隸販子自發性交換「財產」的行為，徹底改變了奴隸的本質。在那之前，非洲境內的奴隸雖被視為財產，大部分奴隸仍擁有數種權利，且權利往往隨著他們漸漸融入擄掠他們的社會而與日俱增，直到完全融入為止；他們所生的小孩還往往享有自由之身。但一旦成為跨大西洋貿易的貨物，非洲奴隸的待遇就只會更近似於十足的動產，而欲維持這種奴隸體制，不靠大幅提升的暴力手段，絕不可能達成。誠如本書第五章第一篇一文所闡明的，交換和利潤是促成這貿易的關鍵因素，但暴力和官方力量在此貿易所扮演的角色，遠比商業活動大得多。科技是用來動武和破壞，而非用於生產。

此外，只要奴隸大部分留在最初納他們為奴的社會裡，因為需要管理，加上害怕奴隸造反，捕捉奴隸的數量自會受到限制。但一旦有了兩處大陸可供銷售奴隸，這限制就消失。十七、十八世紀，奴隸買賣前所未有的蓬勃，獲利也空前。歐洲人當時還無法殖民非洲（十九世紀末期才有辦法），因而，被歐洲人看上買走的奴隸，只能在別處工作。非洲黑奴何其不幸，這時歐洲人開始嗜甜（見第三章第六篇）。美洲印第安人不願在甘蔗園工作。在加勒比海地區，他們一感染歐洲人帶來的疾病迅即死亡，因而在哥倫布抵達新大陸的不到五十年後，該地區的美洲原住民（可能多達五百萬至一千萬）幾乎死光。在巴西，男性原住民不習慣於農活（見第一章第八篇）。儘管遭擄為奴，遠離家鄉，受到虐待，印第安人就是不願替歐洲人的熱帶農業長時間賣命。

貧窮白人以契約僕役的身分被帶到某些殖民地，但按照契約，服勞役一段時間後一定可獲得自由並獲贈土地。熱帶小島上的甘蔗園園主，

覺得這樣的勞動條款難以辦到，甚至美國維吉尼亞的菸草田主人，即使在菸草田後面有大片未開發的荒地，也不願授予土地給這類工人，以免他們拿到土地後也跟著種菸草，導致供給過剩。移民熱帶地區（和北美南部）的頭兩代歐洲人，死亡率非常高，因而只有少數白人契約僕役有幸活到獲贈土地那一天；但隨著死亡率降低，倚賴貧窮白人為勞力來源，成本就高得叫種植園主吃不消。大部分種植園主於是想到，購買奴隸雖得先付較多的錢，但奴隸可役使一輩子，又不必送地給他們，整個算來還是比較划算。於是，非洲黑奴在毒熱太陽下揮汗幹活，生產利潤源源輸往歐洲。在此，我們又見到和平貿易商與殘暴擄人者緊密地結合在一塊。更後來，歐洲人禁止奴隸買賣後，許多熱帶種植園仍不願或無力支付具競爭力的工資，於是契約僕役重新登場，而這次登場的，通常是華工或印度工（見第五章第七篇）。

西班牙人劫掠阿茲特克帝國、印加帝國，以及他們所碰到的其他文明，藉此更直接（但為時不久）取得財富。西班牙人熔化金質雕像和宗教聖像，大大增加了歐洲所擁有的貴金屬（其中許多後來轉運到亞洲購買香料、絲綢等貨物）。接著，秘魯的印第安人受迫在波托西的大銀礦場工作（見第五章第二篇）。印第安人按照徭役規定下到深深的礦井裡工作，往往喪命礦場。但白銀輸入西班牙，造成西班牙通貨膨脹，創造出對北歐洲貨物的大量需求。事實上，西班牙的貨物進口量因成長太快，導致後來西班牙所擁有的白銀竟比最初從美洲進口白銀時多不了多少，進而不得不改用銅鑄幣。因而，西班牙人掠奪墨西哥、秘魯的財富，但因此而獲利最大者卻是賣貨物給富裕西班牙人的英國人、比利時人、荷蘭人、日耳曼人；他們之中許多人大概根本不知道，自己所賺的錢其實是血腥錢。在更遠處，賣出貨物而拿到大量拉丁美洲硬幣的中國人和印度人，更沒理由去想這些硬幣裡的金屬是怎麼開採來的。

有些北歐洲人的確知道西班牙新財富的來源，因而決定不再透過西班牙人之手，改由自己去奪取。英國、荷蘭、法國的商人，雖經官方授

權組成商業公司，掠奪起來卻和做買賣一樣毫不遲疑。誠如章內諸文所說明的，私掠船打著為國爭光的旗子，強迫西班牙、葡萄牙在亞洲、非洲、美洲的殖民地與他們貿易。事實上，當時欲在海外創業的人，如果投資計畫書裡提及掠奪、光榮、民族驕傲，會比只是一味探討有哪些商機，更大大容易募集到資金。碰上不願貿易的殖民者或土著，這些冒險家就搖身變成海盜，乾脆掠奪貨物、強姦女人、燒毀城鎮。這辦法實際施行後顯示獲利極大，且還有一附帶好處，即削弱西班牙、葡萄牙的資源和海軍軍力。這些私掠船和西印度群島海盜的劫掠，令西班牙加勒比海地區的居民大為驚恐而逃亡，致使貝里斯、庫拉索（Curacao）、海地、牙買加、千里達等肥沃地區，遭英國、荷蘭、法國占領為殖民地，葡萄牙人也因此遭逐出紅海、印度洋。從事奴隸買賣或亞洲貿易或美洲貿易的正派商人，行徑幾乎和海盜無異。同樣的，德雷克（Francis Drake）爵士之類的英格蘭民族英雄，在西班牙人眼中，根本是十足的海盜（德雷克獲英女王伊莉莎白一世授予捕拿敵船、貨物的特許證，大肆劫掠西班牙的大帆船）。沃爾特・羅利爵士在維吉尼亞、圭亞那的殖民計畫亦然。荷蘭人在十七世紀中葉之前大體上無緣參與歐洲人在美洲的拓殖事業，卻從這一拓殖事業某些最惡劣的行徑裡獲利——在短暫控制巴西部分地區期間，他們大搞奴隸買賣，在此後的一百年裡藉著擴大奴隸貿易大賺其錢。英國人也擺脫良心上的不安，投入海盜與奴隸買賣的高檔事業。誠如第五章第五篇所揭露的，即使是魯賓遜這位受困海上而自力更生、自給自足的著名小說主角，其實也是個奴隸販子和國際貿易商。

英國、荷蘭一旦稱霸海洋，他們的商人一旦主宰世界市場，海盜對他們而言，就不再是擴張商業的前鋒部隊，而是個困擾。因此，這時候，英國皇家海軍吊死了他們先前所授勛表揚的人。例如，第五章第六篇描述了英國皇家海軍如何翻臉對付菲律賓蘇碌海的海盜，儘管在這之前，英國商人曾替他們的遠征行動提供武裝，進而借這些行動之助，取得賣給中國的貨物。

貿易商和海盜關係密切，但貿易商靠武力強迫他人與之貿易時，從不自稱「海盜」。暴力可藉以取得壟斷地位時，暴力就是很管用的競爭優勢。誠如第五章第七篇所闡明的，法人團體是為了支付集體暴力所需的開銷而誕生的。

　　具法人地位的公司，也希望保護自己市場，免遭外人入侵分食，他們所譴責的西印度群島海盜，就是不受他們歡迎的人物。第五章第八篇只有一部分是為博君一笑而寫，在這一篇文章中，我們看到十八世紀的西印度群島海盜，比起同時代的海軍或今日的企業掠奪者，還遠更能達成上級所交付的任務。一般人認為西印度群島海盜所提供的服務不利於經濟，但這些殺人如麻者其實是非常民主、盡職的員工。他們雖是多民族、多種族組成的海盜，卻恪守嚴格的行為規範和道德準則。但無可否認的，他們一如其恃強凌弱、功績彪炳的前輩，靠暴力為生、致富。他們的服務所促成的財富重新分配，比奴隸買賣、銀礦開採或掠奪商人所促成的，更符合利益均霑的精神，但他們也倚賴恐怖科技來遂行個人目的。最後，動物權利保護人士可能認為，近代初期人類所從事與獵捕人有關的幾種貿易，與同一時期人類獵殺鯨魚、海獺、海狸、（後來）水牛時的規模及效率大增，兩者間有連帶關係，從而看到一令人不安的趨勢。

　　已有許多學者指出，（歐洲和南亞境內的）大型金融資本家資助近代初期的戰爭，有部分是因為他們獲利滿滿，但缺乏其他夠吸引人的市場供他們將獲利轉投資。當時，地方貿易通常太競爭而獲利不高；長距離貿易規模不夠大（且誠如先前已說過，往往和暴力密不可分）；就大部分地區而言，在機器問世之前，生產所需的資本相對較少。在這種環境下，借錢給正在打仗而需錢孔急的君王，相對較保險且獲利較大（如有需要，這些君王可以更壓榨人民以償債），而且能讓債主得到重大的附加利益，即提高威信和對該地政治的影響力。這種借錢給政府的說法，證諸史實，不無可信之處，但機械化工業的興起並未使資金抽離對暴力活動的資助（即使體現新興科技的固定工廠、設備，成為運用前所未見之大量資本

獲利的工具，亦然）。投入戰爭的資本，在資本家的投資組合裡，或許已只占較小比例，但可用資本的總量成長那麼大，因而仍有相當多的資金可用於投入愈來愈大規模的國家暴力。事實上，十九、二十世紀時，軍費不只不斷增加，而且在這期間的許多時候，軍費還加速在增長。更仔細檢視拿破崙下台後那個所謂的「和平世紀」，就可清楚看出這點。

有人認為，堪稱始於十八世紀下半葉的工業革命，使資本、市場取得至高無上的地位。這時候，相較於藉愈來愈有效率的生產賺錢，戰爭變成次要。有人主張，巨額融資的當道，創造了百年承平。但這觀點太以歐洲為中心。沒錯，在拿破崙戰爭到第一次世界大戰之間，歐洲沒有曠日持久的大型戰爭。但對歐洲以外的地方而言，這一時期是一點也不和平的「帝國時期」。暴力不只被拿來遂行資本積累的目的，還充當自衛武器以對抗世界經濟力量。

其實暴力有時兼具這兩種用途。一七七五至一八二五年，歐裔菁英和混血菁英脫離歐洲人在美洲建立的帝國而自立，但新一波歐洲擴張主義在十九世紀征服了亞洲許多地方和幾乎整個非洲。在這期間，美國大西洋岸地區甫獨立的社會，對內陸地區發動血腥征服，把此前歐洲列強往往只是口頭上宣稱為己所有的大片地區牢牢掌控在手中。在某些地方，原住民勢力擋得住這些入侵，但往往透過自己侵略性的對內殖民來辦到。誠如第五章第十一篇一文所表明的，現代衣索匹亞的創立就是個活生生的例子，阿姆哈拉人（Amharas）和提格雷人（Tigrayans）征服鄰族，逼人在惡劣的條件下生產咖啡豆以供出口，利用藉此賺來的錢購買歐洲武器和進一步擴張。其他族群——從非洲的索馬利人和祖魯人，到北美洲的科曼切人（Comanches）、蘇人（Sioux）——也打擴張主義戰爭，並且（在不同程度上）買歐洲軍火，以建立能保有獨立地位的國家（雖然最終都未能如願）。史上最慘烈的諸多戰爭，有一些就在約一八五一年到一八七〇年間在三大洲爆發，包括美國的南北戰爭、法軍入侵墨西哥、南美洲的巴拉圭戰爭、印度的反英暴動、中國的太平天國之亂。現代武器使人

類得以更有效率的發洩古老的殺人欲望，而軍隊規模和軍費的與日俱增，創造了大好的獲利機會。

奴隸制存在於許多時期、許多地方，且以多種形態呈現，將奴隸運到遙遠異地販賣也有悠久歷史。但最大規模的兩項奴隸買賣，都以非洲人為貨物。其中一項買賣，由穆斯林掌控，把擄來的人運到北非、中東和印度洋彼岸，從九世紀持續到十九世紀。另一項買賣，或許規模更大，把約一千兩百萬非洲人帶到歐洲人的殖民地（和美國之類的前殖民地），從十六世紀持續到十九世紀晚期。這些奴隸為美洲的經濟作物（甘蔗、棉花、菸草、咖啡等）的生產提供了大量勞力，為礦場提供了部分勞力，也使大西洋地區一度成為新一類全球經濟之中心的工商業發展，付出別的重要貢獻。

除了蓄奴、海上劫掠、戰爭，暴力還以別種形態呈現。有時，在國內，破壞、殺人的矛頭也指向富裕族群。民族主義和種族主義政策受到鼓吹以取得政治權力，以沒收少數民族的資產。歐洲史上最普遍受到這種迫害的族群，就是猶太人。第五章第十二篇介紹了德國一商人家庭的遭遇，他們乘著國際貿易的浪潮而發達致富，然後遇上民族主義者的仇外暗礁而船毀人亡。

暴力不只是全球經濟下積累財富的主要工具之一，戰爭還是發明之母。許多創新發明，例如合成硝酸鹽、合成橡膠、人造紡織品（尼龍），都是戰爭所催生出來的。食品罐頭的製作，以及甜菜糖、草本代用咖啡（Sanka）之類的新食物，也是因應戰場需要而問世。新的機械技術（例如製造出可替換之標準化零件的科爾特〔Colt〕組裝線），新式運輸工具（例如潛水艇、飛機），其問世不只是出於創造發明的熱愛，還同樣出於強烈的摧毀欲念。更晚近時，對非常堅硬、極耐高溫的武器零件的需求和對用於飛彈導引的超磁性物質的需求，為今日手機、硬碟和 GPS 系統的誕生打好了基礎，並且加劇了對用來製造它們的「稀土」的追求（見第七章第十三篇）。

圖 5.1 十五至十九世紀的奴隸買賣

奴隸制在許多時期、許多地方、以許多種形式出現過，
販售奴隸和長距離運送奴隸也有久遠歷史。但史上最大規模的
兩次奴隸買賣，都以非洲人為商品。其中一次由穆斯林主導，將擄獲的非洲人
帶到北非、中東和印度洋彼岸，從九世紀持續到十九世紀。另一次，規模大概
更甚於前一次，由歐洲人主導，十六世紀至十九世紀末期，將約一千兩百萬非
洲人帶到多個歐洲人殖民地（和美國之類前殖民地）。這些奴隸為美國主要商
品作物（甘蔗、棉花、菸草、咖啡等）的栽種提供了一大部分人力，為礦區提
供了一些人力，在促進商業、工業發展，進而促成大西洋地區一時成為新式全
球經濟的中心上，也扮演了其他舉足輕重的角色。

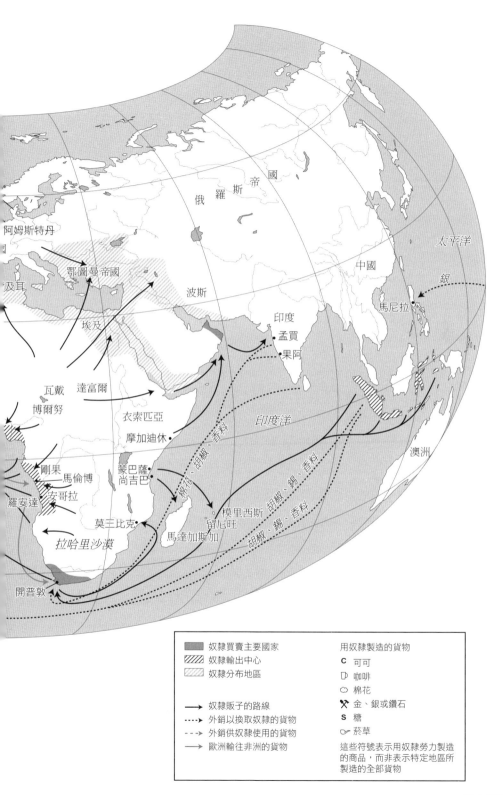

太平洋

俄　羅　斯　帝　國

中國

阿姆斯特丹

鄂圖曼帝國

及耳

埃及

波斯

印度
孟買
果阿

馬尼拉

銀

瓦戴
達富爾

博爾努

衣索匹亞

摩加迪休

印度洋

蒙巴薩
尚吉巴

剛果
馬倫博

安哥拉

羅安達

莫三比克

馬達加斯加

留尼旺

模里西斯

澳洲

開普敦

拉哈里沙漠

棉花、胡椒、香料

胡椒、錫、香料

胡椒、錫、香料

	奴隸買賣主要國家	用奴隸製造的貨物
▨	奴隸輸出中心	C 可可
▨	奴隸分布地區	D 咖啡
		◯ 棉花
→	奴隸販子的路線	⚒ 金、銀或鑽石
⋯⋯▸	外銷以換取奴隸的貨物	S 糖
- - -▸	外銷供奴隸使用的貨物	⌒ 菸草
→	歐洲輸往非洲的貨物	這些符號表示用奴隸勞力製造的商品，而非表示特定地區所製造的全部貨物

最後，戰爭使人接觸到遙遠異地之人，接觸到那些人最愛的消耗品。偶爾，這些接觸具正面效益，促進這些貨物的擴散。例如，西歐人與美國大兵一般來講即屬正面的接觸經驗：幫助了西歐人擺脫納粹的魔掌，也讓口香糖和可口可樂的促銷者，在戰後歐洲找到比他們此前所碰到遠更願意接受他們產品的消費者（見第六章第十二篇、第十三篇）。

　　戰爭的總體經濟成本，無疑已使任何這類益處都相形見絀。即使只從創造發明的角度去思索，戰爭既摧毀這麼多才智之士，又使其他許多才智之士將心力從建設性計畫轉移到破壞性計畫上，那麼戰爭所壓抑的技術進步，大概比它所催生的還要多。而且大規模破壞無疑已減少了全世界的總體財富。但因此而有所得的個人，不需要去注意或在意誰因此而有所失，一如奴隸販子和美洲的種植園主，不必去思索他們運走數百上千萬非洲人，對非洲造成何種損失。身為史學家，我們只能去檢視人類已發明出何種東西，已如何積累、重分配財富。講述這些過往時，我們看到血腥的手和那隻不可見的手往往狼狽為奸；甚至，往往這兩種手屬於同一軀體所有。

1 | 沒人性的買賣，道理何在

美國係移民所創造。每個美國人所受的教育都說，移民的奮鬥和巧思，在荒野的美國大地上打造出文明。但少有人停下來思考，那些早期移民來自何處。事實上，在一八○○年前，越過大西洋而來的人中，可能每四個人裡有三個來自非洲。一千至一千兩百萬的非洲人，如牲畜般遭趕上悲慘的奴隸販運船，運到大西洋彼岸。

對於這跨洋的奴隸買賣，我們每個人至少都略有所知。沒錯，那很不人道，沒錯，那有利可圖。但有個問題鮮少得到思索，那就是歐洲人為何大老遠將非洲人運過大西洋用於美洲，而非在非洲就地運用？

畢竟這買賣的「漏損」非常高。據估計，在非洲內陸所購買的黑奴，能夠熬過大西洋的越洋航行和到美洲後的頭三年者，每一百名裡不到三十名，況且，在航運過程中，水手死亡率達五分之一。

若將奴隸用於非洲殖民地，無疑會更有效率。他們了解當地的氣候、作物、技術。奴隸制在非洲存在已久且甚廣，那麼為何要將他們運到遙遠的另一個大陸？

答案似乎至為明顯：歐洲人當時在美洲有殖民地，而在非洲沒有。但這情況既是促成奴隸買賣的因，也是奴隸買賣所造成的果。歐洲人為何未先殖民非洲？畢竟歐洲人在更早許久以前就知道非洲。歐洲人殖民美洲之前，撒哈拉貿易已提供歐洲大部分的黃金達數百年。歐洲人在歐洲以外所建立的第一個近代殖民地，乃是葡萄牙人於一四一五年所征服

的非洲休達（Ceuta，今摩洛哥旁邊）。歐洲人對非洲水域的航行，比對跨洋前往美洲的航行，了解更早且更多。

而且非洲的確有一些地方，適合歐洲人開發。最早的大面積甘蔗園，開闢於非洲的聖多美島。十六、十七世紀時，約十萬名非洲奴隸在聖多美島上的甘蔗園、煉糖廠工作，而該島上的莊園（fazenda）也成為巴西大規模外銷複合體的原型（跨大西洋的奴隸運送，最終有約四成供應巴西的外銷複合體所需）。

從地理、歷史、邏輯的角度看，歐洲人理應將奴隸用於非洲，而非在美洲熱帶地區建立一個新天地。但睽諸歷史，歐洲人直到一八八〇年廢除奴隸買賣後，才開始在非洲大規模運用奴隸。為何如此？

原因有一部分在於非洲人有大國家和先進武器可依恃，以對抗帝國主義入侵。非洲軍人除了透過貿易取得火器，還早就擁有馬、輪子、鐵，因而，在技術水平上，和歐洲人幾乎不相上下。歐洲人雖靠火炮而略占上風，但誠如康拉德（Joseph Conrad）在《黑暗之心》（*Heart of Darkness*）裡所清楚點出的，火炮只能打進內陸一丁點距離。

但這答案仍不足以令人完全信服。遭歐洲人征服的阿茲特克人、印加人，建立了比同時代歐洲人更大的國家和軍隊，但他們臣服於西班牙人、葡萄牙人的劍和滑膛槍之下，卻更快得多。

有可能是價值觀的問題？由於與非洲人通商已久，歐洲人可以透過貿易從非洲人那兒得到所要的東西，相對的，美洲印第安人在價值觀上與歐洲人共通之處不多，因而對許多交易不感興趣。這主張不無道理。歐洲人透過在非洲的貿易，取得所想要的主要貨物。但歐洲人未能使非洲開放通商。西非社會當時仍未貨幣化，且要到十九世紀末期才接受歐洲貨物。非洲人對大部分歐洲貨物不感興趣，這點其實和美洲印第安人相差無幾。

那麼答案到底是什麼？為何要將一千多萬的非洲人運到大西洋彼岸？主要理由是疾病。美洲印第安人未接觸過流行病，對流行病沒有免

疫力。西班牙人將天花、麻疹一帶過去，印第安軍隊和帝國就土崩瓦解。許多地方遭征服後只數十年，就有九成印第安人死亡。加勒比海地區原住民，五十年內幾乎死光。美洲境內沒有本土流行病，因此西班牙人的存活率高上許多。但存活不代表一帆風順。西班牙人和後來的北歐洲人不想做粗活，於是運來非洲人代勞。歐、非兩地貿易活躍，非洲人接觸歐洲疾病已有長久歷史。因而，相對來講，他們對天花較能免疫。

在這同時，疾病也保護了非洲，使其免遭歐洲人殖民。非洲人對天花、麻疹已有某些程度的免疫力時，瘧疾、黃熱病和其他非洲本土疾病卻會要歐洲人的命。因此，歐洲人不想在非洲大陸建立殖民地，而只留在非洲沿岸孤立的小貿易聚落裡。

白銀和後來的糖、菸草，償付了購買奴隸的開銷，反過來說，要生產這些商品，又需要奴隸為人力。非洲、北美洲、南美洲之間於是出現一互補性的三角貿易。比起在非洲本地建立殖民地，將往往是遭其他非洲人誘捕而來的非洲奴隸運到美洲，變得更有利可圖，且更為安全而容易。疾病和貪婪創造出四處離散的非洲人。

2 ｜富裕一如波托西

　　在南美洲內陸深處，從利馬騎騾子要十個星期的地方，矗立著約四千八百公尺高的里科峰（Cerro Rico），該峰四周荒涼、酷寒而貧瘠。這裡是世界的盡頭，卻成為世界的中心。數萬人湧到這裡，建立了波托西城。殖民時代的南美洲自此徹底改觀，世界經濟跟著改變。矗立在這嚴酷不毛之地而偏處一隅的高峰，最終影響了數百萬人和歷史的進程，因為那是座銀山，有史以來所發現最豐富的銀礦母脈。

　　印加人已用燧石鎬開採波托西銀礦，將採得的銀用於神廟和首飾。他們不想將這祕密告訴征服他們的西班牙人，但一五四五年時，西班牙人知道了這座山。

　　最初，西班牙人運用印加技術和印第安人力。由於有四條蘊藏量驚人且接近地表的礦脈可供開採，這辦法相當成功，維持了約二十年。但貪得無厭的西班牙人，很快就將這些易開採的礦脈採光。波托西的繁榮看來就要來日無多了。

　　不過技術挽救了這危機。一五七〇年代，在總督托萊多（Viceroy Toledo）的指導下，生產技術有了革命性變革。一五六五年在秘魯的萬卡韋利卡（Huancavelica）發現豐富的水銀礦，使西班牙人得以利用水銀從礦砂裡抽離出銀。

　　但礦砂的含銀成分愈來愈低，因而首先必須予以壓碎。有錢商人和政府官員投入數百萬披索的資金，建造了縱橫交錯的水道。為確保在

圖 5.2　十六世紀木版畫，描繪波托西一地礦場裡的工作情況
來源：Theodore De Bry

　　這乾燥地區整年有水，他們命人建造了四個大蓄水池，然後透過總數達三十個的水壩、地道、運河，將水送到壓碎廠，提供這些廠所需的水力。

　　同樣重要的，這位總督還解決了嚴重的勞力短缺問題。勞力短缺，源於波托西遠離人類聚落，且秘魯、玻利維亞的印第安人無意為工資而賣力。印第安人偏愛僅足溫飽、實物交易的經濟。托萊多於是根據印加人的徭役（mita）傳統，制定了強徵勞動制度，自此，印第安村落得提供一定數目的男丁給西班牙殖民當局，供作採礦人力。

　　西班牙人早早就得動用公權力強徵民工，因為印第安人害怕危險的採礦工作。礦工一週六或七天，在悶熱又灰塵漫天的地道深處工作，有時得爬長達兩百五十公尺的梯子，將約二十三公斤重的礦砂揹出礦坑，坑口刺骨的寒風迎面襲來。為逃避徭役，有些村落向政府官員賄賂。如

果賄賂不成，就必須提供男丁，男丁離村前，村民會先替他們舉行喪禮。喪樂哀淒，很切合氣氛。一名甫抵波托西的神父，見到步履維艱走過的礦工，大為震驚：「我不想見到這地獄景象」。

避不開徭役的印第安人，長途跋涉到波托西，在那裡待上一年。礦場要用上一萬四千至一萬六千名印第安人。已結婚的男丁，往往是全家人陪同到波托西，以提供其食物。一六五〇年時，有約四萬名印第安人住在波托西郊外。但這只是該城人口的四分之一。

這座偏遠不毛的山峰，催生出當時美洲最大的城市，甚至是世上最大的城市之一。一六〇〇年，可能有多達十六萬人住在波托西，使它的規模和阿姆斯特丹、倫敦或塞維爾（譯按：在西班牙南部，為西班牙船

圖 5.3　十六世紀木版畫，描繪用來替美洲礦場馱運貨物的駱馬
來源：Theodore De Bry

始發地）相當。據一五七〇年代一位實際目睹而大為吃驚者說道,「每個小時都有新的人受白銀氣味的吸引而到來。」

但波托西龐大的人口裡,只有約一成五在礦坑工作。其他人是來此賺這些礦工的錢。這裡有數百名木匠、製帽匠、裁縫師、編織工、廚師。經營鑄幣廠的政府財政官員,嚴密監視此地的活動。道明會、方濟會、耶穌會修士競相傳道,招攬信眾,一座座華麗教堂隨之興起。這不是又一座漫無節制擴張、塵土飛揚的新興城鎮,而是根據整齊的西班牙棋盤式格局所建造的城市,城中心的石造建築櫛比鱗次,沿著至少三十個方整街區邊緣分布。

但波托西當然也有酒館、賭場,以及根據某項統計,有著一百二十名妓女。城內有約三萬名短暫居留者,因而暴力和幫派械鬥司空見慣。一五八五年,一名惱火的法官抱怨道,波托西是竊賊的淵藪,「擁有這世上最難搞的那種人」。

大批人湧到這偏遠地方,只因為有百餘年時間,這裡是南美的經濟中心和西班牙世界最繁榮地區之一。由於擁有世上最多的白銀,波托西的物價也是當時世上最高的。這吸引了商人前來,因為該城周遭環境不適人居,所有糧食和貨物都得進口。

薪資微薄的印第安人,不大買得起進口貨,但買進許多馬鈴薯、玉米啤酒(chicha)、古柯葉。節日時,印第安人狂飲玉米啤酒,以致波托西街上出現「一道道細細尿流」。印加帝國時期,古柯只有貴族可享用。但在西班牙人治下,古柯變得較「平民化」,數千名工人咀嚼古柯葉以抑制飢意,提神醒腦。古柯來自一千公里外的庫斯科(Cuzco),定期有由五百隻駱馬組成的駄畜隊運進波托西。這座採礦重鎮需要十萬隻駱馬,以滿足其運輸需求(因此城裡的氣味不難想像)。

西班牙化的城內居民,物質需求遠比原住民大,進而使波托西成為一複雜國際貿易網的中心。葡萄酒來自智利、阿根廷,騾、牛、小麥也是;布料來自厄瓜多。巴西提供黑奴。波托西的有錢人家也渴望擁有法

國帽和絲綢；法蘭德斯掛毯、鏡子、網眼織物；日耳曼刀；威尼斯玻璃。這些貨物不只透過合法的西班牙船經塞維爾、巴拿馬運來，還透過避開商業路線的走私販子帶進來。當時有所謂的「perulero」，即到西班牙直接進貨，但回程時避繳高昂船稅和國王稅的利馬商人。他們與法國、荷蘭、葡萄牙貿易商一道坐船，將貨物在阿根廷的里奧德拉普拉塔（Rio de la Plata）卸下，然後走陸路運到波托西。波托西所產的銀，至少有四分之一經這些非法路線流出。

波托西的貿易網還遠及太平洋彼岸。秘魯商人將銀運到墨西哥的阿卡普爾科（Acapulco），一部分用以換取墨西哥的可可和胭脂蟲紅，但大部分換取亞洲商品。馬尼拉大帆船從阿卡普爾科出發，將里科峰的白銀運到西班牙人所掌控的菲律賓，而菲律賓是國際貿易中心，有中國的瓷器和絲綢、印度和波斯地毯、來自麻六甲的香水、來自爪哇的丁香、來自錫蘭的肉桂、來自印度的胡椒，在此集散。在塞維爾或倫敦或阿姆斯特丹可買到的東西，在波托西也可以買到，但價錢高得多。但既然擁有一座銀山，價錢、距離、困難，也就不是問題。波托西將全世界帶到它那裡。波托西的富裕，名聞遐邇。「富裕一如波托西」成為最終的夢想。

然後，銀礦告罄。經過百餘年的繁榮，礦砂品質愈來愈差，生產變得困難，迫使礦場一家家關閉。一八○○年時，這座一度和歐洲任何大城不分軒輊的繁華大都會，已幾乎和鬼城無異。而曾竭力將最精緻、最奢侈的貨物送往這偏遠地方，以滿足該地礦工需求的外面世界，也遺忘了波托西。但波托西的遺產已重畫了世界地圖，已促進了世界經濟。波托西與墨西哥的銀，激起了英國、荷蘭、法國的貪婪念頭，使他們開始去搶奪，去仿效西班牙、葡萄牙的殖民帝國。

3 ｜英格蘭的海盜業始祖

　　一五五〇至一六三〇年間，英格蘭朝著日後成為世上最大商業帝國之路，邁出了最初的幾大步。他們在北美洲沿海地區和加勒比海地區建立了殖民地，創立了著名的東印度公司（常被視為是世上第一個跨國公司），該公司很快設置了許多貿易站。英格蘭還成立了其他公司，以與非洲、利凡特（Levant，即西方人所謂的「中東」）、俄羅斯、其他地方貿易。英格蘭總共投入約一千三百萬英鎊，成立數家追求海外獲利的股份公司。但其中最大宗的一筆投資（超過三分之一），投入某種風險事業，即受政府特許並規範的海上劫掠事業，而西班牙和其屬地為主要的劫掠對象。

　　英格蘭以擴張為目的的種種投資中，掠捕他國商船並非最大的投資項目，獲利卻最大。有位史學家估算，從一五八五至一六〇三年，投資英國海盜的收益，平均達裝備海盜船所耗成本的六成（相對的，東印度公司的投資客，分紅很少超過兩成，而維吉尼亞公司更是從沒賺錢）。對商業活動原本心懷疑慮的投資客之所以出資投入海外擴張，海上劫掠的刺激迷人是很大的誘因。

　　只要看似有利可圖，商人都會投資，但這時候的英格蘭貴族和地位僅次於貴族的中上階級，仍有許多人鄙視商業，對於只從事貿易的企業，他們的投資少之又少。因而，針對他們而發的宣傳小冊，特別強調即使是消極投資客，都有機會藉由協助英格蘭私掠船削弱西班牙勢力，為建

立殖民地創造有利條件，從中不只獲取利潤，還能光耀門楣。因為隨著殖民地的建立，使異教徒改信基督教的傳教事業，以及其他非營利性的事業，隨之有了開展空間（有份針對某紐芬蘭計畫案而推出的小冊子，甚至強調這計畫將帶來千載難逢的狩獵機會，於是向潛在投資客鉅細靡遺介紹了大部分人未見過的一種動物：麋）。

成就最不凡的海盜，例如德雷克（Francis Drake），種種榮耀及身（包括獲授爵位），其豐功偉蹟成為流行敘事詩歌、大報的謳歌、報導題材，甚至成為布道的內容，從而替創業投資計畫書的撰寫者，創造了不少現成可用的材料。非商人出身的投資客，通常出資不多（平均約為商人的一半），但他們的參與至關緊要，因為他們的參與，使原本可能一心只想著土地的貴族，變成海軍的有力支持者。最後，在促成西班牙、葡萄牙帝國的式微上，海上劫掠（包括英國、荷蘭的海上劫掠）的功勞，大概比北歐洲諸強國還要大。

海上劫掠為何如此重要？原因在於歐洲近代初期貿易的本質。當時，除了日益蓬勃的波羅的海穀物貿易這個重要的例外，歐洲的海上貿易幾乎全是奢侈品貿易，包括香料、金銀、毛皮和高級紡織品，以及後來的奴隸和糖。這些貨物非常值錢，因而海盜船只要攻擊一個目標得手，就能有豐厚利潤回港。航運成本只占這些產品的最終成本的一小部分，因而，將航運成本降到最低的誘因不大：與其撙節對大局沒什麼影響的成本而可能招來海盜洗劫，不如配置更多船員和許多火炮以提升安全。

為防海盜而加強武裝，結果反倒又助長了海上劫掠風。因為每艘商船都配置武器自保，碰上收益不足而又有機會可劫掠他船以補足收益時，每一艘船自然而然可立即變成海盜船。數百年間，有所改變的都是下場的玩家，而非比賽。

首先是熱那亞人和威尼斯人角逐霸權，然後是西班牙人、葡萄牙人抱走最大獎，接著是荷蘭人、英國人以其人之道還諸其身，打敗西班牙人、葡萄牙人（相對的，中國、印度、阿拉伯商船較常載運混合貨物，

包括許多笨重的日常食物，且印度洋和南中國海上偶爾才會碰上海盜，因而，船上只配置少量武器。於是，這些貿易商雖然航海、經商本事高超，遇上東來之歐洲人那種武裝貿易，根本措手不及而只能任人宰割）。

但漸漸的，一種新貿易在歐洲出現，隨之出現一種新航運業。隨著十六世紀時荷蘭境內城市開始以東歐進口的穀物為食，突然間海上出現了許多非常廉價、笨重而叫海盜看不上眼的貨物。沒有了海盜威脅，定期航行於波羅的海航路的船長，隨之得以較不必擔心安全；由於穀物、木材等波羅的海貿易商品的獲利空間相對較小，這些船長若不削減成本，根本無利可圖。

不久，荷蘭人開始建造一種名叫「福祿特（fluitschip）」的新船。這種商船速度慢，和其他歐洲船一樣不適遠航，但比起同樣大小的船隻，它們所需的船員數少了一半，而且由於幾乎不用擔心海盜，波羅的海的荷蘭船長可以充分利用這種船所容許的較低工資開銷，增加獲利。靠著一大隊這種船，荷蘭人很快就得以挺進歐洲其他水域，蠶食對手地盤。不久，荷蘭人主宰了幾乎歐洲所有非奢侈品的海上運輸業務，埃及等地方的穀物運到南歐幾座大城的航運路線，也掌控在他們手中。藉由掌控了民生物資的貿易，荷蘭人得以順勢成為歐洲大部分港口裡勢力最大的貿易社群（戰時，任何船都成為攻擊目標，這時，荷蘭人以專為護衛船隻而造的戰船，護送福祿特商船。以戰船搭配專為貿易而造的新式商船，至為合理）。

南歐的海上強權，由於在歐洲內部航路上的勢力遭削弱，在洲際航路上又遭海盜劫掠，一一垮台，剩下荷蘭人和仿效荷蘭人的英國人爭奪海上霸權和商業霸權。

最後，英國人勝出；而為了讓竭力節省成本的商船（和日漸蓬勃的美洲農產品之類笨重貨物的長距離貿易），有安全的海上環境，英國人設立了一支常備海軍，矢志肅清全球各地的海盜，而這時候的海盜，大部分是遭推擠到國際海運業邊緣的非歐洲人。在這個新秩序下，任

何武裝貿易船都會受到英國海軍（以承襲德雷克和佛洛比雪〔Martin Frobisher〕傳統遺風而自豪的海軍）懷疑和騷擾。但事實上，英國海軍所在打造的世界，更類似於近代以前亞洲的世界，而英國海軍那些赫赫有名的先驅，其實遠更類似於它這時所斥為罪犯而欲打擊的人物。

　　這兩種英國水手，都是從海盜這角色分道揚鑣演化出來；沒有了海盜，這兩種水手都不可能在最後成為海上霸主。

4 │冒險、貿易、海上劫掠：
兩位現代初期的旅行家

引言

　　大部分十六世紀的歐洲人，一輩子注定辛苦工作，待在自己生長的地方，沒什麼機會遠離家鄉、躋身社會更高層或從事貿易。少數有幸享有高社經地位者，除非迫於環境而搬遷或改變，活動範圍也往往離自己生長地不太遠。但有一些男子，有過不同於凡人的閱歷，完成令人讚嘆的遠航，參與了有利可圖的貿易，遇過來自多個國家、多種宗教、生活方式各異的人。他們透過著作，有時透過鼓勵貿易，讓一輩子待在家鄉、生活平淡無奇的歐洲人認識了更廣大世界和其財富。置身壽命短且交通速度慢的時代，他們還是有辦法遊歷世界。他們讓世人認識到，在現代初期，致富之道有時是戰鬥、出國冒險，或拜地理邊疆、宗教邊疆的可滲透性之賜而得以實現的外交活動。這些人能在動盪的人生裡扮演多種角色，人生之多采多姿為世間少有。

安東尼・雪利（Anthony Shirley）

　　安東尼・雪利就是這樣的人，他一生的多采多姿，在伊莉莎白女王時代名列前茅。他上戰場打過西班牙人，當過波斯國王的外交官，曾受僱於英格蘭商人向官方遊說，當過西班牙人的代表，曾在加勒比海和地中海當過海盜，也就是說歷任伊莉莎白女王時代清教徒的代表、伊比利

半島天主教徒的代表、波斯穆斯林的代表。他嘗試過數種致富之道：在低地國尋求君王封爵，在那不勒斯尋求繼承土地，在波斯為外國人尋求特殊通商權，在加勒比海、地中海、大西洋島嶼尋求不折不扣的戰利品。他的一生，正表明在十七世紀時，至少已有一些人足跡非常廣。

他生於富裕持有土地的貴族家庭，在牛津大學拿到文科學士學位，「取得適合裝飾紳士身分的那些學問」，曾以研究員身分在牛津的萬靈學院待過一段時間。雪利已掙到安穩且受人尊敬的地位，不久卻瞭解到自己喜愛戰鬥和外交更甚於學術或專業工作。畢竟，在當時，離開家鄉為女王打仗，有時是爬上更高社會地位的最佳途徑。大學畢業後，他連同父親和哥哥投靠甚受伊莉莎白一世寵信的埃塞克斯伯爵。父子三人一起在諾曼第、在西班牙治下的荷蘭，與西班牙士兵廝殺。由於戰功彪炳，他獲法國國王授予爵士品位，當時法國國王與英格蘭人為盟友。但獲法國國王授與的頭銜，卻引來伊莉莎白女王的不快。伊莉莎白緊盯著自己廷臣的私生活，既對法國授與頭銜之事不以為然，也瞧不起雪利與某位貴族小姐的婚姻（這場婚姻最終並不美滿）。

或許為了贏回女王的寵信，或許為了躲開妻子，雪利爵士於一五九六年走上替己國掠捕敵方商船（或者從西班牙人的角度來看，即海上劫掠）這條較不尋常的路子——但在他的家族裡，走這條路沒那麼奇特，因為他的兄弟湯瑪斯已是惡名昭彰的海盜。最初，安東尼和約四百名同夥從英格蘭出航，攻打聖多美和佛得角這兩個富裕非洲島嶼上的西班牙人；然後他橫渡大西洋，襲掠中美洲和數個加勒比海島嶼上的西班牙人移居地，尤其是當時仍屬西班牙人所有的牙買加島上的移居地。但他未能光榮返鄉或帶著戰利品返鄉；事實上，他憑著好運氣才得以返回英格蘭，因為他的手下在牙買加叛變。他兩手空空而回。

他在英格蘭沒待很久。為了發財致富，他決定前往義大利，助埃塞克斯伯爵從羅馬教皇手裡收復位在費拉拉（Ferrara）的公爵領地（教皇既是羅馬天主教會的首腦，也是世俗君主）。但他去得太晚。等到雪利和

其手下抵達時，這場領土糾紛已塵埃落定，由教皇一方獲勝。一心仍想著致富的雪利，轉到威尼斯。與僑居該地的英格蘭商人談過後，還是未能在威尼斯找到雇用機會，他轉而與一名通譯和二十六名英格蘭人投奔波斯皇帝。他的旅費由阿勒頗和巴格達境內英格蘭商人提供，那些商人則把這筆開銷算在埃塞克斯帳上（令這位伯爵既意外且不悅）。這下子，雪利不再是戰士、掠捕商船者或冒險家，搖身一變成為外交官和商人。他在東方為其他英格蘭人尋找通商機會，在波斯完成他最了不起的成就。在那裡，大權在握的阿巴斯國王佩服於雪利的軍事歷練和人脈，封這位英格蘭人為「親王」（mirza），要他出使諸基督教國家，以促成那些國家與波斯結盟。為拉攏基督教勢力，這位波斯王讓所有基督徒商人享有宗教自由、波斯境內通商權，並免除關稅。雪利接下此任務，時機大好，因為某些信基督教的領袖（令雪利遺憾的，其中不包括英國女王伊莉莎白）想借波斯之力打擊地中海地區的土耳其人和印度洋地區的葡萄牙人。在這同時，阿巴斯國王想借西方之力對抗同樣的敵人（顯而易見的，這些舉動與其說是聖戰，不如說是帝國主義征戰來得貼切；尋找結盟對象時，考量其陸海軍實力更甚於考量其宗教信仰）。雪利與一名波斯特使一同出發，欲讓諸基督徒國王相信與波斯合力對抗鄂圖曼土耳其人是行得通的。他把弟弟羅伯特留在波斯，要他負責波斯國王軍隊的現代化事宜——但其實羅伯特也充當人質，以確保安東尼會返回波斯。

安東尼此次任務有成有敗。這兩位特使代表波斯國王出使歐洲八國，要在布拉格拜見神聖羅馬帝國皇帝，要在羅馬拜見教皇，還要拜見英格蘭、蘇格蘭、法國、西班牙、波蘭、威尼斯六國的領導人。在莫斯科（沙皇是俄羅斯東正教領袖）、布拉格（與奧地利神聖羅馬帝國皇帝）、威尼斯、羅馬（與身為所有天主教領袖的教皇），他們代表波斯國王（波斯什葉派領袖）磋商，談出令人滿意的結果。這些領導人都樂見波斯向基督徒打開大門，樂見與波斯結盟對抗強大的鄂圖曼人。安東尼在此時皈依天主教，也有助於達成他此次的任務。但對這位英格蘭冒險家來說，有

件事很不妙。他那位信新教的女王伊莉莎白，從頭到尾未授權雪利出國執行任務，而且已在這期間以主導未遂叛亂的罪名下令砍了他恩公埃塞克斯的人頭，從而使雪利更不得寵於英格蘭女王。更為重要的，伊莉莎白與鄂圖曼人關係良好，而與雪利正在磋商的對象：天主教徒，交惡。她不接受雪利的訪問團，不准雪利回英格蘭。

但其他君王對他有好感。神聖羅馬帝國皇帝派他出使摩洛哥，然後這位以在戰場上打西班牙人展開其國外冒險生涯的英格蘭人，受馬德里王廷之聘，擔任等同於艦隊司令的職務。他要在資金甚少的情況下打造一支艦隊，以打敗襲擾地中海商業的巴巴里（埃及以西的北非伊斯蘭地區）海盜。他組建艦隊的方式，包括說服海盜與他一起為西班牙效力（但其實為了自己利益）和捕捉地中海上的船隻，因此廣受鄙視，尤以在英格蘭為然。西班牙人這場遠征以失敗收場，雪利隨之返回西班牙。一六三六年他仍在謀畫幹什麼大事，但接下來，據替他立傳者的敘述，「他消失無蹤，死於何時和埋在何處都不詳。」

安東尼‧雪利對西歐人知識的最大影響，將會透過他的著作和他在他人記述、戲劇裡露面來達成。雪利談他在聖多美、加勒比海地區經歷的回憶錄，被收入理察‧海克律特（Richard Haykluyt）一六〇〇年編纂的英格蘭人遊記彙編裡，他的波斯之行報告——以及同行夥伴威廉‧帕里（William Parry）所寫的報告——描述波斯伊斯法罕豪奢的宮廷生活，使歐洲人更加瞭解富裕的東方，更加想瞭解波斯。波斯的富裕形象深印歐洲人腦海，因而除了在劇作家本‧瓊森（Ben Jonson）的《福爾蓬奈》（Volpone）的台詞裡，甚至在莎士比亞的《第十二夜》（一六〇二年首演）、乃至《李爾王》的台詞裡，都可見到對波斯的這一觀感。事實上，雪利的某些回憶（或者說虛構的故事）太精采迷人，因而有某位替他立傳者甚至聲稱這位冒險家其實是莎士比亞諸劇作的真正作者，只是這一毫無根據的論斷至今未獲其他哪個人支持。

佩德羅・特謝拉（Pedro Teixeira）

此時代另一個遊歷甚廣的旅行家，也讓人認識到當時的世界已漸漸成為為人所知且彼此關連的世界。這位葡萄牙旅行家，名叫佩德羅・特謝拉，被他的某位通譯稱作「早期——或第一位——『走遍全球者』」。他以民間人士的身分出外闖蕩，踏上知性發現之旅，而非征服之旅。他出生於里斯本，可能是個醫生，而且肯定對致癮物很感興趣，為了探究其他地方的風俗和療法而四處探險。他於一五八五年從葡萄牙出發，踏上環球之旅，途經葡萄牙、西班牙在印度的殖民地、菲律賓、墨西哥、古巴，一六〇三年返國，（成為由伊比利人所主宰之新興太平洋、大西洋世界的一部分）。然後，經過十八年的旅行，四處遊歷之心未減，他於一六〇三年再度來到印度；這一次他走較短的路線返國，先坐船到波斯，然後走陸路到巴格達、黎凡特（Levant）地區東部、威尼斯，最後來到安特衛普，並在該地寫下他的遊記（和翻譯兩部用波斯語寫成的波斯史書）。環球之旅和對致癮物的興趣，使特謝拉大概成為史上第一位以親身見聞報導世上各大提神食物（鴉片、茶葉、可可豆、檳榔、菸草、咖啡）的作家。

就在這時，已有一些歐洲人在尋找藥方，治喝葡萄酒、啤酒、琴酒後的頭腦昏沉，結果找到咖啡、茶葉、糖之類可提神的食物，從而為後來所謂的「勤勞革命」（見第七章第二篇）打好條件。特謝拉為他稱之為「kaoàh」的飲料和咖啡館、咖啡館所用器具，提供了最早的詳細描述之一。咖啡，與烈酒不同，使人較易長時間工作並保持專注（見第三章導論）。這些致癮性食物，有一些成為十八、十九世紀國際貿易的主要推手。

雪利和特謝拉兩人的生平，說明在十六世紀晚期和十七世紀初期，日增的好奇心和貪欲，日益精進的藥物知識、運輸、遠航、戰爭，已如何影響全球各地的人和政治安排。

5 │魯賓遜的高檔生活

　　在一般人眼中，魯賓遜似乎不是個奢華成性之徒。相反的，他通常被視為是勤奮、節儉、樸素的象徵。一七一九年就已出版的《魯賓遜漂流紀》一書，如今被視作是馬克斯・韋伯（Max Weber）提出新教倫理的靈感來源，用來解釋信仰、儲蓄、投資之間的關係，而未被視作是對休閒或虛榮性消費的禮讚。

　　但這本書和作者狄福所欲傳達的旨意，一直以來常遭到誤解，與狄福的本意大相逕庭。這小說其實不在歌頌自給自足，反倒在頌揚世界貿易（特別是奢侈品的世界貿易）和奴隸制。

　　沒錯，在這部小說（堪稱是第一部以英語撰寫的小說）前頭，魯賓遜父親告誡他勿養成奢華習性。小說裡剩下的部分，魯賓遜則不時在懊悔自己未聽父親的話，加入英格蘭中產階級，反倒出海從商。在書中部分地方，《魯賓遜漂流紀》的確在頌揚勤奮精神。魯賓遜流落荒島期間，從未沉迷於享樂或休閒活動。他具有會計的精神（狄福有段時間也具有），時時計算庫存的物資和度過的年月日。他把從失事船帶上岸的酒留供特殊時候使用，而非一次狂飲而盡。他把閒暇用於研讀聖經，而非探索該島。事實上，他在島上第十八個年頭才走到該島的盡頭一探究竟！

　　魯賓遜不只蔑視怠惰，歌頌勞動，身為正派的中產階級英格蘭人，他還拒斥奢華。船上的精美衣服，他一件也未帶上岸，反倒用山羊皮製作粗糙衣物，而他穿衣完全是因為怕曬。在這個與世隔絕的孤島上，他

完全根據是否有用來斷定物品有否價值。他愛木匠的一組工具箱更甚於錢，前者可利用來製作器物，後者因為沒東西可買而遭他斥為「蠢東西」。

　　自給自足、儉約、節制，似乎不是後來促進世界貿易發展的價值觀。但事實上，魯賓遜和創造這人物的狄福，都與往往以奢侈品為基礎的國際貿易關係非常密切。

　　狄福從事寫作前是個企業家。他買進法國靈貓，用來製作香水，替正與法軍作戰的英國軍艦保險，投資打撈沉船寶物，替圭亞那殖民計畫撰寫宣傳資料，入股不光彩的南海騙局（譯按：指一七二〇年英國南海公司在南美進行的股票投機騙局，使許多投資人一夕破產），參與黑奴買賣。他深信英格蘭能否富強，取決於國際貿易，而非自給自足。

　　這觀點事實上是《魯賓遜漂流紀》一書的基本精神。魯賓遜困在加勒比海的荒島上，上岸時只具備少許機械技能，但他賴以維生的東西，幾乎全來自他在其上擔任船員的那艘欲航往非洲的失事船。槍隻、火藥、食物、工具，每一樣都非島上本有。沒有這些東西，這島嶼在魯賓遜眼中是「不毛」、無用之島，而非桃花源般的熱帶天堂。

　　首先船上為何有這些東西？父親告誡他當個循規蹈矩的中產階級，要嘛從事貿易，不然就當律師，但魯賓遜未聽父言，反倒投身非洲奴隸買賣這極有利可圖的事業。第一趟遠行成果豐碩，他拿「玩具和無價值的東西」換取奴隸，將獲利的一大部分拿去投資。再次前往非洲做買賣途中，落入摩洛哥海盜手中，當了四年奴隸。但他偷了一艘船，跟一名奴隸難友一起逃脫，人生際遇再度轉折。逃亡途中，一名葡萄牙籍奴隸販子在大西洋上救了他們，載他們到巴西。他將那艘船和那名奴隸賣給救命恩人。在巴西，他購買土地，開始種植菸草和甘蔗（當時美洲主要的奢侈品作物）。後來他再度搭船前往非洲購買奴隸，途中船隻失事才流落荒島，而他之所以到非洲買奴隸，乃是因為那裡的奴隸比巴西市場上的奴隸便宜。

　　因此，到這階段為止，魯賓遜的人生若非從事貿易，就是在購買奴

圖 5.4　魯賓遜畫像
來源：Alexandre Chaponnier, Paris: Martinet, 1805 年

隸以為己所用。他買賣的是當時主要的奢侈品，即奴隸、菸草、糖。在荒島上的二十八年期間，他自給自足；他活了下來，且日子過得還算舒適。但他未積累財富。他在島上從未搜尋可成為上好出口貨的任何資源，事實上，對於他此前所不知道的東西，他一概視而不見。因此，獲救時，他所擁有的財富，就只是他當初從失事船上搶救下來的錢幣，也就是最初打算用來經商的錢，而非他自己勞動的成果。

　　後來他將奴隸引進「他的」島上，開闢殖民地。但殖民地的經營費用，來自他巴西甘蔗園的獲利，來自他第一次遠行購買奴隸的投資獲利，而非來自他在荒島上積累的財富。與世界經濟和其奢侈品重聚後，魯賓遜重拾「遨遊」世界各地的生活，更盡情去冒險，但未重拾辛勤工作自給自足的生活方式。魯賓遜和狄福身陷於盛行奢侈品貿易的世界裡，因而即使是這部為頌揚新教徒嚴肅價值觀的作品，仍避不開奢侈品和奴隸制的誘惑與財富。

6 │ 沒有島嶼在風暴中：或者，中英茶葉貿易如何淹沒太平洋島民的世界

　　拿鴉片換茶葉的貿易，在世界貿易史上或許不是較光彩的一頁，卻是頗為人知的一頁。十八、十九世紀英國人迷上了中國茶，因而需要東西賣給中國，以免一直陷於入超，但中國不需要歐洲任何東西。有很長一段時間，英國一逕將銀幣輸往東方，但最終，國內要求停止白銀外流的政治壓力排山倒海而來，勢不可擋。

　　英國四處搜尋白銀的替代品，最終找上可在他們的新殖民地印度大量生產的鴉片。最後，這一致癮性作物暢銷，解決了英國東印度公司的難題，卻造成無數中國人染上毒癮。一八四〇年代，中國政府決意禁絕鴉片，引發鴉片戰爭，中國慘敗，被迫開港通商，接受傳教士傳教和其他較難察覺的西方文化。

　　但事實上，事情非如此簡單。英國人確曾找到可在中國銷售的其他商品，而且中國對這些商品的產地有強大影響，且大部分是負面影響。

　　英國東印度公司所想賣給中國的歐洲商品，的確不大受青睞，例如英國羊毛在英格蘭船隻所停靠而位處亞熱帶的廣東，就賣得不好。但英格蘭貿易商並不笨，運來鴉片之前許久，他們就已發現中國人習慣從亞洲其他地方買進其他東西，包括魚翅和燕窩（皆為高貴食材）、珍珠、特殊木材（特別是檀香木），以及較日常的產品，例如印度棉花（由廣東附近人民紡成紗、織成布，然後往往再外銷）和越南糖。但這些商品每樣都有其難題。

棉花市場很大，卻不易進一步拓展，因為中國所需原棉，大部分自產；蔗糖也是。另一方面，中國對檀香木的需求似乎永無饜足，因而檀香木的問題在於取得足夠的貨源。檀香樹生長在許多太平洋島嶼上，但分布面積不大。當時對計畫性永續林業幾一無所知，因而歐洲船一發現產檀香木的島（包括像夏威夷這樣的遙遠島嶼），即竭盡所能搜括島上的檀香木，直到便於砍伐的檀香樹都砍光，就轉移到另一座島。一個又一個的島，以此方式，被引進長距離貿易裡，享有短暫的貿易榮景，然後旋即遭棄，而留下的往往是已嚴重受損的當地生態。事實上，若非後來鴉片貿易興起，提供了銷往中國的替代貨品，這其中有些島嶼，很有可能遭那些一心要讓舶來品源源不絕輸入的部落酋長給摧毀淨盡（舶來品的輸入提升了他們的威望）。在這同時，尋求魚翅、燕窩、珍珠，尋找其他熱帶樹所產的樹脂，則造成更為怪異的結果。

問題出在這些商品無法人工栽培，全是自然野生，只能從海洋、叢林等險惡地方採集。這些地方大部分位在叢林遍布的島嶼上或這些島嶼附近，即今日菲律賓南部和印尼東部諸島上或附近。這其中任何商品，採集工作都危險、不舒服，且需高超本事（特別是潛水採珠）。而且這些島嶼和鄰近島嶼都人煙稀疏，勞力短缺，利於工人討價還價，因而，以英國人所願意支付的工資，根本找不到足夠的自由工人從事這些工作。

就在這關頭，蘇碌蘇丹國（Sultanate of Sulu）挺身相助。這是由幾個島所組成的王國，西班牙雖宣稱據有這些島，但這王國實際上享有獨立地位。這蘇丹已和西班牙打了許久的仗，一直在尋求盟邦（和資金）支持，以持續這場戰爭，因而極渴望得到英國的槍隻、錢，以及可贈予其主要部眾以茲攏絡的各種舶來品（例如布和銅製品）。與西班牙人斷斷續續打了數十年的仗，已把這王國的兩項專長（航海和劫掠奴隸），磨練到神乎其技的地步。

身為穆斯林，蘇碌人理論上不能以其他穆斯林為奴。但信仰基督教的菲律賓人和這地區許多本土宗教的信徒，倒是絕佳的獵捕目標，而且

在蘇祿社會，長久以來一直將蓄奴視為身分地位的重要象徵和財富來源。透過英國人的關係，蘇祿王國的熱帶海洋產品和叢林產品更容易打進中國市場，英國人提供的槍隻則使該王國的軍力更強，於是蘇祿人的擄人為奴活動，在十九世紀初期達到新高峰。

為防範奴隸出去採集叢林產物時逃跑，蘇祿人祭出多項獎勵措施，包括利潤分紅、晉升奴隸頭頭、最終獲得自由之身。一個個由奴隸頭頭、奴隸、奴隸之奴隸組成的龐大金字塔狀組織出現；擄人為奴從時有時無的威脅變成時時存在的嚴重問題。許多較弱的王國因此覆滅或成為蘇祿王國的屬國。西班牙人升高征討蘇祿王國的行動以為因應。戰爭打了許多年，西班牙人多嘗敗績，但在一八七〇年代，終於征服這幾座島嶼。

有人可能會不解，如果軍力比西班牙強大得多的英國，支持這蘇丹國的擄掠作為，西班牙人怎麼會贏。這問題牽涉到情勢在最後有了怪異的轉折，即英國人一改初衷，轉而在基本上支持消滅蘇祿王國，儘管這王國賣給英國人所渴望的商品。一八〇七年，英國國會立法禁止奴隸買賣，皇家海家基於職責得在世界各地協助執行這禁令。因此，來自英國商人的需求，促成蘇祿人四處擄人為奴，而這蘇丹國卻也因這需求，成為英國政府眼中的不法王國。

如果英國東印度公司保住了它獨占英國對中貿易的政府特許權，如果該公司未拿鴉片來抵銷購買茶葉的開支，皇家海家說不定會抱持全然相反的立場。但該公司的獨占權於一八三四年遭撤除，而在那之前許久，鴉片銷售的暢旺，早已使珍珠、燕窩等商品，在對中貿易所占的分量上變輕許多。此時，已在海上暴力方面練就一身功夫的蘇祿人船長，樂於以海上劫掠為副業，而隨著他們對中貿易的獲利愈來愈微薄，海上劫掠對他們愈來愈重要，但無疑也因此使他們與馬尼拉、新加坡或倫敦為敵。

十九世紀中葉，他們成為人見人厭的賤民，而他們昔日的祕密戰友，則已轉向毒品貿易，並運用世上最強大的海軍，高舉文明大旗，追捕他們。

7 │ 法人企業的粗暴誕生

　　十七世紀時，歐洲人為何創造出全球最早具法人身分的公司？從現在回顧過去，答案似乎再清楚不過：具法人身分的公司，似乎是再合理不過的做生意工具，特別是在大規模的生意上，因而他們未更早發明出來，反倒才叫人不解。但真正的答案其實更錯綜複雜，且與今人眼中法人身分的好處，關係甚淺。

　　最早真正具法人身分的公司（荷屬、英屬東印度公司、西印度公司和諸如此類的公司），幾乎稱不上是最早的大型合夥企業，但它們有幾個創新之處。首先，它們是匿名的，亦即並非所有合夥人都得彼此認識。它們將所有權與管理分開：由選出的董事做決定，大部分投資人若不接受這些決定，就只能賣出持股。它們是永久存在的實體：如有一個或多個合夥人想退出，不必重新商定整套協議。最後，它們是獨立於任何股東之外而具法律地位的實體，且擁有無限的生命。十六世紀和那之前的大型合夥商號，創立時都定下了解散日期，有時定在一次航行結束時，有時是在特定的幾年後。屆時，商號的所有財產都要清理，分發給合夥人。東印度公司之類新商行，類似現代法人團體，不自我清算；它們逐年積聚資本，而不將資本配還給其個別所有人。個別來講，大部分這些特點可以在許多時期、許多地方找到，但這種兼具上述種種特點的形態是前所未見，而且最終改變了經商方式。

　　這的確是非常高明的發明，但當時有多少人需要它們？少之又少。

接下來的將近兩百年裡，幾乎沒有具法人身分的公司為了製造業或歐洲內部貿易而成立。當時幾乎所有生產的資金需求都很小，小到不必冒風險與陌生人打交道就可以募集到所需的資金。即使是工業革命後新興的大量生產工廠，包括韋吉伍德（Wedgewood）瓷器廠、施奈德（Schneider）製鐵廠（即克勒索金屬加工廠〔 Le Creusot 〕），以及幾乎所有的英格蘭棉紡廠，都是家族商行，推動這新經濟發展的煤礦開採公司也是（但建造收稅公路、開鑿運河的公司有一部分不在此列）。一直要到一八三〇年後，鐵路建設如火如荼，才終於出現一項需要大量資金的產業，而由於投資後要等很久才能拿到獲利，具法人身分的公司變得真正不可或缺。

即使在十七世紀，需要大量耐心資本（譯按：即投資後需要耐心等待報酬的資金）的活動，仍是涉及歐洲境外的經濟活動。搭船往返東亞一趟可能需要三年，如果合夥企業想將風險分散於數次航程，合夥人還得等更久才能拿到最後股利。但即使如此，都未使當時的公司具有永恆生命，例如與俄羅斯貿易的英格蘭莫斯科公司（English Muscovy Company），就不具這特色。此外，投資人普遍不願接受公司具永恆生命的觀念。由於股票市場還未發展完備，除非公司明訂解散日期，否則投資人不知道自己能否拿回本金。部分因為這關係，荷屬東印度公司受特許成立之初，具有的生命雖長但有限（二十一年後停業清理），且強制其分發高股利。而亞洲商人從事的長距離貿易，距離幾乎和歐洲商人一樣長，且在十八世紀期間，在連接中東、印度、東南亞、日本、中國的貿易路線上，往往還更勝歐洲人一籌，但他們似乎不需要成立具法人身分的公司。

因此，什麼因素促使公司轉而必須擁有永久生命？一言以蔽之，暴力。各個東印度公司不只拿到貿易的特許權，還拿到向葡萄牙人開戰的特許權，因為葡萄牙人創立了築有防禦工事的殖民地，且運用其海軍獨占對亞洲的貿易；在美洲，各個西印度公司，也面臨了葡萄牙人、西班

牙人類似的獨占主張（和更強大得多的殖民地）。這些北歐洲國家理解到，為了相抗衡，他們得如法炮製，亦即占領土地，在其上興築防禦工事，武裝船隻以巡邏海域。但這表示得耗費大量的固定資本在要塞和船艦，以及民生物資之類的營運資本上（亞洲貿易商大體上不願玩這一套，而把重心放在歐洲人所無法遂行壟斷的大片海域和沿岸上。因此，他們的經常費用遠更低，能夠在歐洲人所無法靠武力達成壟斷的地方，也就是除了一些位居戰略要津的海峽以外的幾乎任何地方，以比歐洲人更低的價格賣出貨物）。在美洲，貿易距離較短，但其他問題更為棘手。在亞洲，築有防禦工事的歐洲人基地，可以從鄰近高度商業化的社會購買必需品、雇用人力，在美洲的基地則必須更自給自足，因而必須是具有生產性農業的不折不扣殖民地，而這樣的基地需要花更久的時間來打造。

歐洲的海外風險事業需要在防衛上投注如此大的資本，若不引進許多不相關的合夥人，根本無法遂行。而由於需要如此多的固定資本，這類風險事業若沒有非常龐大的貿易量以產生足夠利潤，根本不划算。而非常龐大的貿易量，意味著得將非常龐大的營運資本綁在扣在海外的存貨上，以等待時機用存貨換取貨物賣回歐洲。事實上，替荷屬東印度公司在亞洲建立帝國的科恩（Jan Pieterszon Coen），為了爭取更多資金，和阿姆斯特丹的關係幾乎是抗爭不斷。人在歐洲的董事會成員一再建議道，宰制海上後，他可以藉由劫掠，在不需更多資金的情況下，壟斷運回歐洲的香料貿易；他回應道，劫掠阻礙貿易，公司就無法產生夠大的貿易量以支付成本，即使他真達成壟斷亦然。為清償要塞的成本，就必須開闢全新的貿易路線，大大擴大其他路線，而那意味著需要更多資本和更大耐心。經過幾年衝突，以及希望公司逐步縮小規模而不要擴大營運的股東的許多抗爭，科恩和其繼任者終於獲勝：公司在二十一年後未停業清理，反倒再獲特許，董事可在需要提高資本時自主降低發放的股利，荷蘭投資人懂得按如今日股東那樣來行事。

當然，公司自行籌措保護成本這樣的觀念，維持不久。十八世紀時，

戰爭成本劇增，英格蘭、荷蘭轄下的公司都不堪負荷而呈現不穩；他們試圖將這些成本轉嫁到他們所壟斷的商品上，結果使他們大受排斥，且往往還遭走私販子打擊銷路（英國東印度公司在美國販賣茶葉所面臨的難題，只是其中最為人知的例子）。到了一八三〇年代，這些公司全倒閉了，它們的殖民地遭政府接收，就在這時，資本密集產業掛帥的新時代，也即將為它們所開創的那種公司，創造出更能一展所長的空間。

8 | 西印度群島海盜
——當年的企業狙擊手

　　海盜受人唾棄。今人視他們為野蠻、掠奪成性的獨裁者，寄生蟲和懶惰蟲，「人面獸心」。他們是無法無天、寡廉鮮恥之徒。相對的，金融資本家常被視作是有創意的才智之士，是將資源引導入最應幫助的企業以提升生產力的人士。海盜威脅、蔑視講究利潤和財產的資本主義體制，而金融資本家則是該體制的守護天使，確保其順利運作。但在許多例子裡，這兩者間的差異，其實沒那麼大。企業狙擊手（corporate raider，譯按：試圖藉由大量買進某公司股份以接收該公司的個人或公司），就和海盜一樣，常將有變成烏有，拆除精心組合的結構，留下孤立無援、陷入絕境的受害者。企業狙擊人和海盜一樣，利用他人的錢圖利自己。

　　但將現代的企業狙擊手比擬為海盜，在某方面對海盜不公平。最近幾十年的深入研究顯示，十六、十七、十八世紀海盜可供金融資本家借鏡的地方，其實不只在劫掠方面，還在人事關係上。叫人意外的，海盜往往恪守道德經濟。他們不受官方法律的管轄，於是得自行打造法律——供他們在海上和大陸上遵行的法律。

　　海上劫掠行為，存世已有數千年，且遍及世界大部分地區。誰是海盜，通常由海軍軍力最強大的強國來界定。據說有名響叮噹的海盜曾告訴亞歷山大大帝：「你奪取了整個王國，而被譽為偉大帝王。我只奪取船隻，只是個低下的海盜。」

　　十六世紀，拜造船與航海技術之賜，國際貿易大為蓬勃，海盜業跟

圖 5.5　蘇格蘭海盜保羅・瓊斯畫像（西元 1917 年）
來源：Harris and Ewing Collection, Library of Congress

著更為興盛。西班牙人在美洲發現金、銀後，加勒比海地區海盜業尤其發達。美洲早期的海盜，例如霍金斯（John Hawkins）、德雷克之類人物，試圖侵入西班牙人掌控的加勒比海地區販賣違禁品，結果遭拒，於是投身海上劫掠。英格蘭與西班牙或荷蘭與西班牙戰爭期間，私掠船獲頒「捕拿（敵船或貨物的）特許證」，使他們成為所屬國家海軍的志願軍。對這些十六世紀的海上劫掠者而言，海上劫掠只是貿易與戰爭的延伸。商人替這些船所配備的裝備，就和任何商業性冒險行動所配備的裝備差不多，大部分戰利品歸股東。這時期的海盜無疑運用了掠奪性的貿易行為。

　　但十七世紀中葉時，這些早期的商人海盜讓位給西印度群島海盜，他們不是地下的商業頭子，不是替母國海軍效命的兼職游擊隊。他們是由多種族、多民族所組成而具民主精神的海盜幫。最初，他們的成員是

乘船失事上岸的人、逃脫的奴隸和罪犯、宗教上和政治上的難民，在西班牙島（Hispaniola）上的偏遠角落，靠行乞為生。他們不鬧事，不危害社會，但西班牙總督無法忍受這些人不受其管轄，於是派兵剿捕。他們退到小島托圖加（Tortuga），創立「海岸兄弟會（Brethren of the Coast）」，對所有西班牙人宣戰。西印度群島海盜與私掠船聯手，讓西班牙人損失慘重，不只迫使西班牙人耗費巨資成立跨洋護衛船隊，沿海建造要塞，還奪下許多艘滿載白銀的西班牙大帆船，甚至洗劫了一些西班牙的主要港市，例如卡塔赫納（Cartagena）、貝洛港（Porto Bello）。西班牙人拋棄了他們所掌控的加勒比海地區大部分，而在大陸沿岸，為避免海盜威脅，西班牙人建造的城市至少都距海八十公里。

西印度群島海盜如何變得如此人多勢眾、銳不可當？因為有許多英國、法國、荷蘭的私掠船加入他們的行列。這些私掠船在戰爭結束後成為自討生活的蹩腳傭兵，其活動不再受到帝制強權的容忍。他們這時的所作所為，就和先前擔任私掠船時沒有兩樣，只是他們逾越了區隔愛國、榮耀與海上劫掠、惡行的那條分界。但海盜與企業狙擊手的不同之處，不只這點。

西印度群島海盜採行合夥制，每個成員都是股東，利害與共。出發之前，所有成員擬出行為規章。成員根據海軍素養和作戰本事、博得尊敬與執行紀律的能力，公推出領袖。沒有哪個人是靠有權有勢的父母，或大學同窗情誼，或人在外地之投資人的遠端操控，當上海盜船船長。海盜船船長絕不獨裁，這點與皇家海軍不同。據某位觀察家的記載，「只有在自己也可能當上船長的條件下，他們才允許別人當船長。」規章由船員議會來執行。喝酒、賭博、嫖妓、雞姦男童，在大部分海盜船上雖被允許，但有些反社會行為會遭嚴懲，例如私藏某些戰利品會遭流放荒島或處死。

西印度群島海盜的冒險事業，基本上採合夥制。每個人所領的報酬多寡，都取決於他們所劫得的財物——「沒有獵物，就沒有報酬」乃是

他們的座右銘。一旦劫獲財物，戰利品分配給所有海盜，每個應得的分額經大家投票決定。通常船長領兩份，有些職員，例如船醫，領取一份半，其他人全領取一份。船歸船員共同擁有（船通常是搶來的），因而不必像早期海盜那樣將一部分收入付給歐洲國內的投資人。西印度群島海盜施行自己的一套勞動價值理論，也有自己的一套傷殘保險和壽險。喪失身體部位者，發予救濟金，遺孀有時則可以繼承已故海盜丈夫應得的那份戰利品。

遭他們打劫的船隻，若未抵抗，他們往往極善待擄獲的船員和乘客。西印度群島海盜會留下食物和船給他們，或送他們到安全的港口。但如果遭劫獲船的船長曾虐待船員（常有的事），這些海盜會讓該船長「得到應有的待遇」。受俘的船員往往更嚮往海盜的民主生活，因而跟著加入海盜行列。誠如打劫過四百艘船的海盜船船長羅伯茲（Bartholomew Roberts）所解釋的：

「老老實實替主人賣命，吃不飽、工資低，還做得要死要活；而在這裡，富足、吃得飽，快樂又自在，自由又有權，既然做這一行的風險，最糟糕也不過是快窒息時一兩個不快的表情，那麼誰不願意靠這個拼個跟債主平起平坐的機會？」

由此，我們看到了海盜與企業狙擊手間的另一個不同之處。後者蔑視、解雇自己的船員，把狙擊得手的船擊沉，棄該船的船員和乘客死活於不顧，靠自來水筆而非劍來奪財。因此，這種人不擔心遭吊死，賺飽了錢，就退回到他自己的加勒比海小島，有法律為他服務的小島。噢，要是海盜正義的年代重現於今日該有多好啊！

9 | 奴隸制終結後的解放、契約 僕役、殖民地種植園

　　十九世紀的西方社會，在觀念上有了一獨步全球的進步，即深信自由市場和人類自由通常不可分割。而這自由觀念少數幾項最光榮的成就之一，就是廢除奴隸制：大英帝國於一八三三至一八三四年廢除，美國於一八六五至一八六六年廢除，其他地方則在十九世紀的不同時期廢除。許多人不計任何代價也要廢除奴隸制，但其他人之所以贊同，有部分是因為他們深信倚賴自由勞力不只有助提升道德形象，而且獲利還會更高。但當事態的發展不如預期那麼順利時，奴隸制的廢除（和涉及更廣的勞工政策），出現了奇怪的轉變。

　　殖民地甘蔗園所帶來的問題最大。英屬加勒比海殖民地即將解放奴隸時，艾爾金勛爵（Lord Elgin）信心滿滿預言道，工資發放將使這些獲得自由之身的奴隸工作更賣力，進而拋磚引玉，使全球各地的奴隸主跟著放下鞭子。但他大概不知道許多奴隸實際上的工作有多辛苦（想想在美國某些甘蔗園，奴隸一天吃下超過五千卡路里熱量的食物，比攀登聖母峰所要耗費的熱量還高，卻沒有變胖）。如果可以選擇，他們什麼都肯做，比如在無主的山坡地上耕種自給自足，或租個較好的土地種作物賣給當地市場，或從事農業以外的職業，但就是不願留在甘蔗園工作（剛獲自由之身而已成為「真正」一家之主的男人，往往特別不想讓「他們的」女人到田裡工作）。有些殖民地立法機構急於壓低勞動成本，於是立法規定剛獲解放的奴隸得在甘蔗園「見習」（儘管他們不需要人來教他們

如何砍甘蔗）。殖民地當局深信，基於趨利避害的普世理性法則，人為了怕挨餓，自會賣力工作，在開支上精打細算，但接下來的幾十年裡，殖民地當局一再主張，惟有非洲人和非洲裔加勒比海人不適用這法則；因此，這些奴隸出身的人仍「需要」接受強制勞役，直到他們已成熟到可接受市場導向的世界為止。這觀念一旦落實，跟著也被用在新殖民地上那些從不是奴隸的非洲人。於是，在南非納塔爾（Natal）的礦區，在塞內加爾的道路上，在其他地方，強迫非洲人付出勞力，都成了合理的事。事實上，儘管許多非洲人就和非洲以外的許多人一樣，不願將竭盡所能地賺錢當作人生惟一目標，但還有許多非洲人之所以無意投身種植園，完全是因為他們自己正忙著生產本地市場所需的作物（二十世紀初英國在南非的殖民地，就對此知之甚詳，因而還禁止黑人小農種植市場作物，以保護白人殖民者的利益）。

但這類措施所提供的勞力仍不敷所需，新、舊熱帶殖民地引進的契約僕役，也是。兩百多萬契約僕役（以印度人、華人居多），運到加勒比海、印度洋、夏威夷、東非的種植園。還有更多人前往東南亞，只是他們所簽的工作契約，條件差異極大，因而很難斷定到底有多少人可視作「契約僕役」。一如北美殖民地初期前來北美討生活的白人契約僕役，這些新契約僕役要貢獻一定期限的勞力（通常是五年），以償還船費；與那些白人不同的是，工作期滿所能領到的額外獎賞，通常不是一塊地，而是他們許多人所拒領的返鄉船票。

從一開始，就有一些人稱他們是「新奴隸」，而這樣的稱呼，既可說對，也可說不對。他們的工作有期限，有工資可領，且簽了合約（但如今很難斷定他們簽約時對合約作何理解）。他們仍是具法律地位的人，而非私人財產，因而有些政府在一些重要方面明確規範他們應受的待遇。前往大英帝國的船和乘客，至少都得接受最低限度的健康檢查，因而，這些航程的死亡率，只有從中國到古巴這一基本上未受管制的航程的三分之一。有些殖民地要求輸入的勞工裡有三分之一是女人，使契約僕役

得以發展出更類似其他移民社群的聚居區。最重要的，只要是實行法律的地方，主人就較不可能非法延長契約僕役的工作期限或苛扣工資（工資最後成長到幾乎和歐洲較窮地區的房屋構架工人一樣高，而比印度或中國的同類工人工資高出許多）。但法律大體上仍是主人的工具，例如曠工可能入獄，因而他們很難稱得上是「自由工」。

但對種植園主而言，以往實行奴隸制的好處，終究一去不復返。在英屬加勒比海地區，他們常抱怨印度契約僕役的每日產能，幾乎不及非洲奴隸的一半。即使將思鄉對契約僕役的影響考慮在內，由此仍可以看出當年奴隸受到如何程度的壓榨，以及強制勞役一旦受到限制，即使只是些許的限制，就如何不可能再現這種產能。到了一九二〇年，中國、印度已禁止「苦力買賣」，契約僕役不再是召募勞工的合法方式（但直至今日這仍存在，只是轉入地下）。契約僕役存在期間，有些人靠這賺了大錢，有些契約僕役也改善了生活。契約僕役無疑改變了非洲許多地區、美洲和其他地方的種族混合比例，但從另一個角度看，這種召募工人的方式注定要失敗。而這失敗提醒世人一個難堪的事實，即光稱奴隸制為「落伍」，無法解決某些非常現代之企業（和它們的顧客、銀行業者等人）倚賴強制性勞力的問題。

10 ｜血腥象牙塔

撰文／茉莉亞・托皮克

撞球看來是個無害的休閒活動，是個與世界歷史潮流幾無關聯的消遣。但十九世紀滾動於撞球檯上的球，乃是用象牙製成。人類使用象牙已有長久歷史，最初將其用於裝飾，乃是兩萬多年前的石器時代人，後來，古埃及人、米諾斯人（Minoan）、古希臘人，利用象牙雕製小雕像、首飾、神像。聖經中的所羅門王有一象牙製的王座。歐洲中世紀的教堂、神殿，飾有象牙像。

然後，工業革命為這古老的珍貴材料找到新用途，用於製作撞球的球、鋼琴琴鍵、小刀握把、棋子。象牙的價值和貿易量隨之暴增。到十九、二十世紀之交時，一年輸入倫敦、安特衛普、漢堡、紐約的象牙超過一千噸。那些就著精緻檯布悠閒擊球，後面還有人輕彈鋼琴替他們伴奏的貴族，對象牙的來歷其實有所不知。象牙高貴細緻的質感和半透明的外殼，乃是數十萬頭象和數百萬非洲人流血所換來的。象牙創造了殖民地。

在重商主義時期，比利時這個小國未曾建立任何殖民地，利奧波德二世（Leopold II）上任後，一心想替比利時開闢殖民地，而他知道若想取得領土，就得將目標指向非洲，因為非洲是惟一一個只有極小部分遭歐洲強權殖民的大陸。非洲整個陸地面積的八成，當時仍受土著領袖統治，使非洲成為「正適合征服」的大陸。透過一連串精明的外交手段，

他將剛果地區納入掌控。誠如霍克席爾德（Adam Hochschild）在最近某一研究中所說，「如果他想在取得非洲領土上有所斬獲，就得讓每個人相信他完全無私心才可能如願。」在這個無比嘲諷而悲慘的歷史一刻，他在歐洲那些推動廢除奴隸買賣的人士裡找到了盟友！但他所追求的和那些人士的目標正好相反，乃是要在國際人口買賣已幾乎絕跡之後，在非洲重振奴隸買賣。

許多歐洲大國政府已透過簽訂條約和公開宣示禁止奴隸買賣，但非法的奴隸買賣仍非常猖獗，利奧波德公開表示對此事的憂心，藉此首度表露他對非洲的關注。利奧波德宣稱，派遣部隊到非洲肅清奴隸販子，乃是為了協助保護非洲人，並宣稱他有心推動剛果現代化。他創設了國際非洲協會（International African Association），以打開進入非洲內陸的通道，進而建造醫院、科學研究站、綏靖基地。該協會據稱欲促成不同部落間的和平相處，帶給他們公平公正的仲裁，以廢除奴隸買賣。利奧波德讓世人相信，他這麼做純粹出於慈善之心。

但慈善得不到報酬，且靠慈善來維持一殖民地，力量太薄弱。利奧波德的目光轉向該地區豐沛的象牙來源，即受熱帶森林保護的象群。但欲開採象牙，得先掌控該地區。

利奧波德於一八七九年開始運用非洲傭兵，控制剛果人、俾格米人（Pygmy，即矮黑人）、昆達人（Kunda），以及其他沒有土地所有權觀念的民族。他們無法理解，他們所世居數千年的土地，竟可以歸某人所有。一八八八年，利奧波德將其傭兵組成「官軍」（Force Publique），下面再分成數支小部隊，每支小部隊通常由數十名黑人士兵組成，而由一、兩名白人軍官統轄。一批替比利時政府效命的白種人，負責強拉民伕入「官軍」，負責捕捉壯丁充當工人，利奧波德根據他們所強拉、捕捉的人數頒予他們獎金。這批白人上繳他們所謂的「心甘情願而積極肯幹」的工人時，通常替他們上了腳鐐手銬。

利奧波德統治其殖民地，大部分倚靠軍力。他分割出數小塊地區，

讓積極肯幹的白人全權管理各地區居民。利奧波德放手讓白人管理各地區，一次為期數個月；士兵虐待剛果人，幾未受懲罰。

當地土著受到殘酷對待。白人順剛果河而下時，會射殺岸邊的倫達人（Lunda）或蒙戈人（Mongo）取樂。他們深信土著只是動物，較劣等且不具人類情感，因此，虐殺他們不算傷天害理。在剛果，懲罰俘虜的常見方式，乃是鞭打，用鏈條將他們栓在地上，連續抽打三十下，有時還更多。有時則割下耳朵或砍掉手腳。

土著剛果人和倫達人乖乖聽話後，利奧波德開始將有人居和無人居的土地（以及其上的任何東西），視為他的財產。他的士兵殺大象，留下一堆堆象屍，非洲人則被迫揹運象牙。這個口口聲聲主張廢除奴隸制的國王，靠奴隸制大發其財，卻將那地方無情地稱為剛果自由邦。象牙和農產品裝滿船運到比利時，但回程船抵達剛果時船上幾乎空無一物，因為非洲的工人不用領工資。比利時人為了取得撞球彈子和鋼琴鍵的製作材料，剝削了剛果的資源。這是偷竊，而非開發。

利奧波德以正義為幌子，征服了剛果地區。他大聲疾呼保障公民權，廢除奴隸制這一暴行，卻以鐵腕統治該地。五至八百萬非洲人和數十萬頭遇害大象，在剛果河沿岸所流下的鮮血，這位國王未看見。於是，愈來愈多彈子，滾動在紐約、倫敦、安特衛普的高雅撞球廳裡。

圖 5.6　因橡膠產量未達比利時殖民地當局所訂下的配額，剛果勞動者遭當局砍手懲罰

11 │ 非洲如何抵抗帝國主義：
衣索匹亞與世界經濟

　　在現代初期，非洲與世界經濟有點疏遠，只透過有害無益的奴隸貿易與世界經濟搭上一點關係，但在十九世紀下半葉非洲遭西歐列強占據時，這塊大陸與世界經濟的關係密切了許多。北方的工業革命和運輸革命，催生出蘇伊士運河（一八六九）和極欲在非洲建立殖民地的心態。一八八四年，柏林會議瓜分這塊大陸，開啟「瓜分非洲」（scramble for Africa）的時代後，這一欲望更為強烈。而在歐洲人這波猛攻中，有個國家——衣索匹亞——保住獨立地位，成為非洲反殖民主義的支柱。

　　衣索匹亞的鄰邦索馬利亞、肯亞、蘇丹、埃及都已淪為義大利人、法國人、英國人和更早時鄂圖曼土耳其人的殖民地，但衣索匹亞仍未遭外國占領（若不論一八七〇年代埃及人和土耳其人在哈拉爾的短暫占領但後來撤出，以及一九三六至一九四一年義大利人的征服未遂的話）。二十世紀，衣索匹亞皇帝海列・塞拉西（Haile Selassie）——一九三〇年即位之前人稱拉斯塔法里（Ras Tafari）——譴責義大利對衣索匹亞的短暫征服，受到國際聯盟的大加讚揚，因而登上美國《時代雜誌》封面，封面人像照底下還有圖說「諸王之王」。差不多在同一時候，他開始受到另一種國際肯定，以牙買加為大本營的拉斯塔法里（Rastafari）團體對他崇敬有加（如今亦然），視他為上帝或耶穌，認為衣索匹亞是聖經中不受「巴比倫」（歐洲文明）擺布的「錫安」。在位長達四十年的塞拉西，因抵抗歐洲殖民主義的成就而甚受其他非洲國家元首敬重，一九六三年獲

選為非洲團結組織的第一任主席。為何獨獨衣索匹亞和塞拉西能在歐洲人征服非洲的狂潮下屹立不搖？衣索匹亞有何與眾不同之處？它如何保住獨立自主之身？

最常見的答案，乃是衣索匹亞是個有三千年王朝歷史的文明古國。這一悠久文明賦予它特殊優勢，使它得以頂住外國侵略，得以藉由訴諸傳統來使國家不受外國控制。有人則認定是因為皇帝塞拉西是天縱英明的領導人，一心追求獨立自主和現代化。然而這些解釋再怎麼言之有理，其實都有待商榷。

這個文明古國的確很早就為歐洲人所知。希臘地理學家希羅多德在一張西元前五世紀的地圖上列出幾個非洲地名，衣索匹亞就是其中之一，荷馬則提到衣索匹亞人住在世界的另一端。這不只反映了兩地人民之間的認識和商業交流，也反映了一方的偏見：衣索匹亞一詞意為「曬黑的臉」，藉此把非洲人和膚色較淡的北方人區隔開來。不久，「衣索匹亞」一詞就被用來代表非洲所有民族，好似整個非洲大陸住著一樣的人。

衣索匹亞不只國名悠久，也宣稱立國悠久。海列‧塞拉西自稱上承一連綿不斷的世系，這個世系傳到他已二百二十五代，源自三千年前的梅涅利克一世（Menelik I），即聖經中索羅門王和（據說係衣索匹亞人）示巴女王的兒子。除了這一猶太傳承，衣索匹亞也是世上最早採納基督教的地方之一（西元三五〇年左右，衣國國王皈依基督教）。非洲境內有基督教王國一事，在約八百年後由十字軍在歐洲境內傳播出去，當時十字軍從巴勒斯坦帶回祭司王約翰（Prester John）的故事，說此人是個虔誠的基督徒君主，統治一富裕國度，該國的人民散發異國氣息、熱愛和平、不作姦犯科、團結一心。於是，對衣索匹亞的正面看法，在歐洲人的腦海裡佇留了頗長時間。

有些歐洲人和北美人對這個文明古國的確較沒那麼敬畏；開拓殖民地者和冒險家往往把衣索匹亞歸入「最黑暗非洲」，認為衣索匹亞人和其他非洲人沒有兩樣，都是未受到歷史進步之風吹拂的原始人。但古衣索

匹亞並非「最黑暗非洲」，在我們今日稱之為衣索匹亞的這塊土地，其上的人民並未離群索居於他們偏遠僻靜的山區，而是老早就拿獸皮、長牙、麝香、黃金之類的天然產物與外人做買賣，商業足跡廣及尼羅河更下游、北邊紅海對岸、阿拉伯海沿岸，還進入波斯灣，達印度洋彼岸。他們與埃及人、希臘人、羅馬人、阿拉伯人、波斯人、印度人有密切的商業關係，與中國有間接的貿易關係。

但衣索匹亞人早早就參與地中海、印度洋商業網絡一事，並未能解釋他們為何能頂住十九世紀歐洲人殖民主義的進逼。衣索匹亞高原許多地方，在穆罕默德出生約兩百年後，紅海對岸葉門境內的穆斯林開始占據非洲沿海地區時，與印度洋、地中海的商業世界斷了往來；到了十五世紀，這些穆斯林已建立具備一切國家要素的國家。信基督教的內陸高原，人稱阿比西尼亞（Abyssinia），走上閉關自守之路，不理會外面世界。

那麼，那些解釋衣索匹亞為何能保住獨立地位的常見說法，還有什麼地方說不通？其實，在二十世紀初期衣索匹亞一名重新出現之前，並沒有所謂的衣索匹亞；今日衣索匹亞國的國土上，過去林立至少七十種語言、八十個族群和數十種宗教，未形成統一的國家。過去衣索匹亞分成三大區域：位於中部和西部、信基督教的高原區，被稱作阿比西尼亞，而此區境內又分為許多彼此爭鬥不休的王國和公國；南部地區，泛稱奧羅米亞（Oromia），境內住著許多營放牧生活的族群，這些族群於十六世紀從索馬利亞和肯亞入侵，信傳統宗教；位於東部哈勒爾蓋（Hararge）和厄立特里亞（Eritrea）的穆斯林區。過去的「衣索匹亞」並非一統的君主國，反倒受苦於封建分裂、軍人掌權，以及有錢教會愛把錢投在教堂和隱修院而非公共工程的作風。經濟四分五裂，因內部紛爭、領土遭占領、宗教聖戰而難以壯大，且外來土耳其、埃及、歐洲帝國主義者的進場，又加劇聖戰。

如果悠久歷史和人民同質的說法，未能解釋衣索匹亞為何頂得住殖民主義，那麼衣索匹亞的富饒一說行嗎？歐洲人把祭司王約翰統治的王

國想像為非常富裕之國，但其實這是個沒有銀行的國度，以食鹽為貨幣，運輸速度慢得叫人頭疼。行走緩慢的旅行隊，從內陸到海岸，得穿過時時有土匪出來攔路索要過路費的大地，可能花上一年才抵達。只有很值錢的物品才禁得起這樣的成本和延宕。有位信基督教的公爵，名叫拉斯麥可（Ras Michael），為阿比西尼亞境內形同沒有貿易一事，提供了最深刻──且最讓人難過──的解釋。一八一○年，他款待英國旅行家亨利・索爾特（Henry Salt）──第一位來到他宮廷的英國特使──「表示他極想竭盡所能促進與英國的交往」。但又擔心英國商人：

> 「從事如此不牢靠的貿易（會虧本）；尤其是因為阿比西尼亞人不大熟悉商業交易，因為諸省局勢不靖，使從內陸帶來的黃金和其他貨物無法正常流通，使他更加擔心。」

這位公爵推斷，即使他的政府能平息內戰，剿滅他領地上的盜匪，穆斯林在紅海的海軍優勢仍會使海外貨物無法靠岸。

那麼，在這些前景特別黯淡、似乎已為殖民征服打好條件的情勢下，衣索匹亞人怎有辦法締造一民族國家和堪稱出口型經濟的經濟體？答案在於衣索匹亞其實已淪為殖民地，但在此開拓殖民地者有一部分是內陸的本土阿姆哈拉人（Amharas）和提格雷人（Tigrayans）。這兩個民族於一八七五和一八七六年打敗埃及人，一八九六年在阿杜瓦（Adwa）打敗義大利人，大體上征服了奧羅摩人（Oromos）、席達莫人（Sidamos）、索馬利人之類的鄰族。一八七二年後組建民族國家的歷任衣索匹亞皇帝，約翰內斯四世（Yohannes IV）、梅涅利克二世和海列・塞拉西，乃是在與歐洲人合作下完成此大業。但這需要細膩且戰戰兢兢的周旋才得以成功，因為歐洲人打的算盤是征服衣索匹亞，而非協助衣索匹亞。

與歐洲人的合作採取兩種方式：購買現代武器和彈藥以打造強大的陸軍，從而需要增加出口和改善運輸系統才行；挑動歐洲列強互鬥以從

中得利。這兩個作法都有風險，都需要讓步——鄰邦索馬利蘇丹國的統治者也發現的道理。歐洲人宣稱只想要港口、加煤站和藉以終結索馬利亞地區（Somalias，今日的索馬利亞當時分屬英法義三國所有）蓄奴的駐軍，但隨著橡膠、咖啡之類的新商品變成重要出口品，歐洲人有了別的企圖。從一八七〇年代起，諸索馬利蘇丹國與歐洲人締結友好條約，成為歐洲列強的受保護國，最後則淪為義、法、英的殖民地。

義大利人在衣索匹亞祭出同樣手法，但皇帝梅涅利克二世讓其無法得逞。他打出彼此有點矛盾的雙重攻勢：既強化封建主從關係，也追求現代化。為了保衛他初打造成的國度，這位皇帝繼續征伐鄰近部族和王國。梅涅利克的軍隊運用歐洲現代武器並以承諾給予土地、子民、奴隸收買軍閥，把阿比西尼亞的疆界往南、往西推了甚遠，征服了哈勒爾蓋之類重要的穆斯林據點，打敗了半遊牧的奧羅莫人，並收買了其他信基督教的小國君主。

這場以讓衣索匹亞不受外人擺布為目標的戰役，讓衣索匹亞奪取了廣大土地，終結了共有財產，使被征服者淪為形同奴隸，受征服他們的軍人、貴族，乃至教士控制。這批新奪取的土地，有一些闢為咖啡園，生產咖啡豆供出口。咖啡樹起源於衣索匹亞，卻直到梅涅利克、海列‧塞拉西的軍隊先後征服咖啡豆產區，把它們的產品輸到海外，衣索匹亞的咖啡豆出口才趨於大量。諷刺的是，現代、進步的武器和鐵路，在電報的加持下，有助於保衛衣國，使其不致落入帝國主義者之手，但同樣的這些東西最初卻強化並改變了該國古老的蓄奴制。過去衣索匹亞的蓄奴制，使數百萬人離不開衣索匹亞境內的封建領主，使另外數百萬人遠赴異國從事廚師、搬運工、軍人這些服務性工作，並提供他們主子基本的維生食物和薪材，而「現代」蓄奴制，則使衣索匹亞奴隸首度開始從事商品生產，尤其是咖啡豆生產。

這稱不上是反殖民政策，因為它是不折不扣的內部拓殖計畫。它堪稱是反歐舉動，因為出口收益有一部分用於國防，但這樣的反歐並不牢

靠。為了擴張，梅涅利克最初不得不與歐洲列強簽署協議。義大利人利用其與衣國簽署的條約取得紅海邊的厄利特里亞，並根據此條約宣稱衣索匹亞全境受其保護。梅涅利克的因應之道，乃是找上與義大利互別苗頭的帝國主義強權──法國，批准該國興建國內的第一條鐵路。這條鐵路長四百八十七英哩，連接衣索匹亞新首都阿迪斯阿貝巴和法國在紅海的港口吉布地。英國人和法國人供應的軍火，使衣索匹亞部隊得以挫敗一八九六年義大利對阿杜瓦的進攻，現代非洲軍隊擊敗實力可觀的歐洲軍隊，這是頭一遭。四十年後，法西斯義大利軍隊再度進犯，從其位在厄利特里亞和索馬利蘭的殖民地入侵，將衣索匹亞全境納入義屬大索馬利亞（Greater Italian Somalia），迫使繼梅涅利克之後登上皇位的塞拉西暫時流亡。一九四一年，塞拉西結束流亡返國，但他是靠來自非洲和印度的英國殖民地部隊與衣索匹亞人聯手趕走義大利人，才得以返國。

他「追求現代化者」的形象也令人存疑。海列‧塞拉西，這位衣索匹亞解放英雄，在一九四二年，即在位第十三年，才明令廢除蓄奴。而官方落實法令，讓奴隸享有真正的自由，又過了更久才實現。廢除蓄奴既出於國外壓力，也出於國內政治考量。歐洲人在十九世紀就基於道德因素和經濟效率考量，力促廢除蓄奴，而本身養了許多奴隸的梅涅利克和海列‧塞拉西，想削弱不服中央政府命令的蓄奴地主的自主性，於是下令廢除蓄奴。

英國人援助衣索匹亞時並非全然沒有私心。他們希望將衣索匹亞納為他們非洲帝國裡的另一個殖民地，但事與願違。二次大戰造成的驚人傷亡和破壞，以及大英帝國各地風起雲湧的民族主義，導致大英帝國和殖民主義的衰亡，而美國、蘇聯則崛起為世界級強權。

海列‧塞拉西因終於廢除蓄奴和繼續操弄列強互鬥從中得利以保住國家主權而受到讚揚。到了一九六〇年代，他已是在位最久的國家元首，國際威望崇隆。但在國內，改革的遲緩引發一起兵變，一九七四年他被拉下台，隔年去世（或遭暗殺身亡）。

他所留下的國家保住了主權和厄利特里亞以外的疆土。經過三十年戰爭，厄利特里亞終於在一九九三年獨立。但衣索匹亞的成就，有賴於一開始強化地主、教會、軍方的權力，廣大農民的利益則在這過程中遭到犧牲。現代經濟建制慢慢才進入該國，出口部門頗為活絡。尤其是咖啡豆，成為該國賴以立足於國際的命脈，因為它占了該國出口額的一半以上。一如後來在非、美、亞三洲其他咖啡豆產區所會發生的，咖啡最初帶來的現代化，改變非常緩慢。梅涅利克承諾廢除蓄奴，卻與貴族結盟，強化並確立封建制度，同時維持蓄奴制。阿姆哈拉族軍官、貴族和教會官員獲得對卡費（Kaffe）、奧羅米亞（Oromia）、席達莫等南方諸地的控制權。封建的租佃關係出現，取代盛行已久的傳統共有土地制。至少三分之一的產量被不事生產的土地所有者、教會官員和政府官員，以地租的形態搜括走，而這些人對增加農產量一事興趣缺缺。土地所有者和佃農對基礎設施的投資都不多。咖啡樹種植大部分屬小規模自給農業，在貧瘠地區有些半野生的咖啡樹。史學家大衛·麥克利蘭（David McClellan）指出，「資本主義在它最管用、最能發揮效率的地方冒出，卻是在那裡的新版封建結構裡被運用。」海列·塞拉西於統治四十年後遭推翻時，這說法仍然適用，當時衣索匹亞遭逢可怕飢荒，衛生和教育方面的統計數據仍然低得驚人。表面上看，衣索匹亞似乎明顯不同於淪為殖民地的非洲地區，其實歐洲殖民列強在此的參與和其給衣索匹亞人民帶來的後果，與其他淪為殖民地的非洲地區差異不大。世界經濟並未善待衣索匹亞人民。

12 │ 只此一次：
羅森費爾德家族傳奇

　　在具法人地位的公司問世之前，合夥是最主要的商業組織形式。縱橫各大洲的企業，得以凝聚不散，靠的是血緣關係，而非不具人格的股票。被居多數的族群視為「外來者」的少數族群，往往形成專門從事特定行業的封閉社群。外來者身分使他們得以遊走於不同族群間，但也使他們易成為民族主義者、種族主義者攻擊的對象。

　　拿撒繆爾‧羅森費爾德父子公司（Samuel Rosenfelder und Sohn）當例子來說，這間貿易行總部設在歐洲的毛皮之都萊比錫，創立者撒繆爾‧羅森費爾德於一八二〇年代生於德國的諾德林根（Nordlingen）。他最初只是個小販，每天早上凌晨三點前起床，前往周遭農場，趁農民下田幹活之前與他們交易。他向他們買進多餘的牛皮或他們所求售的任何獸皮，然後轉賣給工廠。這些農民養牲畜、種莊稼，大部分供自己食用，因而他在每個農家即便能買到獸皮，數量也不多。撒繆爾日子過得很刻苦，直到死去時仍極節儉。他坐火車時搭三等車廂，住小公寓，沒租辦公室，而是在街頭做生意。

　　十九世紀中葉，撒繆爾孤注一擲，搬到歐洲的毛皮之都萊比錫。在那裡，他窺見國際毛皮貿易的動態。在合成材料和高效率暖氣技術問世之前，在貂皮大衣、海狸皮帽仍風行的年代，各式各樣的毛皮、獸皮，需求極大。許多較珍奇的動物仍靠設陷阱捕捉，但人工飼養取其毛皮，已漸成趨勢。長毛皮動物的自然分布狀態，使每個國家各有不同的毛皮

特產，從而助長國際貿易。

在全歐各地商人雲集的萊比錫大型交易會上，撒繆爾首度結識其他地方的商人。他在那裡建立的人脈，使他在其他市場取得信用。於是他派兒子馬克斯（Max）為代表到國外（日後馬克斯將繼承這家萊比錫公司），他的另一個兒子阿道夫（Adolf）則搬到巴黎，自己開設毛皮公司，與這家德國公司仍有貿易往來（誠如後面會看到的，家族關係的向心力如磁石一樣大）。俄羅斯諾夫哥羅德（Novgorod）的大型交易會，提供了供製作高貴毛皮大衣的狐狸皮、貂皮、紫貂皮、鼬皮。在土耳其的伊茲密爾（Ismir），撒繆爾買進數千張供製作手套的貓皮、狗皮（一般認為貓皮能治氣喘）。兔皮則來自義大利、西班牙、澳洲、阿根廷。

最初，羅森費爾德只是生產者與製造商間的中間人。毛皮、獸皮生意的榮枯易受時尚、氣候、疾病影響，因此，他大部分利潤的賺取，靠的是囤積居奇、等待好價錢時賣出，而非靠著薄利多銷的有效率經營模式。有時這辦法很管用。一九二〇年代，該公司大量買進非洲猴皮，不久猴皮銷路大好，藉此賺了大筆錢。

漸漸的，他的公司也開始從事毛皮清洗、將獸皮分類、製成皮革的業務，為此雇用了十餘名員工。但該公司基本上仍是中型的貿易行。二十世紀初時，該公司的經營核心是馬克斯和他的三個兒子費利克斯（Felix）、古斯塔夫（Gustav）、歐根（Eugene）。他們年紀輕輕就接下赴歐洲各地參加交易會的工作。後來父子間出現爭執，三個兒子出去創業，開設商行，但他們的商行取了和原商行一樣的名字「羅斯費爾德」，這想必把客戶搞糊塗。古斯塔夫和羅森費爾德父子公司仍有往來，但是遠距往來。他於一九二〇年代前往阿根廷，投資兔子和無尾刺豚鼠（南美大型囓齒類動物），然後遷居美國康乃狄克州的丹貝里（Danbury）。丹貝里是當時美國境內最大的帽子產地（該鎮鎮郊立有一大告示板，上書「丹貝里蓋住天下人的頭」），古斯塔夫在這裡開設自己的公司。他將業務由毛皮擴大到獸毛，設立聯邦毛皮公司（Federal Fur Company）。他將殘

餘的獸毛賣掉，供人用來和羊毛一起紡成紗，製作高級衣物。他的姻親羅格（Gustav Rogger），一九三一年在倫敦開分公司，後來轉交兒子沃特（Walter）經營，而他自己返回萊比錫。

歐洲幾度遭逢危機時，該公司有時生意興隆。例如第一次世界大戰時，羅森費爾德公司賣俄羅斯羔羊皮與綿羊皮給德國國防軍（Wehrmacht），賺了大筆錢。但這場戰爭也使該家族陷入分裂。人在法國的阿道夫，因為娶妻，成為法國貴族階層一員，隱藏自己的猶太人出身，為法國打仗，但馬克斯支持德軍。戰後，兩兄弟幾年不講話。

相較於納粹在德國掌權後該公司所面臨的危機，這只是小問題。費利克斯心知納粹當權後，猶太人前途堪慮，於是前往美國（歐根這時已死），催促親戚羅格將該公司資產移出德國。這並不容易，因為德國政府禁止猶太人帶錢出境。羅格照理應以低於行情的價格，將上等毛皮送到美國的古斯塔夫・羅森費爾德手裡，到了美國，自然會有利潤產生。不幸的，羅格不知這計畫，一心欲獲利的他，一如任何有生意頭腦者，將劣等毛皮送到美國，以便在德國獲取更大利潤。不幸的，羅格還來不及清理資產，就遭送進集中營。

所幸，與美國的關係，救了他一命。該公司猶太職員艾克曼（Joe Ackerman），勇氣過人，租了一輛大黑頭車，車頭掛上醒目的美國國旗，大剌剌開進集中營，堅持求見指揮官。他幾近狂妄的自信和沉穩篤定，使指揮官終於同意見他，然後他用錢疏通，讓羅格獲釋，羅格最後前往美國。羅森費爾德父子公司從此不再是德國公司。家族成員逃往英格蘭、以色列、瑞典、秘魯、阿根廷、美國。公司本身分裂，散居各地的趨勢，因政治上的種族歧視而更為加快。

第二次世界大戰後，古斯塔夫・羅森費爾德繼續經營其公司一些年，將用來製作毛氈的獸毛賣給史泰森（Stetson）氈帽公司。但合成材料開始取代天然皮，皮裘和皮帽褪流行。到了一九四〇年代末期，該公司停業，賣給競爭公司。為重振該家族的毛皮生意，古斯塔夫的兩個外

甥庫特・措皮克（Kurt Tschopik）、佛瑞德・措皮克（Fred Tschopik）
做了最後的努力。一九四七年，他們兩人買下洛杉磯的史賓塞兔子公司
（Spencer Rabbit Company）。該公司宰殺兔子，販售乾兔皮和兔肉乾。但
到了一九五三年，他們也退出獸皮業，庫特成為房地產經紀人，佛瑞德
成為大學教授。如今，撒繆爾・羅森費爾德的後代散居全球各地；但沒
有人繼續從事曾讓他們家族四代人投入，而業務涵蓋三大洲的那個行業。
羅森費爾德父子公司，遭國際市場、世界歷史的潮流給沖散瓦解。長久
以來備受他們珍視的家族關係、種族關係，促成該家族事業的覆滅和該
家族某些成員的喪命。但後人記得他們的事蹟。

第 6 章

打造現代市場

0 | 導論

　　真正的世界經濟，乃是有龐大貨物、資本、技術游走世界各地的經濟，而這種經濟要誕生，法律和習慣行為必須變得更可預測且為普世所奉行。觀念上的主要改變，乃是標準化和人與人之間的關係不涉人情。要將自給自足式的生產和使用價值的交換，大幅轉變成受市場驅動的貨物、利潤觀，需要一些重大改變。欲讓人覺得世界經濟的存在「理所當然」，且鼓舞人在世界經濟裡販售獲利，需要新的國際體制和觀念革命。世界經濟所涉及的觀念，已根深蒂固於我們的日常生活中，因而我們覺得它們的存在天經地義，無法相信它們是社會所創造出來的。這些觀念包括：時間是貨物，黃金是金錢、是評價萬物的依據，一貫而可轉換的標準和度量度量衡、神聖不可侵犯的財產權、股份有限公司、包裝產品、公司商標。兩百年前，這些觀念大部分都還是世人覺得陌生的觀念。每個觀念都涉及到意識形態、社會習俗、政治鬥爭，以及歷史進程。

　　誠如先前已介紹過的，在貨幣問世之前，已有大量的長距離貿易，但對從事世界貿易者而言，貨幣使世界轉動，仍是顛撲不破的真理。當然，在有史以來的大部分時期，人類對於何者構成貨幣，沒有共識。甚至，早期的交易就和巴西魁塔卡人的交易方式差不多，亦即一物換一物，面對面實物交易。貨幣乃是價值的象徵，其重要性主要在於可用來購買東西，而非其固有的使用價值，但貨幣的誕生很緩慢。對美國西北地區的原住民而言，貨幣曾是貝殼；對阿茲特克人而言，貨幣曾是可可豆。

在俄羅斯部分地區，茶塊曾充當貨幣，但在許多地方，曾拿鹽當貨幣。在薩爾瓦多之類未充分貨幣化的社會，據說還曾拿肥皂和臭蛋充當貨幣（用臭蛋積累大量財富，實在無法想像）。但貝殼與可可豆間該如何換算？

隨著不同民族間的貨幣兌換問題日趨嚴重，久而久之，金和銀成為最主要的價值象徵。金、銀的價值是否是固有，它們是因為出現和有用而成為大家所渴望擁有的商品（馬克斯稱此現象為商品崇拜），還是因為它們本身體現了價值，關於這點，各界看法非常紛歧，但無論如何，國際貿易商愈來愈接受它們。從中國、印度到非洲、歐洲、美洲，很早以前就都認定金、銀是有價值之物。

誠如第六章第一篇所探討的，由於墨西哥披索作為全球最強勢貨幣將近兩百年，確定貨幣價值一事因此變得簡單。墨西哥、秘魯的豐富礦脈，以前所未有的方式將全球商業貨幣化。白銀從美洲流向歐、亞、非洲。但十九世紀時，各地陸續發現藏量巨大的金礦，隨之出現一個問題。首先是在加利福尼亞發現（見第四章第四篇），繼之以澳洲、南非、阿拉斯加。花了超過半世紀的時間，白銀對黃金的相對價值，人類才獲致共識，並將該價值確定在各國貨幣上。直到第二次世界大戰後，金本位制才廢除。

貨幣的發明和貨幣等價的確立，只是世界經濟邁向整合的諸多步驟中的兩個。在其他度量衡和貿易工具上獲致共識，也不可或缺。十九世紀的公制革命（見第六章第二篇），乃是普世奉行、固定不變之度量制得以創立的必要條件。因地而異的度量制，突顯了各地的習俗和主權，終究不敵國際貿易與國家力量的同質化威力，紛紛改採公制。自此，阿姆斯特丹或紐約的貿易商，知道自己在秘魯買了多少鳥糞，而不必去猜測用的是什麼計量單位。人類最終走向商品化，走向為銷售而生產貨物，走向能藉由將貨物的屬性量化，以將某貨物轉換成某數量的另一種貨物，這是關鍵一步。這也使那些向來善於使用地方度量衡的地方商人，勢力受到削弱。

一九〇〇年，國際穀物市場的創立，更進一步闡明了商品化過程（見第六章第四篇）。鐵路載貨用起卸機，使美國或阿根廷許多農民的小麥同質化，因為他們的小麥全被湊在一塊。海運革命使原本各自為政的亞洲稻米市場整合為一。印度種稻地區的居民，平常都買米為食，但如今，碰到旱災時，他們可以改買價格更便宜的小麥。稻米的國際價格首度影響小麥價格，從而創造出綜合性的穀物市場。人們可以思索、計算欲購買某數量的小麥，需要多少米。因此，加拿大薩斯喀徹溫省（Saskatchewan）小麥的收成多寡，會影響到中國四川省的稻農。

十九世紀的運輸革命不只影響貨物的價格和可互換性，還影響時間本身。人類訂出時辰已有數千年歷史，但都是根據各地太陽的位置來確定時辰。只要人、貨移動緩慢，時間仍不是金錢，再多樣的時區都不構成問題。但一八七〇年，美國境內有約三百個不同時區和八十個不同的鐵路時刻表（見第六章第五篇），嚴重影響了鐵路營運。讓兩列火車在同一時間同一地點行駛於鐵軌上，既損利潤又極危險，於是各鐵路公司於一八八三年會商，確立全國的時區。隨著歐洲跨國鐵路的出現和十九世紀後半葉電報的問世，確立國際共同認可的時區成為當務之急。

時間不只標準化，隨著期貨商品的問世，時間還在十九世紀時商品化。穀物的商品化（見第六章第四篇），最初限於現存的穀物。但不久，想靠期貨來籌錢的農民，還有想靠期貨做投機生意兼防範因價格劇烈變動而遭受損失的商人，開始拿預期會生產的作物來銷售。從此，全球各大市場的商人，不只購買數千公里外的商品，還購買尚未問世的貨物。

透過書面單據買進尚未收成之作物的所有權，商人似乎不覺這有什麼特別奇怪，而這有部分是因為他們已將公司股票的觀念確立為商業文化的一環。本書第五章第七篇探討過不具人格性之股份公司，如何徹底脫離原來大行其道的合夥商行。投資人可以買下公司，甚至接收公司或賣掉公司股票，過程中未與任何股東見面。公司本身比其眾所有人還重要，且能活得比他們久。股東的個人聲譽和看法，甚至不值一顧。股東

的義務多寡，完全取決於其所擁有的股票多寡。

諷刺的是，股票這種不具人格性的東西，乃是資產階級最初賴以社交互動的諸多場所中的一種所催生出來的。十七世紀倫敦的咖啡館（見第三章第四篇），是最早的男人俱樂部之一，是組織政黨的最早場所之一，並成為最早的股票市場、商品交易所、保險公司。咖啡館的生意推動了商業發展。

不只法人團體為了讓自己得以在股票市場被人買賣而發展出自己的法律身分和生命，債券亦然。借錢當然是存在已久的行為，聖經上就有記載。但在債券問世之前，借貸通常是由商人或銀行借錢給個別借款人或統治者（見第六章第三篇）。十九世紀，債券問世。政府、金融機構或公司發行債券舉債，投資人買進債券，即持有發行者的債務（而非股票之類的資產），一段期間後，發行人得將債務連本帶利償還投資人。債券可以由與原始買賣無關的第三方買進、賣出，這點與先前的債務不同。政府喜歡這種借款方式（即發行公債），因為此舉把責任分攤給眾多放款人，也讓政府控制住那些放款人：隨著美洲和其他地方境內新成立的政府想利用歐洲境內的資本市場，隨著有錢的歐洲人想方設法欲在風險最低的情況下趁此機會牟利，這種借款方式變得愈來愈重要（見第六章第七篇）。

雖有這樣的安排，債券還是有可能因為無法還本付息而作廢，有時且造成深遠後果。一八六〇年代，墨西哥皇帝馬克西米連（Maximilian）所發行的小藍債券就是一例，墨西哥人把這位入侵的歐洲人趕走之後，不想償還此債券的本息。結果，這場紛爭未靠市場的供需機制解決，靠六個國家在國際上長達五十年的外交運作，才讓小藍債券壽終正寢。

債券曾長期屬國際銀行（以家族為中心的合夥商行）的禁臠，但誠如小藍債券傳奇所彰顯的，十九世紀末期，股份公司銀行開始入侵這塊市場。在這期間，成為全球金融領域要角者，不只新公司，還有柏林、紐約和（晚了許久才進場的）東京之類的新城市。

在國際金融領域一直不敵歐洲銀行競爭的美國銀行，開始進場較量。小藍債券的結算，為美國資本家打開了進入墨西哥的缺口，使墨西哥成為美國法人團體的實驗場，且這些法人團體的老闆往往是金融資本家（見第六章第六篇）。美國銀行家在國界之南發展順利且在中國取得立足點（但屬不穩固的立足點），然後在一次大戰重創歐洲金融市場時得利。到了一九二〇年，全球金融中心已轉移到紐約，而該地另一種做生意方式會在接下來幾十年裡獨領風騷（見第六章第七篇）。

不具人格性的有價之物（例如債券），發展出一如銀行和其他法人企業所擁有的社會生命，但非常人格化的東西，例如人類勞力的成果，卻往往遭異化，不再為生產者所掌控，與生產者本身疏離。世界經濟的發展和工業科技的興起，已徹底扭轉「最靠近自家之物的人最了解」這一傳統觀念。包裝技術，加上廣告（見第六章第九篇），促成較遠，甚至來自外國的東西，反倒比本地的東西，更為本地人所熟悉、所信賴。包裝原是為了保護商品，這時變成行銷商品的宣傳工具。包裝使異國商品變得熟悉，讓人想入手該商品。罐裝技術和政府檢查的進步，使人開始認為外來的工業產品比本國製的同類產品更為衛生。廣告商告訴我們遙遠異地的商品，大力形塑我們的自我認知，特別是傳達流汗乃是低度發展象徵，而非健康勞動象徵這樣的觀念（見第六章第十一篇）。

但廣告的新奇之處，在於催生出一種有價值的新東西──商標。一如第六之第十篇所探討的，商標智慧財產權乃是十九世紀所發明的。公司可以買進、賣出、擁有名字，即使該公司轉歸別種宗教、別種國籍、別種專業的他人所有，消費者仍忠於該名字，但在過去，這種觀念大概會被視為荒謬。過去，人信賴主事者，信賴包裝裡面的東西，但不信賴包裝盒上的名字。但信賴不具人格性的大企業，加上政府管制日增，促成了觀念革命。商標之所以值得信賴，一部分源於一未言明的假定，即某公司若大到有能力做廣告，就必然好到有能力生產珍貴的產品。這觀念乃是社會達爾文主義「適者生存」觀進一步演繹的結果。凡是經營成

功的公司或產品，必然是最好的公司或產品。但在工業上，某一標準（不管那是鐵軌軌距或放影系統規格或電腦系統）的蔚為主流，不必然是因為那標準從任何客觀角度來衡量都是最好的而雀屏中選。過去，全球鐵軌所選用的軌距（見第六章第十四篇），因太窄而無法行駛速度快而體型大的列車。但那是第一個採用的軌距，它的成功，意味著其他人建造鐵軌和火車頭時，不得不遷就這較窄的軌距。打字機鍵盤一度也有同樣情形（見第六章第十四篇）。因而，實際上，往往是起頭者得以生存，行銷能力最強的公司得以生存。

綜觀歷史，世界經濟並非總讓最優秀者出頭，同樣的，迫切需要也不必然是發明之母。本書第六章第十五篇闡明，從罐頭這一看似必需的物品出現，到發明出開罐器，中間隔了很長時間。人類找到的解決辦法，有時是次理想的辦法。或者，真發明出理想的解決辦法，例如洗碗機，卻不受大多數人青睞。迫切需要所發揮的作用並不明顯。發明不只有賴於需求和創意，還得看消費者是否願運用該創意。有時，新必需品變得無比普及，以致我們會認為人從古以來就有這項需求，過去一百五十年裡已變成民生必需品的形形色色的香皂、除臭劑、漱口水之類產品，就予人這樣的想法。但事實上，那是廣告商、科學家、傳教士（「清潔僅次於聖潔」，即保持清潔的重要僅次於保持對上帝的虔敬）、政府、教育人員，改變了我們的個人衛生觀念所致。而在那改變的背後，還有一更深層的改變，即我們所藉以了解自己的媒介有所改變。廣告告訴你有口臭，有體臭，有或許不會使你生病，但會讓你失去飯碗、老公之類等重要東西；廣告還告訴你，不能指望朋友和摯愛的親人告知你有這些討人厭的毛病。所幸，廣告商和立場公正的匿名專家適時出現，告訴你真正需要的東西（見第六章第十一篇）。

廣告也使美國人（大多是男人）相信嚼口香糖是摩登、健康、開心的事。誠如本書第六章第十二篇所指出的，美國境內從都市化，到行銷革命，到十九世紀晚期反嚼菸草運動的一連串變化，使箭牌、亞當斯

（Adams）之類口香糖品牌成為家喻戶曉的名字。在墨西哥的猶加敦半島，即製作口香糖所需膠乳的產地，北邊新興的需求，為開採這種膠乳的馬雅人和其他當地人帶來別種影響，而且是比較沒那麼讓人開心的影響。

更晚近，可口可樂在戰後發動的大規模宣傳，促成參照團體的又一次轉移（譯按：參照團體指的是個人在感情上親和、在理性上認同的團體。個人未必是該團體成員，但心態深受該團體影響），使數百萬歐洲年輕人相信，他們所應仿效的對象不是近旁的同儕，而是喝可口可樂的健康美國人，特別是美國大兵。父母抱怨小孩喝可口可樂而非啤酒或葡萄酒，會稀釋他們的比利時或法國傳統，但可口可樂公司完全不反駁，反倒以自那之後一再重複施行的策略，攻占了年輕人市場（見第六章第十三篇）。如今，數百萬從未去過紐約、巴黎或東京的人，「需要」能讓他們融入那些地方（或者說他們借大眾傳媒之助想像出的「那個地方」）的商品。

最後，我們不該忘記，世界貿易的擴張和商品化的過程，倚賴一以人類為中心的世界觀。隨著貨物變成商品，人類愈來愈相信世界的存在是為了滿足人的需要和需求。人類把所有心力用於將自然變成「自然資源」或「生產要素」，用於使這些東西變成對人有用，有利可圖。於是，美麗世界，例如巴西的大西洋岸森林（見第四章第一篇），遭砍伐，留下光禿、貧瘠的山地。在其他例子裡，環保風潮的興起大大形塑了貿易的地理分布狀況，把環境傷害集中在某些地方。例如所謂的「稀土金屬」，在上個世紀用在許多高科技產品上，其實本身並不稀有；但開採和提煉稀土造成極嚴重的汙染，在極重視環保的地方開採和提煉它們就難以獲利；因為這一點和其他原因，如今稀土大部分產於內蒙古（見第七章第十三篇）。其他原不受青睞的偏遠地方，例如隱身在庇里牛斯山區的安道爾（Andorra），即使沒有機場或海港，仍成為世界經濟裡舉足輕重的角色，因為網路剷除了地理所豎起的障礙。相對的，巴拿馬市成為國際銀

行業、零售業中心，既因為其少了管制，也因為其位在地峽上的地理優勢（見第六章第十六篇）。貿易所打造出來的世界經濟，顯然是一複雜的社會現象，這現象不必然將利益最大化，不必然符合新古典經濟學的法則，甚至不必然遵守許多人會稱之為常識的東西。

1 │ 墨西哥與巴西的金銀

　　從二〇〇七年經濟大衰退到二〇一一年，金價漲了約兩倍；銀價則漲了三倍多。二〇一一年後迄今，金銀價都跌了一些，但還是遠高於衰退前的水平。在這期間，在美國二〇一六年共和黨黨內總統候選人初選裡聲勢分居一二的唐納德‧川普和泰德‧克魯茲，都表示支持重拾金本位。簡而言之，許多政治人物和國際貿易家仍對貴金屬情有獨鍾——儘管已有紙幣，且只要輕輕一按，就能完成大筆金錢的數位電子交換。對貴金屬的渴求，有時表明了人類對這兩種黃、白金屬的原始渴望，因為全球各地的人們數千年來都想擁有它們；但那也反映了對政府決策者的不信任。金本位支持者相信，由不可見的「市場」之手來分配生產力量，比由政府官員做來得好。金本位和銀本位也是在十九世紀重商主義遭揚棄、改由自由貿易當道之時，導致國際貿易大幅成長的自我調節市場這一概念的核心。但審視墨西哥和巴西的貨幣政策——墨西哥的白銀披索曾在長達三百多年的時間是世界貿易的支柱，且曾作為美國的法定貨幣直到一八五七年為止，而十八世紀巴西的淘金熱則是促成英格蘭採金本位的推手——可看出選用金屬以穩定貨幣一事並非勢所必然；市場並非總是比政府的金融官員更內行；銀幣或金幣並非出口暢旺所不可或缺；銀本位或金本位未必促進經濟發展。墨西哥和巴西的貨幣路線彼此大不相同，但到了一九一四年已走上類似的制度。

　　墨西哥比巴西更早令歐洲人感興趣，從而更早在不久後令中東、非

洲、亞洲的人感興趣。五百年前的世界，硬幣不多。大部分交易是以物易物。新世界的財富湧入那個較老的世界。金和銀乘著西班牙大帆船和為葡萄牙人服務的船，先後橫渡大西洋來到歐洲，大大增加了交換媒介，促進了歐洲的商業。它們也有助於在歐洲引發一場價格革命，而這場價格革命既使北歐洲諸國（而非伊比利半島的殖民強權）更易積累財富，而且啟動工業革命。商人和貴族數千年來看重貴金屬，因此，即使金銀的用處比起較不「值錢」但較不可或缺的東西，例如穀物、水果或葡萄酒，少了許多，金銀還是充當價值象徵。但金銀本身雖無法讓人溫飽，它們的高價值／重量比率，還有各種文化對貴金屬的渴求，使它們在維持和擴大世界市場上舉足輕重。

到了十七世紀，據經濟史學家卡洛斯‧馬里夏爾（Carlos Marichal）的說法，新西班牙（墨西哥在殖民時代的名稱）的白銀披索已成為「世上流通最廣的貨幣」。披索以世上最先進、最可靠的技術在墨西哥鑄造，純度極高且品質極一致，從而為世界的錢幣立下了標準。披索吸引數千名加勒比海海盜獵尋「八里亞爾幣披索」（piece of eight，舊時西班牙硬幣名），有助於歐洲人所組建的數支大軍籌得資金。就連遠在紅海、印度洋的商人都把披索（往往稱之為「piastre」）當寶。為確保披索安然運抵歐洲，西班牙人打造了世上最大的海軍和分布範圍最廣的要塞體系，但為此所費不貲。在墨西哥鑄造的披索，大部分運到境外，用以支應當時世上最大帝國的開銷，以及讓母國和北歐洲享有富裕生活。至於墨西哥境內經濟，則大體上以私人臨時通貨、票據為基礎，或者在絕大部分人居住所在的鄉村，以物物交換為基礎。

披索把美洲和歐洲拴在一塊，也強化了歐洲與亞洲的關係。歐洲人吃得糟糕，穿得粗糙，很想要亞洲的香料和絲織品。但歐洲人的貨品，除了白銀，能被亞洲人看上眼的很少。白銀讓歐洲人有東西可用來購買東方貨，因為白銀在東方很受看重。事實上，墨西哥披索因白銀純度高和重量一致而甚受青睞，在中國、印度、菲律賓流通很廣，往往充當地

區性通貨。十八世紀時，披索的白銀含量數次貶值，但它仍是世上大部分地方的主要通貨，角色和今日的美元、歐元差不多。

巴西走的路不同，因為巴西不產白銀。但一六九五年，探險家和奴隸販子在某省的河床裡發現沙金——該省省名米納斯傑萊斯（Minas Gerais），意為「大礦區」，就因此礦藏而得名。隨之出現的淘金熱，把三十多萬葡萄牙人引來這個美洲殖民地（當時葡萄牙人口只有兩百萬多一點），大大充實了里斯本的國庫。十八世紀大半時間，巴西供應了世上大部分黃金。但黃金不在巴西鑄成硬幣，留在那裡使用的也不多。這時的巴西，是個主要靠奴隸來生產的出口型經濟體，以大抵自給的鄉村農業為基礎，國內交換的需要相對較低。一如在墨西哥，巴西的貴金屬大大促進其他地方的經濟成長。米納斯的黃金不只流到葡萄牙，再從那裡流到北歐洲，還流到非洲購買奴隸和流到印度洋地區購買布和香料。

墨西哥和巴西如願獨立時（分別是一八二一和一八二二年），承繼了銀本位和金本位。這不再出自伊比利半島上國王的命令，而是出自英格蘭境內銀行家的要求。這時，巴西的港口向全世界敞開大門，而非如殖民時期那樣只向西班牙、葡萄牙的重要城市敞開大門，而且墨西哥、巴西的決策者能自行決定在英格蘭（十九世紀世界金融首府）借款之事，因此他們把目光轉向倫敦港和倫敦市。

獨立後的頭一百年，墨西哥一如外界所料，走上鑄造並出口白銀披索之路，即使在獨立戰爭後白銀產量短暫暴跌之時亦然。事實上，直到一八八〇年代為止，墨西哥的出口品，除了銀條和銀幣，幾乎沒別的。但墨西哥採行新古典自由主義式（neoliberal）改革，創立了省級和半民營的鑄幣廠，以和墨西哥市鑄幣廠競爭。世上大部分地區長期採用銀本位或金銀雙金屬本位，直到十九世紀最後二十五年才改弦更張，因此這一改革大有利於出口，但這麼多白銀送到國外，使墨西哥仍然國庫空虛，從而抑制了經濟成長。

巴西試圖堅守金本位，即使黃金產量已大跌亦然。一八〇八至

一八二〇年住在巴西的葡萄牙國王，在初抵巴西時創立了拉丁美洲第一家銀行——公民營混合的巴西銀行（Banco do Brasil），以發行通貨和借款給政府。此銀行發行了巴西雷阿爾幣（real，「國王的」），這是以該銀行的儲備和該國王的寶石為基礎發行的紙鈔。十二年後，國王若昂（João）帶著該銀行的黃金儲備返回里斯本，巴西成為早早就使用不可兌換之通貨的國家。該銀行發行的紙鈔，嚴格來講，仍以黃金價值為基礎，實際上靠對政府某一能力的信任來支撐，即取得借款和透過課稅取得歲入的能力。這與墨西哥模式大不相同，後一模式立基於支持貨幣的貴金屬，或就墨西哥的披索來說，立於構成硬幣的貴金屬其固有的價值上（和重量上，因「披索」一詞在西班牙語裡意為「重量」）。不過，這時被稱作巴西皇帝的巴西新國王，還是很想實行金本位，因為巴西是英國的親密政治盟友和重要貿易夥伴。事實上，在巴西獨立後的頭一百年裡，巴西常被視為大英帝國的非正式成員。

理論上，墨西哥的通貨價值和其政府的國際信用應比巴西穩定得多，因為它們有該國可觀的白銀產量支持。儘管遭遇一些難關，墨西哥仍是世上最大的白銀生產國，直到一八七〇年代產量被美國超越，才失去此寶座。另一方面，正統自由主義經濟學家預言巴西會受到銀行不按牌理的操弄，或受到能不顧政府從採礦、獲利、稅收或貿易盈餘所弄到的貴金屬多寡、想發行多少貨幣就發行多少的政府官員不按牌理的操弄。古典經濟學家大概會認為巴西因其通貨的不明確，會比墨西哥背負更沉重許多的外債，遭遇更嚴重許多的通膨。然而結果並未如此。

墨西哥驚人的白銀財富讓歐洲銀行家在一八二四和一八二五年安心借錢給這個新國家，但墨西哥未能償還借款時，他們即棄這個新共和國而去。事實上，由於墨西哥前後長達十餘年的數場獨立戰爭所造成的生靈塗炭和嚴重破壞——接著又遭遇西班牙人（一八二九）、法國人（一八三八）、德克薩斯人（一八三六）、北美洲人（一八四六～一八四八）和法國人、西班牙人、奧地利人（一八六二～一八六七）

接連入侵，更別提內戰和叛亂——經濟破敗長達五十年。難怪墨西哥聯邦政府一直到一八九四年才首度達成收支平衡，其財政部停止償還從一八二八至一八八六年所欠的外債（世上最長的延期償還期）。雖有豐富的白銀蘊藏，卻沒有哪個國家願與墨西哥往來。直到十九世紀最後幾年，國內政局總算安定、不再有外敵入侵，墨西哥才恢復其信用。而墨西哥有幸迎來安定政局和不再有外敵入侵，乃是因為西歐和北美的資本家在一八八〇年後開始投資墨西哥的鐵路、礦場、牧場和工廠。隨著墨西哥前景更受看好，一八八八年該國得到德國一筆大型合併貸款供其償還未償債務，一八九八年得到英國給予一筆合併貸款。但白銀並非墨西哥得以再站起來的原因。事實上，該國經濟開始繁榮時，正是白銀價值和其在出口、國內生產上的角色劇減之時。事實上，因為世界局勢和其他原因，墨西哥最終不得不放棄銀本位——但並非毫無掙扎就放棄。

披索衰落於十九世紀其他國家滿心樂觀走上金本位之路時。英國人首開先河：一八二一年，以標準純銀為主要成分的英鎊，改以黃金為主要成分。隨著英國主宰全球商業和倫敦成為世界金融中心，英國金幣慢慢成為首要通貨。一八四〇、五〇年代加州和澳洲境內的大淘金熱，使金本位更易得到採用——並加速白銀的沒落。硬幣的大量通行，促成一八四八至一八七三年世界貿易空前的榮景。十九世紀更晚時，在南非、阿拉斯加和育空地區發現黃金——以及採用氰化法使人得以從低級礦石中提煉黃金——增加了黃金的供給。到了二十世紀開始時，每年的黃金產量已比一四九三至一六〇〇年所開採的黃金還要多。黃金變多，提高了白銀的相對價格。硬幣的銀含量超過其貨幣價值，導致它們遭熔掉出售以取得它們的商品價值。到了十九世紀最後三十年，黃金似乎已是作為貨幣體系基礎的更可靠金屬。

並非人人樂見此情況。數個國家致力於打造國際複本位制協議。拿破崙三世想談成以法郎為基礎的協議，希望透過外交活動取得英鎊透過商業所取得的最高地位。美國想保護已開始從內華達州的卡姆斯托克礦

脈（Comstock Lode）生產大量白銀的本國銀礦工人和一八七〇年後在洛磯山脈發現的銀礦，希望穩定的銀幣供給將使其得以奪下部分的亞洲貿易市場。

但英國人不願穿上桃樂絲的銀鞋（桃樂絲是《綠野仙蹤》的女主人公，米高梅電影公司將此故事拍成電影時，把桃樂絲腳上的鞋子塗成紅寶石色，以發揮特藝七彩這種彩色電影拍攝技術的魅力）。倫敦的金融區仍堅守金本位；國際複本位制協議並未談成。最後，山走向穆罕默德。由於國際銀行業和商業的成長，誰都看出一個穩定的貨幣標準有其必要。德國人頭一個屈從，在一八七一年打贏普法戰爭後，收下以法國黃金支付的賠款；不久後，德國採用金本位。美國和其他歐洲強權很快跟進。結果，就在墨西哥和美國正運用更先進的技術開採豐富的新礦脈時，對白銀和披索的需求大跌。銀價從一八七三至一九〇〇年跌了一半。

披索相對於黃金之價值的波動，令尚在使用白銀的亞洲國家大為憂心。當歐洲列強開始自鑄金幣供東方貿易之用，亞洲開始退出披索陣營。一八六九年蘇伊士運河開通，促成歐亞間貿易成長更快和運輸成本降低，歐洲隨之能用黃金購買先前用白銀購買的貨物。一八七三年時，世上將近一半的人仍以披索為法定貨幣，到了一九〇〇年，只剩墨西哥人和中國人仍承認披索為法定貨幣。披索作為全球性的價值標誌，風光了三百年，在一九〇五年劃下句點。美國欲說服墨西哥和中國跟著其新近拿下的殖民地古巴、夏威夷、巴拿馬、波多黎各、菲律賓一起採用以美元為基礎的通貨，而墨西哥一九〇五年的貨幣改革，就是美國這一作為的一環。墨西哥同意以美元金幣為披索的價值基礎，美國則協助支持白銀的國際商品價格作為回報。白銀披索悄然消亡。

另一方面，巴西從未完全採用金本位，但它也其實不必這麼做。巴西君主國從一八二二至一八八九年，存世六十六年，在這期間的大部分時候，該君主國享有拉丁美洲最好的信用。歐洲銀行家對於巴西順利且相當平和的轉變為獨立國家一事持肯定態度，這一轉變就像是巴西皇帝

佩德羅一世（Pedro I）從其父親葡萄牙王若昂六世手中承繼王位那麼自然。英國人居間促成這一轉變，因為他們雖是葡萄牙人的長期盟友，卻也很想與巴西貿易。這個新國家未遭遇外國干預或爆發大型內戰（儘管發生數場慘烈的地區性叛亂和在鄰國巴拉圭境內打了一場大型戰爭）；因此，它以咖啡豆和後來加上橡膠為基礎的經濟，得益於安定局勢，與歐洲的友好關係而欣欣向榮。巴西與其他所有歐洲大國一樣採行君主制——巴西皇帝往往與這些大國的君主有親戚關係——並且是英國密切的貿易夥伴，因此很容易自外借款。巴西政府力求平衡收支、如期還債、維持其貨幣密爾雷斯（milreis）的幣值。巴西於十九世紀時輸入百萬非洲黑奴，且是西半球最後一個廢除這項不人道制度的國家，但無損於巴西的國際信用：巴西如期還債，因此保有健全信用，此令歐洲人滿意。在帝國的最後一年（一八八八），密爾雷斯的幣值高於票面價值（也就是高於其規定的黃金價值），因為有大量歐洲外資湧入。羅特希爾德銀行（見第六章第三篇）錦上添花，以其威信支持這個熱帶帝國，成為巴西的官方銀行家。

巴西帝國結束和巴西共和國於一八八九年創立後，曾試圖創立靠政府債券，而非靠黃金支持的銀行通貨。一八八九年掌權的共和派想推動工業化和減輕對咖啡豆、橡膠出口的倚賴。但這一作為導致股市泡沫，即巴西語所謂的「Encilhamento」。沒有了皇帝佩德羅一世和其旨在討好歐洲銀行家的限制性貨幣政策，巴西終於遭遇經濟學家所預見的難題：破記錄的通膨、密爾雷斯幣值暴跌、債務延期償付、對外信用搖搖欲墜、外來投資停擺。但一八九八年羅特希爾德家族擬出一項資助性貸款（Funding Loan），其作用類似墨西哥於同年取得的轉換貸款（conversion loan）。為取得這項貸款，巴西財政部長得提升幣值，交出通貨印製權。到了一九〇六年，為了捍衛旨在保護咖啡豆國際價格的國家政策，已成立了兌換銀行（Caixa de Conversao），推動靠黃金支持的可兌換通貨，以令外國投資人放心。但事與願違。一次大戰爆發打亂了布局，使巴西無

法重拾可兌換的通貨。巴西經濟學家繼續聽進歐洲銀行家和政府官員要他們採用金本位和可兌換通貨的叮嚀，儘管他們自己國家的歷史已表明金本位並不怎麼必要。到了一九三〇年，現實終於打破經濟意識形態。巴西從此連口頭上都不再說要以金本位為目標。

這就是這兩個國家的故事：一個是自由共和國，擁有豐富的銀礦蘊藏和受到世界各地人喜愛的通貨，另一個是蓄奴的君主國，自產的貴金屬和可兌換通貨極少。國內外的政治體制和境外發生的世界經濟大事，使這兩個國家走上不同的路。黃金和白銀在兩國的冒險過程裡扮演了重要角色，但都未能替經濟發展提供什麼靈丹妙藥，只讓世人認識到經濟理論需要服從歷史形勢的現實。

2 ｜ 秤量世界：公制革命

　　第一次世界大戰結束後不久，一名法國人走訪蘇聯，見識到公尺制普行於蘇聯各地和其好處，讚賞有加，結果，款待他的俄羅斯人啞然失笑，驚訝於這外國人的愚蠢：「彷彿用公分可以測量我們俄羅斯道路似的！」那愚蠢就和用法國穀物釀俄羅斯伏特加一樣。

　　我們不理解俄羅斯人為何有此反映。如今，我們覺得度量衡（如果我們還想到度量衡的話），乃是理所當然存在、不涉價值判斷的中性東西。它們純粹是用來促進貿易和計算的工具，本身不具價值或意識形態。但今人對度量衡的看法，不只會讓那些驚訝的俄羅斯人感到極度陌生而困擾，過去的大多數人，若地下有知，也會有同樣的反映。度量制度乃是歷史進程、社會鬥爭、觀念革命三方和合的結果。

　　大部分度量法是擬人法。過去，人用手臂（fathom ／手臂伸直的長度）、手指（拃／手指張開後拇指尖和中指尖或小指尖的距離）、腳（呎）、手肘（el ／手肘到中指指尖的距離）測距，也根據力氣、視力或聽力來測距。在撒哈拉沙漠裡，距下一個綠洲的距離遠近攸關生死，在該沙漠的游牧民，以一棍拋出的距離、一箭射出的距離、從平地可目及的距離、從駱駝背上可目及的距離，作為長度單位。拉脫維亞人則使用可聽及牛叫聲的距離。

　　農業民族以實用性而非抽象尺度測量田地。在法國，以一個男人帶兩條牛在一天內能犁的田，當作面積單位（argent ／「阿讓」）。這當然

會因地形、岩石、樹木而有所改變。其他許多類似的度量法，則是以將田地處理到可供採收所需的人力數量作為基準。在尚無土地市場運作的前資本主義社會，這是適切的計算方法。

在從巴西、哥倫比亞到法國、義大利，再到日本的許多地方，生產力都是舉足輕重的衡量工具。他們往往以土地所生產的種籽數量，作為土地單位。因此，同一單位的土地，面積大小可能差異極大，甚至可能因年而異。對於自給自足的農民而言，收成數量乃是比土地面積更重要得多的統計數據。

這些度量單位，即使有時名稱相同，大小差異卻極大。法國曾有一省，境內有九種不同面積的「阿讓」；面積最大的「阿讓」，是最小者的五倍大。

度量衡之所以如此龐雜，有很大一部分源於各經濟體規模小，各自獨立，彼此幾無往來，且恪守傳統。一地的度量法，乃是該地世仇、爭鬥的產物，只有當地人理解，且可用以區隔誰是自己人，誰是「外人」。在這種情況下，改變被視為顛覆；新度量法被視為是用來欺騙不熟悉該度量法之生產者或消費者的東西。人民幾乎不具計算能力，甚至未使用一樣的數字體系。在近代初期，採二十（腳趾和手指的數目）進位制更多於採十進位制。超過簡單除法的任何計算，都是晦澀難解。因而，不同度量法間的換算極難且不可信。

但度量制度的龐雜，並非純粹肇因於人民的智慧（或無知）。有長達數千年的歲月，度量衡被視為是正義與主權的象徵。掌權意味著有權決定衡量的標準。當度量制度的確立者同時也是收稅員和放貸者時，濫用往往隨之滋生。在帝制時期的中國，存有兩種「斗」，大斗比小斗的容量多了超過三分之一。官員徵收農民糧稅時常用大斗，出借穀物時常用小斗。在封建體制下，每個領主各自設定自己的度量衡，由其法庭裁決度量衡爭議。在西里西亞（Silesia）之類地方，度量制度的龐雜更為嚴重，因為在這種地方，除了為數眾多的小領主，還有教會和市政當局，而每

個教會和市政當局各有自己的一套度量衡。

　　度量單位的內涵有時遭刻意更動，以掩飾價格差異。對前資本主義時代的人而言，價格大變動令人不安，因為價格變動攸關生死。面對這情形，他們的因應之道不是找別的賣家，而是暴動。為避免這情形，商人往往更動度量衡的內涵。在尚未採用公制的歐洲，藥店用的磅，重量極輕，香料商人用的磅更重些，肉販用的磅則又更重。一八二六年，在義大利的皮埃蒙特（Piedmont），商人同意一致用磅（libra）為重量單位，但用於糖、咖啡、食品雜貨的磅，重十二米蘭盎司，用於蠟燭者，重十四盎司，用於上等肉和乳酪者，重三十二盎司。麵包，近代初期歐洲最重要且最可能引發政治問題的食物，以長條形一大塊為單位販售。價格雖然不變，但一如今日的巧克力棒，麵包的大小變化極大，視穀物價格而定。誠如波蘭史學家庫拉（Witold Kula）所深刻指出：「在一定程度上，將這視為是防範社會反抗市場發展的安全瓣或緩衝，也不無道理。」

　　綜觀歐洲歷史，最早嘗試大規模統一度量衡者是古希臘人，其次依序是古羅馬人和查理曼大帝，但那些作為只是他們欲擴張、鞏固帝國的副產品，背後的動機乃是欲擴大稅收。但由於沒有地方人民觀念上的變革作配套，或這些作為未促成地方人民徹底改變觀念，大抵以失敗收場。

　　直到十八世紀快結束時，法國大革命人士創造出公尺，並四處傳播，度量衡才步上統一。公尺的訂定，乃是根據客觀而不會改變的天文學計算結果（一公尺等於沿著子午線由赤道到南極或北極之距離的一千萬分之一），而非根據某地的擬人化計長單位，因而公尺要獲接受，需要思想上的革命和商品化的發展相配合。思想革命，指的是接受法律之前人人平等的觀念，也就是說，立法者或測量者不能獨斷獨行的觀念。至於商品化方面，隨著開始為遠地市場生產貨物，貨物失去了個別生產者或消費者所賦予的特殊之處，成為具有共通屬性，且屬性可以衡量的大量生產商品。

　　隨著貨物變成商品，貨物的屬性遭抽象化為可測量的數據，它們變

成可互換，且可用同一標準衡量。這保障了農民，使他們不必受自訂斤兩的地方官員或商人剝削，但也毀了許多國際貿易商的生意。在這之前，只有貿易商能了解龐雜的各地度量衡，換算不同的地方度量衡。一旦這技能無用武之地，他們的關鍵地位就被最大消費市場裡的大型進口商所取代。度量衡不再象徵地方的歷史和傳統、鬥爭和勝利，反倒成為今日我們所認為沒什麼稀奇的平凡玩意。

3 │從宮廷銀行家到現代世界市場的設計者：羅特希爾德家族

　　法國大革命常被視為世界經濟的分水嶺：此革命推翻了封建的「舊制度」（Old Regime）世界和其重商主義政策，同時開啟了自由主義掛帥、自由貿易下經濟快速成長、局勢相對較和平的百年。事實上，這種一個時代的徹底結束、另一全新時代接著登場的現象，在歷史上很少見。時間的推移和局勢的演進較緩慢。這個與十九世紀歐洲諸經濟體的大幅擴張和接下來世界經濟的大幅擴張關係最密切的家族，實際上來自「舊制度」時代──這個家族最初靠借錢給君王發財。這些小商人發跡於德國美因河畔法蘭克福城牆外狹窄擁擠的猶太人居住區，其事業和投資最後卻遍及全球。羅特希爾德家族（Rothschilds）出現於一個過渡時期，早期靠其與貴族統治的「舊制度」世界所建立的關係和傳統經商手法發達起來。但他們別出心裁，想出了會在最近兩百年裡成為世界市場大幅擴張之基礎的新方法。

　　羅特希爾德家族發跡於美因河畔的法蘭克福，那裡也是十九世紀其他許多國際大商人銀行的發跡地（即使今日，法蘭克福仍是這樣一個銀行業中心──有時被戲稱為「美因哈頓（Mainhattan）」──因而是歐洲中央銀行的所在地）。這個家族的族長邁爾・安舍爾（Mayer Amschel，一七四四～一八一二），以他猶太人居住區房子門上的紅色標記（Rothschild）作為姓氏。一如大部分商人銀行家，邁爾最初從事商業。他的大部分所得來自貨幣兌換，而在神聖羅馬帝國由兩百五十個公國組

成且大部分公國有自己的國庫、錢幣、法律時，兌換是有賺頭的行業。公國林立產生零散型市場（fragmented market）和非集中化的金融體系，從而予人套利的機會。羅特希爾德家族會靠跨國移動資金和貨物作為賺錢的主要憑藉，而此舉有助於加速經濟交易、積聚大量投資資本、鞏固民族國家。

從邁爾本身的條件來看，似乎沒資格創立財力雄厚的國際銀行。他貧窮，或至少處於中產階級下層，教育程度也不高。但他瞭解錢幣，最終瞭解金融市場。身為猶太人，他對國君不構成潛在政治威脅，因為他是沒有政治權利的外人。事實上，在法國大革命的影響傳到法蘭克福之前，他一如其他猶太人，得住在猶太人居住區，夜裡、禮拜日或假日不得離開該區。

邁爾結識日後會成為黑森卡塞爾（Hesse-Kassel）國君的威廉（Wilhelm），自此開始發達。黑森卡塞爾是個相當小但富裕的公國，威廉則是資產階級貴族，對投資和獲利——以及錢幣——很有興趣。邁爾把他最好的錢幣以低於市價的價格賣給這位國君，贏得國君歡心。當威廉成為神聖羅馬帝國（當時仍是歐洲強國之一）的選帝侯，地位獲得提升時，羅特希爾德成為黑森卡塞爾的宮廷代理人，後來更成為神聖羅馬皇帝的宮廷代理人。那時，他是個謙遜的「宮廷猶太人」，類似其他數十名尋求這位君王賜予特權和保護以抵銷因為反猶法而處於劣勢的猶太人。

戰爭和好運讓羅特希爾德家族富裕起來。國君威廉藉由將其黑森部隊出借給英國人鎮壓美國革命而致富。三十年後，拿破崙的軍隊進入黑森卡塞爾，這位選帝侯逃走，但不久後把他名下大部分財產交給羅特希爾德管理，羅特希爾德運用這筆錢賺了錢——就法國人來說，他是在非法運用這筆錢。藉由借錢給反抗拿破崙的諸王國，羅特希爾德財富大增。如果說法國大革命預示了新且現代的時代到來，這個法蘭克福家族此時站在舊且反動的一方。

這使該家族擴散到歐洲各地。沙洛曼（Saloman）去到維也納，在那

裡他與首相梅特涅交情很好，為奧地利的戰爭開銷籌措到經費。內森・邁爾（Nathan Mayer）先是去曼徹斯特，擔任該家族紡織品事業的寄售代理人，然到移到倫敦，在那裡把英國人付給國君威廉的黑森部隊雇傭費拿去投資，實質上就是把雇傭兵服務費（流血賺來的錢）化為現代資本。卡爾（Karl）被派去那不勒斯，但約五十年後義大利重歸一統後，該地商行停業。詹姆斯創立了巴黎商行，以收集法國金幣送給威靈頓，助他打拿破崙。安塞姆・邁爾（Anselm Mayer）承接了法蘭克福事業。

打敗法國革命勢力後，奧地利國王非常感謝羅特希爾德家族所提供的金援，在一八二二年，把他們都封為男爵。誠如尼亞爾・佛格森（Nial Ferguson）所指出的，羅特希爾德家族為諸多專制君主的復位提供了資金，成為眾所周知的「神聖同盟的首要盟友」。至這時為止，羅特希爾德家族效忠於貴族階層，以貨幣兌換和放貸為事業重心，正迅速成為歐洲史上——和世界史上——最有錢的銀行家，但他們的經商手法和中世紀商人銀行家沒有兩樣。

作為反法國大革命的封建財閥，羅特希爾德家族受其敵人譴責，卻也成為在法國大革命的灰燼上建立起來的新經濟秩序的主要建構者。著名德意志詩人和替法國大革命辯護的激進自由派人士，海因利希・海涅（Heinrich Heine），公開宣稱羅特希爾德家族是和羅伯斯比同類的革命分子，因為他們「把國債券體系提升到最高地位，從而使財產和所得開始流通，同時讓貨幣享有土地先前所享有的特別待遇，藉此打破了土地的支配地位。」羅特希爾德家族既得利於民族國家的問世，也得利於十九世紀主張國與國應相互提攜的理念。此家族事業的每個分支都與所在地的統治者建立起密切關係，但也差不多以涵蓋多國、跨國界的國際事務代理人的身分營運。該家族諸位子弟集合資金投入聯營事業，也共用資訊。他們打造了一個遍及全歐的金融家網絡，藉此降低風險，提升他們的國際影響力。事實上，羅特希爾德家族一開始能發大財，使他們成為國王和不單圖私利而對國家有所貢獻的商界領袖所倚重的銀行家，憑藉

的是他們獲致國際資訊以據此在整個歐陸和後來在全球迅速採取相應作為的能力。

在電報問世之前，此家族的成員利用信鴿和快船迅速傳遞資訊。為威靈頓的部隊籌措經費，且在滑鐵盧親眼目睹拿破崙徹底潰敗的內森，使用這些方法在倫敦市場獲取暴利。後來，這些獲利資助了電報的普及（而羅特希爾德家族當然擁有其專用的私人電報線）。他們的通信網速度快、可靠且保密，有時被國王的代表拿來與敵人或競爭者通信。這些銀行家與統治者交情匪淺，使他們得以在沒有法律禁止內線交易的時代，掌握金融、商業活動方面的內幕消息。資訊快速且安全地在此家族內傳播和傳送到該家族客戶手中，降低了交易成本和風險，也使該家族較易湊集許多小額投資開展大型事業。鑽研資本主義興起的著名德國社會學家維爾納・宋巴特（Werner Sombart）推斷，「現代股市，不只從量的角度來說是羅特希爾德家族所造就，從質的角度來說亦然。」這是因為羅特希爾德家族推動有限責任法，從而催生出法人團體和法人團體所發行的股份。

這個猶太銀行世家也協助建立了國際金本位和銀本位，而國際金銀本位往往被認為是促成國際金融與商業大幅擴張的功臣。內森是第一位在倫敦發行英鎊應付債券的銀行家。他不只協助鞏固了「倫敦金融城」作為大幅擴張之大英帝國的資本主義中心的地位，還協助鞏固了它作為世界金融中心的地位，以及在一九三〇年代之前英鎊作為獨大通貨的地位。

這個家族認知到金本位受到愈來愈多國家採用，於是除了大舉投資墨西哥、美國、西班牙這類遙遠地區境內和大英帝國成員南非、澳洲境內的銀礦、銅礦、汞礦，也大舉投資金礦。找來諸多國際銀行家合組放款銀行團，乃是這個家族破除資本、貿易流動障礙的法門。事實上，他們所扮演的角色，如同早期的國際貨幣基金會（今日監督諸國信用與通貨的國際機構）。十九世紀中葉羅特希爾德家族的角色，從運用自己名下

資本作投資，轉變為替匿名第三方審批貸款和承銷債券，從而為他們所發出的貸款背書。他們喜愛金額大、利息相對較低，但可靠的貸款，甚於他們先前所策畫過且這時他們的某些競爭對手仍然偏愛的快速獲取暴利的活動或風險性投機事業（見第六章第七篇）。

羅特希爾德家族的事業，始於替重商主義國君和戰爭籌措資金，但到了一八三〇年代，他們已成為資助民主主義共和國和大力鼓吹和平、自由貿易的自由派。身為在許多國家生活、工作的猶太家族，他們在為民族國家籌措資金的同時，也是國際化的重要推手。他們通常能巧妙地化解事業上這些矛盾之處，因而既招來社會主義革命分子的仇視，也招來他們的主要敵人——反猶民族主義分子——的仇視。社會主義者不欣賞羅特希爾德家族更早時的革命性經濟角色，因為那一角色協助打造了自由放任資本主義，激烈反對任何帶有福利國意味的事物或關心工人遭遇的主張；在社會主義者眼中，羅特希爾德家族是反動派，因為他們反對那些鼓吹歐洲社會要進一步做這些改變的運動。

但在這期間，反猶人士對一個出於想像的國際大陰謀非常光火。他們認為有錢的資本主義猶太銀行家和卡爾‧馬克思、萊昂‧托洛茨基、羅莎‧盧森堡（Rosa Luxemburg）之類堅定反資本主義的猶太革命分子聯手擬定這一陰謀——儘管這些革命分子所關注的重點明顯各不相同而且公開反對此陰謀。許多反猶人士無疑非常清楚，得到羅特希爾德家族提供資金的大商人和實業家，對待起他們的小競爭者，往往就和他們對待自己工人一樣不手軟，而且影響力也漸漸凌駕許多舊（且信基督教）的貴族。海涅的看法至少有一部分是對：把金錢的地位提升到和土地、血一樣高，在作法上是革命性的，儘管那和社會主義者想要的革命差了十萬八千里。

羅特希爾德家族二十世紀時依舊意興風發，但他們的金融影響力，隨著公私大銀行問世和歐洲對世界的支配降低，相對來講不如從前。此家族更早時的成功之道，乃是維持住一個遍布許多國家、受到嚴密掌控

且成員彼此熟悉、相互支持的家族事業（結婚對象仍限於堂表兄弟姊妹，使公司成員彼此有親緣關係且都有猶太血統），同時打造現代世界經濟的金融、貨幣工具和技術。老式家族合夥關係和二十、二十一世紀的投資、營運看來扞格不入，並不難理解。新法人團體是沒有個性的匿名機構，追求最大獲利但對自己的經營作為只負有限責任，而羅特希爾德家族賦予他們的事業以人情味和個性，以及較保守的作風。這肯定為他們招來許多誓不兩立的敵人，但也使公司得以興旺、發展長達兩百五十年。如今這個家族在世界經濟的金融領域仍然舉足輕重，但其他銀行家的實力比他們大上許多。在網路公司破產、衍生性金融商品交換契約浮濫、令人興奮但高風險的獲利和隨之而來的經濟崩潰不時可見的今日，誰敢說老作風不可取？

4 ｜穀物全球化──和全球化造就了「穀物」

十九世紀，即距人類開始營定居務農生活，開始種植、照顧、採收大麥，或許已過了一萬年之際，人創造了「穀物」。「穀物」是個抽象商品：在某些地方它以品種多不勝數的米、小麥之類澱粉類食物為代表，但還是可統歸為透過一鬆散整合的全球市場互相影響的單單一類東西。在這期間，經過重整的全球農業使無數人遷移到世界各地，把重要產區的生態改到不復原樣。

那一市場的問世，源於兩個巨大回路的問世。其中一個回路始於一八四〇年代，但在十九世紀最後二十五年變穩固，把小麥從北美、阿根廷、澳洲、俄羅斯帝國送往歐洲，尤其是英國和其他一些都市化地區（例如美國東岸）。另一個回路，稍晚出現，約一九二〇年時已完全確立，把緬甸、暹邏（泰國）、越南、台灣、韓國、菲律賓、爪哇的稻米輸出者，與亞洲其他地方（尤其是日本、中國、印度）的消費者、歐洲境內工業澱粉生產者連在一塊。這兩個回路的創造，然後連成一體，花了約七十五年，而且過程驚人複雜。

這兩個回路不只變成相互關聯，而且共有某些基本的推動力量。新冒出的全球小麥輸出中心，屬於我們很少拿來和此時代新冒出的稻米出口國（緬甸、泰國、越南）相比較的那些社會（美國、加拿大、阿根廷、澳洲、俄羅斯），但遷移、市場、環境改變方面的基本特點，使得這些發展對真正種植小麥、稻米者的影響，在新、舊農業中心區之間有某些令

人意想不到的相似之處。但政治情況和高層次商業組織方面的差異，使這些相似之處大體上受到掩蓋，從而使我們認為其中一個世界與「農場主」密切相關，另一個世界則與「農民」密切相關。

有些農產品，例如菸草和糖，在歐洲人建立殖民地之後不久即開始運到大西洋彼岸，但從美洲運到歐洲的小麥，在十九世紀初之前並不多。但到了一八三〇年代，由於英國工業化、歐洲大體上都市化、運輸成本降低、美國境內向西擴張，情況已開始改變。一八四〇年代出現爆炸性成長：英國於一八四六年轉向自由貿易，糧食大量輸入；在這期間，橫渡大西洋的成本逐漸降低，終於使遷移成本低到讓數百萬相對來講較窮的歐洲人，不必借錢、當契約僕役，就負擔得起（這反映了第二章第四篇，所講述之情事的大幅加快）。當歐洲農業在「飢餓的一八四〇年代」遭遇嚴重歉收（尤其是部分德意志地區和愛爾蘭境內），外移人數大增。許多外移者落腳美國城市，但其他許多外移者提供了使愈來愈多內陸地區得以成為出口導向農場的勞動力。

美國內戰短暫打斷這一過程，但內戰結束後，這一過程重啟，而且勢頭更猛許多。跨大西洋運輸變得更便宜、更快速：從紐約將小麥運送到利物浦的成本，從一八六八至一九〇二年降了七成九，而鐵路和五大湖汽輪則使內部運輸成本有差不多幅度的降低。隨著內戰結束，美國陸軍加大力度「綏靖」北美大平原，把原住民和他們所獵殺的美洲野牛驅離可用來種植「小麥」這種禾本科植物的大片草原（新的磨麵粉技術在此也有所貢獻——此技術用在適合於北美平原上生長的硬粒小麥效果更好——使明尼亞波利斯成為十九世紀晚期世界的麵粉磨製中心）。加拿大、澳洲、阿根廷幹了類似的事。阿根廷有計畫地驅趕原住民，從而在一八七〇年代晚期就掌控了約略相當於法國、西班牙兩國面積總和的土地，並迅即將此土地大部分闢為農場和牧場。俄羅斯也用其軍隊，將老早就宣稱為其所有的土地納入更徹底的掌控，然後將其中許多土地（特別是克里米亞半島境內土地）闢為出口小麥的產地。新技術——最著名

者是塞勒斯·麥科米克（Cyrus McCormick）的收割機和約翰·迪爾（John Deere）的鋼犁和後來的拖拉機和聯合收割機——使農場主得以用比過去還少了許多的每單位面積勞動力經營大農場，並降低成本，使農場主得以彌補長距離運輸開銷和往往比更集約經營的小農場還低的每單位面積產量。

這些推動力量在正向的反饋回路裡變得更強。只需要一座大農場和相當多的資本，就能利用這些新技術，而歐洲（還有美國東部）境內數百萬農場主，這兩樣東西都沒有（已開發地區邊緣的許多拓荒者，擁有的資本也不多，但如果他們有足夠的土地，拜銀行興起和土地所有權確立之賜，他們能拿土地來抵押借款）。隨著來自美洲、澳洲的小麥變得更多且更便宜，數百萬歐洲農場主放棄家業，許多人遠渡重洋來到美洲；這使他們得以耕種更大面積的土地，使留在歐洲之農場主所受到的壓力更大。有些歐洲國家提高關稅以免本國農場主受害於農產品進口，但（與流傳的說法不同的）這時期大部分農產品關稅很低：比二十世紀大蕭條期間所定的關稅低了許多，而且在當今這個據認自由貿易的時代，在世上許多最富有國家裡仍然如此。無論如何，關稅太低，不足以擋住這股趨勢（糧食占了大部分勞動者預算的很大比例——就大部分國家的一般勞動者來說，超過一半甚多——若真的採高關稅，製造商得付更高許多的工資，從而削弱他們的競爭力）。

數百萬歐洲農場主的外移，也使某些留在歐洲的農場主得以買下更多土地，也使其中某些農場主所擁有的土地大到可以採取機械化經營，從而使歐洲的小麥農業得以局部存活。例如，匈牙利的農場一八六三年只使用了一百六十八台蒸汽機，但到了一八七一年，已增加到三千台；於是，如此創造出的大農場所發揮的作用，和海外大農場非常類似——競爭力高於附近農場、每單位面積使用的勞動力較少，諸如此類。匈牙利出口大增，而面積大到足以養活一家人的農場所占的比例降到三成；在加利西亞（波蘭），則降到一成九。有些位在都市大市場附近的歐洲小

農場主經營很成功，但他們是藉由棄種穀類作物，改種蔬菜、生產乳製品和生產把新鮮（從而把產地）看得最重要的其他產品來取得這成就。

　　當然，在這一大模式裡有一些差異。例如，在阿根廷，人數不多但擁有土地面積極大的地主，對農業（和牧業）的主宰能大大高於北美洲或澳洲境內地主。這限制了他人的發展機會，而且阿根廷位在南半球，小麥採收時正值歐洲的冬季，因此阿根廷遠更倚賴能每年往返南歐（尤其是義大利）的短期移工。但世上諸多新小麥產地無疑一脈相連，彼此相似，靠它們所產的小麥填飽肚子的那些地區亦然。

　　而我們對稻米種植的印象，似乎與此沒有關聯，即使在現代亦然。最有生產力的稻米種植方式，得將秧苗一棵棵小心插入暫時注滿水的田裡，工活非常細膩，不易機械化（即使如今，在台灣和南韓之類高工資地區，即使不缺資本，一般來講仍用手插秧；另一項需要非常細心的農活，把田地整平再注水，如今藉由使用雷射，精確度已提升）。但過去，在已開發地區邊緣的一組新稻米產地，發生了與小麥故事極類似的情況——而且對較老的稻米耕種心臟地帶帶來類似的效應。

　　在十九世紀中葉，世上最大的稻米產地是中國和印度，日本和爪哇遠落於它們之後。但中國和印度也是當時最大的消費地，出口或進口的稻米不多——儘管中國和印度境內稻米貿易量很大，儘管中國東南沿海地區進口稻米——主要來自暹羅（泰國）——而且數量慢慢在增長。然後，情況有了改變。

　　十九世紀中葉起，越南、緬甸境內的新殖民地政權，對湄公河三角洲和伊洛瓦底江三角洲的控制，比此前任何政權更為牢固；殖民地政權的工程師開始排乾這些多濕地的低地區，從而大大增加了可耕地面積。仍保有獨立地位但大體上受英國保護的暹羅，在昭披耶河三角洲做了同樣的事（在這三個例子裡，這些十九世紀政權都在沿續前任政權的作為，但相較成功許多）。一如位在已開發地區邊緣的小麥產地，這往往得把原住民趕走。而且一如在北美大平原上所見，這一過程涉及將生態徹底簡

單化——而且在此的簡單化更為徹底。生態極富多樣性的叢林和森林被清除，換成一望無盡的稻田；象、虎等大型哺乳動物失去棲地，遭遇一如美洲的野牛、野馬等大型動物（在澳洲這類動物最初少多了）。而在這些地區裡，這時已變成「無人居住」之地的地方，吸引許多人從人口較稠密的地方移來。這些人主要是緬甸境內的印度人，因為當時緬甸、印度都受英國統治。在暹邏和越南，移民有一部分來自本國北部人口較稠密地區，還有一部分來自中國東南部。越、泰境內流通的剩餘稻米，大部分運到印度和中國，供應隨著全球貿易增長而迅速成長的中、印沿海城市（上海、廣州、香港、加爾各答、孟買等），剩下的剩餘稻米則有許多運到數個東南亞島嶼，而那些島嶼上的礦場、種植園和伐木營地（生產錫、橡膠、菸草、咖啡、黃金、茶葉等），助長日益工業化的北大西洋地區對這些東西不斷增長的需求。十九世紀晚期和二十世紀初期，城市快速成長使日本也成為糧食進口大國，而日本壓榨其在台灣、朝鮮半島的新殖民地供給自身需求。在這些例子裡，新稻米產地裡的農場，就小麥農場的標準來看，小了很多；誠如前面已提過的，種稻需要細活，機械化難度高了許多。但比起中國東南部之類地方的農場，這些新農場的確具有規模經濟，其中有些農場還具有別的競爭優勢。

於是，一如在小麥身上所見，反饋回路不久就變得更強，儘管不如在小麥身上所見的那麼強。大部分中國、印度農場主透過新稻米產地所無法服務且相對較在地的市場（新稻米產地無法服務這些市場，部分因為內陸運輸成本相對較高，尤以中國境內為然），供應糧食給本國同胞，但那些靠供應糧食給人口稠密沿海地區來維持自己農場者，最終還是感受到來自外部的競爭壓力。有一段時間，需求快速成長，使城市市場裡的價格，在以白銀計價的情況下，持續上漲（在中國和印度，白銀是國內通貨的基礎，用於人民的日常需求）；在以黃金計價的情況下，價格則持平（黃金是英鎊、法朗、美元等主要全球性通貨的基礎）。但一九二〇年代起，米價暴跌。一九三五年，以白銀計價的一公斤稻米價格，相較

於一九二〇年，在新加坡跌了六成八，以黃金計價，跌了八成八；在河內，米價則分別下跌六成三和八成六。在這期間，面臨這些壓力的農場主所能改走的路，比歐洲的農場主少：他們的城市所產生的工業職缺較少，而且受制於歧視性法律無緣投入北美、澳洲和其他數個值得投奔之地的勞動力市場。因此，許多人繼續流向已因為出口暢旺而加劇本身難題的那些地區，或流向亞洲邊緣其他地區的種植園、礦場、碼頭。

於是，在地理景觀這個層次和在農場主（包括暫時移居和就此定居者）的經驗上，相似之處大概凌駕差異之處。但在更高的政治經濟層次上，差異就很顯著。

首先，所有的新稻米產地，除開位在暹邏境內者，都位在殖民地，而暹邏再怎麼說都只能算是半獨立國。殖民列強一般來講，關心城市食米者（乃至種植園裡生產橡膠之類戰略性產品的食米者），遠更甚於關心農場主。在某些殖民地，從事農活者並非土地所有人本人，而在這些殖民地裡，政府通常遠更關心農場主的死活，如果（一如在越南所見）土地所有人是歐洲人，勞動者是亞洲人，而且始終可輸入更多亞洲勞動力的話，尤其如此。其次，機會有限，加上距離較短，因此返鄉的移民多上許多：最初他們並非如阿根廷境內許多移民那樣一年回去一次，後來才變成如此。一八五〇至一九四〇年，差不多有兩千萬中國人來到東南亞，其中只有兩百萬人就此定居異鄉；相對的，一八四六至一九四〇年離開歐洲的五千五百萬人，超過三千五百萬人在當地留下。對小農場主來說，這些小麥產地談不上是人人平等的天堂，但相對來講，他們享有多上許多的權利——我們為何稱他們為「農場主」（farmer），而亞洲小農場主即使終於自有土地、和西方小農場主一樣參與市場，我們還是稱他們為「農民」（peasant），原因在此（俄羅斯耕種者所享有的權利，在小麥農圈子裡，大概最少，儘管情況比農奴制地區形象所會讓人聯想到的還要複雜；他們一般來講被當時人和歷史學家都稱作「peasant」，絕對有其緣由）。用語上的差異，其實也差不多濫觴於這個時期。過去中文對務農者

的稱呼，既可譯為 farmer，也可譯為 peasant，而直到約一九三○年為止，farmer 和 peasant 這兩個詞，在英語裡一直同樣常見；那之後（隨著米價暴跌）兩者使用率才變得懸殊，到了一九五○年代，peasant 的常見程度，已是 farmer 的五倍之多。

在這同時，小麥的行銷比稻米的行銷受到遠更徹底的改造。大部分稻米，從離開農田到為人所消費，除開去殼然後煮熟，本身形貌改變不大（至今依舊如此）。相對的，沒人直接吃小麥：小麥先磨成粉，然後製成麵包、麵條、餅乾、穀類脆片等種種食物。以米為主食的消費者，瞭解自己所吃的稻米品種，這是原因之一；他們往往特別偏愛某個品種的米（如今仍然如此）。因此，就在有更多稻米經長距離運送銷售到異地時，市場仍會細分其品種差異；除開某個重大例外（接下來就會談到），消費者不會因為別種米較便宜，比如越南米較便宜，就從泰國米改吃越南米。相對的，麵粉廠和麵包店變得極善於製作外觀和味道沒變但用到不同類麵粉（視當下能取得哪種小麥和哪種小麥最便宜而定）的麵包。於是，小麥變成遠比稻米更標準化、可互換且抽象的商品。事實上，有很長一段時間，把許多不同類稻米與一個整合市場連在一起的主要因素，乃是有些稻米被拿去製成工業澱粉，再製成黏著劑、建材等東西一事：沒有哪個講究吃的人嘗過工業澱粉，於是工業澱粉的製造者的確構成一群會看哪個最便宜就買那個的消費者，從而使一地（比如緬甸）的豐收能影響各種在國際銷售之稻米的價格。

在這期間，甚至在麵粉廠懂得如此利用標準化之前，小麥就已開始被標準化——儘管最終這兩個過程相輔相成。更早的推動力來自運送小麥的過程本身。

國際小麥貿易首度急速成長時，船隻將小麥從美國中西部運到曼哈頓，這時用來裝小麥的袋子就是小麥離開農場時所用的袋子。小麥抵達紐約港時，仍被視為農場主瓊斯或史密斯的小麥，仍屬於該農場主所有；至這時為止，中間人是抽佣代理人。紐約貿易商會對小麥取樣，評估貨

色，然後才會買下該農場主的小麥。瓊斯和史密斯或許會因品質差異拿到大不相同的賣價——此時沒有約定的「小麥」價格這回事。

鐵路問世使這一切改觀。讓火車猛燒著煤等裝貨或卸貨完畢，成本非常高，因此必須迅速完成裝卸貨。於是，不久後，發貨人就不再把小麥以袋裝形式上貨，而是使用具有起卸機器、能把穀物釋入貨車車廂的穀物倉庫。但這意味著瓊斯和史密斯兩家的小麥會在此倉庫裡混而為一，分不出是誰家的小麥。於是，得在運抵鐵路線盡頭站之前就把小麥賣掉，某農場的小麥自此變成可以和別家農場的小麥互換。

小麥繼續分等級，但這時只分為幾類，凡是同屬一類的小麥，不管是哪批貨，都被認為一模一樣。「小麥」就此誕生；而由於一噸今年的「二號春麥」這時也可和一噸隔年的「二號春麥」互換，小麥期貨買賣、選擇權和芝加哥期貨交易所就此誕生（芝加哥期貨交易所創立於一八四八年，一八六五年開始買賣期貨）。不久後，在該交易所買賣的紙上「小麥」，比經由芝加哥運出的真正小麥多了十四倍。不管小麥農喜不喜歡，這時他們都在生產一種會被世上任何地方的買家和銀行家認可為擔保品並予以信賴、使用、接受的商品；他們全都彼此直接競爭，而大部分是在價格上競爭。許多小麥農愈來愈把自己視為正好以植物為產品的企業家；到了二十世紀初期，許多美國農場主已較愛別人稱他們為「growers」，認為 growers 是有別於落後 farmers 的摩登身分（不妨與差不多同時變成 peasants 的中國 farmers 比較一番）。

稻米的交易、期貨市場也問世，首度出現於新加坡，但發展較緩慢；非可互換的品種，還是比小麥多了許多，且如今仍是。但即使沒有一個完全一體化的「稻米」市場，仍有某種程度的一體化。工業澱粉需求，誠如前面已提過的，創造出一組會樂於改用別的品種之稻米的消費者；隨著時日推移，由於人的遷移和食物的全球化，在並非傳統食米區的區域，消費的稻米愈來愈多，而且這些區域的消費者不執著於特定品種的米，看哪種米較便宜就買該種米。

藉由這些過程，小麥、稻米的全球價格最終在世界各地連在一塊。當然，在原本就既食用小麥也食用稻米的地方，這兩種價格原本就始終相關連，如果有許多消費者得在開銷上精打細算的話，尤其如此：例如，在十八世紀中國的某些地方，小麥、稻米的價格比頗為一致的反映了它們的相對卡路里價值，且會一起漲跌。但中國境內兼食稻米、小麥的那些地方，進口穀物不多，而且完全不出口穀物；要創造出全球性「穀物」，得有會在稻米、小麥價格分歧時買進某種穀物和／或賣掉別種穀物的國際性糧食市場參與者才行。如今，拜人的遷移和商界、政府兩者有計畫推廣新糧食之賜，有許多這樣的國家（例如美國於二次大戰後努力在日本打造小麥的銷路）。而最初，有一個發揮這種中介作用的重要市場：印度。

十九世紀印度是世上最大的穀物出口國之一，只是我們今日往往忘記此事——這既反映了印度當地的確有穀物剩餘，也反映了英國殖民地當局犧牲農民和勞動階級消費權益以促進出口的政策。事實上，印度當時既出口米和小麥，也食用米和小麥。數百萬印度人習慣於兼用這兩種穀物的料理，許多人也因為太窮而視價格食用其中一種穀物。因此，十九世紀晚期世界米價上漲時，印度出口商作出相應回應。由於印度國內米價也上漲，消費者轉而食用小麥。輸往倫敦的印度小麥因此變少，美國堪薩斯州的農場主所面臨的競爭隨之減輕許多。

史上頭一遭，在最基本的商品上出現一全球性市場，史上頭一遭（不管喜歡與否），新加坡感受到加拿大薩斯喀徹溫（Saskatchewan）一地小麥收成多寡的衝擊，儘管當時新加坡當地沒人食用小麥。經過數十年的劇變，這時已創造出清楚可見的有力連結——和極明顯可見的強烈差異。

5 | 時間如何變成那個樣子

你應該曾坐在高檔餐廳裡，望著牆上的時鐘，然後注意到這時是紐約的午夜十二點，倫敦的凌晨五點，巴黎的早上六點，東京的下午一點。你覺得這稀鬆平常，理所當然，根本就和日出、日落一樣是自然的一部分。

但標準時間絕非自然的一部分。即使今日，世上仍有一些地方不遵行標準時間。領土橫跨數個時區的中國，統一使用北京時間。因此，當廣播電台宣布天亮，而北京市裡已有人就著晨光做起健身操時，中國西部人民，例如烏魯木齊，卻是摸黑起床。

在一八七六年前，世上大部分地區沒有標準時區，也沒有以首都時間決定全國各地區的蠻橫作為。那時候，時間毋寧是各地自己作主。時鐘根據太陽運行來調校，但對太陽的觀測不精準。旅行靠徒步或騎馬，旅行距離不長，也不常遠行。沒有地區性電台或電視台報時。隔壁城鎮的時間差個十五分鐘，沒什麼要緊。但鐵路問世使這情形全面改觀。

有了鐵路後，旅行和貨運的時間縮短，更大空間內的時間趨於統一變得重要。一八四〇、五〇年代鐵路公司變多，時區眾多頓時令它們困擾。如果每個鎮各有自己的時間，要如何協調各地的時間表，確保火車在正確時間行駛於側線，替火車補給？問題在哪裡非常清楚，但解決很難。每個鎮都覺得自己的時間才對，因為這是根據太陽於該鎮日正當中的時刻訂定。也就是說，在時間的確定上，每個鎮在某種程度上都自認

是世界的中心。要如何讓大部分的鎮甘心接受其他鎮的時間？由於事涉每個鎮的顏面，問題很棘手。

鐵路公司的解決辦法不是說服各地領導人同意規定的時間，而是促成他們之間達成協議。最初促成時制一致的動力，不是科學或政治力，而是商業。在同一條鐵路線上的鎮，全配合所經火車的時刻表調整時間。但在多線輻輳的城市，這辦法未促成時制的統一，反倒更亂。例如，在巴西最繁忙的聖保羅火車站，配合三個時刻表，掛了三個時鐘，一個時鐘顯示從里約熱內盧駛來的火車到站時間，一個顯示聖保羅州內陸線的到站時間，還有一個顯示從聖托斯港（Santos）駛來的到站時間。在美國，時制混亂可能更為嚴重。水牛城火車站有三個時鐘顯示不同時間，匹茲堡則有六個時鐘！

英格蘭，第一個建造火車的國家，也是第一個根據格林威治時間擬定標準火車時刻表的國家（一八四二）。幅員遼闊的美國，進展較慢。一八七〇年時，仍有約三百個各行其是的地方時區，八十種火車時刻表。隨著往西開拓促進了更長距離的運輸，鐵路線橫越更多時區。一八七〇、八〇年代鐵路公司的合併潮，擴大了鐵路網，時間表的統合變得迫切，也變得可能。一八八三年十一月十八日，人稱「兩正午之日」，因為那一天正午，美東各時區的時鐘全部回撥，以創造出全國一致的鐵路時刻表。政府的腳步則較慢，再過了六年，才將全國劃為四個時區，直到一九一八年，標準時間才得到法律認可。

但巴黎或東京最終接受類似安排的過程，卻不能拿美國的情形來比附。顯然的，法國、日本的鐵路沒有橫跨那麼大的領土。達成政治協議，勢在必行，而由於民族主義作梗，政治協議喧騰了數十年才達成。當時已知地球的大小，經度也已普獲接受。因而，將世界劃成二十四個時區，輕而易舉。問題癥結在於應選擇何地作為標準時間的所在。從某個角度看，爭執在於該以哪個地點的時間作為世界其他地方奉行的標準。法國人已在十九世紀為統一度量衡付出許多心力（公尺、公斤就是他們最值

得稱道的成就），當然希望巴黎成為世界的中心。當時為世界首要強國的英國，則希望選定英格蘭，特別是格林威治。十九、二十世紀期間，為解決這問題，召開了不少國際會議。但有幾個國家，特別是法國、巴西，遲遲不願加入，直到第一次世界大戰爆發前夕才改變心意。

因為遲不加入，這些國家面臨了一些嚴重問題。在巴西，根據第一次世界大戰爆發前後所做的一項調查發現，儘管絕大部分州應該都在同一時區，但每個州各有自己的時制。而各時制間的差異，往往很細微。例如里約熱內盧州的首府尼泰羅伊（Niteroi），與十六公里寬的瓜拿巴拉灣（Guanabara Bay）對面的里約熱內盧市，時間相差只有一分鐘。在其他例子裡，差異就較大。一名聯邦眾議員候選人，率領支持群眾進入他選區所在的內陸偏遠地區，赫然發現投票所已關閉，因為該區的時間比首都快了三小時。隨著巴西經濟和世界經濟的連結愈來愈緊密，這也嚴重危害到商業。

當然，我們知道這些問題最終獲得解決，而且是在十九世紀時輕鬆解決，而這不只要歸功於理性主義，也要歸因於帝國主義。亞、非國家融入國際貿易和國際運輸的程度甚低，時制統一並非非做不可，但歐洲列強能夠說服亞非國家領袖接受標準時間，原因就在其中許多領袖本身是殖民地總督。一八七〇到一九一四年間，全球有四分之一的地區落入歐洲、北美列強掌控。列強認為推行標準時間有其好處，於是強制其他國家施行。在歐洲人華麗客廳做出的這些決定，花了很長時間才為中非村民或安地斯山高地居民所接受。但隨著世界經濟的觸角伸入與世隔絕的角落，這些地方也慢慢地被納入標準時間。如今每個人都知道時間就是金錢，但比較不知道的是，時間乃是生意人的歷史發明。

6 ｜美國如何加入大聯盟

　　如今，大家似乎覺得美國在國際資本市場上扮演舉足輕重的角色，乃理所當然的事。一直到一九八〇年代，美國都是全球最大的資本輸出國。但美國開始大規模輸出資本，乃是二十世紀的事。十九世紀，甚至晚近至一九一四年，美國的貿易赤字，仍高居世界之冠，部分源於美國是當時世上最大的外資收受國（貿易赤字把美元留在外國人手中；如果美元持有者此時不想消費美國貨，大概會用那些美元購買他們希望會在日後帶來更多收入的資產）。

　　史學界一般認定第一次世界大戰是轉捩點，也就是在這場大戰中，因為美國資助同盟國打仗，使它首度由債務國變成債權國。但在戰前，美國資本家已開始在國外嶄露頭角。

　　他們的第一個聯合對外投資對象是墨西哥。事實上，墨西哥可以說成為美國新式工業團體和國際協議的實驗場。當然，在這之前，對美國而言，墨西哥長久以來就是很重要的國家。由於墨西哥披索是美國的法定硬幣（一八五七年為止），墨西哥的銀礦原本就曾令美國人心嚮往之。

　　但儘管美國透過一八三〇、四〇年代的德克薩斯戰爭、美墨戰爭，奪取了墨西哥一半的領土，美國資金南流的速度卻很緩慢。一九〇〇年時，投入墨西哥的英國資本，仍遠超過美國黃金。除了一些大型鐵路線，仍以規模很小的個人直接投資為主。

　　一八九〇年代的經濟大蕭條後，情勢全面改觀。一部分美國頂尖企

業鉅子，原本幾乎不投資國外，這時開始投資墨西哥。在那場大蕭條期間原本緊縮信貸的美國銀行，這時開始熱切尋找放款對象，且在重整美國經濟的那些人裡找到。大量的可輕易變現資產，促成了「大合併運動」（Great Merger Movement）這一最著名的結果。J. P. 摩根（J. P. Morgan）之類金融資本家，手中有充沛資本，又正逢一些公司因大蕭條而仍搖搖欲墜，於是趁機購併，創造出幾家美國當時有史以來最大的企業，包括資產總額十四億美元的美國鋼鐵公司（United States Steel）。當時經濟規模雖不如今日，但創造出美國鋼鐵公司的那次購併，至今仍是史上最大規模的購併之一。

　　這批重整美國企業的金融家和股市禿鷹，把目光瞄向墨西哥。J.P. 摩根、古恩羅布公司（Kuhn, Loeb and Co.）社長希夫（Jocbo Schiff）、施派爾（James Speyer）、洛克斐勒（William Rockefeller）、哈里曼（E.H. Harriman）、古根漢家族，利用與英國、德國資本市場的密切關係（往往是家族關係）和對美國新興資本主場的掌控，募集資金投入工業。他們開始草擬宏大計畫往國際發展，而他們在墨西哥開展的工程，正是這些大計畫裡關鍵的一環。哈里曼打算建造一鐵路、海運網，將美國與南美、亞洲連接起來。他試圖掌控墨西哥大部分鐵路時，腦子裡就有這打算。與哈里曼在幾個工程上合作的洛克斐勒，則決心掌控富含礦物的墨西哥北部的運輸、生產，藉此將墨西哥納入他的石油、銅帝國。他接收了墨西哥最大的銅礦，買下數大片油田的認購權。古根漢的 ASARCO 公司則掌控墨西哥的礦物冶煉，不久後成為全球大部分銀礦的冶煉廠和鉛、銅的生產大廠。

　　由於這些財閥競逐墨西哥的野心，美國的對外投資，在第一次世界大戰前十五年裡，成長了三倍，投資金額遠超過其他所有國家對外投資的總和。到一九一四年時，美國投入墨西哥的資金已有十億美元，占美國對外投資總額的一半。但墨西哥之所以重要，不只是因為直接投資資金的流入該國和美國企業家在該國創設了初期跨國企業。美國金融家的

參與墨西哥建設，還改變了美國在國際資本市場上的角色。華爾街銀行家首度運用歐洲資金於國外，首度由他們的代理人代為投票。施派爾、古恩羅布兩家銀行，運用歐陸和美國資金，買下墨西哥各大鐵路的控股權益。然後，施派爾在墨西哥創立了最早由美國人掌控的國外銀行之一。一九〇四年，這兩大招商銀行與其他幾位大金融家聯手，以發行債券的方式募款四千萬美元，貸給墨西哥政府（最早指定使用美元的對外貸款之一）。不久，這些債券在歐洲得到認購，成為有史以來第一個在巴黎上市販賣的美國債券。有家報紙寫道，這筆貸款「標誌國際金融上的新紀元」。四年後，施派爾集團為墨西哥國營鐵路公司發行五億美元的債券，是一九二〇年代之前美國史上最大一筆發行的債券。

美國所掌控的資本大量流入墨西哥，促成美國建立經濟霸權。這是美國得以從世界列強手裡奪下的第一個重要地盤。英格蘭、德國、法國在墨西哥都有可觀的投資。但一九一〇年時，他們不得不承認，套句德國公使的話，美國人已開始「執行不折不扣的（強國對弱國的）的保護關係」。美國人主宰了礦業、鐵路之類的關鍵領域，最終擁有墨西哥整整五分之一的領土。美國顧問左右了墨西哥貨幣、銀行、鐵路改革的施行。而隨著啤酒開始取代龍舌蘭酒，棒球、拳擊開始和鬥牛相抗衡，墨西哥連文化上都日益美國化。

邁入二十世紀才一些年，德國人、法國人就承認，在美國經濟、政治勢力的籠罩下，他們在墨西哥不得不屈居次要角色。隨著紐約開始慢慢挑戰倫敦國際金融中心的地位，英國投資人開始透過美國金融業者將大筆資金投入墨西哥。歐洲人早就一直擔心這新興北美共和國的潛力，擔心它削弱他們的勢力。在邁入二十世紀後的墨西哥，這股潛力首度爆發出來。德國公使警告道：「『美國威脅』不是幻覺，而是具體的事實。」

7 | 俱樂部、賭場、崩潰：一八二〇年起的主權債與風險管理

　　所有現代政府都借錢。在市場發展完備的富國，政府大多向本國人民借錢（即使今日，大家不時在談外國持有多少美國國債，不過美國的外債有超過三分之二由美國人持有——但美國在世界經濟上獨一無二的地位，使其得以承受多年的龐大貿易赤字，使尋找再投資機會的海外美元回流美國）。此外，富國的政府不需多大幫助就能賣掉本國債券。就連外行人都很清楚持有美國、德國、日本或法國的國債券能有什麼好處，因此中間人的作用微乎其微。

　　但還有許多政府，包括過去和現在的政府，需要從外國人那兒籌得資金，而這些外國人對還款可能性所知甚少，且知道政府往往將重要資訊祕而不宣。基本上，政府有三個辦法來解決這個借款難題。

　　首先是千百年來在許多地方最盛行的作法，即統治者找某銀行或銀行團借款，銀行或銀行團在私下看過賬目後借錢給他們。第二個作法能讓政府有更龐大許多的資金可利用，就是政府讓某些受信賴的中間人——十九世紀的羅特希爾德銀行或霸菱銀行、二十世紀的 J. P. 摩根——相信，借錢給這個國家的風險很低。這些中間人成為國庫債的承銷人，而由於他們的背書，投資人願意放心購買債券，於是債券大概會銷售一空；如若不然，承銷人或許會自行買下未賣出的債券，以證明其支持自己的判斷。第三個作法，自二次大戰以來愈來愈重要，即要某個據稱中立的實體向借款者提供再保險。這個實體或許是針對貸款而設的國際貨

384

幣基金會之類的準政府國際機構，或者是針對債券而設的穆迪或標準普爾之類的民間信用評級機構。

最後一套作法或許讓人覺得最現代、理智、透明、客觀：畢竟誰會寧可信賴以把債券賣掉為本業的人，也不願信賴專門提供資訊的人？但國際金融已有所「進步」了嗎？揆諸歷史，並不是那麼清楚。今日的作法，較富競爭性，為突然竄起的銀行和搖搖欲墜的政府都提供了較多機會，而且此作法為金融家帶來更多利潤，但很可能是透過讓世界經濟蒙受更大許多的風險來辦到。

本文的重點在於金融史家馬克・佛朗德羅（Marc Flandreau）——和與其共同出書者——所謂的「違約弔詭」（the default paradox）。從一八一五至一九三〇年，各大國際債券市場（倫敦、巴黎和後來的紐約）都被一些債券承銷人把持：前三大商行總是擁有至少五成的市占，有時逼近七成五。但違約危機來襲時，這三大商行受到的傷害相對卻較小。光是羅特希爾德銀行在一八二〇年代就為新成立的政府（大部分在拉丁美洲）承銷了將近一半的債券，但泡沫破掉時，它的借款人沒一個拖欠債務。十九世紀中葉另一波主權違約期間，擁有六成市占的前兩大商行，只有五％被違約。就連在一九二〇、三〇年代波及層面更廣的亂局中，承銷將近六成貸款的幾家商行，也只有兩成五的貸款被違約。這些商行所承銷之債券的較低風險，客戶事先已有所瞭解：它們的客戶所支付的平均利率較低許多。因此，不管是買家還是賣家，找羅特希爾德、霸菱或摩根合作，都很上算。對這些商行來說也很上算：它們的背書極受看重，使它們得以索取比今日承銷者所能索取的還要高上許多的費用。

弔詭之處在於在這一頗有用的分層（stratification）體系裡，承銷者的名字清楚表明涉及的風險程度，但這一分層體系如今已消失。二十世紀大蕭條期間，國際債券承銷停擺，數十年後才重出江湖。在這期間，富國直接銷售債券，較窮的國家（包括許多擺脫殖民地地位的新國家），往往直接向銀行或國際機構借錢。一九八〇年代，債券承銷重出江湖，

當時許多這類借款變成壞帳，需要國際擔保債券上場，債務人才能（在有所打折的情況下）還清債款，銀行才得以打掉它們資產負債表上的壞帳。

如今，市場比以往任何時候都大，但看來大不同於以往。前三大承銷者控制了不到四成的市場，它們所承銷的債券，利率和其它每個承銷者的債券一樣，沒有哪個承銷者的違約率低於其他承銷者甚多。由於沒有承銷者提供可靠的「品質」標記，借款者在它們之間遊走、尋找最划算交易的情形，比以往頻繁許多（先前，凡是與前幾大承銷者合作者，都不會傻到琵琶別抱；那些商行或許收費較高，但由於較低的利率，兩相權衡還是上算）。如今，費用下跌，承銷者若要獲利，首要考量就是衝量。

簡而言之，守門人已去，留下以不法手段牟利之人，因此產生的作法，風險大上許多。從一九二○至一九三○年，在紐約售出的主權債券，不到一成被評級機構評定為「投機級」；從一九九三至二○○七年，即使用較寬鬆的標準來衡量，都有超過六成是「投機級」（直到二○○九年十二月底，穆迪才將希臘債務降級為「投機」級：那時，距金融危機爆發、雅典暴亂發生、希臘承認其官方財務報表多年造假，已過了許久）。在這期間，有件事肯定仍然不變：在另一波違約潮中，不會覺得痛者，只有那些在經濟回升時期的獲利者——乃至主要是這類人。

那我們怎會採用這個堪稱較不可取的作法？首先，舊作法算不上完善。崩盤之事發生，造成周期性的大破壞，「本來還可能更糟」的慶幸之語，安慰不了人，尤以在一九三○年代為然。歐洲人所建造的帝國解體後，主權國家暴增，加上「發展型」（developmental）國家雄心更大、更不惜血本的發展計畫，可能使相當排外的老派頭作法變得左支右絀，即使曾有人非常努力重建該作法亦然；而且舊作法的精神也與激發一九三○年代和那之後銀行業改革的較平等主義且較講究透明的理念相牴觸。老牌大商行力主應該繼續讓它們自己管好自己，即使突然竄起的商行需

要外力監管，亦然，但那一提議無緣付諸實行。由於國會聽證會所揭露的種種內幕——包括摩根有份「優先名單」，名列其中者都是富影響力且以打折價拿到公債的「友人」，以及國民城市銀行（National City Bank）把拉丁美洲的壞貸款拋售給不疑有它的投資人，人們理所當然對老牌大商行所謂它們有資格不受監管的說法存疑；而且這種兩級制作法會與「新政」標榜的平民主義背道而馳。在這期間，信用評級機構（CRA）的興起，似乎提供了更好的解決辦法——而且有一段時間，這一辦法大概奏效。

前幾大信用評級機構（穆迪、標準普爾、惠譽國際），一開始都是服務性事業，收集可公開取得的借款公司資訊，湊集為一整套好用的建議，供潛在的債券購買人參考。從一九一〇年左右開始，它們也開始分析資料，對債券的風險提出整體評估，評定其等級。不久後，它們的業務從公司證券擴及到公債，例如市政債券；一九二〇年代，它們也開始針對外國公債評定等級。作為一九三〇年代改革的一部分，銀行必須把一定比例的資產放進被信譽卓著的機構認為安全的信用工具裡（但何謂信譽卓著的機構，直到一九七〇年代才有清楚的界定）；許多養老基金管理機構、慈善基金會和其他組織，不久後把類似的規定寫進它們的章程裡，為這些評級業務提供了一個強健的市場。

信用評級機構倚賴公開資訊，因此可能永遠不如前幾大債券承銷商可靠，畢竟這些承銷商能堅持先看過借款機構的不公開資料，再出售它們的債券。但一般來講，信用評級機構手中的資訊品質相當好；它們的評級結果可輕易取得，而且涵蓋每次債券發售，而不只是前幾大承銷商的債券發售。至關緊要的一點，穆迪、標準普爾的獲利來自購買它們資訊的人，而非來自債券發行者；這一安排使信用評級機構不會想高估證券的安全等級。

只要大部分投資者覺得信用評級機構的評級讓他們覺得投資很安全（且使受託人免於背負責任），像羅特希爾德那樣從事債券承銷業務，獲利空間就變小——儘管羅特希爾德的名字本身意味著高品質，而且羅特

希爾德會在接下來出現麻煩時竭盡所能防止違約（並保住自己的名聲）。這也降低了購買二級商行所承銷之債券的風險，只要該債券被評為良好等級即可；而那反過來又使機構投資者可以更放心大膽在特定的評定等級裡尋找最高的投資利潤（如果事實表明某 AAA 級的債券根本不夠格被評定為 AAA 級，你就可以把信用評級公司告上法庭）。

於是，看似理想的保險制度，其實反倒使債券承銷人和投資人都可以有更具風險的行事——儘管那風險仍舊不是非常高（而且並非所有風險都是壞事）。在這期間，信用評級機構也在改變。一九七〇年代初期的數年裡，美元和黃金脫鉤；輸出國家組織的興起和美國日增的貿易赤字，創造出龐大的海外「油元」池和「歐元」池；對美國境內銀行業和證券公司的管制開始解除；數個憑藉原物料價格據稱看俏的前景生存的較窮國（石油輸出國家組織是組成卡特爾〔Cartel，壟斷聯盟〕卓然有成的典範，而且這些國家愈來愈清楚天然資源並非取之不盡），開始以更大許多的規模借款。這些變化意味著有待評級的投資產品變得更多且更多樣；在這同時，便宜的影印術和其他新技術，使要人訂閱信用評級機構刊物來買得資訊之事變得更難。不久，所有信用評級機構都開始向發行證券者收取評定證券等級的費用。這是穆迪的創辦人所曾告誡會危害該公司廉正形象的事：如果你想向發行者索取費用，發行者想被評定為高等級，你就會擋不住利誘而忽略風險，高估證券等級。誠如從其他市場（例如靠抵押品支持的證券）所認識到的，這種馬虎的監督時有所聞。

因此，不可能回到二十世紀大蕭條前由少數機構把持國際債券承銷的世界，那個羅特希爾德家族和摩根家族叱吒風雲的世界。那些旨在限制風險行為的機構，在這一更加隨心所欲的制度裡變得更無力。而其他數種要人放心的作為——主要是從一九八〇年代到二〇〇八年間一再聽到的保證：當今的金融機構比以前的金融機構大了許多且更老練，能安然渡過這個更複雜多變的世界——最終證明華而不實。新的承銷制度有其可取之處：窮國更易取得信貸，而且有些窮國運用信貸很有成效。自

新一波全球放款榮景（印尼、俄羅斯、巴西、阿根廷、奈及利亞、波蘭、墨西哥等）開展以來，違約和重整之事屢見不鮮，但還沒有哪個國家製造出一九三〇年代那樣的危機。但這表明的很可能是運氣好，而非進步，而且好運從不長久。

8 | 較新鮮沒有較好

在萬聖節前夕，大人會提醒小孩，收受鄰居所自行準備的水果或食物時要提防有詐；廠商包裝的糖果則安全得多。我們一再聽到這樣的耳提面命，以致覺得那已成常識。我們覺得，由遠地不知名且很有可能屬不同國籍、種族、宗教信仰的陌生人所製作的食物，比鄰居所分發的食物，更為安全，但對生活在二十世紀以前任何時期的人，乃至今日許多人而言，卻會覺得很荒謬。我們怎麼會這麼信任遙遠異地的製造商？

人類歷史的絕大部分時期裡，大部分人只吃自己所獵殺或採收的東西。若是從他人處取得食物，也是透過當面實物交易取得，且仍知道該食物為何人所製造。在那大段時期裡，來自較遠處的食物很罕見，且這類食物大部分是以原料形式買進（例如稻米、小麥），買者了解它們，因而可以自行加工處理。為數甚少的食物製造商，例如麵包師傅，受公會監督，以確保品質。在冷藏設備問世之前，產地愈近的東西愈新鮮，愈新鮮則愈好。

十九世紀時，由於人口急遽增加、運輸革命、國際貿易暴增，傳統的新鮮觀念動搖。主食（例如穀物）的大量生產和肉類的異地運送，讓國際分工得以形成。較低的價格，在某種程度上，降低了消費者對遙遠異地製造者的疑慮，但進口食物引發的紛爭仍不少。本國農民用關稅保護農產品，肉品製造商則訴諸口蹄疫的危險，以限制國外肉類進口。

複雜的長距離食物貿易之所以增加，有一部分得歸功於技術。鹽醃

食物和脫水食物，人類早已知道，但條狀牛肉乾之類的鹽醃食物，雖可以下嚥卻難吃，因而過去只有奴隸和牛仔吃。十九世紀，罐裝技術問世，將食物變成適合長程運送的工業原料。一八一〇年，法國發明家阿佩赫（Nicholas Appert）開始製作罐頭食物，但這類食物烹煮過頭，少有人青睞。可想而知，社會地位類似牛仔、奴隸的士兵，成了罐頭食物的第一批消費者，一如他們後來成為濃縮食物的試驗者。美國南北戰爭，加上真空烹煮技術改良和馬口鐵罐頭問世，催生出十九世紀末期的罐頭食品大廠，例如享氏（H. J. Heinz Company）、康寶濃湯（Campbell's Soup）、法美（Franco-American Company）、博登（Borden）。

遠地食品之能進入家家戶戶廚房，冷藏設備也功不可沒。人類使用冰，當然已有數千年歷史，但在汽輪、火車問世之前，它融解太快，無法用於長距離保存食品。商用冷藏設備於一八九〇年時已普及於工業化國家，但重達五噸，用以運送食物的功能有限。第一次世界大戰期間，佛里吉戴爾（Frigidaire）、凱文內特（Kelvinator）兩家公司，銷售史上最早的家用冰箱，一九四〇年時，美國一半的家庭擁有冰箱。新鮮、鄰近、最近生產這三者間的關係為之改變。

但光技術不足以將遠地食物帶到家家戶戶。即使在保鮮科技有所改良之後，仍有疾病、摻假行為，破壞消費者對他人所生產食品的信心。這一未受規範的市場，也是個骯髒市場。當時的工廠，往往如辛克萊（Upton Sinclair）小說《叢林》（*The Jungle*）所描述，被視為是黏膩、汙穢的地方，而非如今日有時所呈現的形象——明亮、一塵不染、衛生的實驗室。先是州政府，繼而聯邦政府，出面拯救。美國政府仿效一八八〇年代英國所頒行的法律，開始管理食品的生產、運送、行銷。一九〇六年的「純淨食物、藥物法」（Pure Food and Drug Act），賦予美國農業部核准工業食物上市的權利。美國消費者信任食物檢查官員的科學權威和正直，於是願意買愈來愈多的加工食品。

都市化和超級市場問世，又起了推波助瀾的作用。人搬進城裡後，

再無足夠土地可供自種糧食。但一九五〇年代後，他們有了大型超級市場，裡面有罐頭食品大廠的產品。在地的食品雜貨店老闆，自豪於熟稔每位顧客，有口碑為自家產品掛保證（店裡產品有許多是裝在一般容器而非罐頭），但終究不敵賣場大、沒有人情味，但便宜，且新興的郊區居民開車可輕易抵達的超級市場。為數較少的一群公司，將資金用於建立商標和利用商標促銷其加工食品，而超級市場正為這些加工食品的匯聚於一地陳售提供了場所。透過廣告，這些商標變得家喻戶曉。

最後，世界變得和兩百年前完全相反。遠地的產品透過廣告而為人熟悉，近旁的產品反倒變陌生了。工廠製造、包著玻璃紙的產品變成衛生，手工製的產品變得不受信任。政府檢查官的核可權，變得比鄰居的近在咫尺和名聲更可信賴。於是，我們小孩丟掉自家製作的萬聖節餅乾，打開糖果包裝紙。

9 ｜包裝

　　俗話說，不可用封面判斷書的好壞，重點在內容，而不在外面的包裝。甚至，在一般人眼中，容器和包裝物，帶有負面意涵。把候選人「包裝包裝」（package），代表要賦予候選人迷人但不實的公眾形象。箱盒則往往被視為是不實在的東西，隱藏或扭曲了裡面的東西，製造出數不勝數的垃圾。而我們的垃圾場裡，的確充斥著包裝物。

　　但在長距離貿易的問世上，在大量生產性商品的市場裡，包裝都扮演了關鍵角色。包裝不只是無害的副產品，還在許多產品的生產過程中扮演不可或缺的角色，充當貨物的運送者，用於保存食物，成為產品的推銷員。它們與商標、超級市場、便利產品的問世，關係密不可分。

　　過去一百年，包裝的使用大幅成長，但它們以某種形式存在，已有數千年歷史。自然界以種籽、果實的形式，提供包裝，保護生命。蛋、橘子、椰子、香蕉，都有天然的外包裝。但它們的目的通常不是為了吸引消費者，反倒是欲在種籽成熟前把消費者趕走。昆蟲、動物因外包裝的阻隔而無法食用種籽、果實的內容物。但種籽一旦成熟，外包裝的功用轉而變成鼓勵消費者食用，以便透過消費者散播種籽，提高該物種存活的機率，或者就蛋而言，外包裝得夠硬脆，以便小雞破殼而出。

　　最早期的人造容器乃是有機、自製，且為特定時期的特定用途而量身定做。獸皮和纖維編織物，在成為市場導向的商品之前許久，就已用來裝運貨物。陶器的用處，不只在貯存，還在生產。在伊朗西部，已發

現五千年前的酒甕和啤酒容器，都是釀酒過程不可或缺的東西。容器製作很費工，製成後都是手藝的心血結晶，因而一再回收使用。它們是個人最重要的家當之一。匠人在它們身上標上自己專屬的識別符號，表明出自他們之手，而人類學家、考古學家藉由他們所設計的陶器，確認出一個個文化團體。

十九世紀的工業革命，帶來新的包裝材料，隨著新材料的普及，包裝的本質和功用也改變了。機器使人類得以大量生產容器，但也使大規模生產變成不可或缺，因為激增的產品必須保藏、貯存、運送。

十九世紀初期，包裝量的成長，主要是為了奢侈品，而非民生必需品。漂亮而往往手工吹製的玻璃瓶，裝著炫人的香水、成藥、葡萄酒。但大量製造這類瓶子和運送這些瓶子，成本奇高，若以這類瓶子裝東西（例如水）來賣，連在本地都沒有銷路；那時候，若有人想到將義大利的聖沛黎洛（Peligrino）或法國沛綠雅（Perrier）礦泉水行銷世界各地，大概會被視為瘋子。

十九世紀的幾項創新和發明，引發包裝革命，這些創新發明包括以機器大量製造產品的能力、使大量貨物得以快速運送到異地的鐵路和汽輪、創造出更大群商品消費民眾的都市化，還有，特別值得一提的，製造玻璃瓶、馬口鐵罐、紙袋、卡紙箱的新技術、新機器問世。二十世紀則將出現塑膠革命，製造出大小、形狀各異的無數種容器。

容器不只促成貨物得以貯存、運送，還讓包裝者（往往就是經銷商）得以在產品的目的、吸引力、單品供應量的界定上，奪下主導權。消費者購買的是陌生人所製造的產品，看不見、摸不著或聞不到包在袋子裡、罐子裡、箱子裡的東西，這時候，讓消費者隔著包裝就體會到包裝內產品的品質和有益健康的特性，就變得至關緊要。為了使遙遠、陌生的生產者、裝罐者變得熟悉而可靠，他們用上商標。於是，加工者、包裝者、運輸者、經銷商在最終銷售價格裡所占的成本比例愈來愈大，農民、牧場主所占的成本比例則愈來愈小。

二十世紀，超級市場興起，這一趨勢更為加快。從桂格燕麥、康寶濃湯到盒裝電視便餐（譯按：加熱迅速而可端著盒子邊看電視邊吃的冷凍速食餐）、冷凍批薩，消費者所購買的食物，愈來愈多是已調理好而有商標的產品。愈來愈多料理工作在工廠裡完成，而非自家廚房。包裝商必須保護這種調理好的食物。

包裝變得遠不只是為了盛放產品或宣傳某商標的特性，還變成銷售員。靠著漂亮盒子、亮麗包裝紙、造形優美的瓶身，它們成為「自取式」商店的帶動者。消費者不再透過店員，而是在受到廣告連番誘引後，在店內走道上閒逛，自行拿取所要的商品。生產商和包裝商能直接觸及消費者。在一般人家中餐桌上永遠占有一席之地的家樂氏東尼虎（Tony the Tiger）早餐玉米片和漢斯番茄醬（Hun's Ketchup），變得比冷淡而流動頻繁的店員，更為可親、熟悉。包裝擁抱矛盾，同時對矛盾略而不提——早餐玉米片卻和一隻和善的老虎扯上關係，就是個矛盾。

在「架上壽命」（shelf life）這個觀念裡，就可見到這現象。「架上壽命」所指涉的對象，乃是賦予包裝以生命力的生動廣告，而非包裝盒裡活生生的東西。事實上，消費者既想確定包裝裡的東西原是活的（有機食品比非有機食物更受青睞），也想確定眼前罐子或盒子裡沒有殘存任何活的東西。

我們恣意享受這種消費自主權。自主意味著可以想買什麼就買什麼，至少這對大部分美國人而言是如此。但他們所想要買的東西，很大一部分乃是產品的包裝所塑造出來的。從製造垃圾的社會觀點來看，包裝大可說是浪費，但它們卻是近代世界經濟得以締造的關鍵要角。包裝是近代大量消費型社會出現的關鍵。它們或許礙眼，但無疑很重要。或許，有時我們還是得從封面判斷書的好壞。

10 ｜商標：名字算什麼？

　　深陷愛河的茱麗葉，得知羅密歐的姓是蒙太古後大為苦惱，隨後又思忖：「名字算什麼？我們所稱為玫瑰的，改叫任何名字，芬芳依舊。因此，羅密歐不叫羅密歐，他可愛的完美也分毫不失。」五百年來，戀愛中人都同意茱麗葉的看法，認為本質比名稱重要。但版權律師會給你大不相同的建議。名稱本身才是應予捍衛的法定資產，本質不是。事實上，名稱有時已變得比它所指稱的物件重要。顯然的，過去五百年裡，有了非常重大的改變，而且不只是愛情觀上的改變。那個改變源自法人公司與商標的興起。商業史家威爾金斯（Mira Wilkins）甚至主張，商標與法人公司的出現，兩者緊密相關。

　　進入十九世紀許久之後，才有商標這東西。在那之前，女裁縫或許靠裁製漂亮連身裙而為人所知，廚師或許靠精湛的廚藝，農夫或許靠某種美味的蕃茄或某品種的牛。但產品名稱若涉及生產者，也只涉及產地地名。來自中國的瓷器，西方人以中國之名一律稱之為「china」；正反兩面可穿的敘利亞織物，西方人以大馬士革之名，稱作「damask（花緞）」；來自哥多華（Cordoba）的皮革，則稱之為「cordovan（哥多華革）」。農產品雖靠名稱來區別，仍會根據原產地取名，例如經由葉門摩卡（Mocha）港外銷的咖啡，稱作「Mocha」，來自西班牙瓦倫西亞（Valencia）的橘子，就叫「Valencia」。葡萄酒之類的半製造品，遵循同樣模式：來自葡萄牙奧波托（Oporto）地區的幾種甜葡萄酒，以幾座輸出港的名稱得名；雪

莉酒（sherry）之名，則源自這類酒的原產地西班牙黑雷斯（Jerez），法國的香檳區，則成為一種氣泡飲料的名字。產品所取的名稱，提及產地，而不提及製造該產品的公司或個人，當然也不提及與該產品有關的特性（例如「熱情」或「提神」）。而在那時候，這些都是例外。大部分產品一離開產地，從其名稱都看不出其出身。

那時候，沒有商標，消費者不受法律保護。在「買主自行小心」（意味買主對所購商品的品質自行負責）的原則下，賣方的個人商譽和消費者檢測品質的能力，乃是惟一的保障。銷售受限，買賣雙方的關係為私人關係。

隨著更大型公司針對大眾市場製造商品，設立行銷、廣告網，這種現象開始改變。十九世紀的工業化，伴隨出現了能生產大量外觀相差無幾之商品的公司。真正的生產者是不知名的工人；掛名生產者是公司。隨著運輸業的發展，使非奢侈品銷售於廣大地區變得有利可圖，購買者分布的範圍愈來愈廣。一家公司在數個地方設工廠，於是產品和特定地方失去關聯。

當然，這意味著生產者與消費者間的關係不再是私人關係。產品是以公司之名，而非生產者之名，為消費者所知。大眾市場係從每次交易中獲取小額利潤，而這也意味著愈來愈多公司致力於供應同樣產品，滿足繼續購買他們產品的消費者之需要。要達到這目的，不只需要好產品和好價格，還需要標準化的品質（因為這理由，洛克斐勒選擇取名「標準」石油公司，其他許多早期財團替公司取名時也用到「標準」或「通用」這字眼）。

十九世紀，包裝、裝罐日益普及，消費者愈來愈常購買基本上看不見內容物的產品。他們不得不信賴包裝上的資訊，特別是公司名字，以確定內容物。欲讓消費者信賴產品品質，公司名稱就必得受保護，免遭仿冒者、造假者魚目混珠的傷害。這種不具人格性的商業關係，要求人們信賴這樣的生產者：即那是家家喻戶曉的公司，有商標來代表它，但

該公司的產品是哪個人所製造，則沒人知道。換句話說，法人公司的興起，意味著真正生產者的名字變得極不受重視，公司名稱則變得至高無上。

遺憾的是，對最早期的大型製造商而言，有些首開先河創立商標者，信譽並不盡然受到肯定。以迷人瓶子、花俏名稱吸引顧客而有時含有致命成分的成藥，不只在賣產品，同時還在利用人們希望藥到病除的心理來謀利。旨在兜售成藥、祕方的藥品宣傳巡迴演出，乃是最早的廣告形態之一。這些藥有些獲利非常可觀。但公司本身通常不講信譽，產品只要名聲敗壞，他們就到別的地方，換上不同的名稱，照賣同樣產品。

投下大量資本財的大公司，禁不起隨意拋棄原有的名字。他們得保護自己名字。一如今日通常所見，當時提倡自由企業者，不得不求助於州政府，以防止自己公司名稱遭競爭者侵害。一八四〇年代，美國數個州首度保護商標，一八七〇年，根據憲法保障版權、專利權的條款，國會通過第一個商標註冊法。但最高法院以商標不同於版權和專利權，推翻這一立法：

「一般的商標不必然與發明或發現有關……在普通法裡，商標的專有權產生自商標的使用，而非單單商標的採用。它不倚賴『新奇、發明、發現或任何的腦力勞動成果』。它純粹建立在搶先採用上。」

因此，商標不是建立在發明上，而是建立在習慣上，在公司使用某標誌代表特定產品而這用法得到大眾的接受上。於是，儘管商標已在美國專利局和外國類似機關註冊，商標的戰場卻大部分在法院。

聯邦政府運用不同權限，在一八八〇年、一九〇五年先後通過立法，保護商標在國際貿易和國內貿易上的地位。這一保護法不被視為是為促進發明（一如今日對專利權的看法），反倒視為是對財產權（有形資產）的保護。

隨著商業的大眾化和隨後的全球化，產品如果廣獲接受，潛在的廣大利潤就在眼前。這時，法人公司有兩項要務。首先，得促進對他們產品的需求，而這得動用龐大的廣告開銷。廣告的重點，愈來愈不在於教導大眾了解產品的用處和成分，而在產品區隔，以及將產品與往往和該產品的固有特性極不搭軋的感覺或觀念連結在一塊：百事新一代（Pepsi Generation）、萬寶路牛仔（Marlboro Man）、百威啤酒蛙都是例子。讓消費者忠於商標的同時，附加成本也轉嫁在價格上，商標產品因此較昂貴。凡是在超級市場買過東西，且將商標產品與非商標產品比過價者，都知道這點。

法人公司的第二項要務，乃是避免讓自己產品過度暢銷，以免商標名變成非商標品。痛失阿司匹靈這一專用名稱的拜耳，就是個活生生的例子。舒潔（Kleenex）、全錄（Xerox）、可口可樂，都曾為了阻止自己名稱成為通俗化的非商標名而大力反擊（可口可樂贏得了「Coke」這個名稱的爭奪戰，卻輸掉可樂市場）。

法人公司商標的「商譽」，常是這些公司的主要資產。桑德斯上校和肯德基炸雞沒有關係，或像 31 冰淇淋連鎖店（Baskin Robbins）易主，對消費者無關緊要。在消費者心中，產品依舊沒變。商標使特許加盟店得以問世，協助促成商業的財團化。公司只要藉由買下暢銷品牌，就可進入完全非自己專業的領域。

商標具有歷史，因而有用；消費者熟悉商標。但商標不是老朋友，而是旨在滿足資本需求、不具人格的資產。事實顯示，玫瑰改叫別的名字，或許芬芳依舊，甚至，換了名字後，玫瑰可能予人更迷人的形象，然而卻是價值較低的公司資產。名字算什麼？「它不是手，不是腳，不是臂，不是臉。」但它如今是公司利潤所在。

11 ｜開始覺得不乾淨：
　　全球行銷故事一則

　　對今日大部分人而言，需要肥皂似乎是再自然不過的事，但在一百年前可非如此。在上個世紀，在全球各地，衛生清潔用品一直是廣告得最厲害也最有創意的產品之一。最早以寄回外包裝換取獎品促銷的產品，就是衛生清潔用品，還有最早承諾將一定比例銷售額捐作公益的產品，帶給我們電台、電視「肥皂劇」的產品，也是衛生清潔用品。為什麼？因為當時許多人認為用到肥皂的機會不多。

　　人一直有清潔身體的習慣，但往往沒用到多少肥皂。十九世紀的化學工業，使歐、美人得以買到便宜肥皂，而新出現的細菌致病理論，對肥皂使用起了推波助瀾的作用——在沒有有效抗生素（還要數十年才會問世）的情況下，更用心擦洗身體似乎是最佳保健之道。但並非每個人都信這一套，於是，其他呼籲上場，而這些呼籲主要從社會角度而非生物學角度切入。

　　一八八七年，某英國雜誌上的 Pears 公司肥皂廣告，就是很好的例子。廣告中，一箱肥皂沖上海灘，箱子裂開；一名幾近全裸的女黑人握著一塊肥皂（和一根矛）。廣告標題是「文明的誕生」，廣告頁最底下寫著：「肥皂消耗是衡量財富、文明、健康、人之純潔的標準。」Pears 公司的廣告，有許多以奇異古怪的「非洲」為場景，但在那些廣告問世的許久以後，該公司賣到非洲的產品仍是寥寥可數。他們鎖定的對象是中下階層的英國消費者，廣告中告訴他們如何向更優秀者（和他們功績輝煌的帝國）

圖 6.1　Pears 公司肥皂的廣告，説明「白人的負擔」

看齊，與「野蠻人」劃清界線。在美國某些廣告裡，那些據認較不愛乾淨的移民取代了非洲人的角色，但所要傳達的訊息相仿——文明人使用該用的肥皂，用以清潔肌膚、頭髮、碗盤、衣服諸如此類的東西。

　　跳脫出自己所處的時空環境，最能清楚看出肥皂需求的人為泡製痕跡。殖民地時代的非洲，就是個理想的例子。二十世紀廠商進入非洲行銷之前，已先有傳教士和殖民地學校先做了行銷工作，前者在非洲宣導清潔僅次於聖潔的觀念，後者則宣導西式的衛生習慣。許多行銷人員自信於他們率先提供了解決非洲「骯髒」的辦法，但他們的前輩其實比他們更了解事實。一八七〇年之前來到南非洲的歐洲人，不認為土著骯髒，且指出土著有多種相當有效的祖傳除汗辦法，包括使用當地的油、獸脂、黏土。只有在殖民活動升高（且許多土著被迫放棄遷徙生活）後，「骯髒

的非洲」才成為必須用新商品予以解決的問題。廣告特別針對土著女人開導，指「她們」是自己男人事業有成的推手，男人的衣著、身體、頭髮、牙齒、口氣、妻子若不符歐洲人的標準，就別想得到好工作或升遷。這些廣告還說，女人如果未用對產品，別人絕不會直接告訴她們丈夫這就是他們為什麼沒機會升遷、受冷落的原因。在舊的身分地位指標正消失，而新身分地位指標仍叫人困惑的社會裡，這樣的廣告很能打動消費者的憂患意識。漸漸的，這辦法奏效，到一九七〇年代，非洲大部分地區的人，不只大量購買有品牌的肥皂，還把這當作是理所當然的事。

這問題不獨出現於跨文化行銷領域。歷史上就曾發生一個與我們（美國）國內關係密切而已遭遺忘的「危機」，危機源頭來自第一次世界大戰後擔心美國境內肥皂產量過剩的心態。美國人在戰爭期間所攻占的海外市場，隨著戰爭結束而有失去之虞，國內市場亦面臨同樣威脅。製造商擔心，柏油路取代泥土路，汽車取代馬，瓦斯爐取代煤炭，電燈取代油燈之後，肥皂的需求會降低。於是，他們未努力推廣個人品牌，反倒聯合發起行動，「以說服美國人相信自己仍然很髒」。

行動的結果之一，就是產業界支持成立了乾淨協會（Cleanliness Institute）。該協會除了發起一些稀奇古怪的運動（例如不握手運動），還成功促成肥皂使用量的增加，特別是在年輕人身上。該協會鼓勵學校要求學生勤洗手，有些學校更設置盥洗室糾察，由他們發證明給洗過手的學生，學生得出示這證明才能進食堂。該協會把女人視為理所當然的宣導對象。協會發布的一份新聞稿說道，「從哪個地方可以最早知道春天已經來到？不是旅鶇的出現於枝頭，也不是番紅花長出嫩葉，而是女人開始有了要將房子從閣樓到地下室全部打掃乾淨的衝動。」另一份新聞稿上則說，擦洗冰箱是絕佳的運動，表示那是「跪倒在美麗與健康的聖壇之前」。新禍害遭人為泡製出來，傳統療法遭遺忘，於是口臭有了極專業的稱呼——「halitosis」，原用於清洗傷口的李斯德林漱口水，取代了吃荷蘭芹之類清香口氣的傳統辦法（大概因為荷蘭芹有這功效，如今餐

廳裡仍有這道菜）。一九二〇年，漱口水幾乎無人知曉是啥東西，到了一九三〇年代中期，卻已變得無所不在；牙膏、除臭劑之類物品的使用，也散播開來。止頭皮屑洗髮精、漱口水、除臭劑廣告還灌輸美國人一種觀念，即清潔用品用得不對，會失去工作、約會、配偶等，而且沒有人會告訴他們為什麼。在某些廣告裡，有個不懂人情世故的小孩，告訴她親切但孤單的姑媽，她身上有臭味。但人不能指望隨時有這樣的侄子適時出現，因而這些廣告所要傳達的主要訊息，乃是人要如何確認自己夠乾淨，辦法就是信賴專家，例如乾淨協會的專家。這些專家透過廣告同時向每個人宣說，因而，最穩當的作法就是購買、使用其他每個人都在用的清潔用品。

如今每個人都養成使用肥皂的習慣。這是件小事，且大概是件好事。但在養成過程中，廣告所連帶灌輸給人的更大原則（即開始懂得倚賴廣告裡的陌生人，而非倚賴現實生活中的同儕，以了解得宜的作為），已對社會、經濟、心理產生巨大影響。那些告訴我們如何看待、評價他人，如何與他人交談、相互競爭的訊息，不是出自殖民強權之口時，表達方式或許較為拐彎抹角，但很管用，賣出的肥皂反倒多得多。

12 | 玩味全球史：
箭牌、亞當斯與猶加敦半島

　　一八九三年芝加哥世博會（又稱哥倫布博覽會），意在紀念哥倫布抵達美洲四百週年，前來參觀的兩千七百萬人，在此頭一次見到將會成為美國招牌零食的新食品。而就我們所要講述的故事來說，最重要的是箭牌公司（Wrigley）的黃箭（Juicy Fruit）口香糖。

　　嚼口香糖源於墨西哥猶加敦半島上存在已久的習俗，舉行這場世博會時，在美國已流行了約二十五年。當時最紅的品牌是製造芝蘭（Chiclets）口香糖的亞當斯（Adams），但使口香糖大為流行，使它成為美國主流文化裡歷久不衰的一部分（並使口香糖留在數百萬教室桌椅底下）者，乃是箭牌。在美國工廠和城市正急速擴張的時代，這個被大量製造和行銷且一般人都吃得起的平民小零嘴，乃是摩登與美國人身分之新定義的一部分。這個只有糖分、不含營養的零嘴，說明了針對此國急速成長的都市人口生產、配送、宣傳產品的新方法。

　　在這同時，箭牌公司參與打造一個會讓人聯想到美國人的有牌子產品（小時候住在維也納時，我驚訝於在奧地利人面前嚼口香糖竟讓他們大為不快。對維也納人和其他許多歐洲人來說，口香糖是粗野醜陋美國人的表徵）。藉由將作為棒球象徵的棒球球員卡與箭牌口香糖的包裝結合在一塊（而且箭牌公司創辦人里格利買下芝加哥小熊隊，建造了里格利棒球場——二〇一六年世界大賽冠軍賽的主場——從而與棒球運動結下更深的淵源）；藉由創造新潮摩登的人工製品，以協助加快物流或徹底改

變廣告手法，例如用來販賣口香糖的史上最早販賣機，張貼在建築、棒球場和有軌電車側面上的形形色色明亮、花俏廣告牌，乃至裝設電燈，以及透過在箭牌公司所贊助的廣播節目上播出的最早廣播短歌來宣傳其口香糖的魅力，口香糖成為麥可・雷克利夫特（Michael Redclift）所謂的「美國偶像」。

藉由抹除口香糖主要成分的出身 ——人心果樹（chicozapote/sapodilla）或蔡克鐵線子木（chicle tree）的膠乳——口香糖的美國國籍也得到強調。例如，箭牌白箭（Spearmint）口香糖的一則早期廣告，告訴其所鎖定的顧客，它是「絕佳的口香糖，味道持久，要把它放在舌下轉，品嘗真正的薄荷味。有從薄荷葉榨出的汁液為其提味。」廣告中完全未直接或間接提及它曾有段歷史或含有來自異國的成分。亞當斯牌的另一個口香糖「加州水果」（California Fruit），的確以自豪口吻宣說其調味香料的來歷，但還是未交待其膠來自何處。廣告中未交待的，乃是箭牌的產品（和比它更早之牌子的產品）如何透過一場涵蓋大不相同的多種環境、社會、工作的大陸性交換來到芝加哥世博會，並經歷充滿暴力的地緣政治脫穎而出的不凡故事。

但對消費者來說，黃箭和白箭似乎從箭牌的工廠冒出來，沒有歷史或先驅。這相對來講不難讓人相信，因為人心果樹或蔡克鐵線子木的膠乳，一如橡膠，具有彈性且嘗來無味——沒有墨西哥所特有的味道或香氣。此外，儘管在猶加敦半島，人們嚼這種膠乳已有數百年，甚至數千年，這種膠乳與馬雅人或猶加敦半島並未有普遍的關連。再者，在十九世紀下半葉的大部分時候，猶加敦半島深陷於人稱「等級戰爭（Caste War）」的激烈族群內戰裡，廣告商自然不想在廣告中以該半島的異國魅力吸引顧客。因此，強調此產品的美國特性較為穩當。

但在墨西哥、中美洲和北美洲，為了透過儀式性行為展現身分地位而嚼食數種樹膠，即使沒有數千年，也有數百年歷史（馬雅人鄙視在公開場合嚼食樹膠的大人）。調製這種膠乳的過程很簡單：馬雅人或阿茲特

克人開採野生人心果樹或蔡克鐵線子木的樹膠，將樹膠煮到所要的黏稠度即可（北美印第安人則嚼從雲杉汁液提取的樹脂）。原住民製作這種膠乳主要供自用；十九世紀之前，這種膠乳是天然產品，但非商品。

　　一八六〇年代，由於人、事、市場力量三者不可思議的和合，情況有了改變。安東尼奧·洛佩斯·德·桑塔·安納（Antonio López de Zanta Anna）將軍，如一道陰影籠罩墨西哥十九世紀上半葉的歷史。他先後當過將軍、總統、企業家，領導墨西哥士兵打敗西班牙、法國軍隊，但先後敗給德克薩斯人和美國軍隊，令其顏面無光。他以自由黨黨員和保守黨黨員身分出任總統十一次，支持某些政府，推翻別的政府。到了一八六九年，他已被逐出墨西哥，流落紐約的斯塔騰島。他想得到金援，試圖再度憑藉武力重登總統之位，結果遇到一位奮發進取的發明家，即有抱負但不得志的湯瑪斯·亞當斯（Thomas Adams）。這位將軍給了亞當斯一份上述膠乳的樣品，兩人都希望這東西能替代橡膠；當時，橡膠這種具彈性、經煙薰硫化過的樹汁，拜查爾斯·固特異（Charles Goodyear）一八四四年所發明的硫化工序之賜，剛開始被大量使用為防水衣物、防水橡膠套鞋和腳踏車輪胎的原料，硫化過的橡膠既有延展性，且抗高溫和低溫（見第四章第二篇）。令亞當斯和桑塔·安納感到遺憾的，人心果樹或蔡克鐵線子木的膠乳雖然和橡膠一樣以熱帶樹的汁液製成，卻不適於製成衣物或輪胎，於是這位將軍悵然返回墨西哥，資金依舊短缺。叫人意想不到的，這種膠乳未助桑塔·安納武裝其部隊，卻為猶加敦半島上的其他造反者提供了資金，且會在二次大戰期間美國士兵很高興能在隨身口糧包和美國軍事基地的商店裡找到口香糖時，成為重要的戰略物資。

　　桑塔·安納在此時退出我們的故事時，失意的亞當斯最終為這個異國材料找到另一個用途。他注意到一個小女孩在嚼用石蠟（石油副產品）製成的柯蒂斯白山口香糖（Curtis White Mountain Gum），靈機一動，看到了上述膠乳的另一種用途。透過實驗，他掌握了將這種膠乳塑成條狀，

並加上歐亞甘草或香草之類調味香料的製程予以工業化的方法。隨著對這種廉價零嘴的需求增加，他蓋了工廠。

他很幸運，推出這類產品的時機已成熟。當時美國正快速都市化，而且工業勞動力的購買力正在成長，能使用國內運輸系統的美國人占全國人民的比例愈來愈高，便宜的糖（使這種膠乳變得可口所不可或缺的添加物）開始變得到處買得到（見第七章第一篇）。

其他的文化趨勢也助了亞當斯和其他許多口香糖製造商（例如突然登場以滿足這一急速增長之需求的里格利）一臂之力。到了二十世紀初期，口香糖已不只當成零嘴、糖果賣，還當成健康食品、神奇萬應藥賣。廣告宣稱咀嚼它能鎮定神經緊張（十九世紀晚期人稱「neurasthenia」的一種很常見的病痛）；能解渴（對於想減少烈酒消費量的禁酒社會來說，解渴是件大事）；能減輕飢餓感；能清新口氣和潔牙；能舒緩喉痛。

咀嚼向來被認為充其量是個必要之惡——而且肯定沒禮貌、令人不悅——這時卻被人氣作家霍拉斯‧佛萊徹（Horace Fletcher）推崇為身體健康和消化良好所不可或缺的動作。他勸人把每片放進嘴裡的口香糖嚼三十秒鐘。咀嚼這時變成有益健康且無失禮之虞，還有助於減肥，因為口香糖沒有營養價值，唯一的卡路里來自其所含的糖。消費者不是為了消化口香糖而嚼它，但嚼口香糖之舉變得較為人所接受，也就是說在勞動階級或鄉村居住區，變得較為人所接受。著名禮儀專家埃米莉‧波斯特（Emily Post）在其一九二二年的禮儀指南中告誡讀者，在上流社會，嚼東西不得體：「看人嚼口香糖……就像在看乳牛嚼反芻的食物。」

但拿口香糖來替代其主要競爭者——菸草——卻為人所樂見：男人很欣賞嚼菸草這件事，尤以在美國南部和西部為然。十九世紀時，據某位菸草史家的說法，美國境內的菸草消費男性，九成是拿來嚼，而非拿來抽其煙。那是不折不扣的美國習俗，往往令外國訪客不悅的習俗。著名英格蘭小說家查爾斯‧狄更斯在一八四二年去過美國之後寫道：

「在美國所有公開場合，都可看到這一骯髒的習慣。在法庭裡，法官有他的痰盂……在公共建築裡，訪客被請求……將他們嚼菸草塊產生的汁……吐進國民痰盂裡，而勿吐在大理石圓柱柱基周邊。」

對美國男人來說，嘴裡嚼菸草是男子氣概的表徵；但女人並非總是欣賞這行為。它在牙齒或它所碰到的其他任何東西上留下汙痕，把地板和牆壁弄髒，即使設了「痰盂」，還是杜絕不了這亂象，而且它可能導致口腔癌。所以，一如鼓吹禁酒者樂見可口可樂等「軟性飲料」取代烈酒，提倡健康、純淨食物者，把口香糖視為不折不扣的進步之物予以接受（儘管前述的埃米莉‧波斯特並不接受），而未像歐洲人所往往認為的那樣，視之為帶來髒亂的東西。

隨著人口趨勢和社會趨勢皆朝有利於嚼口香糖的方向走，數十家新公司問世。這些公司把這項零嘴的生產、包裝、運送過程機械化，設計出響亮花俏的產品名（這些名稱都與墨西哥毫無關係）和包裝紙、廣告牌、贈品，以招徠更多顧客。銷售量隨之暴增。一九○五年湯瑪斯‧亞當斯去世時已是百萬富翁，就當時的標準來看，他的確非常富有。威廉‧里格利以將口香糖當成免費贈品搭配他所賣的發酵粉一起配送起家，很快就成為美國最大口香糖公司的老闆。亞當斯的過人之處在於發明了口香糖，而與亞當斯不同，里格利的創新表現在銷售方面，例如發明了新的廣告、包裝手法。他說口香糖誰都能做，那很簡單，但「怎麼賣是問題」。他找到了解決辦法。一九三二年去世時，他已是美國前十大富豪之一（如今他的曾孫擁有數十億美元的身家）。

懂得如何製造、行銷口香糖很重要，但膠乳貨源充足也不可或缺。那得克服墨西哥境內其他意想不到的因素。當時大部分膠乳採收自今日猶加敦州、金塔納羅奧州（Quintana Roo），而這個區域的發展前景不佳。由於馬雅人分布稀疏、交通不便、讓人卻步的熱帶氣候，要找到人去採野生樹的樹膠，無論何時都很棘手。十九世紀下半葉，由於長達半世紀

的「等級戰爭」，這問題似乎更顯難辦——許多馬雅人在這場戰爭裡與西班牙裔地主（墨西哥當地所謂的克里奧耳人／Creoles）為敵。這場襲捲鄉間並奪走多達二十萬人性命的戰爭，既體現了一個信仰千禧年主義的團體欲重拾遭西班牙人征服和天主教傳入之前當地自主地位的心態，也是對猶加敦半島上甘蔗園和後來劍麻種植園裡受壓迫勞動情況的反抗。

但有些參與者趁此機會發了戰爭財。當地馬雅人酋長（cacique）要底下的人採收、輸出膠乳，以取得資金購買造反所需的軍火。軍中將領成了膠乳的供應者。在猶加敦半島蔡克鐵線子木生長區的西南邊，座落著英國殖民地——英屬宏都拉斯（今貝里斯）。英國人打算接管墨西哥土地，或至少從這場戰爭中得利，於是賣武器給反叛分子，也運出膠乳。

但誠如史學家艾倫・威爾斯（Allen Wells）所已探明的，總統暨將領波費里奧・狄亞士（Porfirio Díaz）的獨裁政權，派出聯邦軍隊前來平亂，然後將大片土地授予美國投資人和墨西哥上層人士，供他們開採膠乳和其他作物，藉此終於敉平這場叛亂。狄亞士將金塔納羅奧抽離猶加敦州，自成一州，實質上將它也納入聯邦政府控制。一九〇二年「等級戰爭」的結束，有利於膠乳出口成長，因為美國的需求繼續急速成長。隨著膠乳在美國銷路成長和膠乳價格上揚，六千名來自鄰州、中美洲數國、加勒比海地區的男子，乃至一些受契約束縛的韓國人，進入猶加敦半島成為季節性的移工（chicleros）。這些人往往因背負債務而不得離開工作地點。膠乳這時明顯是個商品，其主要市場在美國，其工人已不再以馬雅人為主。

這些移工在金塔納羅奧和猶加敦兩州叢林裡採收野生樹的樹膠，在樹幹上劃出相交的口子，等膠乳從樹幹流下，作法一如橡膠的採收。他們配合大自然的生息來幹活，因為他們得等樹汁從口子冒出，每棵樹每五年才採收一次。他們在叢林裡開出小徑以找到野生樹，然後用騾子或軌道手推車運送採得的膠乳。供應鏈另一端則呈現大不相同的景象：亞當斯的 Black Jack、芝蘭口香糖或箭牌的黃箭口香糖都在利用二十世紀初

期最先進的技術，按照機器時間（「時間就是金錢」）在北美洲推動生產、配送和行銷，以獲取驚人利潤。

一次大戰結束前後，墨西哥革命進入猶加敦半島後，墨西哥季節性移工的處境有所改善。一九二〇年代兩個有心改革社會的州長通過勞動法，以保護勞工和改善他們的薪資。最重要的是總統拉薩羅·卡德納斯（Lazaro Cardenas，一九三四～一九四〇）在全國層面的作為，他推動了土地改革和勞動者合作社的成立。二次大戰時，美國士兵口糧的口香糖需求大增，墨西哥的膠乳貿易短暫臻於鼎盛。但那一需求很快就非季節性移工和天然樹林所能滿足。為解決嚴峻的需求問題，膠乳採收者更頻繁地採收樹膠；許多樹因此油盡燈枯而死。令人意想不到的，靠墨西哥工人努力而得以成為士兵享用的便宜口香糖，被美國大兵帶到歐洲，然後分給那裡的小孩，從而留下口香糖是道地美國東西的印象。

戰後，口香糖兜了一圈又回到原地。最初，亞當斯完成一史上罕見的成就，用天然物質（膠乳）替代合成原料（石蠟）。一九〇五年起，佛利爾（Fleer）口香糖公司想製出泡泡糖，但天然膠乳不適合用來吹泡泡。這需要合成性材料和一段摸索過程。第一批原型物口味不錯，且能吹出泡泡，但常破掉，砸在顧客臉上，而因為它是以石油為基底，得用松節油才能清掉。這樣的消費經驗並不愉快，如果臉上有八字鬚或鬍子（當時許多男人如此），更是如此。直到一九二八年，才有人找到一個適合作為基底的東西，它既不會黏臉或毛髮，也用替代膠乳的合成物製成。但要等到大蕭條和二次大戰結束，泡泡糖才真的流行起來；那時，天然膠乳的銷路隨之減少。到了一九五〇年代晚期，儘管口香糖銷量達到歷史新高，天然膠乳的銷路卻大減。如今，只有幾家標榜特製產品的小公司，以可永續的天然原料為訴求，打動這類原料的粉絲。大部分口香糖則以乙烯基樹脂或微晶蠟製成，而這兩樣原料，一如石蠟，是石油派生物。

一八九三年芝加哥世博會遊客和更早時亞當斯牌子口香糖的消費者嚼口香糖的經驗，其實是一則故事的一部分，而這個故事涉及國際交換、

大不相同的社會、政治制度、技術改變、一樁偶遇以及歷史。出售膠乳以換取軍火保護本地自主地位的馬雅人，最終要面對金塔納羅奧州已是墨西哥國牢不可分之一部分的事實。事實上，如今除了以境內的古馬雅廢墟引來觀光客，這個州還以其坎昆、馬雅里維拉（Mayan Riviera）兩處海灘，吸引數十萬外國人前來。仍盛行於美國的口香糖，忽視了它的墨西哥出身和馬雅傳統。一八九三年芝加哥世博會的遊客，無法想像他們塞進嘴裡嚼的黏性甜東西會創造出這樣的曲折故事。

13 │ 有了紅、白、藍，銷售更上層樓：可口可樂如何征服歐洲

　　少有品牌像可口可樂那樣，把「美國」說得那麼清楚，又那麼成功。但可口可樂初進入歐洲後，形勢並未變得對它較有利（或者說形勢並未因它而變得更有利）。經過一場戰爭、外交干預、一些高明的行銷，它才扭轉形勢，立下一個改變過去六十年全球商業與文化的模式。

　　可口可樂於一八八〇年代在美國初上市時，被認為是有益健康的飲料。它的市場魅力，有部分來自它不含酒精，因而是合適的戒酒飲料。但一九二〇年代，該公司試圖將市場擴大到歐洲，卻發現其產品遭懷疑有害健康。畢竟它含有糖和咖啡因，銷售對象又特別鎖定年輕人，且含有一該公司不願洩露的祕密成分。管制官員和藥物協會心存疑慮。而在歐洲，拿可口可樂是酒的替代飲料來反駁，效果不如在美國來得大。

　　以酒類替代品為訴求，未有助於拉抬可口可樂的業績，反倒使它除了面臨醫界的不利論點，還多面臨了來自酒商和釀酒業者的保護主義壓力（至少在法國，酒商以美國海關管制葡萄酒和烈酒出口，理直氣壯要求可口可樂也應接受它所拒絕接受的法國飲料規定）。這一行銷訴求還有別的影響——模糊但重大的影響——那就是觸痛了民族主義者的敏感神經。這些人提醒同胞「什麼樣的人吃什麼樣的東西」，擔心年輕人捨葡萄酒或啤酒而就可樂後，會變得比較不像法國人或德國人。到一九三九年，可口可樂在歐洲的銷售額成長有限（在拉丁美洲反倒成長更多）；但一九四五年，可口可樂再度大舉進攻歐洲，情況卻大幅改觀。

一方面，冷戰意味著凡是大舉展開行銷攻勢的美國公司，都要面對新的懷疑，特別是來自政壇部分左派人士的懷疑。有些共產黨和報紙宣稱可口可樂是毒藥，其銷售人員是情報人員，其裝瓶廠可能被改造成原子彈工廠。法國流傳多則不利於可口可樂的謠言，其中一則所散播的危險，雖然較沒有世界末日的恐怖氣氛，卻同樣令法國人覺得受辱，那就是謠傳可口可樂公司打算在巴黎聖母院的正立面上張貼廣告。戰後大部分歐洲政府管制對外投資（也管制食物、飲料的成分），因此，反可口可樂聯盟加入一新力軍，對該公司影響甚大。在丹麥，該飲料短暫遭禁，在比利時、瑞士，因健康問題官司的耽擱，遲遲才打入兩國市場，在法國，經過好一番折騰，才得以在不必透露其祕密成分下，得到管制官員的核可上市。

　　另一方面，戰後，美國國力邊幅增強，華盛頓當局極力為這家從亞特蘭大發跡的公司拓展地盤（共產黨員的積極反對，自然使美國的決心更為堅定）。美國政府以多種明示和暗示的手法，告知歐洲各國政府禁止可口可樂進口可能產生的不利影響；法國外交部開始擔心馬歇爾計畫的援助可能岌岌不保。歐洲各國政府雖擔心可口可樂的進入乃是他們所不樂見之美國化浪潮的一部分，但怕因小失大，紛紛撤銷反對立場。

　　一如其他許多公司，可口可樂公司靠著與美國的深厚關聯，得到極大好處。事實上，第二次世界大戰本身大大促進這一關係的緊密。戰爭期間，可口可樂公司耗費巨資，讓美國大兵能以低價喝到他們的汽水，甚至到了西歐局部地區一解放，他們就迅速進入設立裝瓶廠的地步。可口可樂瓶子造形特殊，解放區人民不必湊近看（或不必懂英語），就知道美國大兵在喝什麼。

　　可口可樂公司不惜巨資，讓部隊能喝到他們的汽水，可能出於愛國赤忱，甚至為了塑造其在國內的良好形象，但這麼做也協助打開了歐洲市場。這麼做不只使人一看到可口可樂，就想到美國對歐洲的一大正面貢獻，還協助化解了健康上的憂慮：如果將希特勒趕出西歐的大軍（事

實上很可能是史上吃得最好、最健康的大軍），都那麼猛灌可口可樂，那其他人喝了哪會有什麼壞作用？

不管這一正面關聯究竟是刻意泡製還是無意中產生，該公司不久就拼命利用這關聯性促銷自家產品。過去，試圖將食物賣到國外的公司，往往竭力用當地品牌隱藏自家產品的外地出身（既為化解產品不新鮮的疑慮，也為消除「什麼樣的人吃什麼樣東西」這種觀念所產生的疑慮），但可口可樂反倒大肆宣揚它與「美式生活」，與主宰全球顧盼自雄之美國精神的關聯性。該公司甚至針對赫爾辛基奧運，整修好一艘諾曼第登陸時的登陸艇，駛入該港，但艇上載的不是部隊，而是七十二萬瓶可口可樂和各種宣傳資料。美國人又來了。

不可一世的美式作風，令某些人反感，但可口可樂進攻歐洲的行動大為成功。不管是好是壞，這開啟了新式的行銷手法。那些憂心捨啤酒就可樂會淡化德國民族本色的人，觀點並非全錯，因為，從這過程中，誕生了一種國際消費文化（特別是在年輕人身上），在這文化裡，人愈來愈把眼光瞧向國外（特別是瞧向美國），以找到消費習慣為「酷」文化之表率的同儕。而對數百萬這類人而言，可口可樂就是「酷」。

14 | 搶先者得以生存

在商業領域，競爭未必促成最適者生存，反倒往往促成搶先者得以生存；優先比本事更勝一籌。最先推出的產品攻占一市場後，往往接著攻占全球市場。

拿鐵路（近代最重大的科技發明之一）來說，一八二五年在英國境內最初啟用的火車頭，行駛的鐵軌軌距有數種，因為每條鐵路可自行決定要用多寬的軌距。從一條線轉到另一條線，就成了很頭痛的問題。接著，其他國家的鐵路也採用多種軌距。過了一段時間，多種軌距遭淘汰，一種軌距勝出。但勝出的軌距卻不是最適合運貨載客的軌距。

第一條鐵路採用的是四呎八點五吋寬的窄軌，但這軌距並不是因為符合哪種高明的技術標準而雀屏中選，反倒是因為優先的緣故。附近煤礦的馬拉煤車，其輪距長久以來都是四呎八吋。如今甚至有人主張，那些運煤車的輪距，沿襲自將近兩千年前奔馳於英國土地上之古羅馬雙輪戰車的輪距。因為習慣，這一規格由上古流傳到工業時代。第一條行駛蒸汽火車的鐵路，即連接史塔克頓（Stockton）、達林頓（Darlington）的鐵路，主要用來將煤由礦場運到港口。政府授予特許權時，規定鐵軌必須能讓礦場的馬拉運煤車在其上行駛。史蒂芬生（George Stephenson）設計第一條主要用於運貨載客的鐵路時，採用了這一既有的軌距。

但其他鐵路選擇較寬的軌距，以更能承受更大、更高的蒸汽貨運車廂，建造較大的火車頭。從任何技術標準來看，史蒂芬生設計的窄軌都

不是最理想的軌距。但因為兩大理由，最後它成為主流。

首先，所有鐵路線的營運公司不久都體認到，軌距統一有利於整合出更廣的鐵路網。英國面積不大，鐵路線稠密，因而很早就遇上這問題。史蒂芬生所立下的軌距先例，促成想與該鐵路線相連的其他鐵路線採用相同軌距。隨著採用最早軌距的鐵路網日益擴大，最早軌距也愈來愈占上風。但仍有其他軌距與之競爭。大西部鐵路（Great Western Railroad）採用較寬的軌距，實際運行結果，證明較寬的軌距優於既有的窄軌。但英國政府最後決定，軌距較寬雖較有利於載客，但與鐵路網整合的益處相權衡，弊多於利。採用較窄軌距的路線占絕大多數，因而英國政府明令新路線一律採用窄軌。

運煤車輪距得以勝出的第二個原因，在於久而久之，技術遷就窄軌而發展，而非鐵軌改變軌距以配合技術要求。火車頭和車廂擴大，懸吊、車軸、輪子方面做了許多改良，使它們在窄軌上運行快速，能承受愈來愈重的負荷。

在美國，軌距問題稍有別於英國。由於國土廣大，地區性鐵路網眾多，許多鐵路線刻意採用與眾不同的軌距，以獨占所在地區的運輸生意。南北戰爭後，仍是如此。然後，人口往西部遷移和鐵路網的建立，使長距離貿易的需求變大。隨著貨物直達的需求、獲利升高，統一軌距一事也變得日益迫切。十九世紀最後十年時，美國境內鐵路已幾乎全採用英國軌距。

事實上，十九世紀末期時，英國軌距已幾乎是全球規格。歐洲陸續採用英國軌距，但在某些例子裡，例如在法國、西班牙交界處，把不同軌距當作是國防手段。在其他地方，軌距統一較容易。英國有獨步全球的技術，又在其遙遠殖民地和其他第三世界地區初萌牙的鐵路建設裡投入大筆資金，使英國得以將其軌距規格傳播到世界各地。從馬拉貨車到蒸汽、柴油驅動的火車頭，再到今日的高速火車，大體上一直沿用這軌距。採用這規格不是因為它最理想，而是因為習慣使然。因此，在核子

時代的今天，仍有一些最先進的火車，行駛在沿襲自古羅馬戰車和英國運煤車的四呎八點五吋軌距上。

15 並未勢所必然

　　迫切需要乃發明之母。的確如此。我們一再聽到這格言，而且是從小時候就一再聽到，以致我們把這當作是理所當然、不證自明的道理。但這格言真正的意思為何？誰決定什麼時候某樣東西是迫切需要，而那需要又孕育出哪種發明？綜觀歷史，需要與發明間的關係，一直是錯綜難解且不盡然令人滿意。

　　拿罐頭這個不起眼的例子來說。它於一八一〇年在英格蘭首度問世，用以替皇家海軍補充營養，使他們有充沛體力與敵廝殺。比起過去水手所吃的那種粗劣、長蟲的食物相比，罐頭配給品是一大進步。當然，每個解決辦法本身，都會衍生新難題。就罐頭來說，第一個待克服的明顯難題就是開罐。在這裡，我們無疑看到了一項迫切需要。但實用開罐器卻要再等五十年，才發明出來！

　　當然，這並不是說這些罐頭就這麼堆著，等五十年後開罐器問世再打開。最初，水手用小刀、刺刀或錘子加鑿子，儘管不是很好用，但管用。數十年間，沒有人想過改善這開罐方法。這有部分是因為初期的罐頭是又大又重、罐壁很厚的鐵罐。作為戰爭工具，它們得能捱過艱困的環境，且能大量供應水手所需。買罐頭者通常備有小刀，此外，他們是有力氣用小刀刺穿罐頭或將鑿子錘進罐頭的男人。

　　要使更為方便使用的開罐器成為迫切需要，得有兩項改變。首先，冶金術改良，使質地更輕的馬口鐵罐頭、鋼罐頭得以問世。其次，包裝

技術改進，使大量食物可以安然製成罐頭，而沒有肉毒中毒或腐壞之虞。此後，愈來愈多家庭主婦願意購買罐頭食品。但她們手邊通常沒有刺刀或錘子、鑿子，她們也不想用這些東西。直到一八七〇年，才有美國發明家萊曼（William W. Lyman），替開罐器這個後來徹底改變食品行銷業的東西申請專利。

有時，解決辦法的出現，早於需要。一八八〇年代，伊利諾州的約瑟芬・寇克蘭（Josephine Cochrane），苦惱於僕人洗碗盤時常打破她的珍貴瓷器，於是發明了洗碗機。那是個大型銅鍋爐，爐內平放一個帶有數個金屬格子的大輪盤，杯碗盤一個個放在格子裡，馬達驅動輪盤，同時鍋爐底部往上噴出熱肥皂水，灑在碗盤上。實驗結果管用。

但這項新發明卻未受到家庭主婦的青睞。技術問題無疑是一大原因。許多家庭沒有足夠的熱水來運作這機器，且水質往往太硬（含太多無機鹽），使肥皂無法起泡沫，使碗盤無法洗乾淨。但洗碗機之所以要更晚才會成為「需要」，還有一個大概更為重要的因素，那就是難以跨越的觀念障礙：當時女人並不反對用手洗碗。在還未有大批婦女進入職場的年代，女人大部分是專職家庭主婦。此外，洗碗盤被視為是在忙碌了一天之後，紓解身心、連絡情誼的活動，一家人往往是在這共同參與的家務中聚在一塊。要到一九五〇年代，女人進入勞動市場，有錢購買洗碗機，寇克蘭太太的發明才成為眾所需要的東西。

有時，需要所催生出的解決辦法快速但不好用，但因為它最先出現，因而雖不好用，仍倖存下來。打字機鍵盤就是個例子。第一部打字機由勃特（William Burt）於一八二九年發明，但打字速度慢。那是個笨拙的圓形裝置，使用鋼琴按鍵的原理製成，打字速度只跟速度最快的抄寫員一樣（一八五三年有人創下每分鐘三十個字的最快手寫紀錄）。電報問世後，這就成為嚴重問題，因為電報傳送訊息的速度，快過任何人寫下那些訊息的速度。一八七二年，蕭爾斯（Christopher Sholes）創造出能讓打字速度加快許多的機器，並把那稱作「type-writer」（打字機）。但這機器

有個缺點，打很快時，按鍵會連續卡住。試用這機器的最早期速記員，毀掉一台又一台的原型機，考驗了發明者的耐心。蕭爾斯想破頭欲解決這問題，一再地對這裝置東修西改，就是無法讓按鍵不致於一起卡住。最後，他想出了腦筋急轉彎式的解決辦法：如果無法讓打字機速度加快，何不放慢打字員的速度。經過多次試驗，他想出了我們今日所熟悉的鍵盤。按鍵刻意擺在不合道理、不順手的位置，強迫打字員放慢速度，機器隨之不會卡住。即使後來經過幾次改良，使按鍵往裡縮，解決了卡住的問題，鍵盤格局基本上沒變。電動打字機和今日的電腦，全採用刻意不順手、不方便的鍵盤，只因為習慣如此。發明家未配合打字員的需要而改造鍵盤，反倒要數百萬打字員耗費許多時間在尋找 b 或 e 或 i 上。

　　唉，需要不盡然是個好母親。她有時不孕，有時善變，有時早慧。問題、解決辦法、發明家、顧客，全是能夠導向許多不同方向（或導向無何有之處）而共生並存的互動媒介。

16 | 地點，地點，地點：
在安道爾和巴拿馬，歷史如何勝過地理

　　地點，而非資源，把某些地方推到世界經濟的中心位置。但說到它們的地點，不能只考慮它們的地理位置。技術和法律制度使原本受忽視的區域不再偏遠，從而也使這類區域變成重要的國際市場。它們變成重要，不是因為有強大、可靠的政府，反倒是因為它們的領導人善用國際法的漏洞（灰色地帶）。

　　以安道爾為例，這個小國位在橫跨法、西兩國邊界的庇里牛斯山的陡峭山峰上；原本被世界經濟打入邊陲，直到二十世紀下半葉才改變此處境。網路是此改變的推手。另一方面，巴拿馬受益於其中心位置。巴拿馬地峽濕熱的氣候較有利於病媒昆蟲和毒蛇滋生甚於農業發展，而且境內也沒有重要的礦物蘊藏，但在二十世紀最後幾十年之前，這塊地峽之所以重要，主要因為它所提供的東西很少——也就是因為它很窄——以及它的地點。

安道爾

　　窩在世界屋頂上且似乎被歷史潮流忽視的一個小公國，怎麼從中世紀跳到後現代，從封建跳到國際，中間略過現代階段和國家階段？這個沒有海港、沒有機場、沒有鐵路，只靠少許的狹窄公路與外界聯繫的中世紀香格里拉，怎麼成為國際貿易與商業的中心？

　　安道爾歷史悠久。五千至八千年前就已有人類住在其一百八十平方

英哩的土地上。戰爭間接讓這塊土地上的巴斯克人有了國家。它是信伊斯蘭教的摩爾人征服伊比利半島期間最晚占據的地區之一，也是他們最早撤離的地區之一。查理曼大帝封了許多邊境國，作為伊斯蘭世界與基督教世界之間的緩衝，安道爾是其中之一。如今安道爾仍在國歌裡表達對他的崇敬。驍悍、獨立自主的安道爾牧羊人和戰士，擋住，而非促進，其與外界的往來。於是，歷史似乎遺忘了安道爾。它成為唯一僅存的邊境國。

晚至一九〇〇年，仍有訪客指出「安道爾保有其中世紀習俗和建制，幾乎沒變。」安道爾的五千六百名居民繼續靠農牧業過活。這位訪客論道，「當地產業是最原始的那類產業，完全是家庭式，一如中世紀。」由於缺乏資本、煤和交通系統，這個孤立的公國窩在歐陸深處，幾乎與世隔絕。除了一條可通汽車的聯外道路，其他的交通「動脈」是不通車輛的馬道。把安道爾的少許進口貨帶進來的騾子，就是走這些馬道。

一般人眼中與主權國家密不可分的那些特性，安道爾大部分都欠缺。它直到一九五四年才有預算，除了關稅沒有普通稅，沒有自己的貨幣——原本都以法朗和西班牙比塞塔為法定貨幣，晚近才改用歐元。此外，這個前戰士國沒有真正的軍隊，因此，馬爾維娜・雷諾茲（Malvina Reynolds）一九六〇年一首很紅的民謠，就是用安道爾來表達反戰主張。除了六名職業軍人，軍隊成員都是志願民兵。那不構成什麼問題，因為安道爾已七百年沒打仗了。法國和西班牙負責安道爾國防。其小小的領土只有二％的土地可耕種，而且境內天然資源很少，因此法國和西班牙願意讓安道爾人擁有很大程度的自治和國家語言——從南鄰借來的加泰隆尼亞語。

但它是個奇怪的主權國，因為它採行雙國君制，而且這兩個國君都非安道爾人。自一二七八年起，它就由法國富瓦伯爵（Count of Foix）——後來改為法國國王、如今則是法國總統——和西班牙塞烏杜爾傑伊（Seu d' Urgell）的主教共同統治。安道爾人每年向這兩位國君付象

徵性的稅，以表達對他們宗主權的承認。這兩位國君如今對安道爾的對外簽約仍擁有最終決定權。

安道爾人直到晚近才開始擴大他們的公民權。一九七〇年，女人才擁有選舉權。一九九三年，此國才制定憲法，政黨、民選議會和工會才終於合法化。到了那時，安道爾已加入外部世界。

安道爾人口從一九五四年的五千八百人增加為二〇一一年的八萬四千八百二十五人（其中只有四分之一是合法公民，其他都只是居民），房地產價格飆漲。或許更為切合我們討論主題的，一年約九百萬觀光客（該國人口的一百倍），沿著蜿蜒驚險狹窄的道路到訪。警力已增加為原來的三十倍，以便指揮安道爾城（Andorra la Vella）和其他城鎮堵塞的交通。這個對外交通不便且天然資源不多的國度，有什麼東西可給予大批到訪的遊客？

安道爾作為法西兩國之間小規模走私的路徑已經很久，如今則已成為自由港和重要的走私中心。它生產的東西很少，但脆弱的主權迫使這個公國對貨物課徵很低的關稅或零關稅。免稅期催生出觀光業。安道爾實行自己的傳統制度，例如中世紀的共有財產制和加泰隆尼亞的習慣法，但免稅品要能離開這個僻處山區的小國，還是需要鄰國的默許。畢竟它的道路由法國人和西班牙人維護。凡是從安道爾駛入境的汽車，法西兩國警察都會搜尋違禁品，尤其是香菸。

隨著安道爾想藉由提供免稅期來成為國際銀行業和金融業中心，國際認可變得更重要。對消費財所課的稅，取代了關稅，使所得稅的課徵變得沒有必要。沒有投票權的那些居民，有四分之三是為了避稅而來，而非為了乾淨空氣或滑雪而來。

為了能加入國際社會，尤其是加入正著手使稅制一致的歐盟，這個公國必須起草憲法。一九九三年，安道爾終於首度派使節駐外，揭示了國際主義在此時代的新重要性。它未將外交使節派駐他國，而是派到聯合國。兩年後的一九九五年，安道爾與美國建交，但美國駐安道爾的代

表駐在距安道爾有數小時行程的西班牙巴塞隆納。

美國派外交官到這麼遠的地方，反映了安道爾的商業實力，而且這一實力既存在在於真實世界，也存在於虛擬世界。例如，在加州大學的圖書館，只有七百七十二份刊物以安道爾為主題。但在全球資訊網上，有超過八千三百八十萬個與安道爾有關的網站！這些網站大部分與商業、金融、觀光業有關。這個國家也以信用卡詐騙中心而著稱。

這一兼具古代與後現代、本土與國際的特質，令安道爾人民受益良多。他們生產的東西很少，但十六歲以上人民個個識字；人均年所得達四萬六千美元；平均餘命超過八十歲，在世上名列前茅，嬰兒死亡率極低，為千分之三・八。

安道爾沒有機場、鐵路、海港，但有網路和國際認可。安道爾人使稅法比地理還重要。偏處一隅的安道爾如今是世界中心。

巴拿馬

與安道爾不同，巴拿馬未受忽視，反倒自西班牙人宣稱該地為其所有且致力於連接大西洋世界和亞洲世界以來，就很受看重。在那之前，它無足輕重，因為巴拿馬地峽的險惡環境未促進貿易與遷移，反倒把哥倫布到來之前的南美洲文明和中美洲文明隔開。

一五一三年，瓦斯科・努涅斯・德・巴爾沃亞（Vasco Nunez de Balboa）和一批西班牙人、原住民盟軍橫越此地峽，看到被它稱作「南海」的那片海域時，巴拿馬開始變得重要，而當時它之所以重要，源於其所在位置，而非其資源。巴拿馬城變成西班牙人征服南美洲的灘頭堡。西班牙人在當地居民那兒未找到多少財富，因此，一五三六年佛朗西斯科・皮薩羅（Francisco Pizarro）等西班牙人大膽南進以征服印加人時，這個邊遠據點，作為新移居地，仍相當不重要。隨著冒險家受秘魯的財富吸引而南去，巴拿馬的小殖民地變得空蕩蕩。巴拿馬繼續作為秘魯白銀和其他財富橫越這個狹窄、險惡陸橋途中的小停靠站，但這個地區本

身無足輕重。它曾在加勒比海濱的波托韋洛（Portobello）港辦過短期商展，但巴拿馬已被西班牙官員遺忘，相較於其他西屬美洲殖民地的富裕，重要性大減。對此地衝擊最大的外國人是法蘭西斯・德雷克（Francis Drake）和亨利・摩根（Henry Morgan）之類的英國海盜。德雷克於一五七二年劫掠農布雷德迪奧斯（Nombre de Dios），並放火焚燒該地，摩根則在一六七一年燒掉巴拿馬城，迫使西班牙人建造堡壘和有城牆環繞的城市，以防外國人入侵。

西班牙人成立新格拉納達總督轄區（viceroyalty of Nuevo Granada），統轄其在南美洲北部的領地，數年後才想起巴拿馬，把它納入該轄區，一八二四年巴拿馬獨立後，巴拿馬成為哥倫比亞一省。遙遠的加利福尼亞發現黃金，促成橫越此地峽的橫貫大陸鐵路於一八五二年建成──史上第一條橫貫大陸的鐵路──這時巴拿馬才又開始受到注意（見第四章第三篇、第四篇）。在有鐵路橫貫美國之前，走陸路橫越美國國土，比起坐船，還是慢了許多，而且較危險、成本較高，因此許多移民偏愛從紐約或波士頓走海路到巴拿馬，再坐火車穿過地峽，然後前往舊金山，儘管那比起從紐約走陸路到加利福尼亞，多了數千英哩路（還有些移民全程坐船，途中繞過合恩角）。把貨物賣給加利福尼亞的那些發貨人，大部分也這樣走，在加利福尼亞急速成長的初期，該地所需的東西幾乎樣樣來自進口。但有少數旅人在這個熱得叫人難受的熱帶地區停下腳步，就此住下。

一九〇三年巴拿馬再度贏得獨立時，得歸功於外力幫忙。美國船隻的阻撓，使哥倫比亞海軍無法平定這股小獨立運動。美國總統西奧多・羅斯福誇稱「我拿下巴拿馬」。然後，拜工程與醫學方面的進展、數萬加勒比勞動者移入和北美洲資本注入之賜，巴拿馬運河問世了──至當時為止乃是耗費金額最高的美國政府工程。一九一四年港口迎來國際海運時，當地人赫然發現他們還是受外人控制，控制者由哥倫比亞換成美國。直到一九七七年，巴拿馬透過談判爭取，才讓運河由巴拿馬完全控制，

巴拿馬才申明其享有某種程度的獨立地位（一九九九年控制權正式轉交給巴拿馬人）。但事後的發展表明，這一獨立地位只是假象。一九八九年，為了逮捕巴拿馬總統暨獨裁者馬努埃爾・諾瑞加（Manuel Noriega），美軍入侵巴拿馬，殺死數百名巴拿馬人，說不定多達數千人。美國官方的說法是諾瑞加與毒品走私業者有瓜葛，但巴拿馬會招來美軍入侵，也因為其主張獨立自主的外交政策（二〇一一年他被送回巴拿馬，被以其他罪名關在該地）。

　　如今，巴拿馬對外國人、觀光客和海盜都張開雙臂熱情歡迎。來到巴拿馬城的外地人，驚嘆於高聳的商業大樓和社區型住宅區。川普海洋俱樂部（Trump Ocean Club）飯店七十層樓高，有一千多個客房。如今，巴拿馬擁有令人讚嘆的市容，有寬敞的馬路、一條興建中的地鐵、空調（有錢人才得以享用）和堵塞的交通，但巴拿馬仍是個以提供權宜之利作為經濟支柱的地方，仍是個供人擺脫既有身分束縛的地方。它的繁榮，

圖 6.2　興建中的巴拿馬運河嘉頓閘（Gatun Locks）
來源：Linda Hall Library of Science, Engineering, and Technology 惠允使用

一如安道爾，源於其作為離岸自由港的地位。國際性大銀行和其他從這個避稅天堂獲利的公司，在此將來源可疑的外國錢（大概有很大一部分來自哥倫比亞毒梟和避稅）漂白。二〇一五至二〇一六年，從某家法律事務所泄漏出來的「巴拿馬文件」——該事務所協助客戶利用巴拿馬來隱藏資金，使其不為國內的監管機關、收稅機關、執法單位所發現——令兩百多國的政治人物、商界人士、名人大為難堪，其中包括英國當時的首相、五位前首相，以及六十一位與現任或已卸任之國王、總統、首相有近親關係的人。從北邊（尤其是美國）過來，身分較普通但還是有錢的退休人士，在此購買免稅公寓，也享受低稅率。美元是巴拿馬的官方貨幣，因此投資人不致受到巴拿馬民族主義性質立法或通膨危害。經濟控制權大抵不在當地人手裡。

官方管制的付諸闕如，也吸引數十萬外國購物客前來巴拿馬境內的免稅大商場、賭場和合法妓院。外籍船東掛巴拿馬旗航行世界各地，因為登記在巴拿馬旗下相對較容易且便宜。巴拿馬的權宜旗使該國成為世上最大的船隻註冊地。事實上，巴拿馬旗的保護已是供出售的商品。

若沒有允許利潤從本國往南流且至目前為止拒絕對在離岸體制裡的獲利課稅的世上諸大國的政府暗地（或公開）縱容，這不可能發生。世界貿易當然涉及實體貨物的交換。但存在於幾乎虛假之國家裡的虛構法律，也引導了商業的流向和世界財富的分配。安道爾和巴拿馬，乍看之下南轅北轍，其實都受益於既強化地理因素且凌駕地理因素的幾種國際漏洞。它們讓世人認識到古典經濟學家稱之為「市場不完美」的東西，其實推動著國際經濟某些享有特權的部門。

第 7 章

世界貿易、工業化、去工業化

0 ｜ 導論

　　將近一百年前，史學家克拉珀姆（J. H. Clapham）就已稱工業革命為「榨了三次汁的橘子」，意即已幾無汁液殘餘的東西。但他仍另外寫了本書談工業革命，引發新的辯論。所謂工業革命，指的是大部分勞動力走出農、漁、林業，投入使用愈來愈強的機械裝置以改造物品的行業。如今，對於工業革命如何發生，或貿易在那改變過程中扮演何種角色，我們仍幾無共識。已工業化地區和大體上仍屬農業經濟的地區貿易所產生的影響，則是更富爭議的問題，特別是這類貿易在什麼樣的情勢下使「較不發達」的貿易夥伴更容易或更難工業化？如今所有富裕經濟體幾乎都是工業國或後工業國，因而這問題，換個角度來看，幾乎就等於是在問以下這一更根本的問題：參與國際貿易真有益於參與各方，或者財富、權力的不平等導致某些參與者出局？從過往歷史來看，這一問題錯綜複雜，而這有一部分源於一項事實，即基本經濟理論告訴各國該怎麼做對自己有利（亦即不管本國與他國的經濟發展落差多大，都應與世界所有國家自由貿易），但實際照這樣做的國家，少之又少。因而，必然有人（或許是每個人）感到困惑。

世界貿易與早期工業化

　　人類製造東西已有數千年歷史，因此，「工業化」始於何時？雇用大批工人的作坊，數百年前就存在，它們大部分是國王、皇帝所設置，用

以製造武器、制服、某些奢侈品。大部分製造過程依靠人力和獸力，但對於水力、煤炭、其他機械力、化學力來源等，過去的人並非一無所知。中國四川省的製鹽場，在將近兩千年前就燃燒天然氣製鹽。現代工廠的原型，乃是有大量工人非常專注且分工明確的在工作（而非在同一屋簷下工人一個挨一個但各忙各的），並且根據大量運用燃料的生產過程生產出標準化產品所需的體力，制定工作時間。但史上第一個這樣的地方，可能要到一個跌破眾人眼鏡的地方才能找到，那就是拉丁美洲的糖廠。糖廠將（若不儘快加工處理很快就腐敗的）甘蔗壓碎，烹煮，製成糖，以便運往大西洋彼岸（見第七章第一篇）。就此而言，不只最早的工廠出現於歐洲以外；最早適應工廠生活的工人，也不是靠工資生活者，而是奴隸，不是歐洲人，而是非洲人。

相對的，在西歐，勞動者不是奴隸，光靠強制無法逼他們更長時間、更賣力工作。但有許多證據顯示，在工業化開始之前的兩百年裡，在西歐部分地方、東亞，乃至或許其他地方境內，有許多自由人愈來愈集約地工作，也就是更長時間、更賣力、更專注地工作。這一改變，使這些社會在某種程度上預先適應了日後會降臨的工業世界，即使其中許多社會要在許久以後才會走上工業化。

這一改變出於多個原因，但對無法自行生產，但能以負擔得起的小量形態取得的日常奢侈品需求日增，似乎是其中一個重要原因。這些奢侈品包含：咖啡、菸草、茶葉、糖、烈酒，以及珠寶首飾、便宜娛樂等。這些東西賦予人某種身分地位，往往有助於社交往來，在某些例子裡則減輕了工作本身的難受——它們值得人為其獻出某些閒暇，或獻出為自己家服務的時間。誠如本書讀者此時已知道的，其中許多東西是舶來品——人為何得賺錢以取得它們，而不自行製造它們，這是原因之一。

對於工業化歷史的較傳統說法，總是從英格蘭的紡織業開始講起，而貿易在此扮演了重要角色。有很長一段時間，印度布料一直是奇貨可居的商品，特別是在拿布料換奴隸而戰略地位重要的非洲市場。英格蘭

早期的紡織廠，有很大一部分市場在海外。這些市場的開闢，至少在兩個層面上與帝國有關。首先，在一個大部分國家致力於保護本國和殖民地市場，排除外國競爭的時代，英國強大的海軍，對於在全球各地（特別是南北美洲）打開市場，降低貨物運往遙遠市場的航運成本（有一部分藉由掃蕩海盜），以及在某些情況下，防止外來者在英國殖民地與英國貨競爭上，扮演了關鍵角色。其次，英國之掌控印度，特別是掌控孟加拉這個首要的紡織品出口地區（南亞次大陸上第一個落入英國掌控的地區），對於英國之能打開海外紡織品市場非常重要。英國就是靠著印度產品，得以首度打進鄂圖曼帝國、波斯、東南亞、非洲數個地區的紡織品市場，從而重重打擊了這些地方至少一部分的本土紡織業。英國人不只倚賴印度紡織品，更努力發展自己的紡織業以取而代之。機械化最終使英國生產者在這方面取得極大優勢；但拜英國東印度公司幾項政策之賜，這一天更早降臨。該公司只是致力於讓印度織工以非常便宜的價格將產品獨家賣給他們，但他們的計畫卻反而促使許多為外銷而織造的孟加拉人，完全離開這行業（見第七章第五篇）。十九世紀晚期，英國紡織品在世界許多地區失去競爭優勢，這時，印度提供了英國一個沒有競爭者的大市場，讓蘭開夏郡的紡織業得以繼續存活。

最後，貿易是促成英國工業化的最大功臣，因為紡織業革命所倚賴的主要纖維物質，棉花，一直是自外進口，英國本土無法種植。羊毛、亞麻的紡織，比棉花的紡織更晚機械化；但更重要的，英國如果用亞麻或羊毛來發展紡織業，因為無法取得足夠的亞麻或羊毛，產量將無法擴大到像棉紡織業那麼大。亞麻種植極費人工，而且對土壤極為挑剔，因而，在當時的西歐，亞麻大體上是園藝作物，以非常小的規模種在人口稠密而能提供人力和糞肥的地方。有兩百多年的時間，英國國會多次藉由補助，試圖將亞麻栽種擴及不列顛群島和北美殖民地，結果都不盡理想。至於羊毛呢，要取得羊毛，就得養綿羊，而僅僅以一八三〇年（仍是工業時代初期）英國所進口的棉花數量為基準，就差不多要把大不列

顛島上所有可耕地和牧草地全投入飼養綿羊，才能得到足夠取代這些棉花的羊毛（見第七章第三篇）。

老實說，工業時代初期所涉及的，遠不只是紡織品。但從幾乎所有記載來看，棉織業一直是最重要的工業化產業之一，因而，在工業化的發展過程裡，對外貿易一直是極關鍵但有時遭低估的環節。審視其他產業，我們往往再度發現，自外進口初級產品是關鍵因素。

從更為根本的層面來說，我們得切記，社會（而非某個特定貨物的產業）的工業化，幾乎必然倚賴其他貨物的大量進口。除非農業以外人口的急速成長，靠著同樣急速的農業生產增長而抵消，否則，若不增加糧食進口，工人肯定要挨餓，屆時更不能去購買種類大幅變多的各式消費品（全含有某種原物料），進而不可能透過這些消費品的誘導，接受陌生環境、往往嚴苛的紀律、工業時代怪異的新生活習慣。因此，一如本書第四章對於商品更為深入探討後所見到的，工業化幾乎總伴隨著貿易的遽增。工業化後，各種貨物的需求大增，造成貨物短缺，工業發展陷入瓶頸，於是商人開始赴全球各地蒐羅替代品。電氣化後，銅線需求暴增，只是其中一例。如今，隨著新一波電氣化使關閉的銅礦場重新啟用，隨著電子革命使人對多種所謂的稀土金屬需求爆增，有人重新搬出這段故事。二十世紀時，全球各地的工業化，最終靠全球石油貿易來推動，而全球石油貿易已使生產社會和消費社會都徹底改頭換面（見第七章第九篇、第十篇、第十一篇）。更晚近，我們所謂的「後工業」經濟極倚賴電腦，而電腦本身倚賴「稀土」金屬；除了中國，所有高科技產品的生產國都透過貿易取得這些稀土，而非自行生產（見第七章第十三篇）。

對某種進口品、乃至某類進口品的倚賴，很有可能是短期現象。例如歐洲在一八三〇至一九五〇年間進口了數量前所未有的糧食，但自第二次世界大戰後，已差不多恢復自給自足。但有些產品的長期進口卻是不可避免。這就引發一個不同性質的問題：如果工業化國家（通常是強國）需要某些國家一直以農、林產品和原物料為出口大宗，他們有採取

行動來防止這些其他國家工業化嗎？如果有，這些行動有效嗎？或者說，相反的，其他地方因為與已工業化國家往來，加速了那些地方的工業化，至少對那些未面臨特別嚴重之國內難題的國家而言是如此？

世界貿易與工業主義的散播：兩類問題

在將工業擴散到其他國家上，世界貿易扮演何種角色，更為複雜而難論斷，因為有太多問題值得探討。但這些問題至少可以歸為兩大類。

其中一大類著墨於貿易如何催生出有利於工業化的經濟環境。其他國家將初級產品輸往出得起高價的工業國家，是否有助於這些國家積累工業化所需的資本？一國進口工業產品，意味著該國建造工廠者連自己產品在國內市場能否有銷路都沒把握，因而不利該國的工業化？比起那些因農產品輸出大增而得利的地主，工匠本來較有可能投資於早期工業化，但工業產品的進口反倒使這些工匠陷於貧困？

第二大類問題著墨於工業科技的散播本身。最初，全球貿易對科技擴散的最終影響，看來似乎是利多於弊。世上有人發明出某新科技後，別人也發明出該物的機率不會因此降低；因此，加進那不可改變的或然率之後，人從他處學得該科技的機率，終會想辦法獲得該科技的機率，必然提高。但事實絕非那麼簡單，至少一旦專利權強制執行，使用他人所搶先發明出的方法變得非法時，就是如此，即使很快就自行研發出該方法亦然。更明確的（以及在大部分時期裡更重要的），我們得觀察全球貿易，已在不同時期如何影響最優秀科技方法在全球各地的分布：除了透過散播知識和刺激競爭，還透過某些一心欲壟斷或繼續壟斷某些最佳作法的公司或國家所特意制定的政策。這類作為如何執行（和取得什麼效果），如今已大不同於從前，而這有很一大部分歸因於人所試圖掌控的科技，其本質有所改變。在本章最後，我們會再探討這些問題。

貿易、全球分工、工業化前景

　　假設有兩方坐下來協商，雙方都追求自身利益，但彼此財富、權勢差距懸殊，結果，協商出來的條件會有利於哪一方？在大部分情形下，人大概都會認為結果很有可能不利於弱勢的一方，使弱勢一方的處境更為艱難。但自從亞當‧斯密、李嘉圖提出其經濟理論以來，經濟學一直告訴我們，在國際貿易領域，這類憂心根本是多餘的：自由貿易迫使買賣雙方專注從事於對自己最有利可圖的活動，同時使創造出來的總體財富極大化，因而會使雙方都得利。對某些國家而言，這很有可能表示專門從事初級產品外銷的時期拉得更長，但只有在這樣對它們有利的情況下，才會出現這情況（一旦情勢變成工業化對它們較有利，它們絕不可能還繼續獨鍾於初級產品的輸出）。李嘉圖所舉的著名例子，以英格蘭、葡萄牙間的葡萄酒、羊毛貿易為例，說明兩國各自鎖定一項商品生產，比雙方都試圖自行生產兩樣商品，更大有益於兩國經濟。在課堂上，即使某國樣樣都比另一國有效率，這論點仍然站得住腳（相較於採行自給自足，落後國在自己眾多不如人的東西中，挑出與他國差距最小的東西來專攻，而讓其他東西都進口，還是能有所獲益）。從理論上講，保護主義是損人不利己，沒有理由採行。

　　但現實情況並非總是如此黑白分明。事實上，李嘉圖那個例子就可能引發一個疑點，即葡萄牙與英格蘭自由貿易的那幾百年裡，葡萄牙經濟景況如何？如果它不是採行自由貿易，情況就一定會較差嗎？當我們理解到歷史上幾乎沒有採行「完全」自由貿易（或者完全自給自足）而成功工業化的例子後，這問題更顯複雜。即使在眾所認定自由貿易的黃金時期，美國、德國都是靠著高築關稅壁壘，取得十九世紀末期、二十世紀初期的驚人成長；當時其他許多國家也有某種保護措施。

　　就連英國本身的紀錄，都不盡光彩。十九世紀的大部分期間，英國鼓吹自由貿易，但十七、十八世紀時，它本身的紡織業卻是靠著差不多

百分之百的關稅保護，排拒廉價的印度紡織品進口；直到成為全世界最有效率的生產國，英國才拆掉這些壁壘。即使在十九世紀末期自由貿易的最盛期，英國的印度帝國仍是自由貿易的化外之地，多種工業產品的市場，基本上只准英國人插足。隨著英國工業漸漸不敵美國、德國的競爭，這一形同英國禁臠的市場，對英國愈來愈重要，而非愈來愈不重要（見第二章第九篇、第三章第八篇、第七章第七篇）。

奇怪的是，有個靠農產品、原物料輸出挹注工業成長的絕佳例子，來自我們未必料想得到的地方——日本（見第七章第八篇）。日本天然資源貧乏，但在十九世紀末期輸出大量白銀，甚至絲織品輸出更多。趁著歐洲養蠶業發生病蟲害，同時利用本國的技術創新（基本上藉由替蠶棚加溫，誘使蠶提早在非農忙期時吐絲，使種稻與養蠶兩者較不衝突），日本農民攻下一大塊世界市場，為日本提供了大量外匯；在這同時，他們所付的高額租金，既為地主提供了設立紡紗廠所需的資本，也成為國家稅收，為國家實行小規模實驗性計畫（大部分屬重工業）提供了資金。因此，我們根據更晚近的經驗，認為日本（和南韓、台灣）的農業，乃是靠工業強國金援所扶植起來、不符經濟效益的遺物，但事實上，在該世紀更早之前，情形正好與那相反。不管我們如何評價一九四五年前的「日本奇蹟」，這個奇蹟和往往被視為東亞發展典型的一九四五年後模式看來大不相同（它和戰後模式不同之處，還在於一九四五年前的日本經濟裡，與政府關係最密切的重工業部門，雖協助打造了強大軍力，從經濟角度來看，卻是最不成功的部門。反倒是較未受到政府呵護的輕工業部門，在經濟上成功）。

在其他許多例子裡，我們看到工業產品輸出有更大幅的成長，卻未能替工業化奠下基礎。本書第七章第六篇所探討的菲律賓，或許是極端的例子，卻絕不是絕無僅有的例子。在這個例子裡，英國領事隆尼（Nicholas Loney）的目標乃是摧毀菲律賓的手工紡織業，以讓英國紡織品能打進該地市場；開闢甘蔗園基本上不在他最初的構想之列。他開闢

甘蔗園，最初大抵上是為了讓運布來的船不致空船而回。甘蔗園工人工資微薄，位居社會上層而人數不多的地主，愛用歐洲貨更甚於本地貨。人數較多的族群，碼頭工人，所得的確成長，但他們往往是單身漢，把相當多的錢花在娛樂和宗教奉獻上，而與女織工有天壤之別。女織工的所得往往支應家庭開銷，而在隆尼到來之前，她們的所得還更高得多。在這些情形下，出口收益的增加，毫無助於工業化，甚至反倒阻滯工業化，也就不足為奇。不只貿易對國民總收入的影響，攸關工業化，對分配的影響也是。在沒有明確規則可資依循下，運用歸眾人所有的大量勞力或資源或勞力加資源（例如斯堪的那維亞的木材或堪稱是輕工業產品而非「天然資源」的日本絲織品）所創造出的出口激增，似乎比運用歸少數人所有的資源所創造出的出口榮景，更有助於營造出有利長期發展的環境。

　　初級產品外銷對政府的影響，或許更為重要，但這類影響難以預料。龐大的石油收益，使數個政權遠再不必像過去那樣靠向老百姓收稅支應財政支出，同時使與外國公司和特定工人群體的關係變得至關緊要。因此造成的結果，從民粹政治、政府為推動工業化而採行補助（如墨西哥，見第七章第十一篇），到給予人民眾多福利但完全不給政治權利的體制、外國製造品的大量輸入、國內工業化非常有限（如沙烏地阿拉伯，見第七章第十二篇），非常多樣。靠著徵收石油開採權使用費而暴然致富，也使石油輸出國覺得自己和外國工業國客戶利害攸關的程度，更甚於和自己人民，特別是如果那些外國人還提供軍事安全給該政權的話。但他們也可能覺得，生產工業所不可或缺的產品，使他們能對抗他們所認為不與己有共同利益的外國人。叫人困惑的，大部分例子同時牽涉到這兩種傾向。

科技

　　加入國際經濟，未必能增加可用於工業化的金融資源或有助於產生推動工業化的誘因，但必然會對替代性科技有更深入的了解。但了解別種方式，不必然表示會將其付諸實行。有時候，新科技未必較有利，例如昂貴的省人力機器，在人力非常便宜的經濟體，可能帶來反效果。工人的困境（和健康）遭忽視，特別是如果他們未組成工會的話。墨西哥下加利福尼亞（即加利福尼亞半島）所發現的銅礦，供應了電氣革命所需的銅線，進而在十九世紀末期點亮了美國等工業化國家的夜晚，為這些國家的機器供應了動力，但在那些礦場工作的礦工，卻以蠟燭照明，靠人力幹活。在其他例子裡，新科技或許符合經濟效益，卻被認為危害到其他方面。但即使是益處鮮明可見的科技，也未必受到青睞。早期工業科技的轉移，往往受阻於不同工作場所間文化、組織上的差異；更先進科技的轉移，則更往往受制於法律、金融上的障礙。民間投資人和政府計畫人員可能擔心新科技所需的原物料或人工技能可能在緊要關頭無法入手而縮手。有時，就連事後來看似乎明眼人都得出來是更勝舊模式的東西，例如棄煤改用石油，都需要極地方性，乃至極不尋常的考量予以推動，才可能大為流行（見第七章第十篇）。

　　早期工業科技所用到的工匠知識，往往不只體現在設備上，也體現在人上。在這情況下，建造必要性「機器」（如果用這字眼來指稱那其中許多設備貼切的話）所需的成本，通常不是模仿的主要障礙；專利保護即使白紙黑字，絕大部分形同具文（特別是跨出國界的話）。知曉竅門的工匠，到了別的地方，往往能照樣造出同樣的設備。某些國家，特別是英國，竭力禁止「技工」外移，最終徒勞無功。利之所趨，只要是有豐富報酬可拿的地方（亞洲部分地方、歐陸、美洲），他們就前去效力。外移的技工多到使這類的立法毫無作用。

　　另一方面，複製了必要性設備，不必然表示完成了技術轉移。史學

圖 7.1 十九世紀末期、二十世紀初期的世界經濟

十九世紀科技、政治上的種種變革,使全球各地經濟體
的結合達到前所未有的緊密程度,同時也使富國、窮國
在財富、政治權力上的差距達到前所未見的懸殊。一八
〇〇年,掌控全球約三成五土地的歐洲人和其後裔,到
了一九〇〇年掌控了全球約八成五的土地,全世界
最發達的貿易路線大部分經過西歐的港口。但在
其他一些地方,機械化工業和國際金融也開始
發展;到了二十世紀末期,每年橫越太平洋
的貿易量,將遠大於橫越大西洋的貿易量。

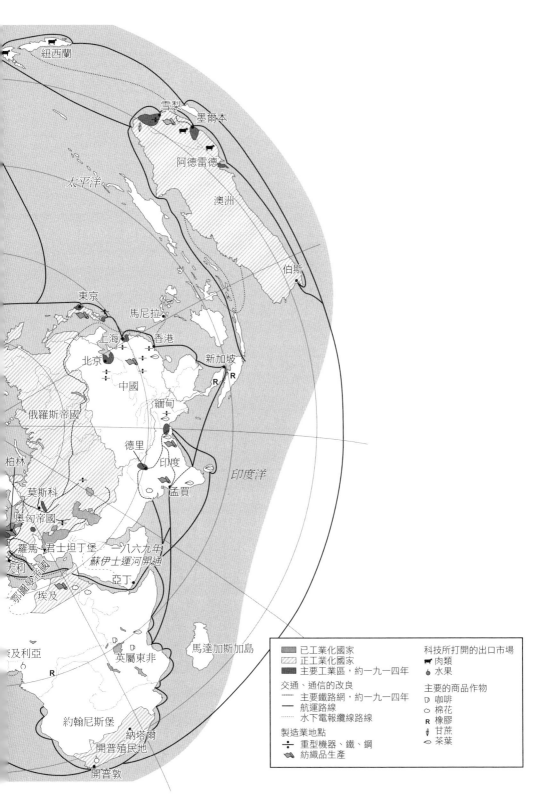

紐西蘭

雪梨
墨爾本

阿德雷德

澳洲

太平洋

伯斯

東京

馬尼拉

上海　香港

北京　　　新加坡

中國　　　　　R　R

緬甸

俄羅斯帝國

德里　　印度

柏林

莫斯科　　　　　孟買

印度洋

奧匈帝國

羅馬　君士坦丁堡　一八六九年
　　　　　　　蘇伊士運河開通
大利
鄂圖曼帝國
　　埃及　　亞丁

及利亞

英屬東非

馬達加斯加島

R

約翰尼斯堡

納塔爾

開普殖民地

開普敦

■ 已工業化國家	科技所打開的出口市場
▨ 正工業化國家	🐄 肉類
■ 主要工業區，約一九一四年	🍎 水果
交通、通信的改良	
— 主要鐵路網，約一九一四年	主要的商品作物
— 航運路線	◻ 咖啡
⋯ 水下電報纜線路線	◯ 棉花
製造業地點	R 橡膠
÷ 重型機器、鐵、鋼	❧ 甘蔗
▰ 紡織品生產	⬦ 茶葉

家哈里斯（John Harris）提供了一組絕佳的例子，說明即使是在英格蘭、法國這兩個體制上較類似的國家間，技術轉移都失敗了。十八世紀和十九世紀初期的法國人，仿製以煤炭為燃料，用以燒製出鐵、玻璃，及其他許多基本材料的英國火爐，且仿製得毫釐不差，但幾十年下來，這些新設備幾乎全不管用。事實證明，要能製造出合乎標準的材料，幾要各種幾乎是只能意會而不能言傳的知識：藉由眼見和耳聽，精確地拿捏物件是否燒得夠久、用什麼角度握住該物件、轉動該物件的速度要多慢、哪一種異音表示燒製有問題。事實上，這些細微但不容忽視的小地方，截然不同於習慣用燒木頭火爐工作的法國工匠所熟知的小細節，因而，技術熟練的英格蘭工匠，甚至都不清楚他們所視為理所當然的眾多作為中，有哪些需要拿出來跟別人解釋。一直到一八三〇年後，一整組一整組英格蘭工人過來，技術才真正轉移過來。如果隔著窄窄的英吉利海峽，都可能發生這麼嚴重的溝通不良，跨越更大地理阻隔、文化隔閡的技術轉移，往往失敗，又何足為奇？在這時期，科技的傳播往往不理想，但這大概不是因為「先進」國家蓄意想獨享該技術；製作方法本身的特性往往就是一大阻礙。

隨著日益工業化，科技與科技領先優勢所具有的這種「天生不易轉移」特性，也日趨薄弱。新機器、新製作方法的設計者，愈來愈多是擁有共通工程語言的人，而非工匠出身的人。這類機器的操作，愈來愈不需要工匠知識；甚至有些機器乃是專門為了讓沒有工藝本事的人操作而設計，以讓他們取代工資較高、較不聽擺布、具有專門技術的工匠。許多新設備，需要學習許多技巧才會操作，但那些是重新發明的技巧，就記錄於書上，無法隱藏不讓人知。但如果說這些科技轉移障礙正逐漸消蝕，新的障礙卻正繼之而起。

首先，科技愈來愈體現在昂貴大型的機器上，於是，對欲迎頭趕上的國家而言，取得科技的成本愈來愈難以負荷；科技愈來愈倚賴多種網絡，而這些網絡有時極其昂貴（電腦、數據機或許相對來講不貴，但穩

定的電力和不受靜電干擾的電話線路，則頗昂貴）。

欲界定由設備（而非技藝）構成的發明，進而替這類發明申請專利，變得容易得多；取得專利一事，變得更值得一為，因為發明物本身的成本和其潛在市場價值上漲（十八世紀時，仍有許多發明人未費心替自己的發明申請專利，即使在英格蘭亦然），另外，由於訊息變得更容易貯存，智慧財產法趨於一致（有時是透過改變態度，有時是透過較富國家的施壓），專利保護的執行變得更容易得多。科技上的改變，變成是刻意計畫、投資而促成（研發經費本身乃是十九世紀末期的發明），它隨之成為全球政府和公司的政策目標之一；這涉及到既要促進更進一步的創新，同時也要採取措施控制本身技術的擴散和他人的競爭，以免辛苦的研發血本無歸。

在世上許多地區，曾有許多年期間，因為殖民行徑而使情勢更為複雜。英國人的入主，促成印度出現難得一見的鐵路興建熱潮（見第二章第九篇）和亞洲最早的機械化紡織廠，但兩者都未能創造出本應可以促成進一步成長的那種連結。印度鐵路全使用英國設備、英國工程師，甚至大部分使用英國煤。因此，這兩項建設未刺激出新產業，也未促成許多新技術的轉移。第一次世界大戰期間，船舶不足，印度紡織業得以擺脫歐洲貨的競爭，因而孟買的紡織廠，一如稍晚成立的大阪、上海的紡織廠，生意大好（見第七章第七篇）。但船舶不足同樣意味著拼命生產的紡織廠，無法進口足夠的備用零件，更別提進口擴充產能所需的機器。在中國，還有特別是日本，早基於國家安全理由建造了鋼鐵廠和兵工廠，這些原本無競爭力的產業，到了第一次世界大戰期間，突然間投資有了回報：它們所培養的機械師（製造機器者）、機修工、工程師，利用歐洲人無暇東顧的機會，製造紡紗機和織布機，一個本土資本財部門隨之誕生。身為殖民地的印度缺乏類似資源，於是喪失了這一寶貴機會。當時世界許多地區開始與已工業化的經濟體貿易，在這同時，其中許多國家又正處於政治上受列強擺布的時期，因而，我們永遠無法弄清楚，如果

當時較為興旺的貿易未披上帝國主義外衣，那貿易會對工業化有多大的促進作用。

但有時，就連蓄意為阻礙工業發展而推出的措施，都未能如願，至少長期來看是如此。在殖民地時代的北美新英格蘭地區，漫長的冬天本來極有利於推動手工業，但英國的重商主義立法阻止該地手工業成長。因此，那些光靠自己種田無法發達致富的人，若非離開（大部分遷移到土地更多、土質更肥沃的紐約州北部地區），就是改行投入當局所允許的商業、航運、造船業。獨立革命後，在這些行業所打下的人脈和在造船廠學得的技能，正好很合早期建廠者的需要，而手工業未能發展出來，正代表他們不會面臨低工資的競爭。由於有豐沛水力和偷來的設計圖來完成發展大業，新英格蘭很快崛起，成為美洲第一個工廠雲集的工業中心。最後，但絕非最不重要的，我們應注意到當今的新一類去工業化形態。在世上最富裕的幾個經濟體裡，大部分勞動力在過去幾十年裡快速移入服務業，把許多製造工作留給工資較低、環保法規較寬鬆、基礎設施（例如公路和電網）往往愈來愈趕上富國的中等收入、低等收入國家去完成。在美國，如今製造業所雇用的員工不到全國總受雇者一成。

對於這些趨勢，我們應予深究，不能含糊帶過。如今，仍有許多製造業，尤其是技術最先進、一般來講獲利率最高的製造業，仍集中在富國；此外，富國當然還是在消費低科技類製造品，一如它們當時工業化時仍繼續消費農產品。從絕對的角度來看，美國、德國、日本三國的製造業產出，在二○○八年金融海嘯之前始終有增無減，即使就業人數變少亦然。「去工業化」非常劇烈一說，乃是相對於過去製造業在先進經濟體裡所占比重而言，相對於其他地方（尤其是中國）工業生產日增而言。此外，獲電腦科技加持的工業自動化，也在工廠產出持平或成長之際減少了工廠所雇用的工人。簡而言之，在最「先進」國家裡，正在萎縮的是工業就業人數，而非工業本身。但那本身已足以在世上數個最老牌民主國家引發社會、政治劇變；而且以後很可能還會有這類劇變（例如，

想想無人駕駛車對大量薪水頗優渥的藍領工人可能帶來的衝擊）。

政府政策對此趨勢推波助瀾的程度——和它們會以多大力道抵擋此趨勢——仍是激辯的議題。不管對這些疑問作何想法，我們必須謹記這與十九世紀手工業危機之間有個重大差異。本書第七章第十四篇所描述的美國聯邦政府、州政府政策，並非像傷害了十八世紀晚期、十九世紀印度境內工業的英國政策那樣自外強行實施；它們對美國製造業者的傷害（和它們所帶給東亞生產者的好處），乃是欲保護國內其他利益之作為的副作用，而它們繼續施行，主要是因為美國消費者中意它們。

簡而言之，「去工業化」一詞或許既適用於現在，也適用於過去，而特定家庭和社群所感受到的苦痛，很可能和更早時工匠普遍被迫轉行的經驗有重要的相似之處。但整體情況未因有相似之處而一樣。能量密集、資本密集的快速生產，當然不會像兩百年前手工紡紗開始消失時那樣消失：這類生產的成果攸關人類生活一如以往，而其對地球的衝擊很可能更甚於以往（但各地所受到的衝擊程度並不一致）。但工業的社會、政治、文化地位的確正快速改變，而對自身生活與工業有密不可分之關係的人帶來重大影響。沒人能預測會是什麼樣的影響，但我們會在本書結語淺談數種可能，以及在如何探究這些影響上，歷史所能提供的建議。

1 | 蔗糖業：最早的工廠

　　一想到史上最早的工廠，我們通常想到的是歐洲，特別是英格蘭。畢竟，工廠是「現代」的表徵，而歐洲是現代化的先驅。我們相當然爾認為，工廠首度出現於歐洲，資本、機器、勞力三者的結合，在歐洲創造出愈來愈有效、生產力愈來愈高的生產方法。歐洲人的巧思和創業精神，加上先前積累的資本和初興的市場，催生出讓歐洲得以主宰世界經濟長達數百年的工業化。根據這一說法，全球分成兩大部分，一是工業歐洲和後來加入其行列的美國，一是輸出農產品的世界其他地區。在這種國際分工體系下，農業國要更晚才工業化。事實上，我們有充分理由倒轉這一說法，亦即最早的工廠出現於出口導向的殖民地世界。

　　其實，美洲殖民地對工業興起的貢獻之大，早就受到承認。一百五十年前，馬克斯評論道：

　　直接奴隸制，一如機器、信用等事物，同是我們今日工業主義賴以運行的樞紐。沒有奴隸，就沒有棉花；沒有棉花，就沒有現代工業。奴隸制賦予殖民地價值，殖民地創造了世界貿易；世界貿易是大規模機器工業得以誕生的必要條件。

更晚近，則有古巴史學家佛拉吉納爾斯（Manuel Moreno Fraginals）呼應這一看法：「蔗糖在資本的開發上得到強力援助，也強力推動了資本的開

發：蔗糖基本上是加速英格蘭工業成長的大發動機。」但根據這些說法，殖民地促成英格蘭邁向工業化，乃是因為它們提供了資本和市場。

事實上，有個很有力的論點，可以說明史上最早的工業工廠乃是美洲的糖廠。不足為奇的，韋氏辭典對「factory」一詞的諸多定義中，有一則直接提及殖民地：「代理人居住所在，以供他們替雇主執行交易的場所，例如英國商人在殖民地設有這類場所。」但殖民地裡也有較合乎我們今日對 factory 一詞之定義的場所：「製造貨物的機構，包括必要的建築和機器。」一提到貨物的生產，我們通常認為那涉及到運用機器，以大規模且分工的形式，從原物料製成成品。

分工是關鍵。大型作坊自古即有，它們匯集了數十名製鞋匠、裁縫或武器製造工人，供他們在此利用工具將原料物製成成品，但它們沒有專業分工。每個製鞋匠包辦整雙鞋子的製作；沒有合力完成製作這回事。一名工人所完成的產品，不須倚賴隔壁同事的幫助。

工廠的問世，通常歸因於領工資工人的出現，他們能駕馭工業化所需要的較複雜技術。在馬克斯眼中，工業化和資本主義乃是同時並進。但事實上，大西洋島嶼（例如聖多美）和後來加勒比海島嶼上的糖廠，堪稱是史上最早的工廠。它們不只不是為本國市場而生產，不只不是本國資本積累的自然結果，而且它們沒有雇用許多領工資的工人，沒有創造出技術純熟勞工的大需求。相反的，糖是由大批奴隸所精煉，用來外銷到歐洲。

十七世紀時，一座甘蔗園可能已動用到兩百名奴隸和自由人，加上壓榨機、蒸煮室、加工處理室、糖蜜酒蒸餾室、倉庫。這不只要用到一部分當時最先進的技術、大批人力，還要投入數千英鎊的資金。

沒錯，甘蔗園的勞動力，九成是在田裡幹粗活的農工，但剩下的一成，在壓榨室、蒸煮室、蒸餾室工作，卻是非常專業的工人。更重要的，糖廠的規模、複雜、社會組織，使它們成為史上最早的工廠。製糖流程中，時間是無情的主子。甘蔗一採收，就得盡快送到糖廠，以免糖分流

失。在糖廠裡，特別是在較大的糖廠裡，掌控溫度絲毫不可馬虎。鍋爐的火得不斷添加燃料撥旺；蔗汁從一個鍋移到另一鍋的過程中，不容許無謂的結晶，同時要在正確時間排出沉澱的雜質。然後，糖漿得盡快送到加工處理室，將廢糖蜜排掉。甘蔗除了生產糖蜜和糖蜜酒，還生產多種品質的糖。生產過程愈細心照料，成品品質愈好，收益愈大。

我們一想到工廠，就想到能節省人力的機器。的確，十六世紀起的科技進步，意味著糖廠能以遠比過去少得多的壓汁人力，加工製造出更多的糖。但糖廠的龐大成本和其貪得無厭的胃納，意味著有大批奴隸被迫一天工作二十小時，以餵飽這隻嗜甜怪獸。科技進步，創造出對更龐大、更講究紀律之勞力的需求。這絕不是充滿熱帶悠閒風情的事業。巴貝多一名殖民者在一七〇〇年如此談論糖廠：

簡而言之，那要人生活在噪音不斷、永遠匆忙的環境中……奴僕（即奴隸）日夜站在龐大的蒸煮室裡，那裡有六或七座大鍋或火爐日夜不斷在煮……在整個製糖季期間，一部分人日日夜夜始終待在工廠裡。

這使糖廠成為最早以工業時間的紀律治理的工廠。各有所司的工人得協調彼此的工作：甘蔗成熟就得有人將其盡快砍下；得有人用推車將砍下的甘蔗運到糖廠；得有人不斷將甘蔗餵進壓榨機；得有人將蔗渣運到蒸煮室，替爐子添加燃料。生產過程中時間的緊迫，意味著奴隸得同心協力，角色一如潤滑良好之機器的眾多零件。在這裡，我們看到糖廠既講究效率，卻又以奴隸為勞力，既用機器節省人力，又極力剝削人力。

這一方法所製造出的大量蔗糖，使糖價直線下墜，使這一度昂貴的香料和藥變成大眾食品，最終成為食品添加物。一六五〇至一七五〇年間，英格蘭工業化的初期階段，人均糖消耗量增加，麵包、肉類、酪農產品的人均消耗量則停滯。糖不只促進了工業革命，也強化了歐洲的工業勞動力。

我們把糖當作是娛樂消遣性的產品，當作是從風光宜人之加勒比海島嶼進口的東西，但它其實是最早的工業產品，是奴役數十萬奴隸，驅使他們將汗水化為甘甜的殘酷主子。馬克斯論道，「以領工資工人為幌子的歐洲奴隸制，需要新世界十足道地的奴隸制為其基礎。」照他的理路，他很可能還會說，加勒比海的工廠正握著一面鏡子，讓歐洲能從那鏡子裡看到自己的工業化未來。

2 ｜我們為何這麼拼命工作： 勤勞革命與近代世界

　　如果加班工資很優渥，人會比較願意加班，這在如今似乎是再簡單不過的道理。比起時薪十美元，為時薪二十五美元志願加班者比較多。但願意加長工時，也取決於是否靠平常的工時「日子就過得去」，因而能拒絕加班一事──而且人是否自認「日子還過得去」，既取決於他們賺錢的多寡（因而低薪資會使人更願意加班），也取決於何謂「過得去」這個很主觀且受文化制約的疑問。

　　事實上，在世上數個地方，對工作、閒暇、消費的看法，從約一四〇〇至一八〇〇年，似乎有劇烈的改變。透過兩個令人費解的歷史故事可理解這一點：一個叫作「既富又窮的情況」，另一個叫作「需求擴增之謎」。這兩個故事都透露了一般人與哥倫布、達伽馬遠航之後所出現且有增無減的奢侈品貿易之間令人意想不到的關係。有錢人自然而然用掉大部分的毛皮、香料、糖、貴金屬和從遙遠異地運來的異國物品，但有時候即使稍稍接觸到這些物品，都大大影響人的經濟行為。

　　十五世紀整個歐亞大陸上，食物占了大部分人消費裡的絕大部分──不管是自己種出來還是買來，食物可能占了家庭預算八成（就連在一八〇〇年，在歐洲和東亞，澱粉類食物仍占了較窮人家總消費的約五成，在中東和印度比例可能又更高）。此外，在歐亞大陸兩端，勞動者每日勞動收益的食物購買力，曾持續下滑了數百年。在歐洲，勞動者（不管是農場勞動者還是都市工匠）工資的購買力，在爆發黑死病之後勞動

力缺稀而土地甚多的一四〇〇年左右，達到高峰：勞動三十至四十個小時，就可以買下足以滿足四口的勞動家庭約一個月所需的麵包，五十至一百小時，則能滿足他們一個月所有的基本需求。但隨著人口於十五世紀晚期和十六世紀漸漸恢復，在十八世紀達到前所未有的水平，用更多時間勞動卻只能賺到足以買下四人所需麵包的錢：在接下來的幾個世紀裡，這個數字在一百至兩百小時之間游移，也就是要買到足敷需求的麵包所需付出的勞動力，這時比十四世紀晚期時多了一・五倍至四倍。例如，在法國的史特拉斯堡，直到一九三〇年代，一小時的非技術性工作所能買到的麵包，才能和十四世紀晚期時一樣多。而如果用肉類（勞動者最愛的奢侈品）來判斷（每卡路里的價錢是麵包的十一倍，而由於牲畜需要吃掉好幾磅的穀物才能長出一磅肉，這貴得有其道理），會得到勞動者日子更不好過的跡象。例如，在德意志，十四世紀至一八〇〇年，人均肉消費量似乎下跌了約八成，肉的品質也下滑——隨著人口更加稠密，人所吃的肉有更多得從遠處運來，那表示肉非鮮肉，而是以大量鹽或煙薰處理過而保存並不完好的肉。

在歐亞大陸另一端，零星的證據顯示有類似的趨勢。如果把中國勞動者的工資除以米價，最好的時期似乎是一一〇〇年左右（而絕非偶然的，這也差不多是耕地／人口比例最大的時候）；然後工資下跌（但大部分時候緩慢下跌，而且幾次短暫反轉上揚），直到進入二十世紀許久以後才止住跌勢。

勞動者這麼辛苦工作只能取得基本的卡路里，應該會削減非民生必需品的消費，或至少不增加這類東西的消費。但實際情況卻與此推測大不相同，反倒發生了某些歷史學家——尤其是揚・德佛里斯（Jan deVries）和速水融（Akira Hayami）——所謂的「勤勞革命」（industrious revolution）。

歷史學家研究了人死後的遺物清冊，發現至少在西歐，從一五五〇年（或許又更早）起，一般人（農民、鐵匠之類）所擁有的物品開始有

增無減，而且此趨勢持續至今。首先是衣物變多，從每個家庭成員只有一或兩套衣物，增加為數套便服和一些供特殊場合穿的衣服，就連許多窮人都是如此。然後，家具（昂貴物品）變多：約一五〇〇年時只擁有一張床（可能全家擠在一塊睡的床）、兩張長椅和一張餐桌，然後普通農家開始增添床、一些椅子、一個五斗櫥之類的。隨著用手吃飯的人變少，鍋、盤、刀叉也變多。十七世紀，荷蘭境內生活較優裕的農民甚至買進亞麻桌布、供掛在牆上的畫，以及其他小型奢侈品。

有一小塊農場或店鋪的人，當然算不上最窮的勞動者，至於最窮的人，名下物品增加甚少。尤以最窮的中國勞動者為然，他們結婚成家的比例非常低（適婚女子很缺，因為殺女嬰和允許某些有錢男子娶妻又納妾的習俗）。但即使在社會最底層，我們都發現「小奢侈品」大增的現象，其中許多這類物品與一五〇〇年後印度洋和跨大西洋貿易擴張有關連。有些是耐久品，例如銀帶扣或髮簪，但大部分是某些人所謂的「致癮性食物」：菸草、咖啡、糖、巧克力、茶葉。最初，較窮的人只在非常特殊的場合才食用這些東西，但漸漸的它們變得更為常見，至少以少量的形態更為常見，而正因為它們與特殊場合密不可分，拿它們與人共享或招待他人變成社交上重要的一環（烈酒這個更為人熟悉的「致癮性食物」，當然老早就是如此。烈酒消費量也日增，儘管那既可能表示成功發達，也同樣可能表明窮途潦倒）。

其中有些食物，例如咖啡和巧克力，在東亞所產生的衝擊甚小；當地人繼承遺產時很少用到書面遺囑，可供我們使用的文件也就較少。但一般模式似乎差不多：例如，在中國，我們發現窮人典當銀髮簪和蠟燭架（意味著他們有東西可典當）的紀錄多了許多，布（包括絲織品）消費量大增，藥草銷售量大量，尤以十八世紀為然。現代初期的日本，化粧品購買量大增，連窮婦女都是；家具變多（但大概比在歐洲少）；在中國和日本，社會各階層對糖、茶葉、菸草的消費都大增（十八世紀晚期來到中國的歐洲人，震驚於當地人抽菸量之大）。至少在中國，我們也看

到連相當窮的人，花在儀式性活動（婚喪喜慶之類）和進香之類宗教活動上的費用都大增。到了十六世紀晚期，向來喜愛走訪風景名勝的上層人士，首度抱怨「普通人」黑壓壓一大群，這時還出現了行銷低價套裝行程的組織。客棧、餐廳和茶館之類商家都變得更為常見，為各階層的人服務。

這產生至少兩個誰都看得出的疑問。明明得更辛苦工作才能買到足夠的食物，為何還買這些並非必要的東西？而且怎麼買得起？

一部分答案在於「必要」與否由人主觀認定（也就是由買家自己決定）。糖、含咖啡因的飲料和尤其是菸草，一旦開始食用，就不容易戒掉（它們被稱作「致癮性食物」不是沒來由）。而且它們具有在心理上止飢、去寒、提振精神的效果。但或許更為重要的，這些東西不只滿足身體上的需求：它們是人藉以表明屬於某個群體，藉以向可能成為朋友、配偶、姻親、生意夥伴或衝突中之敵友的人發出信號的工具之一。它們既有助於確立自己的身分，也有助於辦好事情。例如，用帶有銀帶扣的皮腰帶繫住褲子，牢靠程度或許和用繩子繫住一樣，但它傳達了大不相同的信息，提升了覓得工作、貸款、朋友或妻子的機會。此外，人愈是不為他人所知，這類信號愈是重要：移動，尤其是移入有許多素未相識之人的城市，使人更加看重使用符合自己所追求之身分地位的物品來彰顯自己。

社會流動的增加──包括往上和往下的流動──帶來類似的效應。出身愈是無法決定你會居住的地點、會從事的工作、會嫁娶的人、在你急難時必須幫助你的人，藉由戴上毛皮襯裡的帽子或一起喝茶來確立你的身分、地位、人脈，就顯得愈重要（相對的，麵包或米飯較常被人在家共享，而且共享者是已有親緣關係者）。

同樣重要的，藉由使用這些新的消費財，你告訴他人你不是哪種人；此舉不只確認了你在別人眼中的身分，也確認了自己認定的身分。例如，在十八世紀的薩克森，鄉村的絲帶製作者屬於最窮的工匠，但他們仿效城市時尚，而非仿效鄉村較有錢者的衣著打扮：他們似乎藉此來

表達對瞧不起他們的有地鄰居的鄙視。更大體上來說，歐洲的證據顯示，把最高比例的所得花在菸草或銀帶扣之類「日常奢侈品」者是鄉村工匠：十八世紀一份年曆描述有些鄉村工匠「很少吃得飽」，但又說「如果早上沒有咖啡和糖，他們會覺得自己活得比較不像個人。」在日本，花費最大者（同樣從比例的角度講），似乎既有透過參與新鄉村買賣（例如釀清酒）而突然致富者，也有最窮的舊武士階層成員。絕非偶然的，這兩種人都是置身經濟劇烈變動時期之人，他們的地位在變動，都不想單單依持有土地多寡（或就絲帶製作者來說，名下沒有土地）這個傳統的地位指標來決定地位，而想取得比那還高的地位。

並非所有新消費財都來自異地，但有許多新消費財來自異地一事絕非偶然——來自遙遠異地的東西，不為人所熟悉，特別容易被人賦予新意（在某些國家，有禁奢令約束那些能擁有某些奢侈品者，而在這些國家，來自異地的東西特別重要，因為新東西未被列入這些管制範圍）。有時，異國氣息增添了東西的魅力，使人一想到它們，就想起浪漫地方和神祕力量（就連如今微不足道的馬鈴薯初抵歐洲時都被視為強力春藥，價格隨之甚高，見第四章第十二篇）。簡而言之，歐洲或亞洲社會裡日益激烈的地位競爭，或許不是促成這些東西自外輸入的因素，但這些東西是參與該競爭者絕佳的利器，肯定使它們更快受到採用。

因為這些和其他因素，新消費財令許多人大為著迷。而對這些東西的大部分消費者來說，它們非本地所能自產：這些作物需要特定的土壤和氣候，帶有毛皮的動物只生活在某些地方，而凡是能在自家後院開採白銀的人都不需要擔心自己的地位。因此，它們得透過使用錢才能入手（而與，比如，自家農場的一些多餘食物或自家織的布不同）。

既已探索了「需求擴增之謎」，接下來就該談「既富又窮的情況」：明明日工資所能買到的麵包（或米或麵）不如以前那麼多，怎麼還另外買得起這些東西？

答案的第一個部分很簡單：花更多時間工作。在歐洲，十六至十八

這三個世紀期間許多節日漸漸消失。在中世紀義大利，一年有大約一百天因為是聖徒日而不工作，但接下來的兩百年裡，日子減到大約二十天；在改信新教而不接受聖徒崇拜的國家，這類節日消失得更快。其他幾種讓人享有大量閒暇的習俗，例如放長週末（在英格蘭被戲稱為過「聖週一（Saint Monday）」），也減少，但減少得較慢。

在中國、日本和韓國，節日可能也減少，但比較難以確定少了多少：我們的確知道，至少在中國，官方明訂的放假日長久以來逐漸減少。有個改變因其影響了更多的人而更為重要，那就是在中日兩地的數個地區，一年收成兩次而非一次的情況愈來愈多，而這意味著農民一年的工作時數多了許多；有些農民也改種每單位面積所需投入的勞力多於舊作物（但金錢收益也較多）的新作物。隨著人口成長，農地平均面積變小，但人們以更集約的方式，特別是以更多的除草、施肥，耕種土地——因此他們把農田的生產力發揮到極致，同時細心維護為人辛苦賣命的土壤。

在這期間，在歐洲、中國、日本三地的數個地方，愈來愈多婦女和小孩為市場而工作，製造出非常多樣的手工製品，或到其他人的家裡幫傭。此時不同於以往的地方，大概不在於工作本身，而在於為自家消費而做的工作變少，且專門化的工作變多。家戶不再自製布、蠟燭、醬菜之類的，反倒會增產其中一樣東西拿出去賣，然後買進另兩樣東西。因此，這一專門化讓人省下花在家活上的一些時間，但沒什麼理由認為省下很多；整體來講，一般家戶的工作時數幾可肯定有所增加。

此外，在歐洲許多地方（但在中國、印度非如此），為市場工作的時數變多，似乎創造出不只一個，而是兩個惡性循環。首先為錢而工作的婦女小孩變多，使工資受到更大的下調壓力——爭取工作機會的人變多，工資隨之降低。其次，隨著更多年輕人靠雇傭工作（而非靠在自家農場或店裡工作）為生，他們就較沒有理由等到繼承那份家產時才結婚：平均結婚年齡下降，意味著每對夫妻有更多小孩，從而財務壓力較大（東亞父母對自己小孩前途的控制較強，不管那對小孩來說是好或是壞）。

這一切意味著工作時數極多，尤以在某些最「先進」（商業化）經濟體為然。有位學者估計在英格蘭的年平均工作時數在一八○○年左右達到最多，每個勞動者每年工作三千三至三千六百小時（一年五十二週，每週六十五至七十小時），但勞動者的生活水平幾乎沒變，要在五十年後才有所改變。

但更加「勤勞」，不只是工作時數變多而已。隨著為錢而（直接或間接）從事的一項特定工作占工作的比重變大，家庭雜活占的比重變小，「工作時間」與「休假時間」的區隔比以往更為鮮明許多（從而更類似我們今日所習慣的情況）。工作期間為了聊天、喝東西、吃久久的午餐或只是騎馬蹓躂而停下工作（放慢工作）的情況似乎變少了，傍晚結束一天工作的時間可能變得更明確：至少對此時那些在自家房子外工作的人來說是如此。這一看法不易證實，但數份歐洲工匠的回憶錄（在東亞，類似資料我們手上沒有），以及身為老闆者的某些著作，間接表明了此事。這些出自老闆的著作顯示，讓員工專心工作是他們的目標之一。

不管原因為何，新的「工作意識」似乎真的使人更為不懈地工作：就連在田裡幹活，幾乎未受到直接監督者亦然。例如，在英格蘭，儘管未有新的收割工具可使收割更為容易，土地所有人所估計收割一英畝小麥所需的勞動日數，從一五○○至一八○○年減了不少。在遙遠的中國，雖然種植一英畝稻子所需的勞動天數估計值持平，沒有減少：但由於每英畝地需插的秧苗、需施的肥料、最後需收割的稻穀都大增，似乎意味著要專門針對此農活投入更多勞力。

把這些小細節拼湊在一塊，我們就漸漸掌握了整體情況。更多人為了錢而工作，更少人為了自用而製造東西；更為專門化；更用心於取得基本維生所需以外的東西，包括來自遙遠異國的物品，即使那意味著閒暇變少，要受到更多規範亦然；更加意識到工作和透過工作取得的物品，讓人在社會上占有一席之地。不管這是不是件好事，都肯定讓人覺得熟悉。

3 │ 值錢纖維：棉花如何成為工業時代的織物

　　根據某標準版教科書的說法，「凡說到工業革命，就必定要說到棉花」，棉紡織品是最早由可確認係現代工廠的機構生產的產品之一。但一如該教科書的論述，我們通常將焦點放在機器上，而非棉花纖維上；工廠問世和歐洲主要纖維作物易主，兩者同時發生似乎只是巧合。事實上，絕非如此。棉花（長久以來亞洲大部分地區最喜愛的纖維作物）若未取代亞麻、羊毛，成為歐洲最主要的布料來源，很難想像工業革命會走上同樣的路。當初，歐洲人若得在自己土地上種植這種作物，而非倚賴美洲棉田取得棉花，對歐洲土地、水、人力的需求勢必增加，進而很可能使工業革命受挫。

　　兩千多年前，印度人已知棉花，也懂得使用一種很近似現代軋棉機的機器；然後，棉花慢慢往東、北、西方散播。棉花比大麻纖維更容易紡成紗，且織成的衣物穿起來更舒適得多。到了約一三〇〇年，棉花已散播到從西非到日本的廣大地區。當時歐洲沒有栽種棉花，但也知道棉花這東西；中世紀某次羊毛短缺，威尼斯商人從阿勒頗（Aleppo，今敘利亞境內）引進了這種新纖維。在阿勒頗，人以棉花、亞麻為材料，合製出名為棉亞麻混紡粗布的代用布料。但進口量有限。接下來的四百年，正征服非、亞洲的棉花，大抵過歐洲大門而不入。

　　在中國，棉布漸漸成為幾乎每個人所最愛用的織物；小農穿較劣質的粗棉衣，就連非常有錢的人，都是棉衣和絲綢衣輪流換著穿。品質（和

價格）分成許多等級：十八世紀一份文獻記載，寺廟儀式所用的有些棉布，其每一碼的價格是大部分老百姓所穿的那一級棉布的兩百倍。在印度，不只有所有等級的棉花，還有許多種棉絲混紡布。在歐、亞、非洲，棉絲混紡布成為最上等布料。遠在西非、東南亞的買家畫出花樣，交由商人帶回印度，然後，由印度境內某個與該商人有往來（通常是間接往來）的村子，按照買家所要的花樣製成織物，在下一個貿易季時交貨。十七、十八世紀，歐洲人也加入這買賣，還因為買了太多物廉而質優的印度棉花，引發英格蘭羊毛工人暴動，促使英格蘭國會通過多項法案，保護國內業者。

歐洲人不遺餘力想學會將絲紡成紗，以自行生產絲織品，相對的，棉樹卻從未大規模進口歐洲。對歐洲而言，這或許是萬幸之事，因為亞洲多個地區，為了在棉花纖維上達到自給自足，讓生態環境付出相當大的代價。在中國的長江下游地區（今上海附近），為了讓過度使用的土壤恢復地力，不得不進口大量的大豆肥料餅（大部分進口自滿洲）；十八世紀末期，這一買賣達到巔峰，為施肥而進口的大豆，多到很可能可供一年約三百萬人食用。

在日本，種植棉花所需的生態救濟物來自大海。十八世紀和十九世紀初期，日本漁業大幅成長，特別是在庫頁島海域（為此與正往東擴張的俄羅斯發生多起激烈衝突），但漁獲大部分不是拿來吃，而是用作肥料，且大部分用在棉田上（中國、日本產量最大的糧食作物稻米，只要一點肥料就有非常高的單位產量）。

而且棉花也是需水量大的作物。十九世紀初期，種棉花的華北小農發現，由於地下水位下降，大部分水井不得不重挖。如今，華北地區地下水位下降的問題已到危機程度。

在這同時，歐洲人使用亞麻、羊毛仍大大多於使用棉花，即使在十八世紀中期亦然；十七、十八世紀的許多時期，英格蘭國會一再通過補助，鼓勵亞麻生產（但成效很有限），卻從未想去提高原棉的供應量。

但兩件彼此相關的事，即工業化和人口成長，使亞麻、羊毛這兩種纖維的生產，差不多無法再繼續下去。首先，十八世紀的諸多發明，使歐洲人得以用機器將棉花紡成紗，將紗織成布，成效驚人——每小時的紡紗量，在短短幾十年間成長了約百倍。而用機器將含油而堅韌的亞麻紡成紗，較為棘手，歐洲人花了更久時間才解決這問題。

歐洲人很快就懂得用機器將羊毛紡成紗織成布（只是紡織品質沒棉花好，速度也沒棉花快），但羊毛還有別的問題。首先，在許多重要市場上，毛織物沒有銷路，特別是在熱帶地區（在非洲熱帶地區，拿布來換取奴隸，在美洲熱帶地區，奴隸穿布質衣物）。更糟糕的是，羊毛生產面臨嚴重的生態限制。同樣是生產一磅纖維，飼養綿羊所需的土地遠大於種植纖維作物所需的土地，而且隨著人口成長，根本沒有足夠的土地用於這種單位收益較低的產業上。事實上，光是欲用羊毛取代一八三〇年英國所進口的棉花，就需要超過九百三十萬公頃的土地，也就是拿全英國的農地、牧地來養羊都不夠！而且如繼續以羊毛取代棉花，這問題只會愈來愈嚴重，因為英國的棉花進口，從一八一五年至一九〇〇年，成長了十九倍。

當然，解決之道就是從美洲進口棉花，特別是從美國南部。進口的奴隸負責棉田粗活，歐洲鄉村則吐出人力，成為工廠工人。棉花對土壤非常挑剔，但在美洲，土地供應似乎幾可說是取之不竭。英格蘭的新紡織廠隆隆作響，預示新經濟時代的來臨，而那些在自家附近生產棉花的人，則在和環境退化、土地與水不足這些問題搏鬥，還要想辦法增加農業勞動力，以使本地的紡織機不致停擺。

4 │ 到全世界尋找棉花

　　全球最大的工業國（和其他大部分工業國），倚賴一不可或缺的進口原物料。這原物料大部分由某個地區供應，而那地區政治局勢不穩。趁著局勢還未到不可收拾的地步，這個全球首要強國開始著手開發替代來源。

　　這段文字指的是美國和中東石油？不，指的是一八五〇年代的英國，正思索美國一旦爆發內戰，可能大大危及英國的棉花供應。從某些方面來看，這比尋找石油的替代來源容易；畢竟棉花可以換地方種，而石油只有在有蘊藏的地方才開採得到。但儘管在多年前就未雨綢繆，預為因應，且投入極大心血，英國在防範「棉花短缺」上，成效依然有限。從其原因，我們可以深刻了解十九世紀的世界和今日世界有多大不同。

　　一八五〇年時，英國已開始想方設法增加棉花供應量，但與晚近幾十年的美國不同的──這期間的美國除了鼓勵數國增加能源產出，也在本國（透過水力壓裂法和發展可再生能源）這麼做──英國只能朝增加海外棉花種植面積的方向努力。儘管有主動積極作為，「原物料的供應……還是極缺乏彈性。」

　　英國人的主要目標鎖定印度。一八五〇年代期間，印度殖民政府實行「以併吞和興建鐵路為手段的棉花導向政策」，鎖定適合種棉花的土地予以征服，投資大筆資金於交通運輸，但前十年幾無成效可言。一八六一年，印度的棉花輸出的確大幅成長，但這成長有一大部分是靠

460

著犧牲印度國內消費和原本要運到中國的棉花,而非產量有所增加,一八六一年,印度出口到英國的棉花仍不到美國所出口棉花的一半。此後,印度的棉花出口只再成長了百分之八‧六,而且那還是在美國北軍成功封鎖南方棉花出口,棉價暴漲之時發生的事。

　　相較之下,埃及推廣棉花栽種較成功,而且遠較少倚賴外力。這得歸功於十九世紀初期改革者穆罕默德‧阿里(Mohammed Ali)當政後,埃及政府本身一直致力於擴大棉花生產,而且他所下令興建的紡織廠建好後,赫然發現不具競爭力,於是棉花轉而移向輸出。一八二一年開始出口,一八二四年運出兩千七百萬磅棉花,一八五〇年代時,將近五千萬磅。埃及政府受蘭開夏郡的成就鼓舞,支持地主栽種棉花,地主則施壓棉農增產,儘管如此,成就有限。即使是一八五〇年代的棉花產量,都只和美國一八〇三年(惠特尼的軋棉機問世只十年)時的產量約略相當。事實上,直到一八六〇年代時,埃及的棉花栽種都只限於穆罕默德‧阿里的後代和其親戚所擁有的土地和附近。即使在美國南北戰爭期間,埃及棉花輸出達到巔峰,也只有兩億磅(約美國一八六〇年出口量的百分之十二),價格也比美國棉花高得多。更重要的,即使是那種程度的產量,都大概無法持續下去,更別提進一步增產。

　　美國內戰期間,在尼羅河三角洲,不管在哪個季節,都有約四成土地種植棉花;由於採取輪種,在一八六三至一八六五年間的某個時期,三角洲上的每塊農地似乎全栽種棉花。在埃及,水源充足的土地有限,因而上述情形大概意味著,那是在沒有二十世紀大型水利工程所能提供的那種灌溉下所能達到的最大耕種面積。即使在這地區,栽種成本都迅速攀升,以致只有在一八六四年棉價達到史上最高時,埃及棉才有利潤可言;而在那種價格下(甚至在一八六二年更低的價格下),原棉價格其實比粗紗還高。

　　此外,巴西、西非、昆士蘭、緬甸也是前景看好的棉花替代產地,但在促進這些地方輸出棉花上,英國付出的心血較少,因而即使棉價暴

漲，這些地方仍幾無產量可言。因此，儘管美國棉花輸出只中斷了三年（北軍到一八六二年中期才能有效封鎖南方棉花輸出，而南北戰爭在一八六五年結束），英國的棉花消耗量在一八六一至一八六二年卻下跌了百分之五十五。相較於羊毛價格，棉價在一八六〇至一八六四年成長了兩倍多。紡織廠雇用的工人，在一八六二年少了約一半，總工時掉了將近八成。許多商行破產。

英國人為防範棉花供應中斷，付出了那麼大的心血，成效為何這麼差？這有部分得歸因於美國在棉花業影響力龐大：美國生產的棉花不可能永遠隔絕於世界市場之外，因而，叫其他地方投下原本不需投下的大筆固定投資（例如灌溉設施上的投資），以改種棉花，根本不明智。還有一部分得歸因於許多小農，對於更倚賴市場，存有相當疑慮：由於有些地方有了運輸設施和行銷機構，農民開始擔心靠棉花所賺的錢，未必能確保他們買到穀物。在這同時，英國人推廣棉花栽種的強勢作為，有時也激起反彈。在印度，英國人所選定開墾以種植棉花的土地，有許多是森林，森林的驟然消失往往激起民怨。為獲取更多棉花，英國人在印度如火如荼擴建鐵路網，而一八五七年的印度反英暴動（二十世紀前最嚴重危及英國在南亞次大陸統治地位的事件），擴建鐵路就是其一大肇因。

最後，十九世紀工業看似已臻現代，其實仍屬自然界的一部分。英國的富強讓它能想辦法增加棉花生產；英國的科學卻仍無法造出人造纖維，也無法快速生產能在新地方長出棉花的種籽，或生產能長出較長纖維棉花以符合紡紗機需要的種籽，以取代世界上許多地區的短纖維棉花。

新問世的雜種種籽和能長距離抽水的廉價動力，最終解決了這些問題；但這要到二十世紀才出現。中國、印度許多地方的棉花種植因此改觀，並使加州、亞歷桑納州變成可以種棉花（如果棉花的栽種和隨之而來的奴隸制，在一八五〇年代就已擴散到美國西南部，南北戰爭的導火線可能大不相同）。那些新品種棉花，乃是埃及棉花貿易興盛時期所流出之埃及棉花的後代：一個看似以失敗收場的插曲所衍生出的遲來產品。

5 | 殺掉金雞母

　　一四九八年葡萄牙探險家達伽馬抵達印度的加爾各等時，找到一些北非穆斯林充當通譯。那些穆斯林在該城已待了一段時間，懂得當地的風土民情。傳說他們把他帶到一旁，告訴他他所準備送給該港官員的禮物貽笑大方，還說下次最好帶金子去。達伽馬問去哪裡弄來金子？他們答道，去東非沿海地區的吉爾瓦（Kilwa）王國，且提醒他帶古賈拉特（印度西北部紡織業中心）所產的紡織品去換金子。

　　當然，不久之後，歐洲人在拉丁美洲發現比吉爾瓦所產還更多的大量貴金屬。達伽馬遠航的一個世紀後，荷蘭人抵達摩鹿加群島（今印尼境內），欲拿在美洲所掠奪的東西購買香料，卻吃了閉門羹。當地貴族和商人希望他們拿東印度科羅曼德爾（Coromandel）的紡織品買香料；不久，荷屬東印度公司就體認到必需在科羅曼德爾設商站，以便收購東南亞的貨物。那之後的兩百年裡（一直到一八〇〇年），歐洲列強發現用印度紡織品購買非洲奴隸，較受奴隸販子青睞（見第一章第十三節）。以一七七五、一七七八這兩年（現存的法國奴隸買賣紀錄完整的年分）來說，法國商人用以換取奴隸的貨物裡，超過一半是印度紡織品；有位法國人以懊喪語氣記述道，加勒比海地區操法語的甘蔗園主，經過施壓，會同意用法國貨換取他們的糖，然而非洲貿易商卻不吃這一套，堅持要法國人拿上等貨品來換。英國人在非洲，遭遇類似，直到該世紀快結束時，英國工匠終於開始製造真假難辨的孟加拉、科羅曼德爾織物的仿冒

品，情形才改觀（美國高中教科書裡以美國人為中心的敘述，通常告訴我們那是由「糖蜜、糖蜜酒、奴隸」所構成的三角貿易，但歐美那些有害的貨品，其實遠不如高級織物、家具之類產品，能讓非洲部落酋長看得上眼：英格蘭人用以換取奴隸的貨物中，酒只占約百分之四，槍占約百分之五）。

當時，在世界許多地方，印度紡織品比貨幣還管用。它們也大概是史上最早行銷全球的工業產品。上等印度織物的銷路，不只及於東南亞、非洲，十八世紀時，它們把鄂圖曼帝國的大部分絲織業逼到絕境，征服了波斯，拿下一大塊歐洲市場；事實上，要不是一六九七年史皮塔菲爾德（Spitalfield）的織工暴動後，英格蘭對各級印度紡織品採取嚴格配額和高關稅政策，上等印度織物說不定已橫掃英格蘭的織造業（《魯賓遜漂流記》一書，如今常被視作是自由貿易的宣言，且反映了日益壯大之英格蘭商人階級的集體精神，但該小說作者狄福，就在這時為保護主義者效犬馬之勞，出版了一本小冊子，宣揚反對進口布料的主張。見第五章第五篇）。十八世紀時，全世界大概就只有一個王廷未用印度布料來替自己增添光采，那就是中國清朝。在這期間，較廉價等級的印度布料，同樣遍及世界各地，從東南亞到北美洲，許多地方的工人穿著這種布做的衣服，包括被人用更高檔印度布料買來的許多奴隸（粗質棉布在歐洲的銷路，一如上等織物，幾乎要攻占歐洲市場，迫使重商的君主、國會出手干預，限制印度貨的市占比例）。總之，印度大概生產了超過全球產量四分之一的布料，而由於印度人（一八〇〇年時占全球人口頂多百分之十五）窮，大部分住在熱帶，至少有三分之二的布料可供外銷。

印度靠什麼得到這樣驚人的成就？有一部分得歸功於他們用心配合顧客變化不定的需求。早在十五世紀時，印度商人似乎就常從東南亞帶回貿易夥伴所指定的新圖樣草稿，供他們織造次年的織物時參照。還有一部分得歸功於印度得天獨厚，能取得大量高品質棉花。在美國獨立後，美國棉花行銷各地之前，除了中國，沒有哪個地方具有這樣的優勢。但

最重要的功臣是技術高度純熟的工人，其中有許多是以極低價就能雇得的工人。

當時的印度工資，整體來講大概低於中國、日本或西歐的工資；在孟加拉，大量過剩的稻米使糧價常保低廉，名目工資尤其低（事實上，隨著印度西海岸地區和孟加拉的糧價差距，於十七世紀末期、十八世紀期間變大，印度和其他地區的商人，將許多粗布訂單由西海岸地區的古賈拉特轉向孟加拉）。但同樣是織工，工藝水平卻有數級之分，對於講究成本的商人而言，不同等級的織工，帶來的問題各不相同。

粗布織工有許多是兼差的農民，高級布料的織工，則往往是全職工作者，住在一些大城裡或其附近（特別是今孟加拉首都達卡）。織工幾乎全從商人那裡收取預付工資；這些錢不只用於購買所需原料，還用以支應布料織成、交貨前織工的生活開銷。當然，商人總想利用預付工資占織工便宜，且最終讓許多技術熟練的工人債務纏身，永世不得翻身，使他們再無討價還價的餘地。但對於技術更勝一籌的織工而言，他們的產品是市場上的搶手貨，他們可以有恃無恐地接受預付工資，不必擔心吃虧。如有必要，他們通常能替自己的布料找到新買家，以償還欺人太甚的商人所預付的工資；或者更理想的情況，他們能在簽了約而反悔，且不想償還預付工資時，找到新的主雇保護他們。他們就是有把握在最後一刻找到新買家，把自己產品賣出，相對的，粗布織工，在這方面，就大不如他們這麼有自信；但如果農作收割季節看來非常忙碌，他們可能乾脆不賣布，回頭全心全意投入農事，且雇請旺季臨時工，替自己農田增加人手。就連朝中有人的印度商人，面對這種情形，都未必管得住合作的織工；十八世紀歐洲商人的通信裡，處處可見他們在抱怨預付工資泡了湯。

印度紡織品的霸業最終毀在什麼手裡？長期來看，英格蘭的工業革命是凶手，畢竟工業革命的開啟者，乃是以仿造印度棉織品供銷售於非洲、美洲市場為主要業務的商行。但在那之前，試圖抵拒蘭開夏紡織業

進逼的在印度英格蘭人，就已開始殺掉這隻會下金蛋的金雞母。英屬東印度公司於一七五〇年代征服孟加拉後，立即著手剷除收購棉紡織品外銷的其他所有買家，最後將織工納入其牢牢掌控之下。該公司祭出多項歧視性措施，以削弱其他商人的勢力，包括頒布一項新法，明令若有人從東印度公司拿了一大筆預付款，同時又替別的買家工作（即使他把兩買家交付的工作都完成），就算犯法。凡是與該公司簽合同受雇的織工，該公司駐印度代表都有權派人到織工家門外站崗。該公司坦承，它所支付的工資低於其他買家百分之十五到百分之四十，但希望透過這些措施，取得它所需要的所有布料；該公司一名官員於一七六六年告訴英格蘭國會，東印度公司現已統治孟加拉，希望在數年內將孟加拉的布料出口增加一倍。

但面對這形同國家壟斷的情勢，織工未乖乖就縛，反倒採取他們惟一的反抗手段，那就是丟下織布機，移民他鄉或當農工。不到一個世代，達卡周遭專業的織造社群就消失了，達卡城本身萎縮到只剩原來規模的一小部分。各小農家裡，無數織布機仍唧唧在運轉，但產品不再供外銷，而是賣給自己村民。東印度公司的目標，和先前這一行商人所追求的目標並無二致，但他們所採取的手段無情而嚴苛，因而雖一心要保住那時代的首要產業，結果反倒出乎他們預料，毀掉了那產業。

6 │ 甜美成就

　　對於初抵菲律賓的世界貿易商隆尼來說，一開始就出師不利。他於一八五六年七月三十一日抵達菲律賓中部怡朗省首府怡朗（Iloilo），他的馬車卻到隔年二月才從馬尼拉抵達此地；一年一度的季風使道路無法通行，海面也太危險而無法航行。他所希望建造碼頭的地方，是個遍布鱷魚的沼澤地。

　　對他而言，結局也不圓滿。十三年後，他在發抖、發燒當中死於瘧疾。百輛馬車和據某位在場者所述的「多輛牛車」組成送葬隊伍，送他長眠於地下。這時候，世界貿易所促成這地區的轉變，已如火如荼進行了好一陣子。原雇用了當地一半女人的本土紡織業，不敵隆尼所代理的曼徹斯特紡織廠，日薄西山。為讓運布料來的英國商船不致空船而回，隆尼開發另一種貿易，即出口附近西內格羅斯省（Negros Occidental）所產的糖，後來這一貿易的規模變得比紡織品貿易還大得多。這一附帶發展的貿易，使內格羅斯的甘蔗園主致富，造就出至今仍在菲律賓蔗糖貿易裡獨占鰲頭的內格羅斯製糖業。因為這一貢獻，隆尼受到內格羅斯人民的尊崇。但在怡朗市，隆尼的歷史評價卻是毀譽參半。

　　西班牙殖民當局原要求菲律賓所有對外貿易一律得經由馬尼拉，一八五六年暫時取消這些規定，幾個月後，隆尼以英國第一任駐怡朗領事的身分來到這裡。他還擔任英國幾家紡織廠的代理人，以及自家貿易公司的合夥人。當時，就連強大的大英帝國，文職官員人數都不多，因

而願意遠離家鄉來到這麼偏遠地方生活的生意人，政府歡迎他們身兼二職。而隆尼則身兼不只二職。曾有一段時間，隆尼是這裡惟一一位「盎格魯撒克遜人」，因而他還替幾家美國商行效力，為香港總督寫的一本書蒐羅資料，甚至接下英國某人類學家委託的任務，從當地墓地裡挖出三具顱骨。

他所探索而最終予以改造的地方，是個充滿強烈矛盾的謎樣地方。一方面，怡朗常叫隆尼大為感動，以致他將這地方比擬為伊甸園，稱這裡的居民是未喪失人類質樸之美的「野蠻人」；他似乎喜歡他們更甚於喜歡西班牙官員和教士。另一方面，這裡又有許多事物叫他想起約一個世紀前的英格蘭。幾乎家家戶戶有台織布機，有些人家甚至有多達六台。數千名婦女操作織布機，製造出「美麗非凡」的布料，而「由於生產成本的限制，這種布料在歐洲根本不可能仿製得出」。梅斯蒂索（Mestizo）商人，即男性華商與當地婦女所生的混血後代，供應棉、絲、用大麻纖維紡成的紗，提早數個月付給女人工資，使她們的地位「形同奴隸」。她們的勞動結晶先運往馬尼拉，然後船運到東南亞其他地方、中國，乃至歐洲和美洲。

事實上，當地生產的布實在太好，以致隆尼對於英國紡織品打進當地上層階級市場，根本不抱希望。但他推斷，便宜的英國紡織品可以得到「勞動人口」的青睞，前提是他得降低航運成本。但那意味著得把遠洋汽輪直接帶到怡朗，取代數百年來該地區貿易所一直倚賴的帆船，即取代採貼近海岸方式航行而逐島停靠的帆船。那也意味著得找出貨物供這些大型貨輪離開怡朗時載走，以免空船返英。

身為業餘自然學家的隆尼（他就是在探索當地一座火山時感染後來要了他命的瘧疾），找到了那東西。他理解到附近人煙稀疏的內格羅斯地區，用來種植甘蔗非常理想；該地也已種了一些甘蔗，供當地人消費。在隆尼懇求下，英國、美國商行借錢給他，供他開闢甘蔗園，在怡朗建造碼頭，將怡朗打造成該地區的散裝貨船港。他所大力引進的英造汽輪，

使船期不再只能訴諸猜測（對於布料貿易商而言，船期不確定從不是大問題，卻會讓易壞的蔗糖損失慘重）。隆尼自己的貿易行和他所代理的其他商行，在此收購蔗糖，行銷於澳洲、歐洲、美國。

這些商行還進口英國、美國布料，不久，就打敗了怡朗這個地區性的強勁對手，連怡朗的本地市場都遭它們攻占。原倚賴女人織布、務農維持生計的家庭，逃離蕭條的紡織村，卻在內格羅斯揹上難以脫身的債務。內格羅斯的甘蔗園主（往往是布料商出身），常常利用賄賂、不實的地契、騙人的借貸協議，讓這些出來闖天下的農民淪為無地的工人；然後，由帶著鞭子的工頭管教其中桀傲不馴的人。事實上，隆尼鼓吹改革該地區的借貸法，以促成他所說的，讓怡朗的經濟現代化。但新的借貸法最終只是使負債者更難擺脫債務，進而強化了近乎回到封建時代的勞動關係。內格羅斯貿易大為興盛，一九三二年時蔗糖出口超過一千萬噸。如今該省仍為菲律賓創造許多外匯，菲國最有錢有勢的諸多家族，大部分仍以蔗糖為家族產業的基礎。

對怡朗而言，就連蔗糖貿易暢旺的年代，都是利弊相抵或弊大於利。蔗糖貿易發達之前，織造業薪資雖然微薄，但讓家庭成員聚在一塊。女人賺得的現金足夠繳稅，讓男人得以專心生產糧食。隆尼的碼頭帶給怡朗不同的氣氛。那是個各為生活打拼而不講究規矩的地方，成群年輕力壯的男子，早上五點就聚集到那裡找活幹；工資按日發，午餐是倒進各人「帽子」裡的米飯和蔬菜。怡朗因其特別的勞動階級文化而聞名全國，工人經常光顧酒吧、餐館、雜耍劇院、妓女戶，因為自認沒有成家的希望，也就沒有存錢的必要。一九二〇、三〇年代碼頭工會壯大，貨運業者開始跳過怡朗，直接到甘蔗園裝貨。因為隆尼的計畫，先是怡朗織造業毀掉，接著怡朗港毀掉。但在抽乾沼澤所開闢，以他的名字命名的怡朗碼頭區附近，如今仍立著一座他的紀念碑。將貿易視作文明開化使命的隆尼，若地下有知，應會感到驕傲。

7 │ 沒有哪座工廠是孤島

　　請你猜一猜，亞洲最早的機械化紡織廠座落在哪個城市？大阪、上海或孟買？答案是孟買，比大阪還早了約二十年；一九一四年，印度的棉紡織業已是全球第四大。一九一○年時，哪個國家擁有亞洲大陸將近八成五的鐵路網？英屬印度。印度當時的鐵路網是全球第三大。因此，當第一次世界大戰給了印度沒有西方人競爭亞洲市場的短暫喘息時間，也給了出口的新契機，有點頭腦的人大概都會認定，這是孟買紡織業起飛的天賜良機。結果，大阪獲致了重大的工業突破，上海獲致了持久不衰的重大收益，孟買卻只得到隨著和平降臨即消失、曇花一現的成長？

　　靠著第一次世界大戰期間，西方國家無暇東顧，這三個城市的工業利潤都大幅成長，但除此之外，孟買和遠東那兩座同性質的城市，卻際遇殊途。在一次大戰期間和戰後幾年，大阪、上海的現代紡織廠，產能都暴增，國內產量的增加，彌補減少的進口量還綽綽有餘。在孟買，紡紗機的總數在一次大戰期間幾無變動，印度境內機器製布料的消耗量掉了超過兩成。

　　或許更為重要的，一些中國商行和許多日本商行，利用對紡織機的需求增加和進口不足的機會，開始在國內生產設備；其中至少有一部分商行熬過市場競爭，成為最重要的新資本財生產者。這樣的發展不見於印度。當全世界陷入戰後經濟的衰退期時，大阪、上海紡織業的成長，雖然慢於一九一四至一九一八年間，但仍有成長；孟買紡織廠的產量則

退回到戰前水平，市占比一九一三年時還低了甚多。

為何有此差別？有些英國人將其歸咎於缺乏企業精神，但那幾乎說不通。畢竟孟買紡織廠的經營者沒變，仍是先前幾十年把英國紗趕出低檔市場的那批人，而不只印度如此，東亞也是。另外，很清楚的，大戰期間，印度不缺棉，不缺積極肯幹的工人。

印度這一弔詭性的發展，主要得歸咎於一點，即印度不是獨立國家，而是殖民地。舉例來說，英國人所加諸印度的關稅政策，長久以來鼓勵孟買紡織廠專門生產較粗劣的紗，市場鎖定亞洲其他地方，而把較有利可圖的國內市場留給曼徹斯特紡織業者；這意味著一旦到了戰時，孟買紡織廠得將市場轉向國內，以取代短缺的進口時，就得面臨棘手的調整問題。但上海、大阪設法完成這變革。從那些乍看似乎是優勢，實者是劣勢的地方去觀察，最能清楚看出殖民地身分如何阻礙孟買發展；特別是如果再去思索印度如何獲致興建過早而效益不大的鐵路網，思索它欠缺過早創建而無競爭力的重工業（例如中國、日本政府替軍方創建的那些重工業）對後來的影響，更有助於我們看清問題的根源。

一方面，拜英國的統治之賜，印度在貨運量還未大到足以讓龐大鐵路網獲利的許久以前，就擁有龐大的鐵路網。而英國不惜巨資建設鐵路網的動機，有一部分是為了讓軍隊能快速機動到各地（在仍保有獨立地位但飽受列強干預的中國，鐵路的遭遇正相反。在某些中國人眼中，鋪設鐵路，從某個方面來講，正利於外國軍隊長驅直入，因而遭到他們抗拒）。但同樣因為殖民地的關係，面對英國要求所有鐵路設備、工程師、鋼材從英國進口，印度無力反對。事實上，讓英國的資本財藉此有出路（和讓英國投資人有投資標的），一直是英國大力鋪設鐵路的另一個主要原因。但由於樣樣都進口，這龐大的建設工程，幾無助於扶植印度的鋼鐵廠或機械加工車間，從而使後來孟買紡織業欲添購現代紡紗或織造設備時，無法從印度本土業者得到。

第二，身為殖民地，印度從未建造接受政府補助的兵工廠，或建造

煤礦場、鋼鐵廠之類等相關設施，作為以國防為目的之工業化計畫的一環；反觀日本和中國都有這方面的建設。粗略核算，這或許對印度有利，因為建造兵工廠所費不貲，甚至日本的鋼鐵業，要到第二次世界大戰之後，才具有國際競爭力（中國的鋼鐵業則至今仍不具國際競爭力）。但這些看似大而無當的東西，在一九一四至一九一八年，卻讓中國、日本獲益良多。

當孟買因為西方製造的資本財輸入中斷而陷入發展瓶頸，中國、日本境內由兵工廠培養出來的機械師、技工和其他技術人員，開始將注意力轉向上海、大阪紡織廠、火柴廠等輕工業的需求；供應這些工廠機器所需的鋼材或許昂貴，但有總比沒有好（在這期間，日本的軍事工業還以另一種方式自籌財源，即侵占鄰國具經濟價值的土地，向鄰國索取賠款，最終促成一九四〇年代的連天烽火）。沒有了外來競爭，就連生產成本相當高的產業都獲利，從而使他們有錢取得更好的技術，進而在第一次世界大戰後有能耐保住市占：上海的工業投資就在一九一八至一九二三年競爭日益激烈的時期達到巔峰。一次大戰期間，孟買紡織廠只增加人力而未擴廠，外國紗和布一度再進口，他們就只能裁員（和降低工資）因應。對於各個紡織廠而言，這是再合理不過的決定，但整體來講，這些決定標誌著他們喪失了稱霸業界的大好良機，而且是至今未再降臨的大好良機。

8 ｜餵蠶吐成長

一提到今日的日本農業，腦海裡浮現的印象，無非不具「競爭力」，非「出口導向」，或者未曾「挹注工業成長」。大家都知道今日日本強大的經濟，乃是其驚人工業成就所促成，於是，我們往往把這現象套用在並非如此的更早年代。事實上，從一八五〇年代日本向西方開放，一直到第二次世界大戰，替日本提供大部分出口品的產業品，為新興的日本城市提供廉價糧食的產業，為日本政府提供興建基礎設施所需稅收的產業，都是農業。十九世紀末期、二十世紀初期的日本農民，為建設現代日本付出貢獻，所得到的回報卻大多是苦難，境遇與日後不具國際競爭力的日本農民天差地別。

第一次世界大戰之前，製造品只占日本出口約四分之一；白銀和木材又占了一部分，但農產品是最大宗。尤其值得一提的，日本對外開放後的頭六十年裡，進口品（包括最後在一九二〇年代創造出具競爭力之工業輸出品的紡織機器）都是靠絲來支付；一九〇〇年前，光是絲這項產品就貢獻日本每年四成的出口額，第二次世界大戰爆發前夕，仍貢獻了三成多。

在這期間，人口雖成長一倍，稻米進口量從未超過國內消費量的兩成。在農民人數幾乎不變下，這一切是如何達成？

一些新的進口品（一九二〇年代後主要是化學肥料），無疑是獲致這農業成就的功臣，但關鍵仍在農民的勤奮和一些較不起眼的科技創

新。插秧這項費工的工作有了新方法，從而提高產量；收割後，未像老一輩農民放幾天假慶祝豐收，而是更勤於收攏、焚燒稻殼，使害蟲更難繁殖。這些創新和其他創新，使單位稻米產量得以從一八七〇年到一九四〇年成長了一倍。但最重要的，被高稅、上漲的地租和其他負擔壓得喘不過氣的農民，想到辦法利用同一塊田生產蠶絲和稻米，增加了他們所亟需的現金收入（一八七八年時地租約占平均收穫量的百分之五十八，一九一七年時上漲到占百分之六十八）。

養蠶、種稻共有一個優點，使它們極適合在地狹人稠的日本發展，那就是它們的單位產量都高。但它們也共有一個足以抵銷該優點的難題，那就是都極費人工，而且每個階段的人力需求不平均，大部分人力需求壓縮在一些特別需要人力的時期。春季稻田注水後，就得在幾天內插秧完畢，而且秧苗必須插得整整齊齊；即使是田地不大的農家，都必須竭盡所能抽出時間，才能完成這工作。

至於養蠶，如果能順利養到大，在最需要照料的時期，還更累人。蠶快成熟時，得一天餵八次（蠶在最後階段一天要吃下相當於體重三萬倍的食物），而且飼養盤得一天至少清理三遍。更麻煩的是，蠶每次都需要餵以新鮮的桑葉，因而，在最需要照料的時期，即使只是要餵飽一小群蠶，一天二十四小時時時都要人照料。按照自然規律，蠶是在四月至六月間完成孵化到吐絲的過程，而這時正是需要插秧的時期。因此，日本農民生產蠶絲、稻米雖已久遠，卻少有農家既養蠶又種稻。大部分日本蠶絲來自住在丘陵地上的農家，而他們種的是稻米以外的作物。

十九世紀初期，這情形開始慢慢改變。有人發現了兩者可以得兼的竅門，那就是控制蠶棚的溫度，藉此使蠶提早孵化（更早攝食）。這麼做帶來更為繁忙的數週和不小的風險，因為當時仍是燒柴的時代，沒有溫度計，要控制溫度並非易事，溫度弄錯可能使蠶全軍覆沒，而大部分的人是借錢來養蠶。但如果這辦法奏效，至少就縮短種稻、養蠶兩者重疊的時期；運氣好的話，可以讓負責餵蠶而只在最需要幫忙農活那幾

天下田的婦女，不必同時兩頭忙。漸漸的，愈來愈多種稻的農家開始試著兼養蠶。然後，一八七〇年後，有了真正的突破——新蠶種問世。這種蠶若照料得法，加上施用某些化學藥物，可以使其改在七至九月間孵化。這所費不貲，也不容易，但奏效。一八八〇至一九三〇年，蠶絲產量成長了將近九倍，而農民一年中幹活的平均天數卻只增加約百分之四十五。

工作更賣力且更懂得動腦筋，農民從中得到什麼？得到的並不多。事實上，米價在一八八〇年達到高峰；一九三〇年時，下跌了將近三分之一。沒錯，農民的稻米銷售量成長了一倍，但因為要購買肥料、殺蟲劑之類等，他們的開銷也多了許多（尤其是一九〇〇年後）。稻產增加讓消費者大大受益，但大部分農民靠種稻的淨收入卻未增加，勞動的每小時收益且還降低。有很一長時間，養蠶都是貼補農家生計而前景看好的事業，但它也有其極限。經濟大蕭條時期，美國人對長統絲襪的需求急跌，日本的蠶絲出口隨之陡降；稍後，人造絲問世，再送上致命一擊。從大部分指標來看，第二次世界大戰前夕的日本農民，生活水準和七十五年前的日本農民一樣。他們辛勤付出，成果由後面幾代人享受，包括那些在新工廠覓得工作的人，那些賣農地給新興郊區的人，還有那極少數仍在土地上幹活，而如今靠著前輩付出無數辛勞所建立的現代部門營生的人。

9 | 化岩石（和侷限）為財富：
劣勢如何助新英格蘭早早工業化

　　歐洲人「發現」北美洲時，希望發財的人迅即奔往南部，或到紐約或費城；只有把宗教信仰看得比物質享受重要的人，才對新英格蘭地區感興趣。有些資源貧乏的地區，的確靠著工業而致富，但當時的新英格蘭地區面臨了數項人為障礙：英國的殖民政策，把北美殖民地限定為原物料的供應區和製造品的進口區。因此，新英格蘭最後成為英格蘭以外，第一個嫻熟駕馭從機械化紡棉到黃銅生產等多種領域之新科技的地區，究竟是如何辦到的？有一部分原因在於該地天然和人為上的劣勢，共同促使它免走了一些前工廠時期製造業的冤枉路。

　　乍看之下，新英格蘭地區似乎足夠讓一些自給自足的拓荒者安然活著，但發展潛力差不多也就是如此。這裡的生長季節短，地質多岩，西邊的丘陵、森林不適人居；煤、鐵礦也缺乏。移民結合當地土著和自己的農耕方法，開始生產足夠溫飽的糧食。事實上，作物收成頗豐，而且該地區既沒有舊世界的傳染病，且沒有肆虐南方諸殖民地、以蚊子為媒介的疫病，因而，到十七世紀末期時，新英格蘭人可能是全世界預期壽命最高的人（另一個可能榮膺此頭銜者是日本人）。新英格蘭地區的人口成長也很可觀，從一六六〇年的三萬三千人，增加為一七八〇年的七十萬人。

　　但人口迅速增長也可能意味著生活變得艱苦。事實上，在頭幾波清教徒狂熱分子移民來新英格蘭後，儘管這裡可以讓人活得很久，再吸引

來的移民並不多：一七九〇年的人口，超過九成是一六六〇年前移民來此者的直系後裔（包括紐約、紐澤西、賓夕法尼亞在內的大西洋岸中段地區，吸引到的移民更多，美南則當然引進大批非志願的移民）。新英格蘭人很早就知道，他們的收成扣掉自用，剩餘非常少，很難有餘錢再買許多別的東西。一六四六年，麻塞諸塞地方議會已開始呼籲居民提高衣服、鞋、靴、玻璃、鐵器的產量，因為該殖民地與英格蘭的進出口貿易處於入超（南方外銷菸草，後來外銷棉花，大西洋中段地區的殖民地，作物產量更大，外銷西印度群島上的種植園）。

這計畫如果成功，新英格蘭大概很快就會發展出「原始工業」風貌，也就是當時在西歐許多地區（和亞洲許多地區）愈來愈普見的風貌：村子裡許多人家由於自有土地太少，光靠種田無法過活，但藉由紡紗、織布、製造屋瓦和其他生產活動供應市場所需，貼補生計，而這些生產活動往往受商人的指導，由商人借予他們必要的工具、原物料，該商人也購買他們所產的部分糧食。事實上，冬天漫長的新英格蘭地區，正適合從事這些生產活動。

但兩項關鍵因素破壞了這計畫。首先，西邊（特別是日後成為紐約州北部的那個地方）有許多空地，提供了雖不大受歡迎但還可以接受的出路。其次，英國國會禁止北美殖民地從事大部分的營利性製造業：若要發展製造業，所需的原物料（從棉花到鐵）將得進口，因而這禁令執行起來出奇順利。新英格蘭地區的農民從事削木頭、編織等活動，自行生產自家所需物品，壓低生活開銷，但在鄉村，以販售為目的的製造業從未發展起來。如此一來，對某些人來說，生存就有困難。舉例來說，有群兄弟，因為原養活父母綽綽有餘的農田，已無力再供養他們兄弟個個成家後的所需，於是離開家園，這時就面臨了生存難題。

森林和大海為這困境提供了出路。造船業乃是英格蘭所樂見在這些殖民地發展起來的產業，因為英格蘭本土森林經過長期砍伐，到十七世紀時已無法提供足夠的造船材料。新英格蘭地區多的是樹，還有許多便

於運送原木和為鋸木廠提供動力的河川。新英格蘭人造船，也開始積極利用所造的船。最初，新英格蘭人從前來他們海岸捕捉鱈魚的歐洲人手中，搶下了不少捕鱈業（鱈魚易於加工保存，在歐洲本土成為愈來愈重要的蛋白質來源，因為歐洲土地愈來愈難取得，肉價隨之愈來愈高）。一旦必要的船隻和技術有了基礎，愈來愈多新英格蘭人投入捕鯨業和海上貨運業。

　　如果可以選擇，新英格蘭人大概比較喜歡從事織布或其他能讓自己不必遠離家人、朋友的行業。他們之從事造船、捕魚等行業，其實是迫不得已，但這番迫不得已的選擇，結果卻是塞翁失馬焉知非福。北美十三州獨立後，英國所立的殖民地法令旋即廢除，新英格蘭人自此可以自由從事製造業，而且有一大片空白的領域供他們盡情施展。獨立後沒幾年，該地區在不顧英格蘭專利權下，建造了第一批紡織廠；與其他地方的早期紡織廠不同，它們在經濟上未遭到散布鄉間之低階、低工資織造工、紡紗工的競爭，在政治上也未遭到他們的反對。波士頓、普羅維登斯（Providence）、紐黑文（New Haven）很快就拿下它們所轄腹地的工業市場，新英格蘭地區的城市日益壯大，過程中卻未湧進遭新工廠摧毀生計的大批鄉村居民。發展製造業之前就已打下的海外往來關係，協助確保了原物料來源和市場；貿易利潤提供了創業資本；木工運用先前在造船廠習得的技術，仿製早期的工廠設備，成果不凡。在很短的時間內，新英格蘭就在許多製造業上取得和英國相抗衡的地位。紐約因水力資源較少，發展落後於新英格蘭，美國南方的發展更瞠乎其後。事後回頭看，艱困天然環境和不得發展工業的禁令，乍看是「不利條件」，結果反倒拜這些不利條件的相互作用之賜，讓新英格蘭地區得以取得大局部重現早期工業革命的絕佳條件。

10 │ 側面突破和轉變停擺：
從煤到石油，一路曲曲折折，一八五九～二〇一二年

　　我們需要新的能量系統——新的能量來源和搭配那些能源的新式發動機——這點少有人會懷疑。但針對這一說法，世人還是在許多地方意見分歧：新能源該是什麼樣的能源？必需以多快速度換用新能源？如何辦到？——靠碳稅？靠研究補助？光靠市場？是否也需要減少能量使用？但大家都認識到有這個基本需要。

　　於是，審視先前的能量變遷，有助於把這個問題看得更清楚。新系統明明較優越，但各類人還是有理由不轉用新系統。他們或許蘊藏有舊式燃料，在倚賴該類燃料的行業工作，或擁有針對舊式燃料製造的機器和適合該類燃料的技能。也或許他們在該系統身上看到真實存在的和虛構的問題，希望先解決掉那些問題才轉換過去。一八七六年時（距煤在英國成為比木頭更大的燃料來源已過了大概兩百年），煤和木頭的蘊藏量都很豐富的美國，從木頭得到的能量仍比從煤得到的多了一倍多。但一旦來到改變的臨界點，改變就能迅速降臨：一九〇〇年時，煤能量在美國已比木能量多了兩倍多。當我們檢視下一個仍未完成的變遷——從煤過渡到石油——通往這類臨界點的路徑，叫人意想不到的路徑，就鮮明呈現於眼前。

　　從純技術性的角度看，石油比煤優越許多。每噸石油所提供的能量比煤多了一倍，因此需要的燃料和儲存空間都較少（在船上這點特別重要）。石油是液體，因此可以用管子輸送，把燃料鏟入發動機這項又累又

熱的粗活就變得不需要。此外，液態燃料，與固態燃料不同，它可用於內燃機裡，而內燃機於一八六〇年左右首度上市，就在美國賓州境內第一座營利性油井啟用的一年後。內燃機的效率比蒸汽機高了許多，而且體型能小上許多，從而開啟了靠蒸汽不大可能或根本不可能實現的數種新用途（從汽車到摩托車到鏈鋸）。

但晚至一九二五年，仍只有墨西哥和蘇聯這兩個國家從石油取得兩成的商業用能量；富含石油且喜愛開車的美國是一成一，工業西歐則離五％還有頗大距離。在英國，石油直到一九五三年才占燃料消費量的一成——儘管到了一九七三年暴增為五成。

為何遲遲不用石油？後來又如何克服這一惰性？

地方的怪習性是重要原因。賓州第一口油井開始開採後，人們想從中得到的東西其實是煤油：這種照明用的油當時正快速取代蠟燭和獸脂燭，全球各地需求都在暴增（以一位美國煤油銷售員為主角的一九三〇年代小說暨電影《煤油燈》〔*Oil for the Lamps of China*〕，當紅程度幾乎和賽珍珠的《大地》不相上下）。所幸賓州的原油是輕質油，使其七成的成分得以精煉為煤油；還有一些可化為潤滑油。較重質的部分，只適合作為燃料，敵不過附近盛產的煤，於是排進大池子裡放火燒掉。石油被拿來驅動發動機，始於世上第二個盛產石油地，即裏海附近的巴庫。俄羅斯原油屬重質油，因此超過七成成分只能充當燃料。但巴庫境內森林很少，而且距供煤地點有數百英哩。於是地區性燃料油石場發展起來，且受到巴庫半孤立的特性保護——這正是吸引投資人發展史上第一個真正之燃料油業的因素。路德維希‧諾貝爾和羅伯特‧諾貝爾（發明炸藥和創立諾貝爾獎的阿佛烈德‧諾貝爾的兄弟），因緣際會下來到這個地區——他們建造了巴庫第一座現代煉油廠，建造了世上第一條油管，引進其他新發明的東西，包括世上第一艘油輪。幾年後的一八七八年，俄羅斯在戰場上打敗鄂圖曼人，使從巴庫到黑海的鐵路得以建成時，原本只鎖定一地區性市場的投資，這時讓巴庫擁有發展一項新興全球產業的

先進技術——曾有一段時間，全球五成的石油產自巴庫。

　　最初，燃料油仍是更有賺頭之煤油的副產品，但由於巴庫生產了大量的這項副產品，替燃料油找到更廣大的市場，使煤油只需支應整體生產成本的一部分，就能壓低俄羅斯煤油的價格，從而使其更有競爭力。十九、二十世紀之交，加州、俄克拉荷馬州、德州、墨西哥州發現大量重原油時，這些生產者合力使石油成為具競爭力的燃料。地區性市場又是輕易就被攻下：石油大量生產意味著價格低廉，而且這些油田（與巴庫類似，但與賓州不同）未面臨到附近煤的強烈競爭。然而，在更廣大的市場上，就沒這麼順利：在美國，直到一九二〇年代晚期，石油所產生的能量才始終比煤便宜。

　　由於價格不夠便宜，加上總是擔心石油供給會斷絕，只有少數人願意砸錢投資需要使用液態燃料的內燃機——不管內燃料有多優越皆然。但隨著人們採取較低成本且進可攻退可守的辦法——把蒸汽機改為既可使用煤，也可使用石油的混合型發動機——石油攻入既有的燃料市場。例如，使用這類發動機的船，能大部分時候靠石油行駛，省下重量和空間，且使用的輪機組人員較少；海軍也喜歡石油所促成的較高航速和石油排煙較少一事（使艦隻更易匿蹤）。但如果石油用完了，混合動力船能回頭用煤；這使（未自產石油的）英、德、日本的海軍特別安心，但也影響了美國的計畫人員。後來，石油所促成的更大性能，加上對手國海軍迎頭趕上的需要，才漸漸催生出完全靠燃燒石油來驅動的艦隊。

　　商船、鐵路、電力設施和其他使用大型蒸汽機的東西，誠如前述數據所表明的，更慢才改用內燃機。於是，混合型蒸汽機在歷史上扮演了極重要的角色：它為燃料油確保了逐漸增長的市場，藉此促進了石油的開採和提煉、對其應用的研究和習慣於操作燃油機之技師的成長。在這期間，從頭建造新工廠（尤以在盛產石油的國家境內為然）或從事需要用到內燃機的新活動（例如製造汽車）的人，也緩緩推動這一轉變。

　　不過，引人注意的是，即使石油已比煤便宜，改變仍非常慢一事，

以及非市場性因素在這轉變過程中起的很大作用。扮演開路先鋒的海軍，不大在意燃料成本；當時一如現在，軍方把性能放在首位，購置武器時不是很在意價錢。從一九二○年代初期起，蘇聯斷然捨棄使用燃料油的混合型蒸汽機，轉而生產內燃機用的汽油。從某種程度上來說，這一轉變乃是為了製造拖拉機與卡車而展開的大規模行動的一部分，但也反映了中央計畫人員的專斷決定——汽油就是個較優越的產品。怪的是在強烈市場導向的美國，發生了類似的事：創立於一九二四年的聯邦石油保存局（Federal Oil Conservation Board），把汽油視為石油的最佳、最有效率用途，（在新技術加持下）大力推動以只使用石油產品的發動機取代混合型發動機。

西歐和日本開始積極改用內燃機時，政治再度發揮了舉足輕重的作用。一九三○年代，在阿拉伯半島發現巨量石油蘊藏，加上冷戰時與美國（和其海軍）站在同一邊，使不自產石油一事在西歐與日本不再構成國安隱患。馬歇爾計畫施行那幾年期間，美國力促歐洲更大量使用石油，馬歇爾計畫的援助經費超過一成花在石油進口上：比起重啟受損的煤礦，這能更快取得燃料，而且防止美國盟邦倚賴俄羅斯石油（此前它們就曾是如此，後來冷戰於一九七○年代消解之後又會變成如此），並削弱往往好鬥且左傾的礦工工會的勢力。隨著時日的推移，汽車、飛機等科技產品的使用更為普及，而煤在這些產品上根本無用武之地。但由於對空汙的憂慮加深，才使許多歐洲大用戶，尤其是公用事業，捨棄煤（在某些例子裡，改用核能而非石油）。

簡而言之，石油能凌駕煤，源於各種因素的促成：嶄新技術、新／舊燃料混用、地緣政治壓力、在特殊在地條件下逐漸發展出的新產業、具有特殊需要和龐大經費且求新求變的海軍、環保考慮、政府監管人員等。光是一項較佳的燃料，或一個較有效率的發動機，本身並不足以推動快速轉換別種能源。如今依舊如此：美國許多公用事業單位仍然燒煤，二十一世紀初期油價上漲時，有些歐洲公用事業單位也回頭用煤。在撰

寫此文時，美國新政府甚至承諾增加煤產量。這一作法似乎不可能持久；但這樣的作為提醒我們，即使在明眼人都看出該改用別種能源時，改用仍會何其之難。

11 | 美國石油

　　石油成為二十世紀最值錢的國際貿易商品，也因此使二十世紀博得石油世紀之名。石油的用途從十九世紀用來製造專利藥、照明和取暖、建材、潤滑油，變成二十世紀主要用作內燃機的燃料和製造塑膠、肥料的原料。如今，大家一想到石油，就想到中東。但石油成為商品後的頭一百年的大部分時期，美洲才是石油舞台上的主角。這不只因為美國是石油的生產、消耗大國，還因為墨西哥、委內瑞拉是早期全球最大的石油產國。此外，這三個國家的石油事業發展密不可分。

　　一如大家所慣常聽到的，這場石油崛起為國際當紅商品的大戲，由一些雄才大略的大企業家主導，例如創立標準石油公司的美國人約翰 D. 洛克斐勒、創立皇家荷蘭殼牌石油公司（Royal Dutch Shell）的荷蘭人戴特汀（Henri Deterding）。他們與「七姊妹」（譯按：Seven Sisters，指標準石油公司遭強制分割後形成的三家較大的石油公司，以及原本就存在的四家石油公司）其他成員的領導人，在頭五十年，主宰了全球的石油生產。如今大家普遍認為，當時整個世界全看他們在表演，他們縱橫全場，受自政府的支持或干預少之又少。墨西哥、委內瑞拉之類地方只是石油蘊藏地，而非舞台上的演員。但事實上，政府和石油工人扮演了主角的角色。石油業的決策和利潤，仍受供需、得失這些單純的考量所制約。隨著石油取代煤，成為工業革命的生命液，石油不只是「黑金」，還是「現代」的象徵。石油業與世界經濟的成長，除了要歸功於追求獲利的心態，

國家的主權、自尊、發展、安全，還有階級鬥爭，同樣功不可沒。

　　西元前三千前，中東，特別是伊拉克，就已知道並使用石油。但一八五九年德雷克（Edwin L. Drake）在美國賓州的泰特斯維爾（Titusville）鑽探出石油，石油的近代史才揭幕。石油業很快擴及到俄亥俄州，南北戰爭後，洛克斐勒在俄亥俄州創立標準石油公司。由石油提煉出來的煤油，最初主要供應美國國內日益成長且日益都市化的人口所需，但到了一八七〇、八〇年代，大部分煤油供外銷，成為美國第四大輸出品（譯按：煤油用於燈盞，在汽車問世，使汽油成為重要煉油產品以前，煤油一直是煉油廠的主要產品）。賓州在石油業的霸業，於一八九〇年代初期遭遇洛杉磯油田的挑戰，然後，一九〇〇年，又有東德州的史賓德塔普（Spindletop）油井加入挑戰。

　　墨西哥從標準石油公司底下一家子公司和海灣（Gulf）、德士古（Texaco）等幾家德州石油公司進口煤油（但以從標準石油子公司進口居多），藉此被帶進石油時代。皇家荷蘭殼牌這家荷、英合資的企業，也努力欲打進成長快速的墨西哥市場。在這之前，墨西哥總統狄亞士（Porfirio Diaz，一八七六至一八八〇年，一八八四至一九一一年在位）早已致力於補助墨西哥快速成長的鐵路網、保護外來投資、壓迫國內工人、將自西班牙殖民統治時期就一直歸政府獨有的底土使用權（subsoil right）私有化，藉以吸引外資。在帝國主義橫行的時代，他致力於分散對外國的依賴，以維護國家主權。墨西哥成為歐、美資本交手最激烈的地區之一（見第六章第六篇）。加州石油業鉅子多赫尼（Edward Doheny）在墨西哥坦皮科（Tampico）發現原油後，石油成為國際勢力較量的主戰場之一。其他的盲目開採油井者和各大石油公司，迅即開始在墨西哥探勘。墨西哥政府開始憂心。墨西哥與美國鐵路相通，使兩國的貿易關係愈來愈緊密。為削弱這關係，避免正壟斷美國經濟的那種工業、金融托拉斯入主墨西哥，狄亞士政府將大量的開採特許權給予由皮爾森（Weetman Pearson）當家的英國營建公司。皮爾森將公司大多數股分賣給皇家荷蘭殼牌公司。

很快的，其他許多美國公司開始在墨西哥鑽油井投產，提煉這黑色燃料，以供應日益膨脹的墨西哥市場。不久，生產量超越國內需求。一九二一年，墨西哥成為全球第二大石油產國，而差不多就在這時候，美國地質測量局發出烏龍聲明，指美國的石油蘊藏就快用罄。墨西哥受到前所未有的矚目。

墨西哥猝然崛起，成為世界舞台上的要角，著實叫人吃驚，因為就在油井大量噴出石油時，二十世紀最慘烈之一的革命席捲墨西哥。石油公司作為獲利特豐的國中之國，有錢雇得起警衛，收買政府官員，賄賂革命人士。若只看墨西哥的石油輸出數據，是無法理解這時的墨西哥局勢是如何不安。

但面對步步升高的革命浪潮，石油公司（這時幾乎全屬外國人所有）最終無法置身事外。墨西哥革命（譯按：一九一〇至一九二〇年）的起因和目標為何，如今仍無定論。但可以確定的，至少有些革命分子是為了民族主義、社會正義而戰。一九一七年憲法的第二十七條，就宣揚民族主義、社會正義精神，將礦物權的權限交還中央政府。美國的石油業鉅子大為驚恐，要求美國政府出兵墨西哥，以推翻該憲法。武力恫嚇使墨西哥讓步，同意既有的開採特許權仍有效，但新的特許權不再簽發。由於外國石油公司仍有許多尚未開發的特許開採地，上漲的油價使既有的油田仍有高額利潤，戰爭危機就此解除。

但墨西哥的民族主義聲浪並未平息。美國人、荷蘭人領較高的薪水，住較好的房子，占據令人艷羨的管理要職，引發墨西哥人不平，再加上墨西哥人在德州、奧克拉荷馬州、加州所切身感受到的種族歧視，使墨西哥產油區，一如同時期盛產石油的俄羅斯巴庫（Baku）產油區，成為激進主義的溫床（史達林曾協助組織了巴庫石油工人的激進活動）。美國的兩次入侵，乃是革命後的墨西哥民族主義日益升高的原因之一，第一次是一九一四年入侵韋拉克魯斯港，接著是一九一六年潘興（Pershing）將軍為追捕革命英雄韋拉（Pancho Villa）而遠征墨西哥，結果無功而返。

民族主義高漲，促成墨西哥頒行較有利於工人而較不利於外國人的法令。當時正席捲南歐的天主教組合主義思潮（譯按：這一思潮主張把整個社會納入極權國家指揮之下的各種組合），促使墨西哥領導人相信，國家應組織勞工，爭取勞工支持，使勞工成為政權的基礎，而不應將其視為威脅。政府支持成立的工會，提供了墨西哥工人的地位，石油業裡最重要的職務最終由墨西哥工人出任。對跨國公司的徵稅也提高。

蘇維埃政權成立，將大量俄羅斯礦場國有化之後，外國石油公司開始擔心勞資衝突，擔心墨西哥政府採行激進措施。這一憂慮，加上墨西哥最多產的幾個產油區油源開始枯竭，油產量降低，一九二〇年代，標準石油、殼牌石油開始將目光轉向委內瑞拉。雙方都不願讓步，最終促使墨西哥總統卡德納斯（Lázaro Cárdenas）於一九三八年將國內石油業收歸國有，創立由墨西哥人經營的國營石油公司——墨西哥國家石油公司（Pemex）。面對北方鄰國的威脅，墨西哥人要成功申明主權，時機拿捏至為關鍵。渴求石油的納粹德國市場，為墨西哥的石油出口，提供了在美國之外的另一個出路，這大喜過望的出路，也讓七姊妹杯葛墨西哥的行動以失敗收場。

一九三〇、四〇年代，墨西哥的石油出口持續下滑。當時一般人認為，這是失去歐、美技術人員後墨西哥無力經營石油業所致。標準石油公司的管理階層尤其普遍這麼認為。事實上，石油出口下滑，正局部反映了墨西哥政府以進口替代策略遂行工業化的政策成功。在初期下滑之後，產量即超越先前的產油激增年代。但墨西哥石油以低於國際市價的價格出售，以補助國內的產業。後來，墨西哥國家石油公司成為全球最大的石油公司之一，特別是一九七〇年代在塔巴斯科（Tabasco）、坎佩切（Campeche）兩地發現油田之後。二十世紀初期，墨西哥是全球第五大產油國，墨西哥國家石油公司是全球第二大石油公司。墨西哥的歲入，三分之一來自該公司的獲利。

能源跨國公司最後發現，委內瑞拉只是讓他們短暫躲避墨西哥民族

主義浪潮的避風港。最初，委內瑞拉大受他們青睞，因為該國掌權已久的軍事強人哥梅斯（Vicente Gómez）將軍，即墨西哥民族主義教育家暨作家瓦茲孔塞羅斯（José Vasconcelos）所稱的「委內瑞拉的狄亞士」，大肆發出開採特許權給外國公司。一九二八年時，標準石油、殼牌、海灣三家公司，讓委內瑞拉的產量超越墨西哥，成為全球最大產油國。一九四八年，它們供給了將近一半在國際上買賣的石油，其中大部分賣給美國、西歐。

這些石油公司將它們在墨西哥發展出來的管理方法，照搬到委內瑞拉。誠如某觀察家所指出，美籍員工有鄉間俱樂部可用，其他員工則住簡陋的熱帶木屋。石油收益讓哥梅斯將軍非常滿意，因為這讓他有錢收買潛在的政敵。但他於一九三五年去世。繼任者與跨國公司繼續保持友好，但也無法忽視日益高漲的民族主義聲浪。卡德納斯將墨西哥石油業國有化的舉動，舉世矚目。墨西哥油田區裡那些四處可聽到，針對外國人的侮辱性話語，這時，在委內瑞拉的本國籍石油工人群中，也可聽到一些，因為從墨西哥轉移到委內瑞拉的不只是管理階層和工程師，還有工人和工會組織人。隨著阿根廷、玻利維亞、巴西、古巴也將石油業收歸國有，要求向石油公司徵收更高營業所得稅，改善石油工人待遇的呼聲，也高漲到再不容忽視。就連保守的軍方領袖，都被保衛國家主權的訴求和增加政府稅收的可能所打動。冷戰時期，委國軍方與美國站在同一陣營，但他們對這份友好關係的維持，索價愈來愈高。國家對石油業的掌控愈來愈強。一九七六年，終於創立國營石油專賣事業，名叫委內瑞拉國家石油公司（Petroleos de Venezuela S.A. /PDVSA）。

委內瑞拉效法墨西哥，但青出於藍，更勝於藍。除了將石油業收歸國有，他們還與中東產油國協商，以管理國際石油市場。一九六〇年，他們共同組成石油輸出國家組織（OPEC）。一九七三年，他們牢牢掌控了全球最賺錢的商品貿易，在二十世紀結束後仍維持不墜。二〇〇〇年時，全球前十大石油公司裡有六家是國營。墨西哥、委內瑞拉兩國的國

家石油公司分居第二、第三位，為兩國的財政支柱。至此，掌控全球石油業者，不是「雄才大略的大企業家」，而是國家領導人。但他們並非總是扮演將全民福祉放在第一位的公僕角色。他們支配這些石油公司，以使其實現「全民利益」，打銷其「國中之國」的特權地位，此舉在墨西哥引發緊張，並在二十世紀初，查維斯（Hugo Chávez）總統當政下，在委內瑞拉造成激烈罷工和衝突。

終結來說，豐富的石油蘊藏最終不只促成出口經濟。巴西、墨西哥已名列全球最大經濟體、汽車生產大國之林。美國、歐洲、日本的汽車公司，在這兩國設立年產超過百萬輛的大汽車廠，已使巴西成為全球第十大、墨西哥成為全球第四大的汽車生產國。二○○二年，巴西人透過選舉，將工人黨（Workers Party）的社會民主主義者盧拉（Ignacio Lula da Silva）送上總統寶座。但汽車工人和工會組織者出身的盧拉發現，他欲大張旗鼓進行的改革計畫，受阻於國際銀行業者的威脅。這些銀行有許多與力仍足以左右世界經濟的民營大型石油公司沆瀣一氣。

美洲石油業一直是非常蓬勃，而它所導引出的走向，全超乎二十世紀開始時歐、美投資者的構想。它的曲折多變，使人難以預測未來發展。但它在世界貿易裡的中樞角色非常安穩，至少在未來幾十年是如此。

12 │ 石油致富，沙漠建國

　　煤、鐵路、汽輪在十九世紀所扮演的角色，到了二十世紀由石油、汽車、飛機取而代之，它們成為動力的來源和進步（與恐懼）的象徵。事實上，全球石油消耗量超過煤消耗量，乃是一九六五年後的事，如今，煤仍占全球能源蘊藏量的過半。但早在石油成為全球主要燃料的許久以前，它就被用來製造煤所未製造出的東西——國家。

　　產油國（如今誰還提產煤國？）裡最重要的成員，大概非沙烏地阿拉伯莫屬。而沙國的誕生過程，處處驚奇。

　　審視兩百年前（或更早之前）的阿拉伯半島，可以很清楚看出日後統一這地區的力量可能來自何處。半島西緣（濱臨紅海）的長條形地區，名叫漢志（Hijaz），住著半島上最多的人口，穆斯林聖城麥加、麥地納，都在這裡。第二個可能的地方是半島東緣名叫哈薩（Hasa）的地方，其上住著富裕的印度洋商人。至於極乾燥又貧窮的半島中部地區，包括沙烏地族（Al Sa' ud）阿拉伯人的根據地迪里耶（Dir' iyyah），其一統半島的可能，則照理小得多。

　　事實上，鄂圖曼土耳其帝國雖將半島中部納入版圖，實際上幾未費心治理，因為該地能帶給他們的肥水不多。阿齊茲（Sa' ud ibn Abd al-'Aziz）與該地區的瓦哈比教派（Wahhabi，主張謹守傳統教規的伊斯蘭教派）結盟，一八〇三年帶領一隊貝都因（Bedouin）士兵進入麥加時，鄂圖曼人確曾予以關注。凡是他們所認為會危及正統伊斯蘭教的「創新」

作為，他們一律禁絕（但對數百萬伊斯蘭教徒而言，這些是正常的伊斯蘭儀禮）。

他們還挑戰鄂圖曼人作為聖城保護者的角色。但人口更多、更富強的埃及派出部隊，很快就將這支貝都因部隊趕出麥加，且進而劫掠了沙烏地阿拉伯人的根據地。沙烏地阿拉伯人、瓦哈比教派第二次聯手擴張，轉向東方，結果，一八九一年，仍以落敗、流亡收場。在這期間，全球局勢的長期走向（特別是人口日增和土地利用日趨集約），無疑有利於農民和城居者，而較不利於游牧民族。從當時情勢看，沙烏地阿拉伯人崛起的時機似乎已經消逝。

不久後，英國人帶著充沛資金到來，補助鄂圖曼帝國邊陲地區的地方統治者。他們似乎不看好沙烏地阿拉伯人，因而，最初將扶植目標鎖定卡達、科威特、巴林和其他沿海國家，大抵上忽略阿拉伯半島內陸地區，直到第一次世界大戰，才改弦更張（於是而有「阿拉伯勞倫斯」時代）。但這時候，已於一九〇二年從科威特流亡返鄉的伊本‧紹德（Ibn Saud，一八八〇～一九五三），展現了他的政治、軍事才華，充分利用英國所發的小筆薪給和鄂圖曼帝國瓦解後的政局動盪，在一九二五年再度征服一百多年前他的先祖曾短暫掌控的地區，包含聖城麥加。他向英國承諾不危害英國在伊拉克、約旦的較重要利益，藉此在隔年得到英國承認其王國；而其他大國也跟進承認。

但沙烏地阿拉伯人的統治，在某些方面，和一八〇三年一樣脆弱。他們規避民族主義，代表瓦哈比教派實行君主政治，而他們的宗教執法者很不得民心，甚至激起伊本‧紹德底下之貝都因人部隊的叛變（英國皇家空軍協助鎮壓，騎馬戰士在沙漠上的機動優勢，終究不敵飛機的空中制壓。一九三〇年，叛變者向英國人，而非向伊本‧紹德投降）。在這同時，英國已撤回對伊本‧紹德的補助，僅留給他一項重要的收入來源，即向赴麥加朝聖的信徒（和隨之而來的商人）徵稅。經濟大蕭條期間，一年一度的朝聖客少掉八成，這個新國家幾近破產，而且這時該國仍沒

有行政官僚機構可言，收入大部分流入王室，以及用來贈予重要支持者，以維繫他們的效忠。無力再進行這類贈予，國家岌岌可危。

這時，吉星高照，助沙烏地阿拉伯轉危為安。一九一一年，英國人已在沙烏地阿拉伯的吉達蓋了世上最早之一的海水淡化廠，以生產淡水供在通往紅海、蘇伊士運河區的水域巡邏的英國皇家海軍艦隻使用。該廠生產的淡水，也有一部分供通過吉達（最接近麥加的港口）的朝覲者使用。

隨著紹德王朝想增加朝覲人數——部分出於真誠的宗教信念，部分因為朝覲者愈多，紹德王朝愈有賺頭，更有威望——多出來的淡水變得益發重要。誠如前面已提過的，他們樂於和英國人合作，但又不想太依賴他們，因此，一九二〇年代，伊本・紹德鞏固其權力時，請了一家美國公司來探勘地下水。這家公司未能完成所託，反倒發現大油田。這談不上十足的意外——先前就有人在沙烏地阿拉伯發現石油，參與此探勘工程的美國地質學家卡爾・推切爾（Karl Twitchell）早就猜測，在這地區鑽探水源說不定會挖出石油——但推切爾所找到的油田，面積之大，使整個局勢改觀。紹德王朝這時有了另一個外國夥伴，可讓沙國從此國和英國的互鬥中得利（英國人已涉入較早發現且較小的油田）——此事對局勢的影響一樣大。

對紹德王朝來說，好運還不只如此，因為這一發現發生於世界石油市場正經歷重大改變時——需求面和供給面皆然。大部分工廠、火車頭、遠洋貨輪仍靠煤驅動，汽車、飛機、高速大型戰艦則以石油為燃料——石油於是成為軍事必需品。加州油田產量開始下降時（約一九二〇年），美國地質測量局宣布石油供應即將不足。探勘活動大興，加州的標準石油公司和盎格魯－波斯石油公司（Anglo-Persian Oil Company），向沙烏地阿拉伯爭取在其境內的探勘權。美國人提供的預付款較高，一九三三年伊本・紹德將探勘權給予美國公司。一九三八年開始量產上市；第二次世界大戰期間，該王國受美國保護。一九四五年，國家歲入已增加八

倍，幾乎全拜石油之賜。自此，財源滾滾不斷，美國（一九四五年時已是全球首要強國）繼續保障其安全（一九七○年代之前，美國進口中東石油甚少，其西歐盟邦則進口得多）。

沙烏地阿拉伯的國家地位自此屹立不搖，而這幾乎全建立在來自外國人的收入（先是英國補助，繼而是朝聖客，接著是石油公司）、外國的承認與軍事支援，以及（在命脈所在的油田和其他地方裡的）外國工人之上。即使今天，沙烏地阿拉伯仍未向國民徵收所得稅（許多國民還領取政府津貼），超過一半的勞動人口是外國人。

這一發展過程，處處叫人驚奇，至少，凡是認為民族國家的建立乃是靠動員本地族群才得以成功的人，都會有這樣的感受。一九五○年代初期，美國人經營的阿美石油公司（Arabian American Oil Company/ARAMCO），員工數是沙國政府公務員的五倍之多，該公司除了經理石油業務，還替沙國建造了許多基礎設施。外籍員工住在一個據說類似加州貝克斯菲爾德市（Bakersfield）的「美國人聚居區」裡，與大部分當地人幾無往來。理論上，這讓美國人可以照自己的方式過活，而不致與受瓦哈比教規嚴格規範的社會起衝突（事實上，這道圍籬時有漏洞。例如阿美石油公司自營電視台，讓美國人能觀賞自己喜愛的節目，同時不讓沙烏地人收看到。但可想而知，當地人想出辦法接收該頻道的訊號。更嚴重的，「美國人聚居區」與隔壁「沙烏地人聚居區」，生活環境差異極大，引發極大民怨）。沙烏地人民既不提供國家基本稅收，也不提供基本勞動力和基本國防兵力，因而統治者幾未受到人民要求政治權的壓力。沒有繳稅，就沒有議會代表權，有人或許會這麼說。

一九七一年起，全球油價的暴漲暴跌，起初突顯了這些情勢，繼而開始改變這些情勢。一九七一年至一九七四年，沙烏地的國內生產總額，隨著油價的飆漲，成長了四倍，而浩大的開發計畫（其中許多策畫於一九六○年代）開始陸續落實。人口急速成長，教育補助費和其他補助費大為提高，進口品（其中許多與瓦哈比教派的清規格格不入）大量

湧進；在某些人民眼中，這個王國變成必須著手予以改變的政治勢力，民智較開的老百姓開始提出新要求。石油業本身遭收歸國有，然後，一九八〇年代，油價崩跌，根據一九七〇年代的經濟條件施行的社會福利措施，還有王室的生活豪奢，造成預算捉襟見肘的長期問題。這問題，加上激烈的文化對立、鄰近國家的戰爭、對美國駐軍的日益不滿，使得沙烏地阿拉伯邁向「正常」國家（以稅收為財政基礎，士兵來自平民百姓）之路，將可能是崎嶇而坎坷。但至目前為止，外國人和他們所鍾愛的碳氫化合物仍在，因而，沙國的未來可能還會有更多驚奇。

13 ｜不怎麼稀有，但很怪：稀土金屬如何成為中國的「專賣商品」

「稀土」金屬是格外柔韌、耐高溫、能導電的金屬，用在手機、GPS系統、雷射、硬碟、噴射引擎、飛彈導引系統和其他許多高科技產品上。二〇一〇年，中國政府阻撓一批原已談定的稀土金屬運到日本，也突然加緊管控已行之數年的出口配額。全世界的稀土金屬產量，中國占了九成多，市場因此恐慌，其中某些金屬的價格暴漲為原來的二十倍。數個國家把中國告上世界貿易組織（最後贏得訴訟）；許多政治人物、記者、國安專家表示情勢險峻。但其他無數人問「稀土到底是什麼東西？中國在這領域怎麼變成獨大？」

連第一個疑問都難以清楚回答。例如，事實上，許多稀土（包括鏑、鐿、鈧等有著怪名字的元素）在地殼中的含量和銅或鉛一樣高，儘管其他稀土的確非常稀有。此外，一般來講，人們以非常少量的形態運用它們，用以和較常見的金屬製成合金（去年全球每開採出一噸的稀土，就同時開採出約兩萬五千噸的鐵）。因此，即使需求大漲，也不必然會短缺。另一方面，它們在任何工序或產品上只需用到極少量，因此價格大漲也不會扼殺需求（如果占某產品價格一％的東西，其價格漲了兩倍，成品價格只需漲二％就能彌補多出的成本）。使價格最後回落的因素，反倒通常是新礦的啟用或新礦的威脅。

但大且富集的稀土礦的確很少見；它們往往分布零散，與其他元素共存於岩石中。此外，有些稀土很難將其與共存的其他元素分離，而且

這些其他元素裡，有許多元素具有放射性。這意味著稀土開採往往對環境有特別不利的影響：有許多種稀土，即使只為了取得少量，都需要搬運大量岩石，用高溫和／或強酸將其加工處理，從而產生許多極毒的廢料。於是，由於環境問題，稀土開採在許多地方並不可行，即使明知當地有稀土元素存在亦然（最新的技術能大大降低這些衝擊，但會使開採成本大增）。中國的稀土幾乎全產於內蒙古，而就中國的標準來說，內蒙古人煙稀疏。多年來，美國最大的稀土礦區位在偏遠的加州東部，但即使該礦區都不符合環保標準。二〇一〇年後價格大漲期間，有些美國投資人和官員曾考慮月球的稀土開採計畫。

十八世紀就發現數種稀土，但在一八八〇年代之前，它們的用處不大。然後，維也納化學家卡爾・奧爾・馮韋爾斯巴赫（Carl Auer von Welsbach）發現塗了稀土鈰的纖維能製成絕佳的提燈：纖維加熱後燒掉，留下質地如陶瓷的東西，而當再度加熱時，該陶瓷般的東西發出強光且未浪費多少能量。馮韋爾斯巴赫的「煤氣燈白熾罩」（gas mantle）不久就被用於世界各地的街燈；到了一九三〇年代，已賣出超過五十億個，其中有些至今仍在使用。他也發現將他製作燈後留下的鈰與鐵結合，可製成幾乎無懈可擊的電石。這一合金如今仍被用於從香菸打火機到汽車啟動開關的各種東西上。

然後，有人發現稀土的其他用途，尤其是用在武器上。有些稀土燃燒劇烈，構成絕佳的導火線（包括用於核彈的導火線）；其他稀土超乎尋常的耐高溫，使它們極適合用於射彈、噴射引擎之類的東西。但一九八〇年代，人們認識到某些稀土極不尋常的特性使它們極適合用於需要用到強磁性但輕之磁鐵的電子儀器，這時稀土迎來更大的榮景。如今我們生活周遭充斥著這類物品，全世界每年使用的稀土金屬大約是一九六〇年代時的二十倍之多。

早期產地分散於世界各地，而且往往具有濃厚的跨國性質。例如，過去世上最大的釷礦位在英屬印度，但該地產出的釷幾乎全在德國加工，

直到一次大戰爆發後才打破這局面。從更廣的局面來看，一九一四至一九一五年激烈的戰略競爭，使國家更加著力於將這類物質牢牢地掌控在手裡，在冷戰期間，這一情勢未變；例如美國一度欲完全掌控攸關原子彈（或原子能）生產的所有金屬，包括數種稀土。

中國的稀土綜合礦區——內蒙古白雲鄂博礦區，一九二〇年代開始開發，當時中外聯合考察行動發現數種戰略性金屬（以及恐龍化石和曾短暫被視為一獨立原人支系的遺骨）。一九三〇年代繼續開發，大部分在與德國地質學家、工程師合作下開發——中國的國民政府得到技術援助和金援，德國則得到有助於其重整軍備的礦物。不久後，開發這些礦場就與將更多漢人移入該地區定居（和移走牧羊蒙古人）、防止受日本支持的蒙古獨立運動團體染指密不可分。

一九四九年中共拿下中國大陸後，蘇聯成為中國開發白雲鄂博的夥伴（一九四五至一九四九年美國曾短暫取代德國之位）。產量劇增，但基本上依舊著重於軍用的重工業。白雲鄂博戰略地位重要，因此中國政府予以大力支持，分派技術性員工時將其列為優先派用地；品管得到重視，而製造消費財的產業則非如此。在這期間，環境傷害大體上遭到忽視。一九五〇年代末期，蘇聯技術人員撤走，白雲鄂博的礦物攸關中國製造原子彈計畫的成敗時（中共於一九六四年引爆其第一顆原子彈），這些模式變得更為牢不可破。

一九八〇年代，需要用到稀土的個人電腦等新設備銷路猛增時，太平洋兩岸政府政策的改變，提升了中國稀土的獨大地位。後毛澤東時代的改革鼓勵中國國有企業追求獲利，並減少對多項國防導向的重工業補貼（北京郊外原屬極機密的火箭建造廠區的棄置，乃是這些改變所帶來的另一個出乎預料的結果，該廠區後來成為北京著名的「798」藝術區）。後毛澤東時代的政權想得到外援以發展經濟，但又不想放掉其控制權，於是新的規定，鼓勵附帶技術轉移的外國投資，同時堅持讓中國繼續保有基本資源的所有權。

在這期間，有些開採、提煉稀土的美國公司難以符合環保標準——例如輸送有毒廢水的管子一再破裂。他們看到將稀土提煉作業外包的好處；於是，在美國境內礦場完全關閉之前，有一段時間，加州開採出來的礦石運到中國提煉（愛德華・尼克森，即一九七一年重啟中美外交關係的美國尼克森總統之弟，在其中某些交易裡扮演了重要角色；說來奇怪，水門案特別檢察官的兒子，小阿奇博・考克斯〔Archibald Cox, Jr.〕，亦然）。

隨著時日推移，以稀土金屬為基礎的磁鐵，其生產也愈來愈多地外包給中國，而且外包者不只美國公司。這使富國不再有環保問題，但這只是把問題轉移到別國，而非予以根絕。一九八〇、九〇年代期間，中國的稀土礦區變得更大，但日益加劇的環境問題大體上仍遭忽視——一九九七年白雲鄂博的癌症致死率是中國西部其他地方平均值的七倍之多，在多種提煉過程中用到的砷毒害當地供水，造成另外多種嚴重病痛。此外，稀土生產過程產生的劇毒廢水裝在容器裡，而容器漏水，有些廢水離黃河甚近——犧牲白雲鄂博許多居民是一回事，但從更下游黃河取得飲用水的兩億人是另一回事。

久而久之，中國公司在製造更多含有稀土的電子產品上變得更有競爭力；中國的計畫人員助其躋身生產鏈裡更高科技的區段。原物料出口稅退款制度於二〇〇四年大部分廢除，轉而追求利潤更高的下游生產。中央政府制訂了礦物生產、出口配額，想將林立的採礦公司整併為更少幾家且大部分為國有的公司。令外國買家惱火的二〇一〇年配額，乃是欲將民營採礦業者納入控制的作為的一環，這些民營業者往往特別無視於環境所受到的傷害（原因之一是它們的銀彈不如國營企業充足，而且長期來說前景較不明確）。但許多地方官員保護民營採礦業者（和從他們的便宜礦石得利的其他產業）以保障當地就業機會，於是中央政府欲加緊控制採礦的努力，絕大部分只收到短期之效。

但這類作為的短期成效已足以引發憂心與貪婪，尤以在需求持續成

長的背景下為然。舊礦場,例如加州東部的礦場,重新啟用;有人在數個地方尋找新礦床;有人計畫在多個偏遠(且往往生態脆弱)的地方開採已探明的礦床:亞馬遜河上游、格陵蘭島、深海床底下,乃至月球。其中有些計畫已進展到引發投資熱和產生巨額帳面利潤的程度,但大部分未有可觀的產量——至少目前為止沒有。

事實上,如今這項產業已差不多回到二〇一〇年前的「常態」。大部分稀土的賣出價比二〇〇九年時高,但高不了多少;中國境外的大部分礦場(包括美國所有礦場)再度歇業,有些大公司破產(美國生產商 MolyCorp 的股價最高時漲到將近八十美元,後來跌到三十六美分,不久後破產)。如今中國仍支配全球市場,但支配力不如以往那麼強。在中國境內,政府仍拼命關閉不合法的礦場,這些礦場往往有危害礦工性命、環境和國營礦場利潤率之虞。只要稀土的買家知道他們能在必要時增加其他地方的稀土產量,他們就不覺得實際上有必要這麼做;於是,只要有非法礦場和走私者使價格高不起來,常令人憂心忡忡的中國官方「壟斷」就很可能還是不會有高獲利。這就是生產這種商品——不可或缺但使用量甚少,因而稀有,但又不稀有的商品(視你怎麼看待它們而定)——奇特之處。

14 | 看重商店，忽視工廠：
美國「公平貿易」法和從二
次大戰起海外製造的興起

　　五十年前，在製造業工作的美國人比在零售業工作者多了兩倍；如今零售業職缺比製造業職缺多了許多。從某些衡量指標來看，沃爾瑪（Walmart）是美國最大的公司，而它是零售業者——其創辦人家族的六個成員所擁有的財富，比最底層九千兩百萬美國人的財產總合還要多。許多最知名的美國品牌，例如蘋果、耐吉、戴爾、蓋璞（The Gap），都屬於設計、行銷產品，但不製造產品（不在美國，也不在其他地方製造產品）的公司。在這期間，從某些衡量標準來看，東亞已成為全球最大的製造區。

　　這些改變背後有多個故事。其中一個極令人意外的故事，涉及最初似乎有利於美國製造業者，但最後反倒促成美國大零售業者和東亞貿易、製造公司建立新夥伴關係的法律。更令人覺得反諷的，這些法律叫「公平貿易」法——如今贊成立法（修訂「自由貿易」協議）限制某些製造品進口的人同樣祭出「公平貿易」的大纛。

　　公平貿易法允許製造商為其產品制訂最低零售價，店家不得為了搶生意把價錢訂得比那還低。加州於一九三一年通過最早的此類法律，大蕭條期間，這一觀念，作為限制割喉競爭和通縮壓力的辦法，大行其道。有些有意走折扣路線者提出反托拉斯異議，但一九三六年聯邦法院力挺公平貿易法，視其為保護製造商的合法工具；國會於隔年跟進，修訂反托拉斯法以除去尚有的含糊不清之處。

聯邦法院提到要協助製造業者，但國會議員保護小零售商的用心，則大概至少一樣強烈或更有過之。他們所擔心的乃是伍爾沃思（Woolworth's）之類的連鎖店會答應大量進貨，比如，大量進某製造商的烤麵包機，但前提是製造商給他們折扣；製造商需要讓自家產品上架販售，而製造商一旦同意上述要求，伍爾沃思就能以無法要求類似折扣的 Joe's Appliances 所絕對敵不過的價格販售烤麵包機。

事實上，除開在大蕭條時期的特殊情勢下，當時大部分美國製造商不需要這樣的保護。一般來講，它們比它們所往來的零售商大，在大部分領域裡，相對較少數的幾家大公司主宰一切。汽車業是極端例子，通用市占達四成五，福特與克萊斯勒瓜分了剩下市場的過半，而且各車廠控制自己的經銷網；但大部分電器由奇異、RCA、西屋等數家大製造商生產（而這些製造商也有自己的零售店）。在經濟學家所謂的集中率（前四大、八大、二十大、五十大公司的市占率）上，大部分種類的製造業比零售業高上許多。

但一九五〇年代時，在國民汽車擁有數持續成長、州際高速公路系統興建、郊區化、有利於投資零售業的稅法改變、大商場興起的加持下，零售業開始變得更為集中。一九五三年，美國全境只有十個大型購物中心，但到了一九六四年已增加為四百四十個（若加計較小型的商業中心，總共有七千六百個）；大部分這些商場希望有 Sears 或 Penney's 或 Montgomery Ward 之類的著名百貨商店作為「支柱」。而隨著日益壯大的零售連鎖店想方設法利用其規模來獲利，它們覺得公平貿易法綁手綁腳。有些連鎖店在州的層級打官司或遊說以除掉它們，而且收到部分成果，但大部分公平貿易法直到一九七〇年代才廢掉。其他連鎖店則找到辦法規避這類法律，即推出「自家品牌的商品」。

由於公平貿易法，以 Sears 百貨公司為例，無法以特殊價進奇異或西屋的電器，但能賣自家 Kenmore 品牌的電器。它所需要的乃是製造那些電器的人、能不受公平貿易法的框限與其商談的人、不會因為既得利益

而維護美國幾大製造商所要求之價格的人。而那往往意味著要在海外才能找到。

對想要在二次大戰後東山再起的日本公司來說，這是千載難逢的機會。今人或許已記不起來，戰前日本公司在大部分消費財上不具競爭力，只在紡織品、聖誕樹飾品、廉價玩具之類等非常勞力密集的產品上例外；就它們在西方市場的品質觀感來說，那是負面的觀感，而且當時仍未消除的戰時敵意，大概也無助於日本產品打入西方市場（一九四七年有人問日後會出任美國國務卿的約翰·佛斯特·杜勒斯，戰後日本哪些產品能賣到美國，杜勒斯答以：只有絲織衫、睡衣和雞尾酒杯墊）。但承製零售店自家品牌商品，讓承製業者有機會進入世界最大的市場，又不必砸大錢作行銷——美國人會買這些商品，是因為有 Sears 或 Penney's 掛保證，而且根本沒人需要知道它們是誰製造。美國店家拼命壓低價格且極力要求品管，因而日本業者的利潤極為微薄（儘管日本當時的工資相對較低），但有這麼好的機會瞭解市場、改良製造技術（往往在零售業者的協助下）、擴大生產規模，實不能錯過。事實上，許多訂單大到沒有哪家日本製造商能獨力吃下——美國人大部分時候與日本大商社（尤其是三井）打交道，然後大商社再把訂單視需要外包給許多公司。

當然，一段時日之後，許多日本公司會以自己的品牌打入西方市場，而隨著日本工資上漲，削價拿下美國零售店自有品牌商品的承製合同變得不具吸引力。漸漸的，日本商社把韓國、台灣等國的承包商拉進來；到了一九七〇年代中期，這些國家已有自己的貿易公司來處理這些交易，而美國幾大零售業者也已在台北、首爾等地設立自己的採購部門。在這期間，百貨公司以外且與特定種類商品有密切關係的美國公司，看到這一策略的好處：為何不把重心擺在高利潤率的產品設計、行銷活動，把製造留給別人？只要消費者所信賴的是你的品牌，只要能找到許多能按照你的具體要求製造產品的公司，你就會擁有比你的供應商還要大的議價能力，就能得到製造成本低且有效率，同時不必砸錢取得自行製造之

能力的好處。就式樣更動頻繁，因而成敗關鍵在靈活變通而非產量龐大的產品來說，尤其是如此；這些產品可外包給許多小公司，而且如果小公司達不到零售商的條件，零售商隨時可將其甩掉。差不多從一八八〇年代到一九六〇年代，大製造商說了算，零售商只能配合，這時則顛倒過來了。誠如某紡織業巨頭所指出的，「不必跟沃爾瑪報價，沃爾瑪會告訴你價格」：在此之前，即使難得有零售商勢力夠大而能嘗試這麼做，公平交易法都禁止這麼做。

當然，更晚近時，許多生產活動移到中國，但推動力量依舊類似，許多參與者也和過去差不多。沃爾瑪開始購買許多中國貨時，有位高階主管解釋道，該公司覺得這麼做完全不礙事，因為它仍和以往一樣與台灣供貨商打交道；想辦法把中國大陸上的事情搞定者是台灣人，不是美國人（如今，光是沃爾瑪一家所買進的中國出口貨，就比英國或俄羅斯全國所買進的中國貨要多）。

當然，代工零售商自家品牌商品並非東亞製造商賴以進入美國市場的唯一憑藉，甚至對以此方式突飛猛進的東亞公司來說，這類商品也非一定不可或缺。最成功的公司，例如三星、索尼，最終靠己力成為世界名牌。三星之類的公司結合設計、行銷和製造，其類似老通用或西屋的程度，更甚於後兩者類似蘋果的程度。相對的，想想富士康這家鮮為人知的台灣公司。它為蘋果、惠普、索尼、戴爾等多家公司代工品牌商品，二〇一一年時銷售額稍高於蘋果，員工數是蘋果的十五倍，但獲利不到蘋果十分之一。簡而言之，酷帥比勤勞吃香——或至少更有賺頭。

同時發生的改變太多，要用一則故事來充分解釋賣東西為何凌駕製造東西，根本不可能，至少就美國境內的情況來說是如此。不過，美國零售商、零售商自家品牌商品、代工業者的故事深具啟發性，讓人間接認識到官方政策和民間對官方政策的因應能如何產生大且出人意表的影響。國會議員阻止大型零售商與大型國內製造商達成特殊交易——未預期到它們會到海外尋找其他合夥人——從而大概加快國內製造業職缺的

流失，他們雖努力欲保護自己的小企業選區，使不受「零售革命」傷害，卻未在阻止該革命上出多少力。這裡面還是有贏家，但大部分贏家卻在太平洋彼岸。

結語：二十一世紀的世界經濟

我們替此書的前一版撰寫結語時（二〇一二年初期），國界愈來愈無關緊要，且必然變得無關緊要的說法四處可聞；當時我們力排眾議，強調「全球化」受到何等的誇大，強調「全球化」可能會如何停擺或反轉。二〇一七年初，我們完成此書的最新版時，世局發展無疑已證實我們當初的看法無誤，儘管我們未聲稱預見（更別提贊同）那看法將以何種方式成真。但承諾強化國界的政治人物，已在許多國家裡掌權，而且似乎還有數個這樣的政治人物可能會掌權——但他們個個都未交待要以別的什麼可行的制度來管理全球貿易與遷移。事實上，其中有些領袖似乎存心無視於他們所批評之制度本身的複雜。

然後，就連對他們的敵人來說，貨物、人員、資本、觀念的跨國流動，依舊是不可少的敵人——沒有這一敵人，他們自己也失去存在意義。除非人類徹底毀掉自己和所處的環境，否則全球性、國家性、地方性力量的互動必然不會停止。而那些互動在特定地方藉以展開的方式，會繼續攸關無數人的生死。即使我們自認瞭解「大勢」，許多較小的情勢並未變得無關緊要；更別提一大堆地方情勢能取代總體分析。本書諸多短文的用意，不在結束討論，而在開啟討論。

儘管不少人反對「全球化」，大部分人同意我們仍生活在「全球化」時代，但「全球化」的意涵為何，爭議卻頗大。我們無意在此徹底解決這問題，但我們深信，以更早期全球化時代為背景，檢視現今跨地區往來日益密切的現象，不只可以更深入理解何謂「全球化」，還至少可以釐清關於「全球化」的一些謬誤。今日的世界是個立即滿足、即刻通訊、風潮短暫、流行歌手一夜成名的世界，是鼓吹形象即是一切的廣告大行其道的世界，生活在這樣的世界裡，學生，特別是有錢人家的學生，看到的、關心的可能只有眼前短期的趨勢和爭議。我們之所以推出這本書，

乃是因為我們認定，即使在後現代時期，世人除了會想了解這個更刺激、更繁忙而瞬息萬變的世界，也會想了解支持社會、經濟變遷但隱而不顯、演變緩慢的重要結構，以及大時代環境的循環變化。我們以過去五百年在全球各地發生的事件為焦點，蒐羅探討這些事件的文章，以更清楚了解我們今日所處的時代，以及世界是如何演變成今日的風貌。

因此，我們從反向切入，我們要問「全球化」不是什麼？首先，全球化的過程，並非一直由經濟主導，政治、文化因素有時也扮演主導角色。正如先前所闡述的，在過去，傳教士、戰士、科學家，以及其他不以取得物質為主要目的的人，往往加強了全球不同地區的交流，同樣，今日的國際特赦組織、紅十字會、紅新月會（譯按：穆斯林國家類似紅十字會的組織）、法輪功、蓋達組織，也全代表著幾無獲利心態的較新型跨地區性（甚至是相當全球性）網絡。但它們無疑協助了強化或抑制了跨地區的往來。追求獲利的企業與較非市場導向的組織相衝突時，企業並非永遠能壓過後者的影響力：例如，針對實施種族隔離政策的南非所進行的國際杯葛行動，讓某些全球級的跨國大企業受到實質的成本負擔，促成這一不人道政策的廢除；從俄羅斯到中非等多個地區，從純粹物質的角度（例如天然資源豐富或勞工教育程度高但成本低或兩者兼而有之）來看，似乎是前景看好的投資對象，結果外來投資卻一直付諸闕如，這表明，不管是好或壞，在地的體制的確會影響全球網絡滲透的程度。

第二，誠如上述例子所表明，全球化的主要特色，既非過去所認為，在於國家與公共領域不可阻擋的擴張，也非如今日所較流行的看法，認為在於國家的萎縮。事實上，誠如某教授語帶嘲諷的說法，國家只在一個地方真正在萎縮，即在某些政治科學家心裡。如今，中央銀行或許無法隨心所欲設定利率，但它們能這麼做的時期，其實為期甚短，而且只出現於某些國家。即使是五十年前已列強國之林的國家，如今仍有許多新且更大的發展空間，例如在網路、遺傳學之類新領域施行智慧財產權。現有或即將誕生的偵察科技，使人類更有可能更大程度地掌控社會、市

場。中國的新計畫——根據國民的金融狀況和他們在社交媒體上所貼的內容替每個國民打「社會信用分數」——就是個特別令人吃驚的例子；但幾乎在每個地方，人們都因為從事訊息的「自由」交換，而向有心瞭解並操控他們的政府、法人團體、盜用他人作品者敞開大門（誠如某個評論者所說的：「你如果不花錢買，你就是產品」。）與此同時，無人機在距指揮中心數千哩處瞄準（或處死）敵人。民意調查和數據挖掘（data mining）使今日的領導人，比羅斯福、邱吉爾或史達林，更能掌握民意動向，更懂得如何讓人民相信新觀念或新奮鬥目標（至於他們運用這些工具是否純熟或符合公益，則是另一回事）。如果將一兩個世代前國力薄弱的一些國家（或不存在的國家）納入思考，會發現這些國家所具有影響人民生活的力量，成長幅度往往非常顯著。第二次世界大戰後擺脫殖民統治的國家，其兒童大部分（雖非全部）已享有小學義務教育，甚至往往享有國中義務教育；全球各地仍過著游牧生活的民族，大部分已被迫營定居生活，接受國界與土地私有的觀念，且在某些例子裡，因為蓋水壩和政府在偏遠地區進行的其他工程而被迫遷居他處。

此外，與世界經濟更進一步的接軌，已同時強化又弱化了國家的力量，即使在晚近亦然。一方面，我們應思考，有些產油國家，在靠著石油收益而得以由上而下建立國家之前，往往沒有辦法向人民徵稅，進而無法在其他方面影響人民；一九七〇年時仍只能粗略掌握境內人口，但如今擁有名列世界前茅之軍事科技與維安科技的沙烏地阿拉伯，只是說明這一點的幾個例子之一。杜拜或阿布達比之類的酋長國也使用石油收入——或靠提供服務給附近的石油謝赫（譯按：oil sheikh，控制阿拉伯國家向他國供應石油之事宜的謝赫）所賺到的錢——補貼為數不多的本國國民，讓他們享有相對較高的生活水平，同時輸入大量只享有少許權利的臨時移民從事骯髒的工作。但誠如巴林境內的激烈衝突所表明的，這未必能造就出乖乖不鬧事的國民。在伊拉克戰爭期間變得惡名遠播，且在美國境內碰上數起法律麻煩的民間保安公司黑水（Blackwater），其

創辦人艾瑞克・普林斯（Erik Prince）的作風在後來就有了極奇怪的轉變，他創立了總部設在阿布達比的新保安公司，隨時願抵抗從恐怖主義到外籍簽約工鬧事的種種威脅，以保衛該政權。這些傭兵本身當然是外籍簽約工，但屬於地位高高在上的那類外籍簽約工：其普通成員大部分來自哥倫比亞（往往在該地打過掃毒戰爭），還有些是南非人；教官大部分是歐美特種部隊的退伍軍人（這一計畫似乎有一部分避免雇用穆斯林，因為擔心他們會不願朝其他穆斯林開槍）。後來普林斯賣掉該公司，創立了總部設在香港的新公司。該公司以在非洲數個地方尋覓投資機會和提供保安服務為業務，據說在其中某些專案上與中國情報單位合作。他和他的家人堅定支持將學校私有化，也極力支持唐納德・川普競選總統；普林斯似乎曾代表川普在塞昔爾與俄國總統普丁的俄籍朋友會晤，他的姊姊貝琪・戴弗斯（Betsy Devos）則出任川普政府的教育部長。

所以，加速全球化所產生的對外連結，往往能使國家更強大，更能恣意而無視國內選民。但另一方面，我們應思考，有許多國家，為取得國際信用，而不得不接受「結構調整」政策，從而被迫拆掉其福利國體制：在這些國家，往往可見到人民的效忠對象由國家轉向種族─宗教運動組織（包括中東地區伊斯蘭基本教義派組織的分支、印度的印度教民族主義團體、美洲的新教福音派），這些組織提供一部分的基本醫療、教育，以及國家已不再提供的其他服務。在其他地方，例如哥倫比亞、薩爾瓦多，乃至美國部分都市地區，販毒組織和街頭幫派已擔負起社會福利、保險的職責。但即使在這些例子裡，國家仍得保護私人財產，維持公共秩序。事實上，由於福利國的安全網嚴重失靈，已有人再度強調國家的憲兵角色，例如在伊拉克、敘利亞、阿富汗這三個國家，國家能做得較好的事似乎就只有一件，那就是行使暴力。使情況更為複雜難解的，身為外人的我們，並非總是能分辨屈從於全球經濟壓力的政府和因為有這些壓力而更能自主行事的政府：有人懷疑（儘管難以證實）菁英有時欣然掌握能減少較窮同胞之福利、弱化一度強大之工會的機會，同時口

頭上實際上卻說「銀行家要我這麼做」。於是整體而言,「全球化」對政府公權力的衝擊很複雜且非顯而易見。

第三,我們應該知道,「全球化」不是單向的「西化」,更不是「美國化」。從經濟上看,眾所周知,過去三十年成長最快速的地區乃是東亞和東南亞;但比較少人知道的,這份成長除了得益於亞洲與西方的貿易成長,還同樣得益於亞洲內部貿易的成長。事實上,從一八七〇年代起,亞洲內部貿易的成長速度,絕大部分快於全球整體貿易的成長速度。從文化上來看,沒錯,幾乎每個地方都認得米老鼠,但跨國流行文化的成長,有許多部分是地區性的,例如南韓、台灣的流行文化在中國的風靡,拉丁美洲國家與南歐國家間電視小說(telenovela)的交流,印度電影在亞洲的普受歡迎。從咖哩、壽司到漫畫等各種事物的流行,顯示西方除了在文化上影響他人,也在文化上接受他人影響。事實上,我們所正感受到的快速且徹底的文化混合現象,使得連何謂「西方」都讓人感到疑惑。

從這種種角度來看,推動當代「全球化」的動力,其存在似乎比我們有時所認知的還更早了幾十年、幾百年。例如,我們在本書前面已指出,致癮性食品貿易乃是近代初期世界經濟裡重要但普遍未獲承認的一環,而這貿易如今仍是規模最大的國際商業活動之一。陸上的劫掠和網路上的仿冒、大海上的劫掠,一如多種形式的奴隸制和強制性勞役,如今仍非常普遍。但五百多年「全球化」的積累效應,無疑已使今日的世界迥異於一四九二年的世界。其中許多改變肇因於世界經濟的成長和滲透。這兩個世界間有哪些主要差異?

首先,今日世上的人口無疑比當時多了許多。地球人口在一八〇〇年左右才突破十億大關。再過了一百二十年,才增為二十億。然後,再過七十年,人口就超過六十億!在世界上的大部分地區,預期壽命幾乎是一百年前的兩倍,因而人存活於世的時間比過去長了許多。在每個階段,世界貿易都是人口成長的推手:將玉米和馬鈴薯帶給非洲、歐洲農

民，將鳥糞和其他肥料帶給更往後幾代的農夫；在十九世紀創造出遼闊的小麥、稻米輸出地區，在二十世紀散播綠色革命科技和新醫學方法。

在這同時，人均消耗量急遽增加，每個人對環境的衝擊變大。人類竭盡所能擴大個人所得、集體收得，從而主宰了全球的動植物，那種主宰程度絕非五百年前的明朝官員、西班牙探險家、達荷美酋長，或阿茲特克戰士所能想像。自最早的人科動物問世以來，人類所消耗的能源，約有一半消耗於一九○○年迄今。每年最終為生物所使用的太陽能中，大概有將近四成，最後為人類所占用。人類對地球的了解，細微到每平方公尺的程度，天上的衛星提供地面上精確的位置，深海潛水器探索大洋深處（但藏身在巴基斯坦、阿富汗邊遠地區或亞馬遜河流域的叛亂分子，行蹤至今仍幾乎無法掌握）。有人認為，現今地球上無一處能免於人類喧囂的侵擾。

隨著人類充斥於地球各地，自然萬物與人類財產的分界正逐漸泯滅。人類將愈來愈多生物據為己有、駕馭、複製，在這同時，將動植物馴化或使其滅絕。人類破解基因組和製造合成物的舉動，不只為了像過去一樣增加自然的產物，享受自然的成果，還為了控制、取代自然。有些經基因改造過的種籽，商品化程度高到天生就具有過時的特性，以致於農民若不向跨國性種籽行銷公司再購買種籽，就無法收成，無法再使用。我們「發現」許多解決辦法，例如為提升更高蜂蜜產量而引進外來昆蟲（非洲蜂），為清除水道而引進外來魚種（蟾鬍子鯰），為提供動物飼料而引進外來植物（葛），結果它們本身卻尾大不掉，反而成為幾乎無法解決的問題。世界變得愈來愈不是菜園或農田，而愈來愈是個龐大市場。人類所建構、發明而非本然固有的財產權，不斷被發明出來且不斷擴大。財產權除了將既有的植物、牲畜、地表土地納歸己有，還變得更為無中生有。大型期貨市場拿預期的產量來賭注；職業球隊拿簽下球員，使其不得改投其他球隊的權利來買賣。企業拿汙染配額來買賣，製造汙染較少的企業，將自己的美德懿行賣給製造汙染的別地企業，讓後者取得汙染

許可權，而得以繼續汙染它們設廠生產的所在地。網站域名成為買賣標的。年輕人購買虛擬的網路身分和工具，供線上遊戲使用。有些中國村民——據說有些中國囚犯也是——玩「魔獸世界」等線上遊戲一玩數小時，積聚遊戲幣賣給想迅速升到更高等級的中外玩家換取真正的錢。

簡而言之，新一類財產（往往是抽象的財產而非有實體可見的財產），已成為利潤和衝突的一大新來源。在這同時，誠如我們自二○○七～二○○八年大衰退所體認到的，新的金融工具（例如合成擔保債務憑證）和未受監管的機構（例如避險基金），既能帶來獲利和繁榮，也能造成嚴重破壞。把各種權利打造成可在市場上買賣的商品，既能促進有價值資產的問世和對此類資產的審慎管理，提升安全，同時也能產生相反的作用，使人把聰明才智轉用於鑽研投機策略，讓儲蓄、房產等資產的價值受到投機活動所造成的波動擺布。

太平洋島國諾魯是商品化走火入魔的最怪例子之一。諾魯起初一塊塊出售領土，領土賣完後，轉而賣它身為主權國家所具有的特權。最初，靠著販賣磷酸鹽開採特許權，諾魯在海外積聚了讓政府得以付錢給其人民的資產，人民因此過了幾年較富裕的生活。隨著此島因為磷酸鹽的開採而消失大半，這類錢變得愈來愈重要。如今，該島九成土地是荒地，因而該國基本上成為紐約、倫敦、墨爾本所掌握的一組金融資產，公民權成為這些資產裡的一部分。由於管理不良，這些資產縮水，該國朝著抽象化之路又邁了一步，即將該島化為商品以彌補損失：它讓外國人不必親赴該島就可設立「諾魯」銀行，成了（俄羅斯黑手黨等組織的）洗錢、避稅中心。據稱，它還曾向美國兜售在中國設立「大使館」的權利，供美國情報機構拿該使館為掩護，從事各種情報活動。這種拿逐漸耗竭的資源來買賣，同時在外國銀行裡累積財富的作法，也可見於波斯灣某些產油公國，只是行事沒這麼極端。

因為那股愈來愈商品化的勢頭，某些人主張今日的世界經濟乃是完全不受束縛的獨特經濟，不管那束縛是來自國家，或來自文化上對貪取

行為的限制，或來自未受抑制的人性。但同樣因為那股勢頭，另外有人懷疑我們的經濟是否注定要和這些束縛中的一個或多個起嚴重衝突。這些論點幾乎是形形色色不可勝數，但可約略歸為三類。有些人關注不平等的問題，預言若任由當前經濟肆無忌憚發展下去，可能導致消費不足或政治反對勢力升高或兩者皆有的危機。還有些人關注文化問題，指出反對商品文化趨於同質，可能催生出反向運動。另有些人關注自然，指出不管是關鍵資源的供給有限或大規模汙染的可能發生，都會使地球變得遠比今日更不適於人類活動。在此，我們不提出預測，而要簡短檢視這三大類論點，以了解當今的世界經濟與我們所認為的過去的世界經濟，有多大的差異。

長期來看，不平等現象愈來愈嚴重，乃毋庸置疑。一七五〇年，長江三角洲（中國最富裕的地區）的人均所得，大概約略等於英格蘭（歐洲最富裕國家）的人均所得。有人估算，一八〇〇年時，最富裕諸國與最貧窮諸國的人均所得比率，仍只有二比一或三比一。但到了一九〇〇年，比率達到十二比一或十五比一；二〇〇二年時，達到五十比一或六十比一。當然，各國國內的財富分配也不平均。如果從個人角度切入，有人估算，一九八八年時，在全球財富排行榜上居前百分之五者的所得，是後百分之五者的五十七倍之多；數年之後的一九九三年，這比率遽升到一百一十四倍。即使在以擁有民主中產階級文化而自豪的美國，二十一世紀開始時，微軟創辦人比爾・蓋茲一人的資產淨值，據估計比美國國內後一億人的資產淨值總和還要多。而沃爾瑪百貨的華頓家族（Waltons），富裕又超過比爾・蓋茲。財富集中在一小撮大型企業手中，這些企業不只主宰了世界經濟裡最有利可圖的領域（例如石油業、能源業、航空業、電子業、汽車業），還將勢力伸進銀行業、保險業以外的服務業，打造出沃爾瑪百貨之類的龐大國際連鎖店。從中國進口美國的耐久品裡，有三分之一由沃爾瑪百貨輸入。一小撮公司掌控了報業、廣播與電視媒體、出版、電信業。如此少數人如此緊密掌控如此多的產業，

這在史上前所未有。

但馬克斯在一百五十年前所預測的資本主義危機,卻未以他所預想的形式發生。一九三〇年代的經濟大蕭條和一九七〇年代的油元震撼,一九八〇年代金融泡沫化和高速起飛的日本經濟在一九九〇年代突然失速,都危及世界經濟。但消費不足的情景並未出現:這有部分得歸因於信用卡、自動提款機之類等新金融工具的問世,有利於較有錢者增加消費和借款,還有部分得歸因於窮人所採取的集體行動,使至少一部分窮人得以更容易獲得世界的財富,更有一部分得歸因於在最窮的那些國家國力江河日下的同時,龐大的消費性「中產階級」如今已在一些窮人居多的社會(印度、中國、墨西哥、巴西等國)裡成形,以及,最後,得歸因於拜房產價格劇漲而使自己紙上資產暴增的北美洲人,直到晚近為止,在自己所得大體上停滯不前之時仍繼續增加消費一事。他們從東亞儲蓄者那兒,尤其是從中國儲蓄者那兒(中國的官方政策使許多儲蓄行為出於非自願),間接借到一部分用來消費的錢;而外國把外貿順差拿去購買美國國庫券一事,尤其使美國政府得以一再減稅卻不必相應裁減政府支出。自從房市泡沫破掉,美國的民間債務已開始減少,泡沫化造成的需求緊縮,則被政府舉債的進一步增加給部分抵銷掉。如果「赤字鷹派(deficit hawks)」真的也如願迅速減少政府舉債金額,會出現什麼情況,我們並不清楚,但減少幅度大概不會太大。

誠如這段敘述所表明的,我們替這一版的《貿易打造的世界》收尾時,世界正處於混沌不明之際。國際危機已使已開發世界裡貧富的日益懸殊更為清楚。二〇〇七~二〇〇八年大衰退製造出數百萬遭取消抵押品回贖權利的房產所有人、數千家關門停業的工廠和店鋪,使公用事業的服務大減,而有錢人和有錢公司的稅率,從實際角度來看,在許多例子裡降到數十年來的最低點。最顯而易見的新情勢,或許是對現狀大為不滿和此一不滿情緒的分殊多樣。改革的藥方形形色色,差異極大,從聲稱減少政府赤字(通常透過減少政府服務和裁減公務員薪水來達成)

既會促進投資也會刺激消費者需求（經濟學家保羅・克魯曼所謂的「倚賴信心仙子」），到強化凱因斯學派式的刺激作用（透過加大基礎設施支出和／或擴大公用事業），到對金融交易課徵新稅和管制這類交易，到施行以減少貨幣在政治上之作用為宗旨的政治改革（貨幣在政治上的作用歷來有增無減，尤以在美國為然），到更激進主張從根本改變產權、勞動力市場的性質等，不一而足。而認為可以如帝國時代的古典自由派那樣靜靜等待「制度」（不管「制度」一詞作何定義）自行撥亂反正者，似乎相對較少。

在這期間，消費——和對總消費水平的操縱——日益成為經濟討論的焦點，尤以在富國為然。過去約三十年裡，政策分析家和政治人物對政府是否應努力擬訂「工業政策」以促進特定種類的生產一事，疑慮是有增無減——但政府當然還是繼續這麼做（例如美國稅法的許多規定就反映了這一點）。例如，政府對非軍事性研究的支持，在許多富國裡已經大減，而對「自由貿易」的服膺（至少理論上服膺），使人難以公開提倡旨在促進特定一類生產在特定地方進行的政策（就連在日益暖化的世界裡看來似乎不會引發爭議的清淨能源技術，在大部分富國裡所得到的支持都相對較少，而真正出爐的計畫往往針對這些技術——例如太陽能板——的購買，而非對它們的生產，予以補貼）。有些較晚發展高科技業的國家，例如南韓和中國，較傾向於把官方政策重點擺在促進特定產業上，而在較老牌的工業國家，也有心這麼做：二〇〇九年對美國汽車業的救助和英國境內「重新平衡」（服務業與製造業）的論點，都是這方面的例子。但大部分公共辯論仍聚焦於政府該如何或不該如何管理需求上。在美國，儘管幾乎所有政治人物都說他們支持以某種形式著手興建和維護基礎設施——長久以來被認為是政府特別能勝任的工作——但就連為此而提出的法案都難以通過。

在這期間，私部門也愈來愈用心於管理需求（同樣尤以在富國為然）——就這例子來說，始終欲藉由增加需求來管理需求（而政府至少

有時想減少需求以防止通膨）。人們仍舊擔心世界充斥亟需拿去再投資的獲利，從而會導致高動力機器過多，生產出供遠大於求的產品，但這一舊夢魘遠不如一個世代前那麼令人憂心。這有一部分得歸因於晚近數十年傳播最迅速的諸多技術，有許多技術（包括電視、電腦、手機等）生產言語和影像，而非生產東西。透過廣告，它們可被用來生產愈來愈熱衷消費之人，用來創造出全新的服務和體驗供人消費。本書第二版問世時，臉書才剛起家，而如今全球臉書用戶已超過十億，其市值超過四千億美元。此外，它和其他社交媒體讓用戶更易接收到廣告，而廣告能日益精準的鎖定在使用這些軟體時透露出特定偏好的人。

由於擔心消費不足，現今，消費所受到的重視更甚於生產。如今，我們總聽到人說，推動美國、全球經濟成長者的是消費，而非生產或儲蓄。許久以前，就有人擔心，世界上若充斥著有待轉投資的獲利，將導致高功率機器過剩，製造出遠超過消費者所能購買的過多產品，但這一古老的夢魘似乎沒有出現的跡象，這有一部分得歸因於事實表明，人類可將產品投入「機器」（如電視）和勞力（如廣告業者），以製造出愈來愈多熱情的消費者。換句話說，近代世界經濟已表明，人類不只有能力製造愈來愈多商品，還能相反的，藉由強調人所欠缺的東西，製造出不滿，進而製造出愈來愈難饜足的欲望。為滿足日益高漲的消費欲，資本家、商人、政府官員發明出易於借款的方法。在某些例子裡，這類借款方法讓較不富裕的人得以從事最終縮小貧富差距的投資，例如一九五〇、六〇年代美國政府補助自用住宅貸款的政策，就發揮了這個作用，而助學貸款大概仍繼續發揮這樣的作用；在其他例子裡，低利率的借款只擴大了負債和不公平。但更晚近時，許多人發覺借錢並不管用，因為許多助學貸——往往因為政府對公立大學的支持減少和曾由政府與工會主辦的職訓計畫變少而必須辦這類貸款——未能讓人找到高薪工作，而二〇〇七年前買的房子，有一些還未恢復到金融海嘯前的價值。

批評者指出消費、廣告對人類生活的影響愈來愈大，預言最終將遭

到文化的反撲。有些批評家指出，恪守非商業價值觀的團體（例如宗教團體、環保團體），面對這些價值觀遭到多種商品化活動的威脅，起而反抗。還有些人反對性意涵濃厚的廣告，或者反對行銷業者鼓勵年輕人以其他地方之同儕為師，而非以自己社會之大人為師的作為。還有人指控零售業者褻瀆文化，例如墨西沃爾瑪百貨在特奧蒂瓦坎（Teotihuacan）兩座兩千年歷史的神聖金字塔近旁設立百貨商店，就遭來這樣的指控。有些人撰文指出，對休閒文化的強調，破壞了工作倫理，導致社會裡充斥消極、肥胖的觀眾。手機和電腦正催生出害怕孤單、注意力不集中的一心多用者，某些人則擔心它們已使通信（或聊天）心態取代工作倫理。但有些人把人能適應觀念的不斷網絡化和「群眾外包（crowd-sourcing）」一事，視為未來創新的重要泉源。

　　生態團體強調人類虧欠於其他動物與生態系之處，並提醒我們，我們所正汙染的世界並非只有我們人類居住。他們主張，最珍貴的商品是集體共有的，且或許應該是不可買賣的：乾淨的空氣和水、未遭污染的海、未受破壞的土地。相對的，還有人擔心消費主義可能走火入魔，亦即世界經濟將創造出其實和經濟學基本原則裡的「理性行動者」一樣心胸狹窄，只關注自身利益的人，進而將破壞經濟領域以外的機構（例如家庭、國家），削弱人對它們的忠誠，從而危及社會的正常運作。新自由派宣稱服膺自利掛帥之市場的效率和解放力量，但就連這些人也常強調愛國精神、社群行動主義（community activism）、宗教規範，乃集體社會生活存續所不可或缺。總而言之，市場需要競爭，也需要合作。

　　文化衝突在今日無疑處處可見，但誠如本書先前所已闡明，那並非現在才有。行銷者和消費者都以符合自己所屬文化的方式，而非拒斥所屬文化的方式，運用大量製造的商品，從而不斷在利用市場強化大量製造商品為人所認定的價值。從基督教搖滾樂團的音樂下載到 iPod，銀行推出可為某些人之母校或最喜愛之社會運動提供收入的 Visa 認同卡，中國鄉村農民將新式消費性商品納入古老贈禮儀式的現代精緻翻版中（從

而重申自己在所屬社群裡的地位），都是說明這一趨勢的例子。全球經濟在某些方面變得同質，但人仍不斷在想方設法區別彼此，標榜差異。事實上，世上許多最成功的企業，其成功有一部分得歸功於它們懂得回應這些差異。因此，我們發現，在穆斯林人口很多的地方，麥當勞販賣齋戒月餅乾，在齋戒月期間營業至深夜，開在印度的麥當勞沒有牛肉食品，而在另外一些國家裡，由於可供年輕人長期逗留休閒的場所不多，麥當勞成為他們時常逗留的地方，麥當勞順應當地民情，鼓勵顧客久留，從而使麥當勞不再是「速食場所」。

另一個涵蓋層面甚廣的文化憂慮——隨著每個人愈來愈熱衷消費，我們將失去擔負其他重要社會角色的能力——則帶來較難察覺的問題。市場模式似乎正入侵其他領域，且正改變「公民」這類語詞的意涵。例如，美國各級政府如今動不動就提到要滿足其「消費者」的需求，就是非常鮮明的例子。在半個地球外，我們看到中國媒體群起鼓勵零售業者仿效雷鋒精神（雷鋒是文化大革命時期宣稱以「服務人民」為其人生宗旨的英雄），但這運動的目的不在鼓勵他們以自家店裡的貨物，提供廣大人民立即而討人喜歡的幫助，其所要改造的東西，遠比這更為深層。這些趨勢和許多國家似乎愈來愈不願意透過稅收支付集體財，兩者間有多大關係，難以斷定；而那趨勢可能走多久，則更難以確定。套句貝爾（Daniel Bell）的話，這些是所謂的「資本主義的文化矛盾」，而這些矛盾無疑確有其事，且必然會不斷地製造出衝突，但是否會干擾正如火如荼進行的全球化，則不清楚。馬克斯、恩格斯更為激進的預言（隨著幾乎每樣東西都商品化，摧毀了其他賦予事物以意義的方式，使「人與人間的關係只剩赤裸裸的自利關係」，進而揭露工人遭剝削的真相，在這情況下，造反是必然的結果），則似乎沒有發生的跡象。但受宗教啟發的反暴政團體（例如中東和北非境內的「阿拉伯之春」），以及拉丁美洲境內受社會民主主義啟發的「赤潮（Red Tide）」，已在晚近向蔚為主流的不受限制的市場和「經濟理性」人的觀念發出挑戰，儘管目前看來，挑戰

並未成功。我們也看到在俄羅斯、匈牙利、印度、美國、英國、菲律賓等地方境內，日益好鬥且有時作風暴力的民族主義反全球化團體，如今聲勢大漲。

有時，連要釐清某個新情勢是否代表跨國性尋利組織的進一步滲透都很難——就在我們確信該情勢削弱了各層次社群所倚賴的信賴之時。例如，想想在二〇一六年美國大選期間靠傳播假消息賺錢的馬其頓企業家和其他外國企業家：其中大部分人這麼做似乎出於貪婪，而非出於意識形態，但他們對一外國政府（俄羅斯）和跨國非營利性行動主義機構（維基解密）的作為發揮了加持作用，有助於讓一位主張「美國優先」的反全球化總統候選人當選。

歐盟將愈來愈多的歐洲國家納入，美國試圖將其鄰邦納入「自由貿易」區，在這情況下，建立以資本跨國界自由流動為特色的全球市場，似乎也變得不如前些年那樣全然的樂觀。二〇〇一年的九一一恐怖攻擊事件，摧毀掉的不只是世界貿易大樓。新「和平世紀」的夢想破滅（和平世紀一詞出自社會理論家和歷史學家卡爾·波利亞尼〔Karl Polyani〕，指稱拿破崙落敗後到第一次世界大戰爆發間的一百年）。突然間，世界經濟裡的逆流躍然浮上檯面，這些逆流雖然沒有九一一攻擊事件那麼壯闊，對結構的影響卻可能更大，且更可能削弱全球化的勢頭。二〇一一年的三一一海嘯和接下來的核電廠故障，摧毀了日本部分地區，不只突顯了世界經濟的全球互賴程度，也突顯了過度倚賴一些高科技產品生產國的風險，而此一事故也使一個長久存在的疑問再次浮現在我們心頭，即民間企業和政府監管單位會充分考慮到工業技術的風險和副作用一說，是否站得住腳。

美國一向主張應讓資本和產品（但不包括人）毫無阻礙地流動，且以政治手段推動這體制的建立。美國在這方面的積極，向來非他國所能及。但如今，美國卻有史上任何國家所未能及的最高貿易赤字；這是否會終結美國對全球新自由主義的支持，不得而知，但無疑是有這可能。

治安維持會（在至少某些州政府默許下）巡邏南邊國界，就是美國境內反向而為的早期且鮮明的例子。我們撰寫此文時，以反移民和反貿易政綱為訴求的美國川普政府已上台兩個月，但要知道官方政策在這兩個領域的改變會有多大或多持久，為時還太早（目前為止，反移民作為遠超過反貿易作為）。

就在歐洲創造出一個凌駕國家之上的超地區時，歐洲對全球化的態度，相較於美國，卻至少一樣矛盾。難怪法國於二〇〇五年投票否決歐盟新憲法時，大部分投「反對票」的選民說他們投下此票是為了反對不受節制的跨國資本主義；引人注目之處，在於大部分投「贊成票」的選民也說他們投下反全球資本的一票，主張只有更強大的歐洲才能在今日的世界經濟裡捍衛合乎人道的社會契約。如今，在較富裕的歐盟成員國裡，有人高聲反對保住歐盟，而英國已投票贊成退出歐盟（儘管贊成一方在公投時只是險勝）。在較富裕的歐盟成員國裡，也有人說只有歐盟從希臘、愛爾蘭、西班牙、葡萄牙之類較窮的成員國那兒得到更多讓步，他們才會願意繼續待在歐盟；在這期間，在那些較窮國裡，則有人抗議道，如果留在歐元區的代價是要他們更撙節度日，國家應該退出歐盟。又有些人主張，擴大後的歐盟應該予以保住，而且能夠運行，但只有藉由更緊密的整合才能辦到；他們主張目前的難題肇因於有共同的貨幣，卻在其他領域（例如財政政策）未有更密切的協調。主張歐盟更緊密整合一派，目前處於守勢——而且為了何謂「更密切的協調」而陷入分裂——但如果過去幾年已給了我們什麼教訓，那就是突然的政治反轉有可能發生。簡而言之，追求「單一世界」的一派，目前在最富裕諸國裡愈來愈富爭議性。這些趨勢，有一些在本書前一版付梓時鮮明可見，但那時，最清楚可見者乃是來自「邊陲地區」的抱怨：受害於肆無忌憚之貨幣投機活動的東南亞人民、因為展開大型採礦或能源工程而被推到一旁的人、靠外國軍火強化實力之政權裡遭剝奪公民權的公民等。

富國裡的民怨，有一部分肇因於移到海外的工作不再只是製造業工

作；如今資訊科技已使許多服務性工作也能外包。跨國性服務業的營業額估計為三‧六兆美元，仍遠遜於商品貿易額的一四‧九兆美元，但前者成長迅速。隨著更多服務變成可買賣，有一技之長的中產階級在服務業裡的工作不再安穩。對服務、生產工作愈來愈常外包所生起的敵意，往往與對外來移民和外國人的沙文主義（和有時種族主義）猜疑混合，激起反國際主義的民族主義情緒。

在這期間，較窮國為保護自身利益所採取的新作為，也使情勢更為複雜難解，不管那些作為被視為「支持」或「反對」全球化皆然。隨著（以印度、中國、巴西、南非為首的）一群較不發達發國家不再聽任世上最富裕經濟體領袖的擺布（這些領袖動不動就宣說自由貿易有多好），二〇〇三年世界貿易組織的坎昆回合全球貿易談判宣告破局。較窮國毫不客氣指出一令富國難堪的事實，即富國對本國農業的重度補貼和對農產品買賣施加的重重障礙，使較窮國難以和它們競爭。當時，已開發國家對本國農場主的補貼，比其花在開發援助上的金額多了數倍，儘管晚近幾年，補貼已大幅減少：這代表向有利於較窮國的開放性邁出了一步，而且這一步似乎不可能倒退。

在地方層級，農民和少數族群反抗他們所感受到的全球化後果。玻利維亞的艾伊馬拉人（Aymaras）和蓋丘亞人（Quechuas）、智利的馬普切人（Mapuches）、墨西哥的馬雅人和其他許多原住民族，抗議外來投資和自己的家園遭商品化。反對意見也常以民族主義口吻發出，從而重啟並強化國與國間的舊怨（例如中日間、法國與阿爾及利亞間、南韓與日本間、俄國與前蘇聯成員國之間的舊怨），以及更普遍的反美心態，尤以在中東為然。

在武力這個領域（大家以為會最能清楚看到少數最強大國家稱雄的領域），也出現反全球化現象。自殺炸彈客和相對較簡單的土製炸彈，以及靠販售先進武器圖利的國際軍火販子，已削弱毀滅性力量被一些國家把持的程度，使各種叛亂分子得以令軍事強權都無法我行我素。在某些

國家，例如伊拉克，配備那些低成本武器的武裝團體，已使大國所想要的東西無法順利出口；在其他國家，例如哥倫比亞、阿富汗和墨西哥，他們保護大國所想要制止的非法貿易。在又另外一些國家裡，與全球貿易的連結並不牢靠，但對文化全球化的反抗和對仰仗國際支持而不得民心之政府的反抗，則往往聲勢甚大。

　　我們也應切記，人與資訊的流動雖然快得驚人，但世上仍有很大一部分的人，未能完全和這些回路相接。世上有一半的人從未打過電話一說時有所聞，但幾可確定流於誇張，不過若說有四分之一的人從未打過電話，或許並不離譜。並不是說那些人未受到全球連結影響，事實上，他們或許是全球商品價格或貨幣匯率變動時受害最烈的人之一，因為他們往往是收入僅勉強足以維生，因而最禁不起一點風吹草動的人。但源於在地的東西和非源於在地的東西之間的互動，仍是形塑我們世界的力量──至少五百年來都是如此。

　　那一互動使人很難把改變歸因於哪個過程。國家內部的貧富差距愈來愈大且全球人口持續成長，但過去二十五年的經濟成長還是使赤貧人口減少了約十億（至少據世界銀行的評估數據是如此）。而中國境內減少的赤貧人口，則占其中最大一部分。那麼那意味著什麼？那段時期裡中國的確敞開雙臂迎接世界經濟。中國占全球商品出口額的比重，已由一九九〇年的一・九％成長為二〇一四年的十八％。中國的貿易與赤貧人口的大減有很大的關係：不只因為出口創造了就業機會和收入，還因為進口原物料和農產品使原本會隨著國民富裕增加需求而日益缺稀的初級產品，其價格上漲幅度受到抑制。在這同時，中國施行了數項與市場決定一切的論調背道而馳的政策──從貨幣控管，到透過政府支出達成凱因斯理論式的刺激、國家（在從汽車到綠能的種種部門裡）大幅干預投資決定、數種完全國有或局部國有的經營方式。此外，官方以非常強勢的干預手段限制人口成長和控制內部人口遷移。不管大家對這些政策的利弊得失作何想法，至少其中某些政策應該與晚近數年資本的快速積

累有關係，而且它們未讓人想到馬克思所謂的國家消亡。此外，在毛主義掛帥而相對較封閉那些年，人均經濟成長低了許多且發生數場駭人的人禍，但也在平均餘命、識字率和健康方面有搶眼的改善——足以占到一九四五年起全球平均餘命改善幅度的將近一半。這使人難以將「中國奇蹟」完全歸因於一九七八年後的市場化，或難以斷定在中國旗幟鮮明反全球、反市場那段時期裡所創造出的人力資本，對全球化時期裡出現的日益繁榮有怎樣的貢獻。

世界貿易成長所帶來的贏家和輸家，當然不只人類。其他物種也受到很大的影響。許多物種消失或變得較稀有（儘管其中有些物種拜其他類全球網絡之助目前得到保育）。另有些物種，例如乳牛和雞，變得遠更常見，但現代的雞，生活環境和一百年前生活在較不工業化養殖場裡的雞大不相同——更別提牠們遠更早時的野生祖先——因而似乎已是完全不同的雞。過去百年生物多樣性的降低，已大到即使從十億年的尺度來看都頗為可觀的程度。僅舉一例來說，生物圈歷史上消失的陸棲脊椎動物種類，超過一半消失於一八八〇年後迄今這段期間。這些動物的消失通常肇因於土地利用的集約化和隨之而來棲地的消失，其次則肇因於狩獵的增加；這兩個趨勢當然與人口有增無減、生活水平愈來愈高和市場逐漸擴大有關連。

人類自己的環境未來——和世界經濟日益成長下環境的可永續性——特別難以預料。這些問題涉及兩個疑問：一個與如果我們的活動繼續加劇全球暖化，整個地球會變成怎樣有關，另一個與我們在那些活動中所用資源的供給有限有關。此時，人類最憂心的問題乃是能源供給會不會中斷。地球上還蘊藏許多石油和天然氣（更別提龐大的煤蘊藏量），但其中許多油氣蘊藏地潛藏環境風險（例如需要用到深水鑽井法或在更難開採的海域需要用到風險更大的鑽井法，二〇一〇年「深水地平線」鑽井平台石油外溢事件，就是深水鑽井法所造成），需要用到會造成特別高汙染的開採工序（例如開採瀝青砂岩油所需的工序或開採天然氣所用

的壓裂法），或一旦處置不當不只會危害環境，還會引發政治風暴（例如在亞馬遜河流域部分地方或尼日河三角洲鑽井）。在這期間，工業文明仍大大倚賴將煤和石油副產品轉化為從肥料（用以替代土地）和塑膠（用以替代各種金屬、纖維等）到動力的幾乎任何東西。此時我們很明顯比此前任何時候的人類更接近懸崖邊緣在滑行，但那仍未能使我們看清楚未來要面對的事。一方面，未來可能還是會有新的技術變革，使人類得以減輕全球生產、消費的持續成長所被預期會帶來的衝擊。晚近可再生能源技術上的進步，特別讓人看好，但——誠如本書探討從煤轉換為石油一文（第七章第十篇）所表明的——新技術被人採用的快慢取決於諸多因素。另一方面，環境改變速度說不定會突然大大加快，因為許多科學家警告自然界裡看來緩慢、穩定的改變，一旦越過某個仍然不明的臨界點，會有突然加快的可能。於是，即使我們能自信滿滿地說未來會有更環保的技術問世和逐步採用，或說政治選擇（例如課徵某種額度的碳稅）會大大加快對環保技術的採用，我們仍沒有把握那是否會讓我們在持續成長所必定會帶來的非常高輸贏的賭博裡，擁有足夠的安全餘裕（成長放慢當然也會帶來頗大風險，如果分配情況仍然不變的話尤然）。

在某個至為重要的領域裡，我們已開始感受到吃緊，那就是淡水的供應。在這方面，晚近數十年的改變尤其快速：過去一萬兩千年地球可用淡水供給量的淨減少數量，一半以上減少於一九五五年之後。許多地區已出現嚴重短缺；太多種經濟流程倚賴水，而無數人生活水平的提高，必然導致用水量增加。根據能測量出地下蓄水層水位變化的新技術，在華北、印度西北部、巴基斯坦之類人口稠密的高敏感地區，耗竭之快叫人怵目驚心；在從加州到哈薩克的諸多地方，許多攸關民生的地表水源頭枯竭、遭汙染的情況更為顯著。要找到能替代水的多種功用的東西很難；要透過大規模的國際淡水買賣，替供水特別吃緊的地區供水，並不可行，至少在當下是如此。

但目前也有許多水被浪費掉。面對這種情況，常見的建議是藉由將

供水事業民營化和提高水價，來鼓勵蓄水和有效率的輸水。從更長遠的角度看，這一辦法只會讓水加入「天然」財之列，使水和過去數百年裡變成商品的木頭、土地、礦物一樣變成商品。而一如在那些更早期商品化過程裡所常見的，欲把水放到市場上買賣，在玻利維亞、南非、烏拉圭、印度等地激起強烈抗議，且抗議往往如願。反對將水商品化，似乎不只出於人自私的考量——擔心這會使他們已然岌岌可危的安全網破更大洞。在許多例子裡，也有人基於以下信念而義憤填膺：堅信水是基本物資，攸關生死和人對自己與土地之關係的感覺，因而認為把水變成另一個可買賣的東西根本大錯特錯。這個問題因為一件事而變得更加棘手，即在大部分社會裡，每加侖農業用水所產生的所得，大大少於水的其他大部分用途——原因之一是用了即沒了，但也因為農產品價格低。因此，大概在農業領域，高水價才會使用水量最大幅度減少。但農民往往是社會裡最窮的一員，因此要他們承受高水價的最大衝擊，令許多人覺得特別不公平。此外，少種作物是讓農民減少用水的方法之一，但如果把這辦法用在世界各地，誰都看得出來會帶來什麼問題。

另一方面，如果日益成長的社會無法抑制對水的需求（提高水價會有這效果），要免於走上無水可用的困境，可走的路就只剩一條，即增加供給。這也有其風險。例如中國正在進行史上最大的營造工程：把中國中部、西南部的水分成三股導引到數百英哩外較缺水的北部。這一工程具有龐大的環境風險和社會風險，而且說不定根本不管用，尤其是因為在那些「捐水」地區也出現乾淨水開始不足的跡象，因為西藏的冰川（這些河川的重要源頭和中國境外十幾億人的極重要水源），似乎正快速萎縮。其他的技術性擴大供給辦法，例如大型海水淡化工程，有自己的難題要克服：現行的海水淡化技術極耗能量，而且產生極不受歡迎的副產品。沙烏地阿拉伯用掉其龐大石油產量的一成五，驅動海水淡化廠，以滿足其兩千九百萬人民所需——中國和印度（印度水不足情況比中國還嚴重）的人口，都是沙國人口的約五十倍。還有個愈來愈常見的辦法，

乃是赴國外購買農地和隨之而來的用水權：晚近數年這類銷售大增，被買下的土地大部分位在非洲或東南亞，大部分買家若非來自富裕但乾燥的國家（尤其是中東產油國），就是來自人口稠密的工業大國（例如中國和南韓）。但這一對某些人來說的解決辦法，顯然可能使別人更加不安心乃至更加憤怒。

於是，如果想瞭解自己置身的世界，我們不只要考慮到市場經濟，還必須考慮到道德經濟（moral economy）——人眼中的公平正義和影響人所賦予貨物和勞動之價值的文化傾向。在某些例子裡，文化差異使同樣事物在不同地方具有不同的用途和價值，使套匯變得有賺頭，從而驅動交換；在其他例子裡，文化差異助長對交換的反對。有時這過程分成兩個階段。由於美國中西部境內更有效率（且受補貼）的資本密集農業經營和北美自由貿易協定的簽訂，墨西哥農民從一九九〇年代起，發覺自己被逐出本國玉米市場：在市場導向的農業生產上敵不過外來競爭者，許多人失去自己的小農場，從而失去了也能在市場外提供免飢保障的東西（因為賺不了錢的東西仍可拿來填飽自己肚子）。無論如何，從美國進口的玉米似乎可能使糧食價格不致上漲。但有許多玉米改用於生產乙醇（在美國受到政治力保護的燃料），價格因此上漲。於是許多墨西哥人發覺無法靠自己種的糧食得到基本的溫飽，也無法買到足敷所需的玉米粉圓餅。這種圓餅既維持他們生命，也是他們文化的象徵（一如其他某些文化裡的麵包或米飯）。

於是，各種文化依然舉足輕重，且以往往出人意表的方式讓人認識到它們的重要。而一度似乎快要完全受人類需求和技能擺布——簡而言之，被透過市場發揮作用的文化擺布——的大自然，也已重現於舞台上。或者，或許更確切的說，我們已重新發現大自然始終在舞台上：透過大量運用能量替幾乎每個東西找到替代品的現代社會，如今漸漸理解到藉由產生那些能量，我們一直在改變地球，而且在這過程中可能從根本上危及自然棲地和人造棲地。就在自然和文化繼續被世界經濟改造之時，

它們也繼續限制世界經濟的發展。我們知道未來會不同於現今，但無法確切知道會有多大的不同。貿易所打造的世界未來會變成什麼樣，我們只能耐心等著瞧。但消極等待事態自行發展，並不可取。或許，著手瞭解世界和著手改變世界有利而無害。

參考書目

Adas, Michael. *Prophets of Rebellion: Millenarian Protest Movements Against the European Colonial Order*. Chapel Hill: University of North Carolina Press, 1979.

Adas, Michael. *Machines as the Measure of Men: Science, Technology and Ideologies of Western Dominance*. Ithaca, NY: Cornell University Press, 1989.

Adejumobi, Saheed. *The History of Ethiopia*. Westport, CT: Greenwood Press, 2007.

Al-Rasheed, Madawi. *A History of Saudi Arabia*. Cambridge, U.K.: Cambridge University Press, 2002.

Andrews, Kenneth. *Trade, Plunder, and Settlement: Maritime Enterprise and the Genesis of the British Empire, 1480-1630*. Cambridge, U.K.: Cambridge University Press, 1984.

Anscombe, Frederic F. *The Ottoman Gulf: The Creation of Kuwait, Saudi Arabia, and Qatar*. New York: Columbia University Press, 1997.

Appadurai, Arjun. *The Social Life of Things: Commodities in Cultural Perspective*. New York: Cambridge University Press, 1986.

Arrighi, Giovanni. *The Long Twentieth Century: Money, Power and the Origins of Our Times*. London: Verso, 1994.

Austin, Gareth. *Labour, Land and Capital in Ghana: From Slavery to Free Labour in Asante, 1808-1956*. Rochester, NY: University of Rochester Press, 2005.

Aveling, Harry, ed. *The Development of Indonesian Society*. New York: St. Martin's Press, 1980.

Baer, Julius B., and Olin Glenn Saxon. *Commodity Exchanges and Futures Trading*. New York: Harper, 1949.

Bairoch, Paul. *The Economic Development of the Third World Since 1900*. Trans. Cynthia Postan. Berkeley: University of California Press, 1977.

Bakewell, Peter John. *Miners of the Red Mountain: Indian Labor at Potosi, 1545-1650*. Albuquerque: University of New Mexico Press, 1984.

Barlow, Colin. *The Natural Rubber Industry: Its Development, Technology, and Economy in Malaysia*. Kuala Lumpur: Oxford University Press, 1978.

Barlow, Colin, *Sisira Jayasuriya, and C. Suan Tan. The World Rubber Industry*. London: Routledge, 1994.

Bayly, C.A. *Imperial Meridian: The British Empire and the World, 1780-1840*. London: Longman, 1989.

Beckert, Sven. *Empire of Cotton: A Global History*. New York: Penguin Random House, 2015.

Bennett, Alan Weinberg, and Bonnie K. Bealer. *The World of Caffeine*. London: Routledge, 2001.

Blackburn, Robin. *The Making of New World Slavery*. New York: Verso, 1997.

Blusse, Leonard. *Strange Company: Chinese Settlers, Mestizo Women, and the Dutch in VOC Batavia*. Dordrecht, Holland: Foris, 1986.

Boxer, Charles R. *The Dutch Seaborne Empire, 1600-1800*. London: Hutchinson, 1965.

Braudel, Fernand. *The Structures of Everyday Life*. New York: Harper and Row, 1981.

Braudel, Fernand. *The Wheels of Commerce*. New York: Harper and Row, 1982.

Braudel, Fernand. *The Perspective of the World*. New York: Harper and Row, 1984. Brook, Timothy, ed. *Opium Regimes: China, Britain, and Japan, 1839-1952*.

Berkeley: University of California Press, 2000.

Brook, Timothy. *Vermeer's Hat: The Seventeenth Century and the Dawn of the Global World*. London: Bloomsbury Press, 2008.

Burke, Timothy. *Lifebuoy Men, Lux Women: Commodjfication, Consumption and Cleanliness in Modern Zimbabwe*. Durham, NC: Duke University Press, 1996.

Chandler, Alfred D., Jr. *The Visible Hand*: The Managerial Revolution in American Business.

Cambridge, MA: Belknap Press of Harvard University Press, 1977. Chaudhuri, K.N. *Trade and*

Civilization in the Indian Ocean: An Economic History. New York: Cambridge University Press, 1985.

Chaudhuri, K.N. *Asia &five Europe*. New York: Cambridge University Press, 1990. Chew, Samuel C. The Crescent and the Rose: Islam and England During the Renaissance. New York: Octagon Books, 1965.

Clarence-Smith, William G., and Steven Topik, eds. *The Global Coffee Economy in Africa, Asia and Latin America*. New York: Cambridge University Press, 2003.

Cochran, Sherman G. *Encountering Chinese Networks: Western,Japanese, and Chinese Corporations in China, 1880-1937*. Berkeley: University of California Press, 2000.

Cooper, Frederick, Thomas C. Holt, and Rebecca J. Scott. *Beyond Slavery: Explorations of Race, Labor, and Citizenship in Postemancipation Societies*. Chapel Hill: University of North Carolina Press, 2000.

Cortes Conde, Roberto. *The First Stages of Modernization in Spanish America*. Trans.Toby Talbot. New York: Harper and Row, 1974.

Cronon, William. *Nature's Metropolis: Chicago and the Great West*. New York: W.W. Norton, 1991.

Crosby, Alfred W., Jr. *The Columbian Exchange: Biological and Cultural Consequences of 1492*. Westport, CT: Greenwood, 1972.

Crosby, Alfred W, Jr. *Ecological Imperialism: The Biological Expansion of Europe, 900-1900*. New York: Cambridge University Press, 1986.

Curtin, Philip D. *The Atlantic Slave Trade: A Census*. Madison: University of Wisconsin Press, 1969.

Curtin, Philip D. *Cross-Cultural Trade in World History*. New York: Cambridge University Press, 1984.

Das Gupta, Ashin and M.N. Pearson, eds. *India and the Indian Ocean 1500-1800*. New Delhi: Oxford University Press, 1987.

Dean, Warren. *With Broadax and Firebrand: The Destruction of the Brazilian Atlantic Forest*. Berkeley: University of California Press, 1995.

Deerr, Noel. *The History of Sugar*. 2 vols. London: Chapman and Hall, 1949-1950.

De Vries, Jan. *The Industrious Revolution: Consumer Behavior and the Household Economy 1650 to the Present*. Cambridge, U.K.: Cambridge University Press, 2008.

Dillon, Richard. *Captain Join Sutter*. Santa Cruz, CA: Western Tanager, 1967.

Earle, Peter. *The World of Defoe*. New York: Atheneum, 1977.

Elvin, Mark. *Pattern of the Chinese Past*. London: Eyre Methuen, 1973.

Enstad, Nan. "*To Know Tobacco: Southern Identity in China in the Jim Crow Era*," Southern Cultures 13, no. 4 (Winter, 2007): 6-23.

Farnie, Douglas A. *The English Cotton Industry and the World Market, 1815-1896*. Oxford: Clarendon Press, 1979.

Farnie, Douglas A., and David J. Jeremy, eds. *The Fibre That Changed the World: The Cotton Industry in International Perspective, 1600-1990s*. Oxford: Oxford University Press, 2004.

Ferguson, Niall. *The House of Rothschild: The World's Bankers, 1849-1999*. New York: Penguin Books, 2000.

Flandreau, Marc, Juan Flores, Norbert Gaillard, and Sebastian Nieto-Parra. "The End of Gatekeeping: Underwriters and The Quality of Sovereign Bond Markets, 1815-200." *National Bureau of Economic Research Working Paper 15128*, July 2009. Flynn, Dennis O., and Arturo Giraldez. Metals and Monies in an Emerging Global Economy. Brookfield, VT: Variorum, 1997.

Frank, Andre Gunder. *Capitalism and Underdevelopment in Latin America*. New York: Monthly Review Press, 1967.

Gallagher, John, and Ronald Robinson. "The Imperialism of Free Trade." *Economic History Review*, 2nd series, 6, no. 1 (1953): 1-15.

Gardena, Robert. *Harvesting Mountains*. Berkeley: University of California Press, 1994.

Gately, lain. *Tobacco: A Cultural History of How an Exotic Plant Seduced Civilization*. New York: Grove

Press, 2001.

Gerritsen, Jan Willem. *The Control of Fuddle and Flash: A Sociological History of the Regulation of Alcohol and Opiates.* Leiden: E.J. Brill, 2005.

Gerschenkron, Alexander. *Economic Backwardness in Historical Perspective.* Cambridge, MA: Belknap Press of Harvard University Press, 1962.

Gootenberg, Paul. *Between Silver and Guano: Commercial Policy and the State in Post-Independence Peru.* Princeton, NJ: Princeton University Press, 1989.

Gootenberg, Paul. *Andean Cocaine: The Making of a Global Drug.* Chapel Hill: University of North Carolina Press, 2008.

Green, Julie. *The Canal Builders: Making America's Empire at the Panama Canal.* New York: Penguin, 2009.

Gudeman, Stephen. *Economics as Culture: Models and Metaphors of Livelihood.* Boston: Routledge and Kegan Paul, 1986.

Habib, Irfan, and Tapan Raychaudhuri. *Cambridge Economic History of India.* Cambridge, U.K.: Cambridge University Press, 1984.

Harnashita,Takeshi."The Tribute System and Modern Asia." *Memoirs of the Research Department of the Toyo Bunko*, no. 46.Tokyo: Tokyo University Press, 1988.

Hamilton, Gary, with Misha Petrovic and Robert C. Feenstra. "Remaking the Global Economy: U.S. Retailers and Asian Manufacturer." In *Commerce and Capitalism in Chinese Societies*, ed. Gary G. Hamilton, 146-183. New York: Routledge, 2006.

Hattox, Ralph. *Coffee and Coffeehouses: The Origins of a Social Beverage in the Medieval Near East.* Seattle: University of Washington Press, 1985.

Hayaini,Yujiro. *The Agricultural Development of Japan: A Century's Perspective.* Tokyo: University of Tokyo Press, 1991.

Hill, Polly. *The Migrant Cocoa-Farmers of Southern Ghana: A Study in Rural Capitalism.* Cambridge, U.K.: Cambridge University Press, 1963.

Hine, Thomas. *The Total Package: The Evolution and Secret Meanings of Boxes, Bottles, Cans, and Tubes.* Boston: Little, Brown, 1995.

Hirschman, Albert. *The Passions and the Interests: Political Arguments for Capitalism Before Its Triumph.* Princeton, NJ: Princeton University Press, 1977.

Hirschman, Albert. *Essays in Trespassing: Economics to Politics and Beyond.* New York: Cambridge University Press, 1981.

Hobsbawm, Eric. *The Age of Capital.* New York: Scribner's, 1975.

Hobsbawm, Eric. *The Age of Empire, 1875-1914.* New York: Pantheon Books, 1987. Hobsbawm, Eric. *Age of Extremes: The Short Twentieth Century, 1914-1991.* London: Abacus, 1994.

Hobson, John A. *Imperialism: A Study.* London: Allen and Unwin, 1938 [1902].

Hochschild, Adam. *King Leopold's Ghost.* Boston: Houghton Mifflin, 1998.

Holliday, J.S. Rush .for *Riches: Gold Fever and the Making of California.* Berkeley: University of California Press, 1999.

Hossain, Hameeda. *The Company Weavers of Bengal.* Delhi: Oxford University Press, 1988.

Israel, Jonathan. *Dutch Primacy in World Trade, 1585-1740.* Oxford: Oxford University Press, 1989.

Kellwood, A.G., and A.L. Lougheed. *The Growth of the International Economy, 1820-1960.* London: Allen and Unwin, 1971.

Kia, Mehrdad. *Daily Life in the Ottoman Empire.* Santa Barbara, CA: Greenwood, 2011.

Kling, Blair. P*artner in Empire: Dwarkanath Tagore and the Age of Enterprise in Eastern India.* Berkeley: University of California Press, 1976.

Klinger, Julie Michelle. *On the Rare Earth Frontier.* Ph.D. dissertation, University of California, Berkeley, 2015.

Kortheuer, Dennis. *Santa Rosalia and Compagnie du Boleo:The Making of a Town and company in the*

Porfirian Frontier, 1885-1900. Ph.D. Dissertation, University of California, Irvine, 2001.

Kuisel, Richard. *Seducing the French: The Dilemma of Americanization*. Berkeley: University of California Press, 1993.

Kula, Withold. *Measures and Men*. Trans. R. Szreter. Princeton, NJ: Princeton University Press, 1986.

Latham, A.J.H. *The International Economy and the Undeveloped World*. Totowa, NJ: Rowman and Littlefield, 1978.

Latham, A.J.H., and Larry Neal. "The International Market in Rice and Wheat, 1868-1914." *Economic History Review* 36 (1983): 260-280.

Lery, Jean. *History of a Voyage to the Land of Brazil, Otherwise Called America*. Trans. Janet Whatley. Berkeley: University of California Press, 1990.

Lewis, W. Arthur. *Growth and Fluctuations, 1870-1914*. Boston: Allen and Unwin, 1978.

Lichtenstein, Nelson, ed. *Wal-Mart: The Face of Twenty-First-Century Capitalism*. New York: New Press, 2006.

Lu Hanchao. *Beyond the Neon Lights: Everyday Shanghai in the Early Twentieth Century*. Berkeley: University of California Press, 1999.

Machado, Pedro. *Ocean of Trade. South Asian Merchants,Africa and the Indian Ocean, c.1750-1850*. Cambridge: Cambridge University Press, 2014.

Madureira, Nuno Luis. "Oil in the Age of Steam." *Journal of Global History* 5, no. 1 (March 2010): 75-94.

Marchand, Roland. *Advertising the American Dream: Making Way for Modernity, 1920-1940*. Berkeley: University of California Press, 1985.

Marcus, Harold. *A History of Ethiopia*. Berkeley: University of California Press, 1994.

Marichal, Carlos. *A Century of Debt Crisis in Latin America: From Independence to the Great Depression, 1820-1930*. Princeton, NJ: Princeton University Press, 1989.

Marshall, P.J. *Bengal: The British Bridgehead*. Cambridge, U.K.: Cambridge University Press, 1987.

Marx, Karl. *Capital*. New York: International Publishers, 1996.

McAlpin, Michelle. *Subject to Famine: Food Crises and Economic Change in Western India, 1860-1920*. Princeton, NJ: Princeton University Press, 1983.

McCoy, Alfred W "A Queen Dies Slowly: The Rise and Decline of Iloilo City." *In Philippine Social History: Global Trade and Local Transformation*, eds. Alfred W. McCoy and Eduard de Jesus, 297-358. Manila: Ateneo de Manila University Press, 1982.

McCreery, David. *Rural Guatemala, 1760-1940*. Stanford, CA: Stanford University Press, 1994.

McNeill, William. *Plagues and Peoples*. Garden City, NY: Anchor Books, 1976.

McNeill, William. *The Pursuit of Power: Technology, Armed Force and Society Since A.D. 1000*. Chicago: University of Chicago, 1982.

Miller, Joseph C. *Way of Death: Merchant Capitalism and the Angolan Slave Trade, 1730-1830*. Madison: University of Wisconsin Press, 1988.

Mintz, Sidney. *Sweetness and Power: The Place of Sugar in Modern History*. New York: Penguin, 1985.

Mitra, D.B. *The Cotton Weavers of Bengal*. Calcutta: S.P. Ghosh, 1978.

Morris-Suzuki,Tessa. *The Technological Transformation of Japan*: From the Seventeenth to the Twenty-first Century. Cambridge, U.K.: Cambridge University Press.

Netschen, P.M. *History of Colonies Essequebo, Demarary, Berbice*. 1888 reprint Georgetown, British Guiana: "The Daily Chronicle", 1929.

Ng, Chin-keong. *Trade and Society: The Amoy Network on the China Coast, 1683-1735*. Singapore: Singapore University Press, 1983.

Northrup, David. *Indentured Labor in the Age of Imperialism, 1834-1922*. Cambridge, U.K.: Cambridge University Press, 1995.

O'Brien, Patrick K. "The Political Economy of English Taxation." *Economic History Review* 41, no. 1 (February, 1988): 1-32.

Oostindie, Gert. *Paradise Overseas*. The Dutch-Caribbean: Colonialism and its Transatlantic Legacies. Oxford: Macmillan Education, 2005.

Ortiz, Fernando. *Cuban Counterpoint: Tobacco and Sugar*. Durham, NC: Duke University Press, 1995.

Panati, Charles. *Extraordinary Origins of Everyday Things*. New York: Harper and Row, 1987.

Pankhurst, Richard. *Economic History of Ethiopia, 1800-1935*. Addis Ababa: Haile Selassie I University, 1968.

Parker, William. *Europe, America, and the Wider World*. New York: Cambridge University Press, 1984,1991.

Perlin, Frank. *Invisible City*. Brookfield,VT: Variorum, 1993.

Perlin, Frank. *Unbroken Landscape*. Brookfield,VT: Variorum, 1994. Platt, D.C.M. Business Imperialism. Oxford: Oxford University Press, 1977.

Polanyi, Karl. *The Great Transformation: The Political and Economic Origins of Our Times*. Boston: Beacon Press, 1957.

Pomeranz, Kenneth. *The Making of a Hinterland: State, Society and Economy in Inland North China, 1853-1937*. Berkeley: University of California Press, 1993.

Pomeranz, Kenneth. *The Great Divergence: China, Europe, and the Making of the Modern World Economy*. Princeton, NJ: Princeton University Press, 2000.

Rabb, Theodore. *Enterprise and Empire: Merchant and Gentry Investment in the Expansion of England, 1575-1630*. Cambridge, MA: Harvard University Press, 1967.

Raleigh, Sir Walter. *The Discovery of the Large, Rich, and Beautiful Empire of Guiana*. 1595.

Redclift, Michael. *Chewing Gum: The Fortunes of-Taste*. New York: Routledge, 2004.

Reid, Anthony. *Southeast Asia in the Age of Commerce*. New Haven, CT: Yale University Press, 1988 (vol. 1), 1993 (vol. 2).

Richards, John F. *The Unending Frontier: An Environmental History of the Early Modern World*. Berkeley: University of California Press, 2003.

Rosenberg, Emily. *Financial Missionaries to the World: The Politics and Culture of Dollar Diplomacy, 1900-1930*. Cambridge, MA: Harvard University Press, 1999.

Sahlins, Marshall. *Stone Age Economics*. New York: Aldine Press, 1972.

Sahlins, Marshall. *Culture and Practical Reason*. Chicago: University of Chicago Press, 1976.

Sauer, Carl. *Agricultural Origins and Dispersals*. New York: American Geographical Society, 1952.

Schechter, Relli. *Smoking, Culture and Economy in the Middle East: The Egyptian Tobacco Market, 1850-2000*. London: I.B.Tauris, 2006.

Schivelbusch, Wolfgang. *Tastes of Paradise: A Social History of Spices, Stimulants, and Intoxicants*. Trans. D. Jacobson. New York: Vintage, 1993.

Schottenhammer, Angela, ed. *The Emporium of the World: Maritime Quanzhou, 1000-1400*. Leiden, Netherlands: E.J. Brill, 2001.

Schwartz, Stuart. *Sugar Plantations in the Formation of Brazilian Society: Bahia, 1550-1835*. Cambridge, U.K.: Cambridge University Press, 1985.

Shepherd, James, and Gary Walton. *Shipping, Maritime Trade, and the Economic Development of Colonial North America*. New York: Cambridge University Press, 1972.

Slatta, Richard. *Gauchos and the Vanishing Frontier*. Lincoln: University of Nebraska Press, 1983.

Smith, David, Dorothy Solinger, and Steven Topik, eds. *State and Sovereignty*. London: Routledge, 1999.

Steensgaard, Niels. *The Asian Trade Revolution of the Seventeenth Century: The East India Companies and the Decline of the Caravan Trade*. Chicago: University of Chicago Press, 1973.

Steensgaard, Niels. "The Dutch East India Company as an Institutional Innovation." In *Dutch Capitalism and World Capitalism*, ed. Maurice Aymard, 235-258.Cambridge, U.K.: Cambridge University Press, 1982.

Stein, Stanley. *Vassouras: A Brazilian Coffee County*. Cambridge, MA: Harvard University Press, 1956.

Stross, Randall. *The Stubborn Earth: American Agriculturalists on Chinese Soil, 1898-1937*. Berkeley: University of California Press, 1986.

Subrahmanyam, Sanjay. *The Political Economy of-Commerce: South India, 1500-1650*. Cambridge, U.K.: Cambridge University Press, 1990.

Subrahmanyam, Sanjay. *The Portuguese Empire in Asia, 1500-1700*. New York: Longman, 1993.

Subrahmanyam, Sanjay. *Three Ways to be Alien: Travails & Encounters in the Early Modern World*. Waltham, MA: Brandeis University Press, 2011.

Taussig, Michael T. *The Devil and Commodity Fetishism in South America*. Chapel Hill: University of North Carolina Press, 1980.

Thompson, E.P. *Customs in Common: Studies in irmlitional Popular Culture*. New York: New Press, 1993.

Tilly, Charles. "Food Supply and Public Order in Modern Europe." In *The Formation of National States in Western Europe*, ed. Charles Tilly, 380-455. Princeton, NJ: Princeton University Press, 1975.

Tinker Salas, Miguel. *The Enduring Legacy: Oil, Culture, and Society in Venezuela*. Durham, NC: Duke University Press, 2009.

Topik, Steven. *Trade and Gunboats: The United States and Brazil in the Age of Empire*. Stanford, CA: Stanford University Press, 1996.

Topik, Steven, Carlos Marichal, and Zephyr Frank. *From Silver to Cocaine: Latin American Commodity Chains and the Building of the World Economy, 1500-2000*. Durham, NC: Duke University Press, 2006.

Topik, Steven, and Allen Wells. *The Second Conquest of Latin America*. Austin: University of Texas Press, 1998.

Tracy, James D. *The Political Economy of Merchant Empire*. New York: Cambridge University Press, 1991.

Tracy, James D., ed. *The Rise of Merchant Empires: Long Distance Trade in the Early Modern World, 1350-1750*. New York: Cambridge University Press, 1990.

Trouillot, Michel-Rolph. "Motion in the System: Coffee, Color and Slavery in Eighteenth-Century Saint-Domingue." *Review* 5, no. 3 (Winter 1982): 331-388.

Ukers, William H. *All about Coffee*. New York: Tea and Coffee Trade Journal, 1935.

Vinikis,Vincent. *Soft Soap*, Hard Sell: American Hygiene in an Age of Advertisement. Ames: Iowa State University Press, 1992.

Vlastos, Stephen. *Peasant Protests and Uprisings in Tokugawa Japan*. Berkeley: University of California Press, 1986.

Von Glahn, Richard. *Fountain of Fortune: Money and Monetary Policy in China, 1000-1700*. Berkeley: University of California Press, 1996.

Wallerstein, Immanuel. *The Modern World System*. 2 vols. New York: Academic Press, 1974, 1980.

Wells, Allen. *Yucatan's Gilded Age*. Albuquerque: University of New Mexico Press, 1985. Williams, Eric. Slavery and Capitalism. New York: Capricorn Books, 1966.

Wills, John E. "Maritime Asia, 1500-1800: The Interactive Emergence of European Dominance." *American Historical Review* 98, no. 1 (February 1993): 83-105.

Wills, john E. *Mountain of Fame*. Princeton, NJ: Princeton University Press, 1994. Yergin, Daniel. The Prize. New York: Free Press, 1992.

貿易打造的世界——社會、文化、世界經濟，從 1400 年到現在
The World That Trade Created: Society, Culture, and the World Economy,
1400 to the Present, Fourth Edition

作　　　者———彭慕蘭（Kenneth Pomeranz）、史蒂夫‧托皮克（Steven Topik）
譯　　　者———黃中憲
封面設計———萬勝安
內文設計———劉好音
特約編輯———張馨勻
編輯協力———鄭襄憶
責任編輯———劉文駿
行銷業務———王綬晨、邱紹溢、劉文雅
行銷企劃———黃羿潔
副總編輯———張海靜
總 編 輯———王思迅
發 行 人———蘇拾平
出　　　版———如果出版
發　　　行———大雁出版基地
地　　　址———231030 新北市新店區北新路三段 207-3 號 5 樓
電　　　話———（02）8913-1005
傳　　　真———（02）8913-1056
讀者傳真服務———（02）8913-1056
讀者服務 E-mail———andbooks@andbooks.com.tw
劃撥帳號 19983379
戶　　　名 大雁文化事業股份有限公司
出版日期 2024 年 10 月 三版
定　　　價 720 元
ISBN 978-626-7498-44-6

國家圖書館出版品預行編目資料

貿易打造的世界：社會、文化、世界經濟，從 1400 年到現在／彭慕蘭（Kenneth Pomeranz），史蒂夫‧托皮克（Steven Topik）；黃中憲譯 . – 三版 . – 新北市：如果出版：大雁出版基地發行，2024. 10
面；公分
譯自：The world that trade created: society, culture,and the world economy, 1400 to the present, fourth edition
ISBN 978-626-7498-44-6（平裝）

1. 商業史 2. 文化史 3. 經濟史 4. 國際經濟關係 5. 工業化

490.9　　　　　　　　　　113015175

如果